Rpn Lie 58

O. Liebmann – Die Klimax der Theorien

E. v. Hartmann – Das Ding an sich und seine Beschaffenheit

Texte zum Frühen Neukantianismus

Herausgegeben von Harald Schwaetzer

Band 1/2

Otto Liebmann
Die Klimax der Theorien

Eduard von Hartmann
Das Ding an sich und seine Beschaffenheit

2001
Georg Olms Verlag
Hildesheim · Zürich · New York

Otto Liebmann

Die Klimax der Theorien

Eduard von Hartmann

Das Ding an sich und seine Beschaffenheit

Mit Einleitungen und Registern herausgegeben von Harald Schwaetzer

Vorworte von Ernst-Wolfgang Orth und Ulrich Hoyer

2001
Georg Olms Verlag
Hildesheim · Zürich · New York

*

Die Deutsche Bibliothek - CIP-Einheitsaufnahme

Liebmann, Otto:
Die Klimax der Theorien / Otto Liebmann.
Das Ding an sich und seine Beschaffenheit / Eduard von Hartmann.
[Gesamtw.] mit Einl. und Reg. hrsg. von Harald Schwaetzer.
Vorw. von Ernst-Wolfgang Orth und Ulrich Hoyer. -
Hildesheim ; Zürich ; New York : Olms, 2001
(Texte zum frühen Neukantianismus ; Bd. 1/2)
ISBN 3-487-11265-5

ISO 9706

Printed in Germany
Gedruckt auf säurefreiem und alterungsbeständigem Papier
Herstellung: Digital Druck GmbH, 96158 Frensdorf
ISSN 1617-6774
ISBN 3-487-11265-5

Inhaltsverzeichnis

Vorwort zur Neuausgabe

Als Otto Liebmanns Büchlein 'Die Klimax der Theorieen' von 1884 zwei Jahre nach dem Tod des Autors 1914 einen Neudruck erfuhr, war es Bruno Bauch, der in einem eigenen Vorwort dem Verfasser einen "bleibenden" und "allerersten" Platz unter den "Wiedererneuerern des Kantischen Kritizismus" zusprach. Sicherlich ist der sogenannte Neukantianismus nicht einfach mit dem Buch 'Kant und die Epigonen' (1865) aus der Feder des fünfundzwanzigjährigen Liebmann - wie aus dem Haupte des Zeus - entsprungen. Aber seine weiteren Arbeiten zeigen die in die Zukunft weisende Fruchtbarkeit seines Rückrufs zu Kant.[1] Es ist hier vor allem die - noch unverkürzte - Förderung dessen, was man heute das 'Projekt Wissenschaftstheorie' nennen könnte. Dabei geht es um eine Wissenschaftstheorie, in der Liebmann die strenge Differenzierung zwischen "Gegebenem und Hinzugedachtem" nicht nur einzuhalten, sondern auch methodologisch zu bestimmen sucht. Das führt zu einer Stufenordnung des Theoretisierens, welche die Metaphysik nicht einfach ausschließt, sondern sie kritisch diskutierbar machen will. Entsprechend führt auch die Unterscheidung zwischen "geschichtlicher Entstehungsweise" und "logischem Erkenntniswert" von Theorien, die Bauch bei Liebmann hervorhebt (lange bevor sie unter anderen Terminologien wieder-'entdeckt' wurde), nicht zur bloßen Abblendung des Historischen gegenüber dem Geltungsmäßigen. In seiner Jenenser Antrittsrede vom 9.12.1882 'über philosophische Tradition' hat Liebmann zwei geschichtlich sich durchhaltende Grundkonzeptionen - Traditionen - herausgearbeitet, die er prototypisch an die Namen Platons und Aristoteles' knüpft, Traditionen, mit denen fortwährend Innovationen einhergehen: Es ist die "nomokratische" und die "idiotypische" Konzeption.[2] Windelbands spätere Unterscheidung - in etwas anderem Zusammenhang - zwischen "nomothetisch" und "idiographisch" dürfte von hier mit angeregt sein.

Den sehr straff und didaktisch gezielt gearbeiteten Text der 'Klimax der Theorieen' muß man im Lichte des Jenenser Vortrags lesen, um Liebmanns 'Wissenschaftstheorie' in den angemessenen Rahmen geistesgeschichtlicher Entwicklungen zu stellen und den Anschluß an andere philosophische Disziplinen,

---

[1] Zur Frage von Einheit und Vielfalt des Neukantianismus vgl. Ernst Wolfgang Orth / Helmut Holzhey (Hgg.): Neukantianismus. Perspektiven und Probleme (Studien und Materialien zum Neukantianismus Bd. 1) Würzburg 1994.

[2] Otto Liebmann: Über philosophische Tradition. Eine akademische Antrittsrede gehalten in der Aula der Universität Jena am 9. December 1882. Straßburg 1883, 14 ff.

die dem Verfasser wichtig sind, - wie z.B. Ethik und Ästhetik - nicht zu verfehlen. Vor allem seine Erwägungen zu den "Metamorphosen des Apriori" aus der Spätform seines Werkes "Zur Analysis der Wirklichkeit"[3] sind hier in Rechnung zu stellen, weil sie auch in Richtung auf die Kulturphilosophie, zumal des jüngeren Neukantianismus, z.B. Ernst Cassirers, weisen.

'Die Klimax der Theorieen' versteht sich als 'Eine Untersuchung aus dem Bereich der allgemeinen Wissenschaftslehre'. Sie will in zugleich gedrängter und überschaubarer Weise zeigen, was und wie zu fragen - wissenschaftstheoretisch - sinnvoll ist. Erich Adickes würdigt diese Tendenz Liebmanns mit den folgenden Sätzen:

> "Viel Fragen macht vorsichtig und kritisch, noch mehr aber hat es Vorsicht und Kritik zur Voraussetzung. Beide Eigenschaften sind bei Liebmann in hervorragendem Maße ausgebildet. Mit ihnen verbindet sich das Bedürfnis nach Selbstbesinnung, nach völliger Klarheit über Art und Tragweite der getanen oder zu tuenden Schritte. Daher überall sein energisches Drängen auf strenge Scheidung zwischen Gegebenem und Hinzugedachtem, zwischen Tatsachen und Deutung, sein großes Interesse an methodologischen Erwägungen und vor allem an dem Grundproblem: der Frage nach den Grenzen, dem Wahrheitswert und Gewißheitsgrad menschlichen Erkennens."[4]

Ernst Wolfgang Orth

---

[3] Otto Liebmann: Zur Analysis der Wirklichkeit. Eine Erörterung der Grundprobleme der Philosophie, Straßburg [4]1911, 208-258.

[4] Erich Adickes: Liebmann als Erkenntnistheoretiker. In: Kant-Studien 15 (1910) 3.

Harald Schwaetzer

Otto Liebmanns kritische Metaphysik

> "Kant war über, Fichte fast ein Menschenalter und Hegel beinahe ein Jahrzehnt tot. Schelling lebte noch. Aber er hatte auch längst Baader seinen Freund genannt. [...] Schopenhauer aber lebte noch grollend in seiner Verbor-genheit. / Die Signatur der Zeit war also recht trübe, als Otto Liebmann am 25. Februar 1840 [...] zu Löwenberg in Schlesien als Sohn eines Kammerge-richtsassessors geboren wurde. Der Mann, der eine neue Bewegung einleiten sollte, Kuno Fischer, war damals noch nicht 16 Jahre alt." (Bauch 1912, 223 f.)

Daß Bruno Bauch eine Linie des Neukantianismus an Otto Liebmann und Kuno Fischer bindet, ist nicht nur die Schulinterpretation eines historischen Tatbestandes[1], sondern zugleich Fingerzeig einer Rune im philosophischen Schicksal

[1] Zwar wundert es nicht, daß Fischer, der 'Heidelberger Erwecker Kants', am Ursprungspunkt einer Bewegung "zurück zu Kant" zu stehen kommt, da der Herbartianer Drobisch, von dem auch Lotze u.a. beeinflußt ist (Pester 1997, 61 ff. 126 ff.) und der zu Liebmanns Leipziger Lehrern (Bauch 1914, 226) gehörte, beispielsweise einen solchen Einfluß auf Liebmann nicht hatte. Doch ist diese Signatur bezeichnend, weil sie ausklammert, daß Fischer keineswegs eine philosophische Richtung gleich einer *creatio ex nihilo* entfesselt hat. Er selbst steht, worauf zuletzt wieder Gadamer (1998) mit Emphase hingewiesen hat, in einer von Hegel bestimmten Tradition. Er ist ferner - und dies wirft auf Bauchs Charakteristik ein weiteres Licht - ein Schüler *Trendelenburgs*. Trendelenburg, der "große Unbekannte" (Köhnke 1986, 23) der Vorphase des Neukantianismus, war seinerseits Schüler u.a. von Reinhold und bleibt daher stets 'diesseits' des Idealismus. Trendelenburg ist es, der *de facto* eine neue Epoche einleitet, und sein Hauptwerk erscheint im Geburtsjahr Liebmanns. Seine Schüler, seien sie ihm verbunden oder entfremdet, bestimmen die Signatur des 19. Jahrhunderts. Neben Kuno Fischer sind es Carl von Prantl und Wilhelm Dilthey, um nur zwei weitere zu nennen, die ihrerseits formend wirkten. Selbst der unabhängige Lotze stand nicht nur mit Trendelenburg im Briefwechsel, sondern ging letzten Endes nach Berlin, worum sich Trendelenburg seit 1853 bemühte (Pester 1997). Im berühmten Streit zwischen Trendelenburg und Fischer ging es um die Frage, ob Raum, Zeit und Kategorien nur subjektiv (Fischer) oder zugleich auch objektiv seien (Trendelenburg). Die pointierte Nennung Fischers hängt mit diesem Streit zusammen. Der Fischer-Schüler Liebmann wehrt sich gegen eine Position Trendelenburgs, aber er spezifiziert auch Fischers Standpunkt, indem er vehement gegen das *Ding an sich* votiert und zugleich die transzendentale Wendung Kants in ihrer Reinheit erhalten will. Die Fischersche Subjektivität der Katego-

Liebmanns. Für den jungen Liebmann ist es im Gegensatz zur Situation der Philosophie eher eine dramatische Zeit[2], in der er 1859 zu studieren beginnt - zunächst, wie es einer lebenslangen Neigung entsprach, Naturwissenschaften und Mathematik. Doch Kuno Fischer gewinnt ihn für die Philosophie und für eine lebenslange Wendung "zu Kant zurück". Diese Formulierung, die Liebmanns 1864 in einem Jahr als Privatgelehrter abgefaßtem Erstling entstammt - *Kant und die Epigonen* (1865) -, war es, die, viel zitiert, Liebmanns Ruhm begründete.[3] Dabei wurde aber häufig übersehen[4], daß sich darin bereits das genuin Liebmannsche Motiv vorbereitet: die transzendentalkritische Begründung von Wissenschaft.

Schon im nächsten wichtigen Werk *Über den objectiven Anblick* (1869) gelingt - bei allen Zugeständnissen an die Physiologie etwa eines Johannes Müller - der Durchbruch in den transzendentalkritischen, überempirischen Bereich, der in dem hier vor allem zu behandelnden Bändchen *Klimax der Theorieen* seinen Ausdruck in den Interpolationsmaximen finden wird. Systematisch legt Liebmann das organische Ganze von Erkenntnistheorie, Naturphilosophie und Ethik / Ästhetik in einer nur scheinbar in Einzelprobleme zerfallenden Abhandlung dar, nämlich seinem ersten Hauptwerk *Analysis der Wirklichkeit.*[5] Dessen Ergebnisse präzisiert *Klimax der Theorieen* (1884), worauf der transzendentalphilosophische

---

rien wird Liebmann später zu seiner *Logik der Thatsachen* umbilden. Dadurch gerät Liebmann in eine interessante Nähe zu Trendelenburg. Diese Seite übergeht Bauch mit Stillschweigen. Die Aufarbeitung des Streites ist noch nicht hinreichend geschehen. Einen ersten, historischen Überblick gibt Köhnke (1986, 257 ff.).

[2] Das Jahr 1848 beispielsweise war nicht nur historisch bedeutsam, sondern auch privat einschneidend für den Knaben. Der Vater Liebmanns ging in die Frankfurter Nationalversammlung; die geliebte Mutter starb. Bereits ein Jahr später finden wir Otto Liebmann in Berlin auf dem Gymnasium, das von dem Bruder des bekannten Historikers Leopold von Ranke geleitet wurde.

[3] Die Formel *Zurück auf Kant* ist freilich nicht genuin Liebmannscher Natur: nicht nur, daß Liebmann selbst meinte, damit nur etwas auszusprechen, was in der Luft lag, sondern es findet sich vielmehr bei Ernst Freiherr von Feuchtersleben bereits lange vor Liebmann, nämlich in den *Lebensblättern* von 1841, die Wendung: "[...] zu Kant zurückkehren, heißt den rechten Weg wiederfinden" (Feuchtersleben 1859, 34). Vgl. dazu Ralfs (1965, 133) und Häußer (1989, 24 f.).

[4] Die Formel ist schon fast das einzige, was ein anderer der sogenannten Begründer des Neukantianismus, Friedrich Albert Lange, in seiner *Geschichte des Materialismus* von Liebmann erwähnt. In der ersten Auflage der *Geschichte des Materialismus*, die ein Jahr nach Liebmann erschien, findet sich noch kein Hinweis. In der zweiten Auflage wird Liebmann dreimal in den Fußnoten erwähnt, zur Stelle vgl. Lange (1974, 561).

[5] Bekannt ist Windelbands Charakteristik: "Es ist eines der eigenartigsten Werke, in denen je ein Philosoph seine Weltanschauung dargelegt hat" (Windelband 1910, V).

Ausbau von Liebmanns *kritischer Metaphysik* in den zweibändigen *Gedanken und Thatsachen* (1899 und 1902) erfolgt[6]. Die Stellung des kleinen Werkes zwischen den beiden großen hat Bruno Bauch treffend umrissen:

> "Diese, trotz ihrer einzigartigen Klarheit und begrifflichen Schärfe verhältnismäßig viel zu wenig gewürdigte 'Klimax der Theorien' aber hebt sich von der 'Analysis der Wirklichkeit' einerseits und den 'Gedanken und Thatsachen' andererseits so deutlich ab, vermittelt aber auch so bestimmt zwischen beiden, wie etwa eine Zahl in der natürlichen Zahlenreihe sich von dem ihr in der Reihe vorangehenden und dem ihr in der Reihe folgenden Gliede abhebt und doch erst zwischen ihnen den vermittelnden Durchgang bildet." (Bauch 1912, 232)

So gebührt der Schrift nach Leben[7] und Werk eine exemplarische Stellung.[8] Freilich führt sie nur in *eine* Seite des Liebmannschen Denkens ein, wie der Untertitel der Schrift: "Eine Untersuchung aus dem Bereich der allgemeinen Wissenschaftslehre" verrät. Der Ethiker und Ästhet Liebmann - die zweite wichtige Seite - tritt hier in den Hintergrund.

---

[6] Das erste Heft des ersten Bandes war bereits vor dem Erscheinen von *Klimax der Theorieen* publiziert (1882).

[7] Auch äußerlich-biographisch hat die *Klimax der Theorieen* eine besondere Position, die sie sowohl in ihrer Schlüsselstellung zwischen den beiden großen Werken als auch in ihrer Verwandtschaft mit *Kant und die Epigonen* zeigt. Der Band ist geschrieben, nachdem Liebmann von Straßburg nach Jena gewechselt war (1882), wo er bis zu seinem Tode im Januar 1912 lehrte. Er ist ein Erstling im neuen Wirkenskreis - das hat er mit *Kant und die Epigonen* gemein. Er ist zugleich aber Rückblick (Analysis der Wirklichkeit) und Vorblick (Gedanken und Thatsachen). Zur Liebmanns Jenaer Zeit vgl. Dathe (1992, 144 ff.). Dort sind auch die wichtigen Dokumente zur Berufung Liebmanns angeführt. Liebmann wird als Nachfolger Fortlages vorgeschlagen, weil er "als einer der hervorragendsten Vertreter der philosophisch-naturwissenschaftlichen Richtung gelten" darf (bei Dathe 1992, 147). Die beiden anderen Kandidaten waren Benno Erdmann und Hermann Siebeck (ebd. 148). Auf eine genaue Darstellung kann hier verzichtet werden, da sie demnächst von Dathe in der Einleitung zu den Jenaer Vorlesungen Liebmanns erfolgen wird, vgl. Dathe / Schwaetzer (im Druck).

[8] Die Schrift bestätigt auch die These Gabriels (1986, 86 ff.) einer Verwandtschaft von Frege und Liebmann hinsichtlich deren Auffassung des Apriori. Wenn sich auch Gabriel zu Recht auf AW stützt, da Frege diese Schrift kannte, so darf doch - wenn auch vielleicht nicht unter genetischen, so doch unter typologischem Aspekt - KT durchaus in dieser Frage mit herangezogen werden.

Klimax der Theorieen: Charakter und Hauptgedanken

Die Schrift sei im folgenden vorgestellt. Sie will den genauen Schnitt zwischen *Erfahrung und Denken* ziehen, um den etwas späteren Titel Volkelts (1886) zu zitieren. Liebmann unterscheidet eingangs zwischen dem (apodiktischen) Theoretiker und dem (relativistisch-skeptischen) Historiker, um daran den Unterschied zwischen Psychologie und Erkenntnistheorie anzudeuten: Die historische Genese einer Theorie trage nichts zu ihrer *Geltung* bei.[9] Umgekehrt entwickle sich jede Theorie in der Geschichte. Beide Standpunkte fußten auf derselben gemeinsamen Tätigkeit der Vernunft (KT 2 f.).[10] Liebmann verknüpft in einem zweiten Schritt das Problem von Historiker und Theoretiker historisch, um daraus eine theoretische Folgerung zu ziehen. Historisch läßt sich ein beständiges Auf und Ab im Hang zum Theoretisieren beobachten, so daß sich theoretisch die Frage nach dem Zuviel oder Zuwenig stellt. Allgemein gefaßt lautet also die Aufgabenstellung: Klärung des Verhältnisses von Denken und Erfahrung (KT 4-6). Er beschließt seine Einleitung (1. Kapitel) mit sieben Thesen (KT 7-10), die den Gang der Abhandlung vorwegnehmen.[11]

---

[9] Eine knappe Zusammenfassung der Schrift gibt auch Falkenheim (1910, 57 f.). Vgl. ferner Schwaetzer (1998b, 1999 und 1999a). Das Thema der Abhandlung verrät schon der vorangestellte Spruch von Giordano Bruno. Wie man nichts leichtgläubig einfach hinnehmen darf, so sollte man aber auch nicht gegen das streiten, was von der Vernunft vernünftigerweise nicht bestritten werden kann. "Ut philosopho ea credenda non sunt, quae nequeunt evidentius probari, ita neque temere sunt reprobanda, quae certa non possunt incusari ratione."

[10] Liebmann stellt seine Ausführungen auf diese Weise in das Spannungsfeld von Natur- und Geisteswissenschaften, wenngleich er es im folgenden auf die ersteren einschränken wird. Doch ist dieser Ansatz, verbunden mit der (Lotzeschen) Geltungsfrage für Windelbands Liebmann-Rezeption von entscheidender Bedeutung. Die berühmte Rektoratsrede Windelbands ist genau zehn Jahre später gehalten. Neben den Anspielungen auf Lotze enthält sie vor allem eine Aufnahme Liebmannschen Gedankenguts, vgl. den entsprechenden Abschnitt dieser Einleitung.

[11] 1. Was der Mensch für wahr hält, muß sich in logischen Sätzen aussprechen lassen, die ihre Geltung entweder aus dem Gefühl oder aus dem Bewußtsein um ihre Begründung erfahren. Im Grenzbereich zwischen beiden Positionen ist der Schnitt zwischen wissenschaftlicher und populärer Überzeugung. 2. Wissenschaft heißt ein vom menschlichen Verstande konzipiertes Ideal eines Systems, welches ganz von der psychologischen Wurzel des Gefühls gelöst ist. 3. Objektiv begründet scheint das zu sein, dessen kontradiktorisches Gegenteil entweder nicht denkbar ist (apodiktische Axiome) oder das auf der Wahrnehmbarkeit des Gedachten fußt (assertorische Wahrnehmungsurteile). 4. Daraus folgt, daß die niemals auf Wahrnehmungsurteile beschränkten empirischen Wissenschaften sehr viel

Das zweite Kapitel nimmt eine Klassifikation möglicher Theorien nach ihrem jeweiligen Anteil von Erfahrung und Denken vor. Liebmann unterscheidet zwischen formalen und materialen Theorien. Unter den ersten versteht er Logik und Mathematik, die unabhängig von der Realwelt auf dem Prinzip des zureichenden Grundes beruhen. Die materialen Theorien arbeiten mit Hilfe des Prinzips des zureichenden *Real*grundes mit Bezug auf irgendein Gebiet der Außenwelt. Dabei differenziert Liebmann zwischen "Kausaltheorien", die auf der Wirkursache, und "Normaltheorien", die auf der Zweckursache fußen. Jene erklären auf der Grundlage der Kausalität empirische Vorkommnisse aus der Wirksamkeit bestimmter Grundursachen, diese wollen aus Grundpostulaten Imperative, Regeln etc. ableiten.[12] Liebmann will die folgende Analyse allein auf die kausalen Theorien beschränkt wissen, sowohl die formalen wie die normativen seien nicht berücksichtigt. Untersuchen will er "deren methodologisches Wesen, deren wissenschaftliche Dignität und Tragweite, sowie deren letzte Fundamentalvoraussetzungen" (KT 13). Dazu teilt er die Theorien in drei Klassen, die jeweils in einem Kapitel erörtert werden.

Theorien erster Ordnung, so das dritte Kapitel, beschränken sich ganz auf das Gebiet der Erscheinungen. Auch die Ursache muß wahrnehmbar sein. Die Phänomene werden unter ein sichtbares Urphänomen subsumiert - etwa in der Theorie der Winde[13], der Migrationstheorie von M. Wagner[14] oder der Theorie des Natio-

---

Theorie in sich bergen. 5. Daher gehört die Überprüfung der Schlußarten zur allgemeinen Wissenschaftslehre. 6. Sie stößt auf Grundsätze, die Erfahrung erst ermöglichen, aber weder Axiome noch Wahrnehmungsurteile sind - die Interpolationsmaximen. 7. Die allgemeine Wissenschaftslehre, die nach Geltung und nicht nach Genese fragt, muß diese Maximen als Grundlage jeder Art von Erfahrungswissenschaft betrachten. Die sieben Thesen werden in sieben Kapiteln erläutert, wobei die Zuordnung nicht genau aufgeht.

[12] Die Behauptung, Windelband habe in seiner Rektoratsrede *Klimax der Theorieen* bzw. Liebmann rezipiert, wird an diesen Passagen bereits ersichtlich. Die gemeinsame Bezeichnung beider Gruppen als *Erfahrungswissenschaften* und ihre Gegenüberstellung zur Logik und Mathematik wird Windelbands Rektoratsrede ebenso übernehmen, wie den Ausdruck und Gedanken der *Normaltheorie.*

[13] Das Urphänomen beschreibt Liebmann als Ausgleich einer Gleichgewichtsstörung durch strömende Bewegung. Als einen anschaulichen 'Versuch' führt er die Kerze an, deren Flamme, wenn sie in der offenen Tür eines geheizten Raumes von oben nach unten bewegt wird, oben durch die ausströmende warme Luft nach außen, unten durch die einströmende kalte Luft nach innen sich neigt und in der Mitte ruhig brennt.

[14] Sie besagt kurz folgendes: Sowohl ein künstlich wie natürlich von den übrigen Artgenossen getrenntes Paar einer Tierspezies, welches durch besondere Eigenschaften oder eine besondere Umgebung geprägt ist, entwickelt sich dieser Situation gemäß und abweichend von der übrigen Art als eigene Varietät.

nalreichtums von Smith. Die Ursache der Veränderung ist nach Liebmann jeweils empirischer Natur: die Temperatur, das Klima, die Umgebung etc.

Theorien zweiter Ordnung, führt das vierte Kapitel aus, kommen dadurch zustande, daß das Denken "nicht damit zufriedengestellt" (!) ist, "Erscheinungen aus Erscheinungen zu erklären" (KT 23). Im Bewußtsein der Relativität der Erscheinungen greife es hinaus und hinüber in ein Unerfahrbares, jenseits von Raum und Zeit Liegendes. In diese Region würden hypothetisch Realgründe gesetzt. Die Theorien zweiter Ordnung verhielten sich zu denen erster Ordnung wie das erste Stockwerk zum Erdgeschoß: sie gewährten einen weiteren Überblick, seien aber auch bei einem Erdbeben schneller zerstört. Als Beispiele nennt Liebmann die Theorie des Lichts, der Wärme, des Magnetismus und der Elektrizität (24 f.).[15] Den Wert dieser Theorien könne man, so Liebmann, darin sehen, daß sie - wenn auch nicht apodiktisch oder assertorisch - dem Menschen die Gewißheit geben, auch empirisch Unbegriffenes ansatzweise mit dem menschlichen Verstande bewältigen zu können (KT 33 f.).

Eine Theorie dritter Ordnung ist schließlich *Metaphysik* (5. Kapitel). Im Gegensatz zu den transzendenten der zweiten Ordnung griffen die metaphysischen Theorien nicht nur ins Überempirische, sondern zugleich auch ins Unbedingte. Liebmann definiert Metaphysik unter einem methodologischen Gesichtspunkt als diejenige Ansicht, die "*sich über alles Relative hinausversetzen zu können, mithin etwas absolut Reales geistig zu erfassen glaubt*" (KT 38). Daraus folge, daß der Unterschied zwischen Theorien zweiter und dritter Ordnung nur in der Geltungsfrage gesucht werden dürfe (KT 39). Die Zuschreibung absoluter Gültigkeit sei ein subjektiver Akt. Doch lasse sich der Begriff 'Metaphysik' noch weiter bestimmen; denn der Anspruch der unbedingten Gültigkeit impliziere zugleich, daß die Theorie dritter Ordnung "*Universaltheorie*" sei. Dieser Gedanke sei in doppelter Weise psychologisch zu rechtfertigen: sowohl hinsichtlich des Denkens wie des Erfahrens erweise er sich in bestimmter Weise als angemessen. Was das Denken betreffe, so stehe zum einen fest, daß alles Wissen in seiner Gesamtheit metaphysischer Natur sei, insofern sich nicht alles Wissen in einem einzigen Kopf befinde. Ferner strebe der Mensch aber von Natur aus nach einer Ordnung seines Wissens und damit auch nach einer Fundamentalwissenschaft, aus der alle Einzelwissenschaften erwüchsen. Sie wäre die Metaphysik. Neben dieser logi-

---

[15] Liebmann erläutert das Beispiel des Lichts. Seine Wirkungen werden gemessen, berechnet etc., sein Wesen will die Undulationstheorie erklären; sie hat aber ein nicht Wahrnehmbares zum Inhalt. Als weiteres Beispiel wird die moderne Chemie und ihre Atomistik angeführt. Ein drittes Beispiel gibt David Friedrich Strauss' Mythostheorie, nach der biblische Geschichten - wie die heidnische Mythologie - das unwillkürliche Gesamtergebnis der Stimmung und Phantasie eines Volkes sind (KT 28-32).

schen Seite habe die "*höchst prometheische Idee* der Metaphysik" noch zwei weitere, deren eine durch eine Aufhellung der Gefühlssphäre zu bestimmen wäre. Die andere aber ergebe sich aus dem Wesen der Erfahrung. Liebmann beschreibt, wie ein am Wege liegender Chausseestein oder ein vorbeifliegender Vogel uns schnell "die Klimax der Theorieen" (44) durchlaufen läßt. In einem infiniten Regreß eile unser Denken immer weiter, von Frage zu Frage getrieben und auf eine letzte Antwort zielend. Insofern sei auch von dieser Seite das Ideal der Metaphysik gerechtfertigt. Daß jeder Versuch, es einzulösen, der Skepsis anheim fällt, liege in der Natur der Sache; gleichwohl könne uns dieses lehren, zwischen dogmatischer und kritischer Metaphysik zu unterscheiden.[16]

Im sechsten Kapitel wertet Liebmann das Doppelkriterium von formaler - d.h. innerer logischer Stimmigkeit des Gedankens - und materialer - d.h. Übereinstimmung von Gedanke und Ding - Wahrheit aus, indem er feststellt, daß, was aus materialen Prinzipien wahr geschlossen ist, von der Erfahrung bestätigt werden muß.[17] Dieses Zusammenspiel von Denken und Wirklichkeit nennt er - seit seiner *Analysis der Wirklichkeit* (AW 187-207) - *Logik der Tatsachen.*[18]

Theorien erster Ordnung, so folgt daraus, sind hinsichtlich ihrer materialen wie formalen Bedingungen prüfbar und können bei bestandener Kontrolle den Anspruch einer *veritas aeterna* erheben. Denn sie würden allein außer Kraft gesetzt, wenn ein Wunder geschähe und die gesamte Naturordnung selbst umgestoßen würde. Problematisch bleiben, so Liebmann, schon Theorien zweiter Ordnung, da die materiale Prüfbarkeit nur noch in den Konsequenzen, aber nicht mehr im Prinzip gegeben ist. Der Rückschluß von der Wirkung auf das Prinzip sei aber immer mit Zweifeln behaftet, da zwar gelte: *Sublato conditionato tollitur conditio,* aber nicht umgekehrt: *Sublata conditione tollitur conditionatum.*[19] Weitaus härter

---

[16] Damit liegt einer der zentralen Begriffe des Liebmannschen Denkens vor. *Kritische Metaphysik* ist sich bewußt, daß Metaphysik eine Notwendigkeit ist, aber daß ihre konkrete Form niemals den Absolutheitsanspruch für sich in Anspruch nehmen darf, vgl. auch die folgenden Abschnitte der Einleitung.

[17] Die zwei anderen Varianten sind: 1. Was aus falschen materialen Prinzipien formal richtig geschlossen wird, muß auch material falsch sein. 2. Was aus material wahren Prinzipien logisch inkorrekt geschlossen wird, kann wahr oder falsch sein (je nachdem, ob sich die Fehler aufheben).

[18] Daß aus dem Kriterium die *Logik der Thatsachen* folge, betont Liebmann im Rückblick noch einmal in GT II 214 f.

[19] Daraus folgt ein beherzigenswerter Gedanke: Man hat das Recht - aber nie die Pflicht - solche Theorien in das wissenschaftliche Denkgebäude aufzunehmen, wenn sie neben formaler Richtigkeit die Erfahrung plausibler als andere Theorien zu deuten vermögen. Ihres hypothetischen Charakters muß man sich bewußt bleiben.

treffe das Problem materialer Unverifizierbarkeit die Theorien dritter Ordnung. Der unsichere Rückschluß auf eine Ursache verbinde sich bei ihnen mit einer Verabsolutierung der Ursache. Manche Systeme suchten sich deshalb auch noch durch eine besondere Logik der formalen Verbindlichkeit zu entziehen. Doch diese Unmöglichkeit und jene Unsicherheit könnten dazu führen, den metaphysischen Ertrag im Aufweis von Grenzbegriffen des menschlichen Verstandes zu sehen.

Im siebten Kapitel erfolgt eine überraschende Peripetie. Unter Hinweis auf *Hamlet* wird daran erinnert, daß in einer Wolke gleichzeitig verschiedene Gestalten gesehen werden können. Damit wird auf die grundsätzliche 'Vielzüngigkeit' von Erfahrung hingewiesen. Sie erschüttert aber bereits die Basis des Erdgeschosses, der Theorien *erster* Ordnung.[20] Um dies abzuwenden, bildete schon Bacon das Ideal der *mera experientia*, der reinen Erfahrung, aus. Doch muß man sich nach Liebmann fragen, ob es überhaupt eine solche gibt, und, wenn es sie gibt, worin sie besteht (ebd. 70). Die Prüfung verlangt, alle Bewußtseinsanteile aus dem Wahrgenommenen zu entfernen, damit nur das Beobachtete und Beobachtbare übrigbleibt (ebd. 72). Liebmann vergleicht sie mit einer Operation, in der die Erfahrung von 'Auswüchsen' befreit wird. Das Ergebnis lautet:

> "*Ein pulverisierter Leichnam.* / Unsere Operation ist also von so letalem Erfolg, daß das Opfer nicht nur den Geist aufgibt, sondern sogar augenblicklich in einen unarticulierten Staubhaufen auseinanderfällt." Die *reine Erfahrung* fällt "in ein ungeordnetes, zusammenhangloses Aggregat völlig discontinuirlicher Wahrnehmungsfragmente auseinander [...] das Resultat ist nicht sowohl eine *reine* Erfahrung, als *garkeine Erfahrung*." (ebd. 75 f.).

Liebmann versucht deshalb, den Modus des Ineinandergreifens von Wahrnehmung und Denken zu bestimmen. Die schon immer vorausgesetzte Tätigkeit des Denkens nennt er - in Anlehnung an die Mathematik und nicht an die Philologie - *Interpolation*. Er bestimmt vier Interpolationsmaximen, aufgrund derer allein Erfahrung überhaupt möglich sei. Sie leisten - und das ist der Nerv der *Klimax der Theorieen* - einen konkreten Aufweis der *Logik der Thatsachen* (vgl. Bauch 1910, 121 f.).

1. *Das Prinzip der realen Identität.* Im Leben gehe ich davon aus, daß der Baum, den ich vor einer Minute ansah und den ich jetzt wieder ansehe, derselbe Baum ist, was so selbstverständlich nicht ist; denn für die Erscheinungen gilt doch im phänomenalen Sinne, daß der Baum, den ich vorhin sah, keineswegs der Baum ist, den ich jetzt sehe - er hat ein Blatt verloren, bewegt sich im Wind, die Lichtverhältnisse sind anders, mein Betrachter-Standpunkt hat sich geändert etc.

---

[20] Ähnlich auch Volkelt (1886, 398), der in diesem Zusammenhang gern von Peripetie spricht, vgl. zur Problematik Neumann (1978, 107 f.).

Trotz allem unterstellen wir laut Liebmann - und müssen unterstellen - die reale Identität des Gegenstandes; es ist noch immer derselbe Baum.[21]

2. *Das Prinzip der Kontinuität der Existenz.* Gewöhnlich geht man auch davon aus, daß die beiden Bäume, die man sah, nicht nur *ein* Baum sind, sondern daß dieser Baum auch die ganze Zeit an seiner Stelle stand und existierte. Diese Annahme ist für die Deutung der Erfahrung unentbehrlich und wird stillschweigend vorausgesetzt: "*Das Sein oder die Existenz eines Realen ist in der Zeit continuirlich*" (ebd. 80). Doch ist auch dieser Grundsatz Liebmann zufolge nicht aus der Erfahrung genommen, da in derselben im strengen Sinn keine Kontinuität beobachtet wird. So sei beispielsweise das *de nihilo nihil* ein überempirischer Satz, der Erfahrungserkenntnis überhaupt erst konstituiere (ebd. 82 f.).

3. *Das Prinzip der Kausalität.* Im Gegensatz zum populären Kausalitätsverständnis zielt der Kausalsatz in diesm Sinn nicht auf irgendeine Ursache überhaupt einer Erscheinung, sondern fordert in strenger Notwendigkeit und Regelmäßigkeit aus gleichen Ursachen gleiche Wirkungen (ebd. 85 ff.).[22] Die Unentbehrlichkeit weist Liebmann am Gegenteil deutlich: ein regelloser Zufall hebe die Wissenschaft ebenso auf wie das Wunder.[23]

4. *Das Prinzip der Kontinuität des Geschehens.* Wie die zweite Maxime aus der ersten, so folgt diese aus der dritten. Kausalität ziehe nach sich, daß ein wirklicher Vorgang so verläuft, daß er "die Zeitstrecke seines Geschehens" "continuirlich ausfüllt" (ebd. 92). Wenn Kepler aus den einzelnen Marspositionen die stetige Ellipsenbahn folgere, setze er eben jenes Prinzip voraus.

---

[21] "*Wenn vom percipirenden Subject in einem ersten Zeitpunkt t das Phänomen A, in einem zweiten Zeitpunkt* t_1 *das mit jenem A sämmtlichen Merkmalen nach* [...] *völlig übereinstimmende[s] Phänomen* A_1 *wahrgenommen wird, so sind A und* A_1 *realiter identisch.*" (KT 77).

[22] Diese Definition der Kausalität war umstritten. Avenarius (1903, 52) etwa meint, daß "durch die Hineindenkung des Zwanges in den Folgevorgang erst die Kausalität geschaffen" werde und zwar "kaum anders als wie der Fetischismus den beseelten Gegenstand erst schafft". Dagegen wendet sich ausführlich Volkelt (1886, 226 ff.).

[23] Die Annahme der Kausalität wird auch durch die scheinbar zwischen Wunder und Gesetz liegende Wahrscheinlichkeit nicht berührt. Denn daß die Wahrscheinlichkeit 50% beträgt, bei einer schwarzen und einer weißen Kugel aus einem Topf die weiße zu ziehen, setzt voraus, daß ich das Wunder einer dritten Kugel ausschließe, also die Kausalität zugebe (ebd. 91 f.).

Diese vier Kriterien seien kein Privilegium der Wissenschaft, sondern "ein allgemeines Menschenrecht" (ebd. 94), welches für alle Erfahrung gelte.[24] Darüber hinaus seien die Interpolationsmaximen ihrerseits kein Wahrnehmungsurteil wie ein empirischer Tatbestand, aber auch keine logische Einsicht wie ein mathematisches Axiom. Sie lägen aller assertorischen Wahrheitserkenntnis des Empirischen und aller apodiktischen des Mathematischen zugrunde. Die Interpolationsmaximen, das ist Liebmanns Ergebnis, sind unhintergehbare Annahmen, die überempirisch und überaxiomatisch Erkenntnis konstituieren, indem sie Wahrnehmung ermöglichen.[25]

"Herodot hat gesagt, Aegypten sei ein Geschenk des Nils. [...] Mit gleichem Rechte darf man sagen: Die Erfahrung ist ein Geschenk des Verstandes." (96) Mit diesem Satz, der zugleich auf Kants Diktum aus der Einleitung in die *Kritik der reinen Vernunft* anspielt, daß die Gegenstände sich nach den Begriffen richten sollten, faßt Liebmann die grundlegende Einsicht der Untersuchung, die er zugleich für Kants Zentralpunkt hält, zusammen: Der von Bacon geforderte Verzicht auf *anticipationes mentis* sei schlechterdings undurchführbar. Daraufhin geht Liebmann noch einmal auf das Problem der Erfahrung ein und wiederholt seine Unterscheidung von erkenntnistheoretischer und psychogenetischer Betrachtungsweise.[26] Er zeigt auf, daß der Empirist die Interpolationsmaximen (und auch andere Sätze) bereits voraussetzt und in seiner vermeintlichen Beschei-

---

[24] Die beiden ersten sind im übrigen dem naiven Realismus entlehnt, vgl. v. Hartmann (1914, 109): "Denn die Ansicht über die Kausalität, welche sie [die Anhänger der immanenten Kausalität, HS] sich zur Zeit ihres naiven Realismus gebildet haben, beruht auf den zwei Voraussetzungen, daß die Dinge als Träger der kausalen Beziehungen *beharrlich* und daß ihre kausalen Einwirkungen aufeinander sich *ohne zeitliche Lücke* zwischen Ursache und Wirkung vollziehen." Das Zitat stammt aus einer Passage, die in der ersten Auflage (1871) noch nicht enthalten ist.

[25] Eine treffende Wendung hat Bauch (1910, 119) geprägt: "Erfahrungswissenschaft, Naturerkenntnis, ja überhaupt Natur sind für den Empirismus noch weniger möglich, wie für den Mystizismus. Das hat Liebmann allenthalben, am eindringlichsten vielleicht in seiner leider viel zu wenig gelesenen kleinen aber inhaltsreichen Schrift über 'Die Klimax der Theorien', mit zwingender Schärfe und Deutlichkeit gezeigt."

[26] Nach der letzten ist der Begriff des Kentauren empirisch, da er aus den in der Erfahrung vorkommenden Einzelstücken *Pferd* und *Mensch* zusammengesetzt ist. Erkenntnistheoretisch aber - also hinsichtlich des Gültigkeitsanspruchs und der Aufweisbarkeit eines objektiven Korrelats (KT 100) - ist der Begriff des Kentauren nicht empirischen Ursprungs. Aus der Vermischung dieser beiden Punkte entstehen nach Liebmann die unberechtigten Einwürfe der Empiristen. Diese Differenzierung hebt Falkenheim (1910, 58 f.) hervor. Sie sei ein "Ruhmestitel", denn seine Ansicht habe sich zum Gemeingut der antipsychologistischen Philosophie entwickelt.

denheit einem *de facto* unbescheidenen Dogmatismus huldigt (105). Gemäß dieser zentralen Einsicht der Unabhängigkeit der Geltung von der Genese ist die Einschätzung der drei Ordnungen von Theorien zu korrigieren. Zum einen sei es, so Liebmann, deutlich, daß es bei dieser Lage der Dinge Theorien der ersten Ordnung, die rein erfahrungsgemäß sind und bleiben, gar nicht gebe: Alle Theorien gehörten in die zweite oder dritte Ordnung. Das "Erdgeschoß" stürze ein, aber die Stockwerke blieben durch die "intellectuellen Banden und Klammern unseres Verstandes zusammengehalten" (107).

Auf diese Weise stellt sich die Frage nach dem Ort der Erfahrungswissenschaft im Ganzen der Wissenschaft neu - und damit auch das Problem der Metaphysik. Theorien dritter Ordnung waren nur dem Grade nach verschieden von denen der zweiten. Bei den Theorien dritter Ordnung gelte es zu unterscheiden zwischen der berechtigten prometheischen Idee, dem Ideal der Metaphysik als kritisch-regulativer Größe, und der dogmatischen Metaphysik. Dadurch, daß die Erfahrungswissenschaft sich jetzt auch auf der höheren Theoriestufe finde, unterliege auch sie dem Drang des Verstandes nach Vereinheitlichung und Systematisierung, dem Drang nach Metaphysik. Diese dürfe freilich keinesfalls dogmatisch sein, sondern kritisch. Metaphysik verstehe sich damit als aus der Sache *notwendig* entspringende, gleichwohl hypothetische Erörterung: Denn entweder trage man der überempirischen Natur der Interpolationsmaximen mit einer kritischen Metaphysik Rechnung, oder aber man leugne sie, wodurch die empirische Wissenschaft eine *Unterart der dogmatischen Metaphysik* werde.[27]

Klimax der Theorieen: Grundbuch der Liebmannschen Erkenntnistheorie

Als Grundmotiv der Erkenntnistheorie erweist sich die Verflochtenheit von *Ding an sich* und *Erfahrung*. Die Kritik am *Ding an sich* involviert immer auch eine Auseinandersetzung mit dem Begriff der *Erfahrung* - so z.B. auch bei Volkelt (1886), Hartmann (1871) und Spicker (1875). Unter diesem Blickwinkel läßt sich die Schrift in das Gesamtwerk Liebmanns einfügen.[28]

---

[27] Bauch (1910, 118 f.) hat darauf hingewiesen, daß man angesichts dieses Diktums den Unterschied von Empirie und Empirismus (aus KT 113) nicht vergessen dürfe. Der Empirismus, so erläutert er, verschließe "gegen das Wesen und die Bedeutung der Empirie die Augen [...] und zwar - aus Grundsatz."

[28] Dabei werden im folgenden die Hauptwerke berücksichtigt. Für die im zeitlichen Umfeld liegenden Vorlesungen Liebmanns verweise ich auf die Einleitung der in Kürze vorliegenden Edition, vgl. Dathe / Schwaetzer (im Druck).

Liebmann versucht in seinem Frühwerk *Kant und die Epigonen* im ersten Kapitel *die Hauptlehre und die Hauptfehler Kants* darzustellen. Er selbst legt damit den Grund seiner eigenen Anschauung, verfehlt aber doch noch die präzise transzendentalphilosophische Wendung.[29]
Er beginnt *medias in res* und referiert, ohne diese seine Ansicht weiter zu begründen, die transzendentale Ästhetik als das Ewig-Wahre der Kantischen Vernunftkritik.[30] Nach einem Hinweis auf die Kategorientafel, die hier schon als reformationsbedürftig angesehen wird, was freilich erst in *Klimax der Theorien* mit den Interpolationsmaximen angegangen wird, resümiert Liebmann:

> "*Unser Intellect erkennt nur die in Raum und Zeit gegebenen Elemente der Erfahrung, verknüpft von den Kategorien, als Object.*" (KE 23)

Auf diese Aussage folgt eine bedeutsame Umkehrung, die auf die spätere *Klimax der Theorieen* vorausweist. Liebmann stellt fest, daß alles für uns nur innerhalb von Raum und Zeit auf der Grundlage der Kategorien von Bedeutung sei.[31]

---

[29] Dieser These Windelbands hat Liebmann selbst noch zugestimmt. Vgl. Windelband (1910, III) und Bauch (1912a, VII).

[30] Deren Kern gibt er in einer Kant-Paraphrase wieder (KE 20 ff.): Alles Vorstellen bestehe in Anschauen und Denken. Anschauen sei an Raum und Zeit gebunden. Denken vollziehe sich als bloßes Denken in der Zeit oder verbinde sich mit der Anschauung. Infolgedessen bildeten Raum und Zeit Formen und Bedingungen alles Vorstellens. Diesem Erweis schließt er - immer noch in Paraphrase - an, daß 1. Raum und Zeit nicht aus der Anschauung abstrahiert seien, weshalb sie 2. nicht hinwegzudenken seien, ohne daß die Welt mitaufgehoben wäre. 3. Die Sätze der Mathematik seien a priori (allgemein und notwendig). 4. Raum und Zeit seien keine diskursiven Begriffe. Daraus folge, daß Raum und Zeit notwendige, reine Anschauungsformen a priori seien (Funktionen des Intellekts, wie Liebmann sagt). Kants letzten Schluß, daß Raum und Zeit von empirischer Realität und transzendentaler Idealität seien, bringt Liebmann in einer auf das folgende vorausdeutenden Variante: "Abstrahieren wir von der Erfahrung und dem Vorstellen überhaupt, so sind R. und Z. *Nichts, d.h. Raum und Zeit sind von empirischer Realität und transcendentaler Idealität*" (KE 22). Die signifikante Hinzufügung des "Nichts" weist schon auf die folgende Kritik hin. Es findet sich in der Vernunftkritik ein dogmatischer Fehler (ebd. 10). Sie wird noch verstärkt durch einen Hinweis in der Fußnote (ebd. 21), daß allein schon Kants zweiter Punkt - Raum und Zeit als Bedingung der Möglichkeit von Erfahrung - hinlänglich sei zur Begründung der gesamten transzendentalen Ästhetik. Liebmann pointiert damit indirekt die absolute Grenze allen Erkennens durch die Eingebundenheit in Raum und Zeit.

[31] "*Alles, was in Raum und Zeit gegeben ist,* [...] *hat nur in Beziehung auf den Intellect Gültigkeit und ist daher, unabhängig von demselben, Nichts*" (KE 24). Der Begriff "Nichts" kommt bei Kant an der entsprechenden Stelle in einer anderen Funktion vor: "Wir kennen nichts, als unsere Art, sie [die Gegenstände, HS] wahrzunehmen" (KrV A 42). Was die Dinge an sich seien, bleibe uns völlig unbekannt. Das bei Kant im steigernden Vergleich - zur Betonung eines ausschließlichen 'nur' - gebrauchte 'nichts' erhält in der

Daraus folgt aber die wechselseitige Bedingtheit von Subjekt und Objekt, die in *Klimax der Theorieen* Hauptgegenstand ist[32]:

"Aus der transscendentalen Idealität von Raum und Zeit und der Einschränkung der Kategorien auf die, in jenen gegebenen, Data der inneren und äußeren Erfahrung folgt die durchgängige Abhängigkeit der wirklichen, empirisch-realen Welt vom erkennenden Subjekt und umgekehrt." (ebd. 25)[33]

Liebmann hat also mit seiner Kant-Lesart, die, wie er selbst betont, den Grundfehler Kants ausmerzt und, *über ihn hinausgehend* (s. u.), seinen späteren transzendentalphilosophischen Ansatz *in nuce* formuliert.

In der folgenden Kritik des *Ding an sich* begegnet aber auch zugleich ein metaphysischer Rest der Liebmannschen Anschauung, der auf eine weitere Präzisierung des transzendentalphilosophischen Ansatzes folgt. Liebmann faßt die Einführung des *Ding an sich* als Hauptfehler Kants im Resultat so:[34]

"Dies ist deutlich gesprochen ein problematisches Etwas ohne Inhalt, von dem wir gar nichts wissen können, als nur eine dunkle Phrase für das einfache, ehrliche '*Nichts*'." (ebd. 28)

Im folgenden unternimmt Liebmann eine historische und eine psychologische Deduktion des *Ding an sich*. Dabei ist für die Entwicklung seiner Philosophie die

---

oben zitierten Fassung Liebmanns eine Schopenhauer'sche Dimension. Bekanntlich schließt dessen erster Band von *Die Welt als Wille und Vorstellung* mit dem Satz: "Aber auch umgekehrt ist Denen, in welchen der Wille sich gewendet und verneint hat, diese unsere so sehr reale Welt mit allen ihren Sonnen und Milchstraßen - Nichts" (Schopenhauer 1991, I, 528). Offenkundig bilden die beiden Positionen einen diametralen Gegensatz, da Liebmann gerade jenseits von Raum und Zeit das Nichts lokalisiert. Schopenhauer ist der letzte Fortführer der Kantischen Lehre, dem sich Liebmann in dem längsten Kapitel widmet, vgl. Liebmann (KE 157-203).

[32] Vgl. aber auch später GT II, 104 f.

[33] Vgl. GT II 104 f.

[34] Die *schleichende* Einführung Kants faßt Liebmann so zusammen: Kant nenne die in Raum und Zeit gegebenen Dinge Erscheinungen (vgl. KrV A 19). Nach Liebmann ist bereits diese Bezeichnung inkonsequent, da sie ein den Erscheinungen Zugrundeliegendes voraussetze, welches aber jenseits von Raum und Zeit und deshalb überhaupt nicht erkennbar sei. Kant nenne es das *Ding an sich*, betone aber, es sei nicht gestattet, etwas über seine Möglichkeit oder Unmöglichkeit auszusagen (KrV A 286, KE 28). Liebmann zitiert dann zwei Stellen, die das *Ding an sich* nicht problematisch, sondern assertorisch (KrV A 358) und gar apodiktisch (KrV A 538) fassen. So meint er beobachten zu können, wie sich die Annahme nach und nach einschleiche und festige.

letztere bedeutsam.[35] Der Erkenntnisgewinn vollziehe sich, meint Liebmann, durch ein beständiges Wechselspiel von Frage und Antwort bestimmter Prozessualität (53 ff.):[36]

> "1) Gefühl der Ungewißheit (Sokratische ἄγνοια).
> 2) Befremden hierüber (Platonisches θαυμάζειν)
> 3) Streben nach Beseitigung der Ursache des Befremdens durch Erlangung des Wissens (φιλοσοφία)." (ebd. 57)

Wie in *Klimax der Theorieen* führt Liebmann jetzt eine Peripetie herbei. Denn im Gegensatz zu den philosophischen Bestrebungen, ein Letztes zu erreichen, ende die Philosophie immer in der Frage, nie in der Antwort:

> "Es ist aber das Eigentümliche des theoretischen Intellects, daß er, wenn irgend ein Gebiet des Wissens durch abwechselndes Fragen und Antworten erforscht und erkannt ist, *schließlich doch nie mit einer Antwort aufhört, sondern immer mit einer Frage*." (ebd. 60)

Verschließe ich mich der genannten Einsicht, so bekomme ich als scheinbar positiv Letztes ein Etwas, von dem ich weiter nichts wissen kann - das Ding an sich. Damit ist die eigentlich psychologische Erklärung gegeben.[37] Wolle man dies vermeiden, so ergebe sich daraus eben die transzendentalphilosophische Wendung, die sich dieses Zusammenhanges bewußt bleibe und, wenn sie inne hält, mit einer Frage ende.[38]

---

[35] Die historische Deduktion verläuft so: In allem Bemühen lange die Philosophie "*an einem Punkte an, wo das Denken aufhört*" (ebd. 33). Liebmann vergleicht den Prozeß mit einem Kinde, das durch den Regenbogen hindurchlaufen will. Das vergebliche Bemühen habe einerseits die Skeptiker auf den Plan gerufen, es habe andererseits einen Philosophen gefunden, der, um das Bild aufzunehmen, das Kind lehre, wie der Regenbogen zustande komme - also durch die transzendentale Wendung die Erscheinung erkläre. Damit ist zunächst eine positive Zusammenfassung des Verdienstes Kants in allgemeiner Weise gegeben. Das Kind zu Kants Zeiten, so Liebmann, sei die Leibniz-Wolffische Philosophie. Sie behandele ihren "Regenbogen" als ein letztes, ontologisch Zugrundeliegendes - als ein 'Ding'. Um das 'Kind' zu belehren, müsse Kant in dessen Sprache reden, wodurch er den Begriff des *Ding an sich* als Fremdkörper in seine Philosophie aufgenommen und geduldet habe (ebd. 34-36).

[36] Dieses Fragespiel gründe sich vor allem auf die Kategorien der Substanz und der Kausalität (Was ist das? Woher kommt das?), woraus sich ergebe, weshalb besonders diese beiden Kategorien in der Frage nach dem Ding an sich eine Rolle spielen.

[37] In der Argumentation wird deutlich, daß Liebmann auf genau gleiche Weise auch in *Klimax der Theorieen* verfährt, um mit der Gegebenheit eines immer weiteren Fragens einerseits Metaphysik als Notwendigkeit zu begründen, andererseits mit der Unmöglichkeit einer Antwort dogmatische Metaphysik auszuschließen.

[38] Vgl. zu dem typischen Zug Liebmanns Windelband (1910, V) und Adickes (1910, 2 f.).

An dieser Stelle schließt Liebmann selbst aber *nicht*. Im Rückblick auf die Differenzierung von Künstler und Philosoph[39] konzipiert er eine Religion der symbolischen Formen, indem der dreistufige Weg *rückwärts* durchschritten wird. Wer in der Philosophie bemerke, daß ihm eine letzte Antwort fehle und dies auszuhalten vermöge, der gelangt, so ist Liebmann zu interpretieren, erneut in die Sphäre des θαυμάζειν. Hier gibt sich ihm nun umgekehrt aus dem Gefühl oder der ἄγνοια ein Letztes zu eigen. Freilich bleibt dieses Erfassen immer *symbolisch*:

> "Dies ist das Eigenste und Innerste der Menschennatur, das Räthsel in unserer Brust, das Allerheiligste unserer Seele, das in Kunst und Religion seinen faßbaren, symbolischen Ausdruck findet." (ebd. 67)

Bei aller Nähe der Gedanken fehlen im Frühwerk sowohl der Begriff der *Interpolationsmaximen* wie der ihm vorgeordnete der *Logik der Thatsachen*. Hinter dem empirischen Bereich erscheint zwar der transzendentale, aber er ist noch unscharf, was sich daran zeigt, daß seine Methode noch mit einer metaphysischen Religion der symbolischen Formen verbunden wird.

In seiner *Analysis der Wirklichkeit* vollzieht Liebmann von beiden Seiten aus eine Annäherung an die Mitte, die mit den *Interpolationsmaximen* und der auf ihr begründeten *kritischen Metaphysik* in *Klimax der Theorieen* in aller Deutlichkeit auftritt. Von Seiten der Erfahrungswissenschaft kommt es zum Terminus *Logik der Thatsachen*. Im Bereich der Metaphysik erfolgt der Ausbau der Idealphilosophie. Dazwischen stehen Überlegungen, die bereits auf *Klimax der Theorieen* vorverweisen, aber im Gewande von Spezialuntersuchungen noch nicht deren Klarheit und Schärfe haben.

Liebmann teilt den Band in drei Teile: Erkenntnistheorie, Naturphilosophie[40] und Ästhetik / Ethik. Infolgedessen werden wir im ersten Teil, der Erkenntnistheorie, den Abschnitt finden, der mit *Klimax der Theorieen* die größten Berührungspunkte haben wird. Im letzten Teil ist eine Modifikation der *Religion der symbolischen Formen* in eine transzendentalphilosophische *Ideal-Philosophie* zu

---

[39] Beide suchen die Welt auf je verschiedene Art zu verstehen: "Der *Künstler* erfaßt sein Object in der *Phantasie* und reproducirt es als *anschaulich Schönes*; der *Philosoph* begreift es in der *Vernunft* und denkt es als *abstract Wahres*" (KE 32). Abstraktes und intuitives Erfassen stehen sich so gegenüber.

[40] Vielleicht darf hier in aller Knappheit auf ein in der Einleitung gänzlich ausgespartes Thema verwiesen werden: Liebmanns Begriff des Organismus (und - im Zusammenhang damit - seine Kritik des Darwinismus) und sein Verständnis von "Zweck". Wesentliches dazu hat Driesch (1910, 86 ff.) zusammengetragen; dort finden sich auch eine Stellenübersicht zu Liebmanns Äußerungen.

finden. Der mittlere Teil deutet die Einheit beider Richtungen im Sinne einer kritischen Metaphysik an.

In der Erkenntnistheorie ist vor allem auf die beiden Schlußkapitel einzugehen. Die Ausgangsfrage Liebmanns ist die nach "Idealismus und Realismus" (1. Kapitel).[41] Darin konzipiert Liebmann ein Gedankenexperiment, welches er - mit einer bestimmten Modifikation - in *Klimax der Theorieen* durchführt. Um den Streit zwischen Idealismus und Realismus zu entscheiden, ließe sich folgendes denken:

> "Der directe, leider jedoch unzugängliche Weg bestünde in der Ausführung des übermenschlichen Experiments: Hebe jedes Bewußtsein auf, zunächst jedes dir gleichartige Bewußtsein; - was bleibt dann übrig von der uns bekannten Welt? Alles? Oder Etwas? Oder Nichts? - / Der hierbei eintretende Defect würde eben das 'Ideale' sein, der übrig bleibende Rest das 'Reale'." (AW 35)

In seiner *Analysis der Wirklichkeit* will sich Liebmann auf "Umwegen", d.h. durch Untersuchungen über die Natur von Raum, Zeit und Sehen einer Entscheidung nähern. In *Klimax der Theorieen* unternimmt er, wie wir sahen, einen direkteren Anlauf, indem er über den Erfahrungsbegriff die Undurchführbarkeit des Experimentes zeigen will, um so zu den Interpolationsmaximen zu gelangen.

Nach seinen Spezialuntersuchungen beschließt er seinen erkenntnistheoretischen Teil mit zwei Kapiteln, deren erstes den Titel *Die Logik der Thatsachen oder Causalität und Zeitfolge* (AW 187 ff.) trägt. In seiner Analyse der Zeit hatte Liebmann festgestellt, daß unsere Auffassung der absoluten Zeit durchaus fragwürdig ist im Hinblick auf die Adäquatheit mit dem absolut Realen. Wie sich schon das subjektive Zeitempfinden bei Menschen unterscheidet, so ist es keineswegs ausgemacht, daß unser Verständnis der absoluten Zeit mit dem absolut Realen sich deckt. Dadurch kommt es zu einer metaphysischen Grenzfrage: Ist das Verfließen der Zeit überhaupt eine metaphysische Existenzform oder eine empirische Wahrnehmungsform? Eine endgültige Antwort, so Liebmann, wird man nicht geben können, da man für sie das menschliche Bewußtsein transzendieren müßte. Doch ist es immerhin denkbar, daß das (aristotelische) "Zugleich, Früner, Später" für eine absolute Intelligenz keine Rolle spielt, sondern *uno actu* vorliegt (AW 200 f.). Liebmann illustriert die Vorstellung durch das Bild eines Menschen, der, auf einem hohen Paß stehend, auf einen Blick das Geschehen in

---

[41] Liebmann geht von Berkeley aus und kritisiert, daß der Immanenzphilosoph von seinen Vorstellungen aus *nicht* auf das Nicht-vorhanden-Sein der Dinge schließen darf - freilich auch nicht auf die Existenz, vgl. auch Adickes (1910, 7 f.).

vielen Tälern überschaut, die er, wäre er in einem von ihnen, nur nacheinander betrachten könnte.[42]

Liebmann führt ausgehend von diesem Gedanken über den Gebrauch des Syllogismus zum Begriff *Logik der Thatsachen*. Es gilt: 1. Zwei Größen, die beide einer dritten gleich sind, sind auch einander gleich. 2. Sowohl zwei rechte Winkel als auch alle drei Winkel des Dreiecks sind gleich der Summe des Außenwinkels an der Basis des ebenen Dreiecks und seines Nebenwinkels im Dreieck. 3. Also ist die Winkelsumme gleich zwei rechten Winkeln. Aus diesem Beispiel folgt der *Begriff der logischen Notwendigkeit*. Das Ergebnis sei eine *veritas aeterna*, die immer gele. Analog hierzu lasse sich gemäß der obigen Vorstellung einer schrankenlosen Intelligenz jeder Vorgang in der Welt als ein logischer Schluß verstehen. Die erste Prämisse (Maior) sei das Naturgesetz, die zweite (Minor) der Zustand des Objects, die Schlußfolgerung (Conclusio) der folgende Zustand des Objekts (AW 203 f.). Liebmann gibt ein Beispiel. *Propositio maior* sei das Fallgesetz: $s = 1/2\ g\ t^2$. *Propositio minor* sei ein vom Dach sich lösender Ziegelstein, der auf die Straße fällt mit einem Geschwindigkeitszuwachs von 30 Fuß pro Sekunde. *Conclusio* ist z.B., daß er nach zwei Sekunden 60 Fuß durchfallen haben wird.

> "Solch ein objectiver Schluß vollzieht in re genau Dasselbe, was der subjective Schluß des Mechanikers in intellectu vollzieht. Und ebenso stellt sich, bei Annahme der objectiven Allgemeingültigkeit des Causalprinzips, d.h. der durchgängigen Gesetzlichkeit alles Geschehens, jeder von den zahllosen Vorgängen in der Natur unter eine analoge Schlußformel. Das wäre denn schon *Logik der Thatsachen*." (AW 204)[43]

Was Liebmann in *Klimax der Theorieen* als Kriterium der Wahrheit formuliert, ist die abstrakte, verkürzte Fassung dieser Überlegung: Aus material richtigen Prinzipien formal richtig Geschlossenes muß die Erfahrung bestätigen (s.o.). Zugleich ist damit eine Idealphilosophie auch in der Logik angelegt; denn wenn

---

[42] Adickes (1910, 22) meinte Liebmann anhand des Bildes dadurch widerlegen zu können, daß er darauf hinwies, daß auch für den, der auf dem Gipfel steht, die Einschnitte der anderen Höhen bestehen bleiben. So bliebe auch für die absolute Intelligenz ein *Früher, Später und Zugleich* erhalten. Doch greift dieses Argument nicht, da Liebmann nicht behauptet, daß das Früher eines Ereignisses verschwindet, sondern das Früher eines Wahrnehmungsprozesses. In einem prozessualen Zugleich nimmt die absolute Intelligenz die Ereignisse wahr, die durchaus den Stempel der ihnen eigenen Zeitlichkeit tragen können. Richtig ist, daß das Liebmannsche Bild statisch ist und diese Differenz nicht mehr adäquat ausdrücken kann, was aber nicht der Liebmannschen Ansicht zur Last gelegt werden darf, die es ausdrücklich nur als *manuductio* verwendet.

[43] Vgl. auch Falkenheim (1910, 64 f.). Ferner GT I, 18 f. und 153 f. sowie GT II 215 f.

auch eine schrankenlose Intelligenz und damit "*die vollendete Logik der Thatsachen in der objectiven Weltvernunft*" (AW 205) denkbar ist, so bleibt der Schluß doch im letzten zweifelhaft. Ohne seine Gültigkeit ist aber, so Liebmann, alle Wissenschaft aufgehoben.[44]

Wie in *Klimax der Theorieen* auf das Kapitel "Die Kriterien", in dem sich der Rückverweis auf die *Logik der Thatsachen* findet (KT 53), die Interpolationsmaximen folgen, so wendet sich Liebmann auch in der *Analysis der Wirklichkeit* derselben Frage zu - freilich unter dem Kantischen Terminus des *Apriori.* Im Kapitel *Die Metamorphosen des Apriori* wird im Rückgriff auf die Frage nach Idealismus und Realismus auf die wechselseitige Bezogenheit von Denken und Erfahrung verwiesen. Weder aus einer tauben Nuß noch aus einer Nuß ohne entsprechendes Umfeld wird ein Nußbaum, so Liebmann (AW 208 f.). Es sei Kants Verdienst, versucht zu haben, den "Gattungstypus der menschlichen Intelligenz heraus<zu>präparieren" (AW 232). Liebmann seinerseits präpariert aus Kant heraus, was den Kern von dessen Ausführungen bildet. Die *Erkenntnisse a priori* bezeichnen nach Liebmann nichts anderes, als daß unsere Erkenntnis von letzten Intellectualgesetzen - später Interpolationsmaximen genannt - bestimmt sind (AW 236 f.):

> "Soviel jedoch steht fest, jene höchsten Intellectualgesetze, - welche es auch sind, - werden auf jeden Fall ebenso sehr für den Erkenntnißact des Subjects, als für das erkennbare Object, d.h. für die empirisch-phänomenale Welt, schlechthin maßgebend sein müssen; in dem nämlichen Sinn, wie die in meinem Auge herrschenden dioptrischen Gesetze ebenso sehr für meinen subjectiven Sehact, als für die von mir gesehene Gestalt und optische Beschaffenheit der mir sichtbaren Außenwelt schlechthin (a priori) maßgebend sind. *Hierin finde ich den tiefsten Wahrheitsgehalt der Vernunftkritik.*" (AW 237 f.)

Insofern sei Kant zu Recht der Kopernikus der Erkenntnis, aber er habe auch der Newton derselben sein wollen. Doch diese Aufgabe sei noch nicht gelöst und stehe wie vor hundert Jahren als Ziel da. Der *Newton der Vernunft* ist aber offenbar der, so darf man Liebmann verstehen, der die Gesetze der Erkenntnis

---

44 Der *Logik der Thatsachen* korrespondiert, wie Bauch (1910, 121) gezeigt hat, der spätere Titel *Gedanken und Thatsachen*. Beide zusammen sind untrennbar ineinander verwoben; es gibt nicht eine Logik der Gedanken und eine Logik der Tatsachen, sondern es ist die eine objektive Weltvernunft, die sich in beiden ausspricht. Vielleicht liegt an dieser Stelle einer der Punkte, die größte Nähe mit *Goethes* Verständnis von Naturwissenschaft implizieren. Liebmann selbst, aber auch Bauch (1910, 122) weisen auf Goethes Ausspruch hin, daß alles Tatsächliche schon Theorie sei. Vgl. dazu ausführlicher Schwaetzer (1999a) sowie den Schluß dieser Einleitung.

erforscht und beschreibt. Gerade diesem Ziel aber ist die *Klimax der Theorieen* mit den Interpolationsmaximen verpflichtet.[45]

Nach einer Schilderung der nachkantischen Stellungnahmen zum Apriori faßt Liebmann das Ergebnis seiner Erkenntnislehre zusammen (AW 250 ff.). Das Bewußtsein ist für Liebmann die Urtatsache schlechthin. Es ist die "Grundbedingung der empirischen Realität" (250). Der hinter den Intellectualgesetzen stekkende "Jemand" bleibe unerforschlich, die absolute Weltvernunft sei unzugänglich. Wer das Erkennen untersuche, sehe sich gezwungen via Kriterien der Wahrheit auf die Gesetze des Erkennens zu reflektieren. Die Erkenntnisgesetze, das wird hier neu angefügt und ist auch ein wichtiger Gedanke in *Klimax der Theorieen*, seien von den psychologischen vollkommen verschieden, insofern sie Erfahrung überhaupt erst ermöglichten und in aller Psychologie vorausgesetzt würden.[46] Im folgenden werden alle die Gesetze genannt, die sich auch in *Klimax der Theorieen* in der allgemeinen Aufzählung finden (KT 97). Abschließend formuliert Liebmann in aller Knappheit seine Hypothese, die zugleich den Ausgangspunkt von *Klimax der Theorieen* bildet:

> "Unsere Intelligenz wird von Gesetzen beherrscht, denen sowohl unsere intellectuelle Imagination, als unsere Wahrnehmungserkenntniß gehorcht, aus denen die mehrgenannten Grundwahrheiten hervorgehen, und welchen die empirische Wirklichkeit aus dem Grunde unweigerlich entspricht, weil sie eben nur ein Phänomen innerhalb unserer wahrnehmenden Intelligenz und daher den Gesetzen derselben unterworfen ist, wie das Phänomen der wechselnden Figuren im Kaleidoskop den in der Construction dieses Instruments begründet liegenden Gesetzen." (AW 255)[47]

---

[45] Zur Auseinandersetzung mit Liebmanns Ansicht vom Apriori und seinen Schichten ist v.a. Adickes Kritik (1910, 26 ff.) zu vergleichen; ferner Falkenheim (1910, 55 ff.). Gerade auch im Sinne des Schlusses dieser Einleitung wäre eine ausführlichere Untersuchung zu Liebmanns diesbezüglichen Gedanken sinnvoll.

[46] Diesen Gedanken wird Liebmann auch in *Gedanken und Thatsachen* mit der Unterscheidung der drei Formen des "Ich" (s. u.) noch betonen. Dazu Schwaetzer (im Druck). Vgl. zum Zusammenhang Bauch (1910, 120): Liebmann habe "aufs nachdrücklichste betont, dass jenes Bewusstsein, das Voraussetzung und Grundbedingung alles Erkennens ist, und das Bewusstsein, durch das jene Voraussetzungen selbst erst erkannt werden, zu dem also eine Einsicht gebracht werden kann, toto caelo verschieden sind. Jenes ist ein transscendentalphilosophischer Begriff, dieses ist selbst psychologisches Faktum."

[47] Bei Liebmann ist das ganze Zitat in Anführungszeichen gesetzt und als Hypothese bezeichnet. Vgl. auch AW 237 f. und Adickes (1910, 6 f.). Ferner etwas drastischer GT I 139 f. und GT II 174 f.

Der Sache nach, wenn auch nicht dem Begriff nach sind die Gedanken von *Klimax der Theorieen* in der *Analysis der Wirklichkeit* vorhanden. Mit der Begriffsschärfung *Interpolationsmaximen* geht allerdings auch eine Ausdifferenzierung des Sachverhaltes einher.

Am Ende des Abschnitts zur Naturphilosophie, um zum zweiten Teil der *Analysis* überzugehen, finden sich erneut zwei Kapitel, deren Titel signifikant sind: *Gehirn und Geist*[48] als vorletztes und als letztes *Die Einheit der Natur*. Während das letzte seinem Titel nach die Problemstellung *Idealismus und Realismus* in einer naturphilosophischen Fassung reformuliert, stützt das letzte die Hauptthese des ersten Teils über einen mathematischen Schluß ab. Im (aporetischen[49]) Verhältnis *Gehirn und Geist* legt Liebmann die materialistische Hypothese von der *Identität* oder zumindest *Unzertrennlichkeit* beider zugrunde (AW 543 f.).[50] Unter Beibehaltung der materialistischen Hypothese gelange man aber zu einem bemerkenswerten Ergebnis. Denke man *2 x 2 = 4,* so denke man dies zufolge von Naturgesetzen, die im Gehirn wirkten. Merkwürdigerweise, so konstatiert Liebmann, funktionieren diese Naturgesetze aber so, daß sie in völliger Harmonie mit den logischen Gesetzen zu stehen scheinen, da der Mensch niemals *2 x 4 = 2* denkt. Ja, der Hirnmechanismus ist sogar so konstruiert, als ob er eben nicht nach (potentiell von logischen Gesetzen verschiedenen) Naturgesetzen, sondern nach den logischen Gesetzen selbst wirke (AW 544 f.). Gehe man nun einen Schritt weiter und verbleibe innerhalb der logischen Gesetze, so ließen sich kausal bestimmte Naturgesetze und teleologisch wirkende Normalgesetze unterscheiden. Die Normalgesetze ihrerseits fußten aber auf der sogenannten Schullogik. Diese selbst sei aber nichts anderes als der Versuch, der natürlichen Logik innerhalb der Naturgesetze auf die Spur zu kommen. Daraus folge, "*daß die logischen Normalgesetze selbst Naturgesetze unserer Intelligenz sind*" (AW 550). Wie also auf der einen Seite der Materialismus der Grenzbegriff des Denkens sei,

---

[48] Liebmann selbst hat im Rückblick dieses Kapitel für wichtig gehalten, weil darin die Antinomie zwischen physischen und psychischen Gesetzen scharf gekennzeichnet sei, vgl. GT I 292 ff., ferner GT II, 180 ff., bes. 192-197.

[49] Die Frage, ob denn nicht auch ohne Gehirn gedacht werden könne, bleibe unbeantwortbar. Selbst die Annahme einer vollkommenen Parallelität von Gehirn und Geist könne nicht umhin, den Wirkmodus als *qualitas occulta* anzunehmen (AW 530-532). Vgl. dazu auch Hönigswalds (1910) Darstellung der Liebmannschen Kritik am psychophysischen Parallelismus, hier v.a. 106-108.

[50] Vgl. dazu auch Falkenheim (1910, 61 f.). Liebmann kommt an anderer Stelle in diesem Zusammenhang auch auf Lotzes Lokalzeichentheorie zu sprechen (GT II, 22), von der Orth (1997, 128 ff., bes. 130) zu Recht hervorgehoben hat, daß sie eine erste Stufe auf dem Wege zu Husserls 'Konkretisierung des Subjekts' sei.

so auf der anderen Seite die rationelle Teleologie der einer materialistischen Erkenntnistheorie (AW 553). Eine von Anfang bis Ende kausal erstellte Druckschrift weise "vermöge ihrer logischen Anordnung mit Nothwendigkeit" auf ein logisches *Hegemonikon* zurück, einen teleologischen Logos wie etwa den *Nous* des Anaximander.

"Ist die Vernunft Naturproduct, so muß die Natur Vernunft haben." (AW 554) Aus diesem Grund ist es nach Liebmann geboten, in Analogie zum Schluß von der menschlichen Vernunft auf eine absolute Weltvernunft auf eine *natura naturans* zu schließen, wobei freilich wieder nur deren Gesetze erkennbar sind.

Der Schluß auf eine *Einheit der Natur* wird im letzten Kapitel über einen Wahrscheinlichkeitsschluß weiter erhärtet. Dieser geht ausdrücklich von der *Logik der Thatsachen* aus (AW 557). Sie verknüpft Liebmann mit einer Bemerkung von Laplace, der behauptet hatte, daß aufgrund einer Homogeneität von 43 Bewegungen innerhalb von Planetenbahnen mit einer Wahrscheinlichkeit von vier Billionen gegen eins auf einen gemeinschaftlichen Realgrund geschlossen werden dürfe. Wie stellt sich aber das Verhältnis da, wenn man nicht 43 inhaltliche Fälle, sondern die Summe der prinzipiellen Gesetzmäßigkeiten einer Logik der Tatsachen nimmt? "Die Wahrscheinlichkeit des Zufalls ist = $1/\infty = 0$, die eines gemeinsamen Realgrundes = 1" (AW 559).[51]

Mit diesen Überlegungen hat Liebmann die Naturwissenschaft an eine Grenze geführt, an der sie mit Notwendigkeit, aber ohne letzte Gewißheit ebenso eine absolute Weltvernunft aus dem Bewußtsein, wie eine *natura naturans* annehmen muß. Er hat *materialiter* durchgeführt, was in *Klimax der Theorieen* mit kritischer Metaphysik bezeichnet werden wird.[52] Damit ist gezeigt, wie über den Begriff der

---

[51] Vgl. Bauch (1910, 125): "Die durchgängige, unverbrüchliche Naturgesetzlichkeit aber involviert die Idee einer Einheit der Natur. Als Idee ist sie auch für den transscendentalphilosophischen Kritizismus unanfechtbar und unaufgebbar." Ferner GT I 126 f. und GT II 216 f.

[52] Wenden wir uns dem dritten Teil von *Analysis der Wirklichkeit* zu, so finden wir eine Transformation der Religion der symbolischen Formen in eine Ideal-Philosophie vor. Sie wird für die Rezeption Windelbands wichtig. Liebmann nimmt eingangs seine Differenz von Naturgesetz und Normalgesetz wieder auf: "Das Bewußtsein der Naturgesetze, sowie Dessen, was ihnen gemäß sein muß und ist, heißt *Wissen*; das Bewußtsein der Normalgesetze oder doch Dessen, was ihnen gemäß sein soll und werthvoll ist, heißt *Gewissen*" (AW 566). Das, was den Normalgesetzen inhaltlich entspricht, nennt Liebmann *Ideal*. "Der Gedanke Dessen aber, was sein soll, was nach bekannten oder unbekannten Normalgesetzen als werthvoll erkannt und daher vom Gewissen postulirt wird, heißt *das Ideal*" (AW 567). Drei Ideale nennt Liebmann in Anschluß an Plato: das Ideal des Wahren; ihm ist das logische Gewissen zugeordnet. Das Ideal der Schönheit ist Domäne eines ästhetischen

Logik der Thatsachen und das *metakosmische Apriori* (als Einheit des Bewußtseins in Normal- und Naturgesetzen) der Gedanke der Interpolationsmaximen vorbereitet ist.[53]

Gedanken und Thatsachen verfolgt den Ausbau des in *Klimax der Theorien* Konzentrierten unter Rückgriff auf *Analysis der Wirklichkeit*. Am Ausgang der Überlegungen steht *Kant*, dessen Bild gleichwohl in einigen Punkten - *Interpolationsmaximen* anstelle der Kategorien - geändert ist. Den Entwicklungsprozeß

Gewissens, zum sittlichen Gewissen gehört das Ideal der Ethik. Im Gegensatz zu den Naturgesetzen sind die Ideale vom Zweckbegriff bestimmt, aber gleichwohl nicht willkürlich, da auch die Normalgesetze, wie wir oben sahen, der Logik unterstehen. Damit ist ein zentrales Charakteristikum der *Liebmannschen* Idealphilosophie bestimmt, welches der transzendentalen Wendung und Beschränkung des "treuesten aller Kantianer" und seinem steten Rekurs auf das Bewußtsein als Urtatsache korrespondiert. Das Ideal zielt nicht auf die Erkenntnis einer transzendenten Idee, sondern es ist die Entfaltung, Verwirklichung der *innerhalb* des Bewußtseins gefundenen Normalgesetze. Wie es in der Erkenntnistheorie darauf ankommt, die Gesetze, nach denen man im Denken agiert, aufzuweisen, so strebt die Ethik nach einer Erfassung und Umsetzung der Normalgesetze im Handeln. Liebmann spricht nur an wenigen Stellen über die damals viel diskutierte Frage nach dem 'Fortschritt', obwohl sie mit dem Idealgedanken fast unablöslich verknüpft ist. In der *Analysis der Wirklichkeit* streift er die Frage ganz kurz. Er deutet dort an, daß "unter der Herrschaft ewiger *Normalgesetze* das *moralische* Chaos, der barbarische Urzustand der Menschheit, sich in mannigfaltig wechselnder Gestalt zur ausgebildeten Civilisation" entwickelt habe (AW 571). Doch findet sich kein expliziter Hinweis auf ein grundsätzliches Fortschreiten oder gar Fortschreiten-Müssen. Diesen Problemkomplex geht er erst in der allerletzten Abhandlung seiner *Gedanken und Thatsachen* an, dem Abschnitt *Gang der Geschichte*.

[53] An dieser Stelle ist ein Verweis auf Volkelt anzubringen, der in der Einleitung zu *Erfahrung und Denken* (Band 3 in der vorliegenden Reihe) näher ausgeführt wird und das hier im folgenden zu Windelband Gesagte ergänzen wird. Liebmann bezeichnet die Anwendung dessen, was in *Klimax der Theorieen* Interpolationsmaximen heißt, einmal als "Hausrecht der Natur" unseres Verstandes (AW 37). Die Formulierung fällt im Rahmen einer Untersuchung über die Arten der Notwendigkeit, innerhalb derer Liebmann wie in *Klimax der Theorieen* assertorische (Anschauungsnotwendigkeit) und apodiktische (Denknotwendigkeit) Gewißheit unterscheidet. Gegen diese Unterscheidung hatte Volkelt in seiner Besprechung des Bandes in den *Philosophischen Monatsheften* protestiert (1880). Liebmann hatte in GT I, 21 ff. ausführlich repliziert. In *Klimax der Theorieen* behält er die Unterscheidung ebenfalls bei und kann in GT II, 56 f. im Anschluß an seine dortige Zusammenfassung der Interpolationsmaximen, die schließlich Kriterien der Anschauungsnotwendigkeit darstellen, darauf verweisen, daß sie von Volkelt in dessen *Erfahrung und Denken* doch gebilligt worden sein (Volkelt 1886, 100 f.) - übrigens gemeinsam mit dem ebenfalls in dieser Reihe edierten Bändchen *von Hartmanns* (Band 2). Für die genaueren sachlichen Fragen sei auf die Einleitung zu *Erfahrung und Denken* verwiesen.

faßt Liebmann selbst anhand der hier vornehmlich betrachteten Schriften zusammen und fügt aus *Gedanken und Thatsachen* die Abhandlung über den *Geist der Transzendentalphilosophie* hinzu.[54] Berücksichtigt man, daß die Bemerkung in der Abhandlung über *Kritische Metaphysik* steht, so hat man das Nötige beisammen, um den Fortgang im Groben überblicken zu können.

Geist der Transzendentalphilosophie ist zweigeteilt. Im ersten Abschnitt führt Liebmann die beiden ersten Abschnitte aus *Analysis der Wirklichkeit* zusammen, indem er nach Überlegungen zu Zeit und Raum auf die Bewußtseinsfrage übergeht. Schon eingangs wird der Kernpunkt scharf pointiert (GT II, 3): Das Neue an Kant ist seine Betonung des Bewußtseins als Urtatsache κατ' ἐξοχήν. Liebmann differenziert dieses Bewußtsein aus: Nicht das empirische ist gemeint, aber auch nicht jenes geheimnisvoll-metaphysisch ihm zu Grunde liegende, sondern das tranzendentale Ich, welchem die Bedingungen für mögliche Erfahrung abzulauschen sind (vgl. Schwaetzer 1999a, im Druck). Am Ende des ersten Abschnitts steht demzufolge eine knappe Zusammenfassung der Interpolationsmaximen (GT II, 51-58). Im zweiten Abschnitt folgt die angeführte Trennung in Naturgesetze und Normalgesetze; unter dieser Perspektive werden die in der frühen Schrift zur Willensfreiheit geäußerten Gedanken integriert: Autonomie und Freiheit des Ich bilden die Kehrseite der Notwendigkeit der Interpolationsmaximen. *Kritische Metaphysik* - jetzt die zentrale Bezeichnung des Liebmannschen Gedankengebäudes - nimmt, ausgehend vom Bewußtsein (GT II, 95), das Problem von Realismus und Idealismus wieder auf, um zu betonen, daß Metaphysik notwendig ist, aber als kritische Metaphysik innerhalb der Grenzen der menschlichen Vernunft sich zu vollziehen habe (GT II, 113 f.). Dabei finden sich die *Interpolationsmaximen* wie die *Logik der Thatsachen* beieinander (GT II, 138 f.). Diese Andeutungen mögen an dieser Stelle genügen, um zu zeigen, daß *Klimax der Theorieen* nicht nur eine entscheidende, konsequente Präzisierung von *Analysis der Wirklichkeit* ist, sondern auch das Fundament für *Gedanken und Thatsachen* bildet.

Der treueste aller Kantianer: Windelband und Liebmann

Auch der *frühe* Otto Liebmann ist einer der Begründer des Neukantianismus und gehört nicht bloß in die Phase einer schneidigen, neukantianistischen Programmatik, wie u.a. Köhnke (1986, 211 ff.) glauben machen will. Auf diese Einsicht

---

[54] "Dem Leser meiner Schriften, namentlich des ersten Theils meiner Analysis der Wirklichkeit, meiner Klimax der Theorieen sowie der Abhandlung 'Geist der Transzendentalphilosophie' ist es bekannt", wie weit Liebmann Kant geändert habe (GT II, 111). Vgl. ferner GT I, 346 ff. Zur Frage selbständiger Kantinterpretation vgl. Adickes (1910, 5).

führte schon die knappe Analyse von Kant und die Epigonen im Kontext des Werkes.[55] Und auch dieser frühe Liebmann hat schon auf die Formung der südwestdeutschen Schule, vor allem auf Windelband, Einfluß genommen.

An Wilhelm Windelbands Philosophieren wird ein Grundzug neukantianistischer Kant-Rezeption deutlich[56]:

"Kant verstehen, heißt über ihn hinausgehen" (Windelband 1921, IV)

Mit diesen Worten endete das Vorwort zur ersten Auflage der *Präludien*. Es steht ähnlich exponiert da, wie Liebmanns Losung, es müsse auf Kant zurückgegangen werden. Doch Windelband, der ein guter Kenner der Schriften seines Lehrstuhlvorgängers[57] in Straßburg war, weiß, woher er diese Maxime nimmt. Sie stammt ursprünglich aus *Kant und die Epigonen.*

Wer nur ein wenig mehr liest, als die Maximen und die erste Kritik am Ding an sich, der findet - unüberhörbar ausgesprochen und unmißverständlich an *Kant* angeknüpft - Windelbands und auch des übrigen Neukantianismus' Motto aus der Analyse begründet. Nachdem Liebmann die psychologische Erklärung für das Ding an sich gegeben hat - vgl. oben -, schließt er, bevor er zu seiner *Religion der symbolischen Formen* übergeht, mit folgenden Worten:

> "Hätte *Kant* nur einigermaßen herzhaft diesen Pseudobegriff [sc. vom *Ding an sich*; HS] analysirt, anstatt immer scheu darum herumzutasten, so hätte er ihn wegwerfen müssen, wie wir hier gethan haben. Es bestätigt sich so an ihm das, was er selbst sagt: 'Ich merke nur an, daß es gar nichts ungewöhnliches sei, sowohl im gemeinen Gespräch, als in Schriften, durch die Vergleichung der Gedanken, welche ein Verfasser über seinen Gegenstand äußert, ihn sogar besser zu verstehen, als er sich selbst verstand, *indem er seinen Begriff nicht*

---

[55] Ferner läßt sich hier auf Tenbrucks (1994, 72 f.) Einschätzung verweisen. Hinter der Formel Liebmanns stehe die Frage, wie eine konsequente Fortführung auszusehen habe. Das Positive schimmere hier und da durch und sei auch als explizite Aufgabe formuliert (vgl. den Schluß von KE 219). Indem Liebmann dem Neukantianismus eine Sachaufgabe stelle, gehe er über Fischer hinaus. "So exemplifiziert er in seiner Person das Gesetz, unter dem der Neukantianismus antrat und verblieb."

[56] Vgl. Orth (1994, 15), Tenbruck (1994, 72).

[57] Die Tatsache allein, daß Liebmann Vorgänger von Windelband in Freiburg war, bedeutet natürlich nicht per se eine Einflußnahme. Man vgl. damit z.B., daß in Freiburg auf Fischer Windelband folgte, aber nach Windelband der Realist Alois Riehl 1882 den Lehrstuhl erhielt, der dort allerdings seiner philosophischen und religiösen Anschauungen wegen einen schweren Stand hatte. So verbot der Erzbischof von Freiburg Lehrern und Theologen die Teilnahme an den Veranstaltungen des zum Protestantismus übergegangenen Riehls. Nach einem Zwischenspiel in Kiel und Halle wurde Riehl 1905 Lehrstuhlnachfolger von Dilthey in Berlin, vgl. Jung (1973, 8 f.) zu Riehls Grundansatz Malter (1994, 47-49).

genugsam bestimmte, und dadurch bisweilen seiner eigenen Absicht entgegen redete, oder auch dachte.' Das paßt ganz genau!" (KE 64 f.)[58]

Am Ende der Darstellung des Hauptfehlers der Kantischen Lehre wird also das programmatische Zurückgehen auf Kant durch Kant selbst in ein *über ihn Hinausgehen* gewandelt. Diese Seite der *Liebmannschen* - wenn man es denn so nennen will - *Programmatik* entspringt aber bereits einer dezidierten Auseinandersetzung mit Kant; sie ist gerade nicht das Ergebnis einer *bloßen* Programmatik - sonst hätte man diesen Zug sicherlich nicht übersehen.[59] Windelband greift also schon in diesem Punkt mit seinem Zurückgehen als Hinausgehen über Kant den eigentlichen Nerv der Liebmannschen Abhandlung auf.

Aber auch aus Windelbands Entwurf dessen, was Philosophie sein soll, ist Liebmann nicht wegzudenken. Ähnlich wie Dilthey zielt Windelband auf eine *Kritik der historischen Vernunft*, legt aber im Unterschied zu diesem einen starken Akzent auf den Wertbegriff. Das inhaltliche Herzstück seiner *Präludien* bildet dabei der Begriff des *Normalbewußtseins.*[60] In seinem Aufsatz *Was ist Philosophie?* hält Windelband fest, daß die Philosophie "die Prinzipien der logischen, ethischen und ästhetischen Beurteilung festsetzen soll" (Präludien I 1921, 43). Beurteilung steht für Windelband in einem Gegensatz zum Urteil. Das Urteil gilt im Bereich des Naturgesetzlichen: 'dies Ding ist weiß', das Beurteilen ist eine zwecksetzende Beziehung: 'dies Ding ist gut' (ebd. 29 f.). Die Beurteilungen bilden den Gegenstand der Philosophie (ebd. 33). Denn auch die Prinzipien des Urteilens sind nach Windelband nicht einfach gegeben, sondern unterliegen einer

---

[58] Die Stelle findet sich bei Kant in der KrV B 370; bei Kant heißt es "so gar" statt "sogar"; die Hervorhebungen sind alle von Liebmann. Vor Windelband verwendet sie Volkelt (1879, IV) im Vorwort.

[59] Einer der wenigen, der schon früh dezidiert auf die systematische Grundlagenstellung von *Kant und die Epigonen* hingewiesen hat, ist Bruno Bauch. Er betont, wie sich Liebmann treu geblieben ist - sicherlich auch eine Anspielung auf Windelbands Anspielung vom "treuesten aller Kantianer", vgl. Bauch (1910, 116).

[60] Leider gedenkt Schulz (1994) in seinem Aufsatz zum Ansatz der Windelbandschen Kulturtheorie dieses Begriffes nicht. Er stützt sich auf den Aufsatz *Vom Prinzip der Moral*, in dem der Begriff in der Tat nicht fällt. Darin wird aber die Aufgabe einer Kulturphilosophie dahingehend bestimmt, das in ihr lebende ethisch Allgemeingültige zum Bewußtsein zu bringen. In den Eingangspassagen des Aufsatzes bestimmt aber Windelband die Idee des höchsten Gutes, die im ethisch Allgemeingültigen zum Ausdruck kommt mit folgenden Worten: "Philosophisch enthält er [der Begriff des höchsten Gutes; HS] die Idee einer letzten Einheit des sittlichen Bewußtseins" (Präludien 1924 II, 169). Damit ist auf den Begriff des Normalbewußtseins rekurriert und zwar in einer Wendung, die Liebmanns Ideen fortführt. Eine ganz knappe Zusammenfassung mit weiteren Stellen bei Lehrke (1994, 283 f.).

Beurteilung. In diesem Sinne kann er sagen, es sei an ein höheres Gesetz als das der Naturnotwendigkeit zu *glauben* (ebd. 43). Denn Naturnotwendigkeit beweisen heiße, eine darüberliegende ideale Notwendigkeit anzuerkennen. Sie nennt Windelband das "normale Bewußtsein" oder das "Normalbewußtsein" (ebd. 44 f.).

Windelband rekurriert auf Liebmanns Differenz von Naturgesetzen und Normalgesetzen und die Bezeichnung der letzteren als Ideal. Darüber hinaus scheint er auch auf die Interpolationsmaximen hinzudeuten, wenn er von der unmittelbaren, nur aufweisbaren Evidenz z.B. des Satzes vom Widerspruch spricht. Ganz deutlich rezipiert er Liebmanns Unterscheidung in einem anderen Aufsatz (aus dem Jahre 1882) mit dem bezeichnenden Titel *Normen und Naturgesetze* (Präludien II 1924, 59 ff.). In welcher Weise Windelband Liebmann weiterführen möchte, wird vollends deutlich, wenn man auf eine Passage aus der Straßburger Rektoratsrede *Geschichte und Naturwissenschaft* blickt. Hier heißt es:

> "Und doch würde es vom äußersten Interesse für die allgemeine Erkenntnislehre sein, die logischen Formen herauszuschälen, nach denen sich in der historischen Forschung die gegenseitige Kritik der Wahrnehmungen vollzieht, die 'Interpolationsmaximen' der Hypothesen zu formulieren und so auch hier zu bestimmen, welchen Anteil an dem sich in allen seinen Momenten gegenseitig stützenden Gebäude der Welterkenntnis einerseits die Tatsachen und andererseits die allgemeinen Voraussetzungen haben, nach denen wir sie deuten." (Präludien II 1924, 149)

Windelband greift also ausdrücklich auf die *Klimax der Theorieen* zurück. Er nimmt die Unterscheidung von Naturgesetzen und Normalgesetzen auf. Liebmann hatte sich in *Klimax der Theorieen* bewußt auf die Interpolationsmaximen der Naturgesetze beschränkt, wie oben gezeigt (vgl. KT 12 f.). Windelband will Liebmanns Arbeit darin fortsetzen, daß er die *Interpolationsmaximen der Normalgesetze* zu bestimmen versucht und so dessen Philosophie auf der Idealseite ergänzt (vgl. GT I, 127).[61]

---

[61] Vgl. auch im letzten Satz des Zitats die Ausdrücke "Tatsachen" und "Voraussetzungen" als Anspielung auf Liebmanns Titel "Gedanken und Tatsachen". Daß es daneben beispielsweise in der genannten Rektoratsrede auch weitere offene Anspielungen auf Liebmann gibt, wie etwa die wichtige Unterscheidung Windelbands von *nomothetischen* und *idiographischen* Wissenschaften, mit denen er Liebmanns Antrittsrede über philosophische Tradition (1885) bzw. GT I, 103 u. 117 zitiert, wo Liebmann von *nomokratisch* und *idiotypisch* spricht, ist nur ein Ausdruck dieser tiefgreifenden grundsätzlichen Rezeption. Daß Windelband damit ein Vorläufer Cassirers geworden ist, habe ich an anderer Stelle ausgeführt, vgl. Schwaetzer (1998b, Anm. 4).

Ein letzter Zug mag noch Erwähnung finden. Wie Liebmann immer an Grenzfragen zu führen sich bemüht, so auch Windelband. Häufig enden die Aufsätze der *Präludien* in einer letzten Aporie menschlicher Erkenntnis.[62]

Es zeigt sich also, daß Windelband erstens Liebmanns Grundprinzip der Unterscheidung von Naturgesetzen und Normalgesetzen und dessen Theorie der Interpolationsmaximen übernimmt. Zweitens setzt Windelband Liebmanns Werk methodisch darin fort, auf Seiten der Normalgesetze die Interpolationsmaximen herausarbeiten zu wollen. Windelbands Werk ist demnach der Ausbau der kritischen Metaphysik als Idealwissenschaft, deren originaler Beitrag in der Einführung der historischen Kategorie liegt.

Zurück zu Liebmann?

Eine Neuedition des Werkes von Otto Liebmann, welches auf knappen Raum in vorzüglicher Form und Sprache seine philosophische Grundposition zum Ausdruck bringt, wird heute die kritische Frage *Zurück auf Liebmann* sinnvoll zu beantworten haben.[63] Die Bedeutung Liebmanns und seiner Schrift für drei Diskussionsfelder anzudeuten kann vielleicht vermeiden helfen, was Bauch konstatieren mußte: daß trotz aller Vorzüge das *libellum* zu wenig gewürdigt wurde.[64]

In der Bewertung des Neukantianismus selbst sind noch manche Punkte ungeklärt - nicht zuletzt in der Strittigkeit dessen, was "Neukantianismus" eigent-

---

[62] Vgl. z. B. Präludien II 1924, 160. 294. Eben diesen Zug hat Windelband an Liebmann eigens betont: "Eine Fülle des Wissens strömte in seiner Rede, aber sie war stets zu lebendigster Anschaulichkeit geformt. Und in diesem Wissen wühlte ein scharfer Grübelsinn, um überall in die Tiefe zu graben. Unvermerkt fand der Zuhörer das Selbstverständliche in ein Problem verwandelt [...] - und zum Schlusse ward aus der Sache selbst die Einsicht in die Stelle gewonnen, an der alle menschliche Erkenntnis halt machen muß" (Windelband 1910, V).

[63] Die einfache Antwort auf die Frage konnte Bauch zu seiner Zeit noch geben: "Daß sich also ein abermaliges Erscheinen der Schrift rechtfertigt, bedarf keiner besonderen Erwähnung" (Bauch 1914, V). Wer in den folgenden Darlegungen eine Kritik Liebmanns vermißt, den verweise ich auf Schwaetzer (im Druck); dort habe ich auch zur Deutung Köhnkes (1986) Stellung genommen.

[64] "Dieses Libellum hat ein vielleicht noch eigentümlicheres Fatum gehabt, als es sonst das vielberufene Bücherschicksal zu sein pflegt. Die Vorzüge des Geistes seines Urhebers, leuchtende Klarheit und eindringliche Schärfe, sind an ihm ganz besonders ausgeprägt. Und doch ist es zunächst sehr viel weniger, als die anderen Werke Liebmanns und sehr viel weniger, als es seiner Bedeutung nach verdient, beachtet worden" (Bauch 1914, IV).

lich sei, bzw. welche Personen dieser Name umfasse.[65] Daß aber Otto Liebmann zum Neukantianismus gehört, steht unbestritten fest. Um so mehr darf es verwundern, wenn seiner systematischen Position so wenig gedacht wird. Darüber hinaus wird aus den wenigen Bemerkungen dieser Einleitung klar, von welchem Interesse Liebmanns Standpunkt diesbezüglich sein müßte. Hält man einerseits fest, daß der frühe Neukantianismus einen Zug zum Realismus hatte - und ich nenne, um Begriffsunklarheiten zu vermeiden, die Namen: *Zeller, Lotze, Riehl*[66] - und daß sich dieser Zug im ganzen Neukantianismus zeitweise zum Positivismus bewegte - man denke an die *Vierteljahrsschrift für wissenschaftliche Philosophie*[67] -, und hält man andererseits fest, daß diese Bewegung eine Gegenbewegung hatte, die in einen neuen Idealismus mündete, z. B. bei dem Jenaer Kollegen Liebmanns Rudolf Eucken, so kann man Windelbands zutreffende Beschreibung nur unterstreichen:

> "Zwischen der Scylla des psychogenetischen Empirismus und der Charybdis der neuidealistischen Metaphysik hat er mit fester Hand das Schiff des Kritizismus hindurchgesteuert." (Windelband 1910, IX)

Darüber hinaus hat Liebmann nicht nur gegen den Neobaconismus seine *Klimax der Theorieen* gerichtet (vgl. Falkenheim 1910, 56; Flach 1994, 177), sondern eben auch - und das wird gerne übersehen - gegen einen (Marburger) Logizismus. Seine *objektive Weltlogik* will zugleich auch der Welt und der Erfahrung ihr Recht zukommen lassen. In diesem Sinne nimmt der *treueste aller Kantianer* eine synthetisierende Mittelstellung ein - freilich vom Idealismus einer kritischen Metaphysik herkommend.[68]

---

[65] Vgl. die Übersicht bei Orth (1994), ferner Funke (1994, 60 ff.), Tenbruck (1994, 77); weiteres bei Schwaetzer (1998a, LIV f.).

[66] Zu allen dreien als eher realistischen Denkern vgl. Häußer (1989, 25 ff.); zu Lotze vgl. Pester (1997) und zu Riehl vgl. Jung (1973).

[67] Vgl. Köhnke (1986, 367 ff.); zur Charakteristik vgl.: "Die Philosophie sollte in Erkenntnistheorie und diese in ein tatsächliches Beschreiben des empirischen Wissens aufgehen. In diesen Zeiten hat Liebmann auf dem Strassburger Katheder um den Geist der Transcendentalphilosophie gekämpft" (Windelband 1910, V).

[68] Windelband (1910, III) kennzeichnet in diesem Sinne schon den Erstling Liebmanns: "Als sein erstes Buch 'Kant und die Epigonen' erschien (1865), da sassen auf den Kathedern noch die Schüler von Kants metaphysischen Nachfolgern, und ihre Diskussionen erfüllten die zünftige Literatur: aber das Interesse der gebildeten Welt war ihren Systemen entfremdet; statt ihrer hatte die naturwissenschaftliche Denkart sich ausgebreitet und, aller kritischen Vorsicht ledig, ihren naiven Materialismus zum metaphysischen Dogma erhoben. Gegen beide Fronten war es gerichtet, wenn Liebmann mit jedem Kapitel seines frischen und schneidigen Büchleins auf das Ceterum censeo kam: also muss auf Kant zurückgegangen werden." Liebmanns idealistischer Standpunkt darf nicht überbewertet werden; er steht

An diesen ersten Punkt schließt sich ein weiterer an. Ein *Zurück auf Liebmann* mit einem geänderten Verständnis des Neukantianismus könnte auch Anregungen bieten für die Aktualisierungsbemühungen desselben in der gegenwärtigen Wissenschaftsdiskussion. In dieser Frage hat Werner Flach Anstöße gegeben. Nach seiner Meinung ist die Leistungsfähigkeit des Neukantianismus für gegenwärtige Probleme - v.a. in der Auseinandersetzung mit der analytischen Philosophie - hinter die Kants zurückgefallen, weil jener dessen vielschichtiges, mehrgliedriges Konzept eines Apriori verengte und dadurch zu einem logischen Positivismus führte (Flach 1994, 181; 1997, 278 f.). Angesichts dieser Einschätzung mag es nicht unnütz sein, auf den Neukantianer zu verweisen, welcher die transzendentale Wendung unter Einschluß einer subtilen Neugestaltung der Schichten des Apriori säuberlich beizubehalten sich bemühte.

Ein dritter Punkt: In der gegenwärtigen Debatte um die "unbewältigte Alternative im Bild des Menschen", um Technik- und Kulturphilosophie (Orth 1996, 201) macht sich ein Unbehagen geltend, welches sich in einem neuen Ringen um ein adäquates Naturverständnis artikuliert.[69] Im Zuge dieser Auseinandersetzung wird zunehmend die Bedeutung Goethes reflektiert. Nicht selten geschieht dies im

---

wirklich in der Mitte. Dies verrät eine Äußerung Johann Eduard Erdmanns, nach der erst Cohen mit seinem Buch *Kants Theorie der Erfahrung* "erstmals mit der Eliminierung des Dinges an sich Ernst" machte (Erdmann 1930, 713) - eine deutliche Absage an Liebmann. Trotzdem gewinnt die Behauptung einer Mittelposition von dort her Brisanz, daß auch der kritische Realist Riehl, zwar Lehrstuhlnachfolger Windelbands, aber die werttheoretische Variante des Immanenzprinzips radikal ablehnend, von Messer beispielsweise als "scharfsinnigster Denker" der "Mittelstellung zwischen Realismus und Idealismus" bezeichnet worden ist (Messer 1934, 72), wobei Messer natürlich nicht unbefangen ist (vgl. Messer 1908). Gleichwohl meint Zeidler (1994, 218) ausdrücklich eine Nähe zwischen Liebmanns *Logik der Thatsachen* und Riehls *Einheit der Wirklichkeit* als *objektiv-realer Gegenseite* konstatieren zu können. Dagegen ist allerdings einzuwenden, daß die *Logik der Thatsachen* ein transcendentalphilosophisches *Immanenzprinzip* ist, Riehls objektiv-reale Gegenseite es aber gerade nicht sein soll. Riehl und Liebmann nähern sich also von unterschiedlichen Seiten der Mitte zwischen Idealismus und Realismus. Zur Lage zwischen Riehl und den Marburgern vgl. die Wendung Hübschers (1961, 379): Die Berliner bekämpften "Marburgs 'doppelcohensauren' Natorp, die Marburger aber hätten die Universität Berlin am liebsten 'mit Stumpf und Riehl' [...] ausgerottet."

[69] Vgl. z.B. den Titel des Bandes V/2 (1997) der Zeitschrift *System und Struktur*: "Das Unbehagen mit/an der Natur. Eine Kontroverse um Philosophie und Naturwissenschaft". Ferner kann auf Bernulf Kanitscheider (Von der mechanistischen Welt zum kreativen Universum. Zu einem neuen philosophischen Verständnis der Natur. Darmstadt 1993) hingewiesen werden; vgl. ferner Schwaetzer / Stahl-Schwaetzer (1998).

Anschluß an *Ernst Cassirer*.[70] Dieser hat u.a. die Differenz zwischen Goethe und einer physikalischen Erkenntnistheorie präzise umrissen: Während das Verfahren der Physik darin bestehe, das sinnlich-empirische Material in eine "rationale Mannigfaltigkeit" vollständig umzubilden, fordere Goethe eine "neue Weise der *Verknüpfung* des Anschaulichen, die den *Gehalt* eben dieser Anschauung unangetastet läßt" (Cassirer 1971, 75). Eine entsprechende Erkenntnistheorie einer Goetheschen Anschauung wird von Cassirer als Desiderat bezeichnet. Otto Liebmanns Ansicht von der *Logik der Thatsachen*, die er selbst ebenso wie sein Interpret Bauch (1910, 121 f.) mit Goethes Gedanken, daß alles Faktische schon Theorie sei (vgl. dazu auch Schwaetzer 1997, 138 ff.), verknüpft, bietet eine weitgehende Lösung auf diese Frage, die erkenntnistheoretisch allein durch die Voraussetzung des Satzes vom Bewußtsein eingeschränkt wird.[71]

Mit einem pädagogischer Aspekt sei geschlossen:

> "Ich habe oft die Erfahrung gemacht, dass sich für jüngere oder ältere Menschen, die aus modernen, praktischen oder spezialwissenschaftlichen Zuständen heraus Zugang zur Philosophie suchten, nichts so wirksam, so anregend und lehrreich, so zum Selbstdenken erziehend erwies als Liebmann's Bücher." (Windelband 1910, X)[72]

---

[70] So zuletzt Schieren (1998), der allerdings den entscheidenden Aufsatz *Goethe und die mathematische Physik* nicht berücksichtigt. Unter der geschilderten Fragestellung habe ich unter dem Titel *phantasia naturalis* einen Vergleich von Goethe und Günther Anders vorgelegt (Schwaetzer 1997).

[71] Wenn ich auch Häußers (1989, 23) Ansicht, Liebmann eliminiere zwar das Ding an sich als Noumenon, dupliziere es dafür aber im Phänomenalen (vgl. ähnlich auch Adickes 1910, 8), so nicht teile, kommt es doch aufgrund der Voraussetzung des Satzes vom Bewußtsein trotz aller transzendentalen Reinheit zu Äußerungen, die der Einführung eines *Ding an sich* ähnlich sehen. Nimmt man Liebmanns Bewußtsein - was seinerseits nicht unproblematisch ist, vgl. Adickes (1910, 8 ff.) - als ein Universalbewußtsein, so wäre man Goethes Standpunkt sehr nahe, vgl. auch Falkenheim (1910, 66), der in diesem Punkt die größte Nähe Liebmanns zum spekulativen Idealismus sieht. Ausführlicher habe ich diese Frage behandelt in *Interpolation und Aisthesis* (Schwaetzer 1999a). Ein weiterer, dort nicht behandelter Punkt, wäre die Frage nach dem qualitativen Apriori. So gesteht Liebmann in AW 233 f. (Fußnote) der Farbe eine gewisse Apriorität zu, was ihm Adickes (1910, 18 f.) zum Vorwurf macht, aber im Kontext von Liebmanns Schichten des Apriori mir angemessen erscheint.

[72] Danken darf ich schließlich allen, die das Erscheinen dieser Edition gefördert haben: Prof. Dr. Ernst Wolfgang Orth (Trier), Prof. Dr. Klaus Reinhardt (Trier) und Dr. Uwe Dathe (Jena) für Anregungen, Herrn Prof. Dr. Ulrich Hoyer (Münster) und seinem Kolloquium für die Gelegenheit, meine Deutung Liebmanns vorstellen und diskutieren zu können, Frau Maria Merz (Trier) für die Erstellung der Register, Frau Henrieke Stahl-

Literatur

Hauptwerke Otto Liebmanns

AW Zur Analysis der Wirklichkeit. Eine Erörterung der Grundprobleme der Philosophie. 1. Aufl. 1876. 2. betr. verm. Auflage Straßburg 1880.[73]

FW Ueber den individuellen Beweis für die Freiheit des Willens. Ein kritischer Beitrag zur Selbsterkenntniß. Stuttgart 1866.

GT I Gedanken und Thatsachen. Bd.1. 2. Aufl. Straßburg 1904.

GT II Gedanken und Thatsachen Bd. 2. Straßburg 1901.

KE Kant und die Epigonen. Eine kritische Abhandlung. Stuttgart 1865. Neudruck durch die Kantgesellschaft hg. v. B. Bauch Berlin 1912. Weiterer Neudruck der ersten Ausgabe 1992.

KT Die Klimax der Theorieen. Eine Untersuchung aus dem Bereich der allgemeinen Wissenschaftslehre. Straßburg 1884. Anastatischer Neudruck mit einem Vorwort von Bruno Bauch 1914.

OA Ueber den objectiven Anblick. Eine kritische Abhandlung. Stuttgart 1869.

Weitere Literatur

Adickes, Erich: Liebmann als Erkenntnistheoretiker. In: Kant-Studien 15 (1910) 1-52.

Avenarius, Richard: Philosophie als Denken der Welt gemäß dem Prinzip des kleinsten Kraftmaßes. Prolegomena zu einer Kritik der reinen Erfahrung. 2. unveränd. Aufl. Berlin 1903.

Bauch (1910), Bruno: Kritizismus und Naturphilosophie bei Otto Liebmann. In: Kant-Studien 15 (1910) 115-138.

Bauch (1912), Bruno: Otto Liebmann. In: KE (1912) 223-239.

Bauch (1912a), Bruno: Vorwort des Herausgebers. In: KE (1912) V-XII.

Bauch (1914), Bruno: Vorwort. In KT (1914) III-V.

Cassirer, Ernst: Goethe und die mathematische Physik. Eine erkenntnistheoretische Betrachtung. In: Ders.: Idee und Gestalt. 2. Aufl. Berlin 1924. Nachdruck Darmstadt 1974. 33-80.

Dathe, Uwe: Frege in Jena. Eine Untersuchung von Gottlob Freges Jenaer Mikroklima zwischen 1869 und 1918. Diss. Leipzig 1992.

Schwaetzer für eine kritische Durchsicht des Manuskriptes sowie Herrn Dr. Peter Guyot und dem Georg Olms-Verlag für die freundliche Aufnahme des Bandes und der Reihe.

[73] Nach dieser Auflage wird trotz einer erfolgten dritten und vierten (1911) in der Regel zitiert, da sie eine wesentlich umgearbeitete ist und gleichwohl den genetischen Standpunkt vor *Klimax der Theorieen* wiedergibt.

Dathe, Uwe / Schwaetzer, Harald (Hgg.): Otto Liebmann: Kant. Metaphysik. Logik. Vorlesungsnachschriften von Bruno Schrader. Hg., eingl. u. komm. v. U. Dathe u. H. Schwaetzer. Studien und Materialien zum Neukantianismus. Würzburg (im Druck).
Driesch (1910), Hans: Otto Liebmanns Lehre vom Organismus. In: Kant-Studien 15 (1910) 86-93.
Erdmann, Johannes Eduard: Grundriß der Geschichte der Philosophie. Neu bearbeitet von F. Clemens. Berlin / Zürich 1930.
Falkenheim (1910), Hugo: Otto Liebmanns Kampf mit dem Empirismus. In: Kant-Studien 15 (1910) 53-73.
Feuchtersleben, Ernst Freiherr von: Werke. Bd. III. Wien 1859.
Flach (1994), Werner: Die Bedeutung des Neukantianismus für die Wissenschaftstheorie. In: Orth / Holzhey (1994) 174-184.
Flach (1997), Werner: Kants Empiriologie. Naturteleologie als Wissenschaftstheorie. In: Schmid / Zurbuchen (1997) 273-289.
Funke, Gerhard: Akzente in der Neukantianismus-Diskussion. In: Orth / Holzhey (1994) 59-68.
Gabriel, Gottfried: Frege als Neukantianer. In: Kant-Studien 77 (1986) 84-101.
Gadamer, Hans-Georg (Hg.): Fischer, Kuno: Logik und Metaphysik oder Wissenschaftslehre. Lehrbuch für akademische Vorlesungen. Nachdruck der ersten Auflage (Stuttgart 1852) mit einer Einl. von H.-G. Gadamer. Heidelberg 1998.
Hartmann, Eduard von: Das Ding an sich und seine Beschaffenheit. Kantische Studien zur Erkenntnistheorie und Metaphysik. Berlin 1871. ab der 2. Aufl. (1875): Kritische Grundlegung des transzendentalen Realismus. Eine Sichtung und Fortbildung der erkenntnistheoretischen Prinzipien Kants. 4. Auflage. Leipzig 1914.
Häußer, Hans-Dieter: Transzendentale Reflexion und Erkenntnisgegenstand. Zur transzendentalphilosophischen Erkenntnisbegründung unter besonderer Berücksichtigung objektivistischer Transformationen des Kritizismus. Ein Beitrag zur systematischen und historischen Genese des Neukantianismus. Bonn 1989.
Hönigswald, Richard: Zu Liebmanns Kritik der Lehre vom psychophysischen Parallelismus. In: Kant-Studien 15 (1910) 94-114.
Hübscher, Arthur: Von Hegel zu Heidegger. Stuttgart 1961.
Jung, Matthias: Der neukantianische Realismus von Alois Riehl. Bonn 1973.
Kinkel, W.: Das Verhältnis von Philosophie und Mathematik nach O. Liebmann. In: Kant-Studien 15 (1910) 74-85.
Köhnke, Klaus Christian: Entstehung und Aufstieg des Neukantianismus. Die deutsche Universitätsphilosophie zwischen Idealismus und Positivismus. Ffm 1986.
Lange, Friedrich Albert: Geschichte des Materialismus und Kritik seiner Bedeutung in der Gegenwart. 2 Bde. 2. Aufl. Nachdruck. Hg. v. A. Schmidt. Ffm 1974.
Lehrke, Wilfried: Der neukantianistische Sozialapriorismus Max Adlers. In: Orth / Holzhey (1994) 269-285.
Malter, Rudolf: Grundlinien neukantianistischer Kantinterpretation. In Orth / Holzhey (1994) 44-58.
Messer (1908), August: Der kritische Realismus. Karlsruhe 1908.
Messer (1934), August: Die Philosophie der Gegenwart. 8. Aufl. Leipzig 1934.

Neumann, Thomas: Gewißheit und Skepsis. Untersuchungen zur Philosophie Johannes Volkelts. Amsterdam 1978.

Ollig (1979), Hans-Ludwig: Der Neukantianismus. Stuttgart 1979.

Ollig (1996), Hans Ludwig: Die Aktualität des Neukantianismus. Bemerkungen zu einem unumgänglichen Thema der Neukantianismusforschung. In: Schmid / Zurbuchen (1997) 61-76.

Orth (1994), Ernst Wolfgang: Neukantianismus - Perspektiven und Probleme. In: Orth / Holzhey (1994) 13-30.

Orth (1996), Ernst Wolfgang: Technikphilosophie oder Kulturphilosophie. Eine unbewältigte Alternative im Bild des Menschen. In: Riebel / Hiltscher (1996) 201-216

Orth (1997), Ernst Wolfgang: Psyche und Psychologie bei Rudolf Hermann Lotze. Zum parapsychologischen Charakter der Psychologie. Ein Blick in die Wissenschaftsgeschichte des 19. Jahrhunderts. In Schmid / Zurbuchen (1997) 117-132.

Orth, Ernst Wolfgang / Holzhey, Helmut (Hgg.): Neukantianismus. Perspektiven und Probleme. Würzburg 1994.

Pester, Reinhardt: Hermann Lotze. Wege seines Denkens und Forschens. Ein Kapitel deutscher Philosophie- und Wissenschaftsgeschichte im 19. Jahrhundert. Würzburg 1997.

Ralfs, Günter: Stufen des Bewußtseins. Köln 1965.

Riebel, Alexander / Hiltscher, Reinhard (Hgg.): Wahrheit und Geltung. FS W. Flach. Würzburg 1996.

Schieren, Jost: Anschauende Urteilskraft. Methodische und philosophische Grundlagen von Goethes naturwissenschaftlichem Erkennen. Düsseldorf / Bonn 1998.

Schmid, Peter A. / Zurbuchen, Simone (Hgg.): Grenzen der kritischen Vernunft. FS Holzhey. Basel 1997.

Schopenhauer, Arthur: Werke. Hg. v. L. Lütkehaus. Zürich 1991.

Schulz, Wolfgang K.: Wilhelm Windelbands Ansatz zu einer wirklichkeitswissenschaftlichen Grundlegung der Kulturtheorie. In: Orth / Holzhey (1994) 474-484.

Schwaetzer (1997), Harald: *Phantasia naturalis*. Die Neugestaltung des Naturbegriffs durch die Idee der Bildsamkeit. Ansichten und Einsichten von Anders und Goethe. In: System & Struktur V/2 (1997) 125-156.

Schwaetzer (1998), Harald: Anthropologie im Zeichen der Bombe. Eine Skizze zur Anthropologie im 20. Jahrhundert bei Spicker, Anders, Buber und Heisterkamp. In: Schwaetzer / Stahl-Schwaetzer (1998) 185-215.

Schwaetzer (1998a), Harald: Gideon Spicker - ein Bekenntnis zur Metaphysik. In: Spicker, Gideon: Am Wendepunkt der christlichen Weltperiode. Philosophisches Bekenntnis eines ehemaligen Kapuziners. Hg., eingl. u. komm. v. H. Schwaetzer. Mit einem Vorwort v. U. Hoyer. Hildesheim u.a. 1998. IX-LV.

Schwaetzer (1998b), Harald: Weltanschauung und Symbolphilosophie. Gideon Spickers "Kampf zweier Weltanschauungen" (1898). Eine Säkularbetrachtung. In System & Struktur VI (1998). 229-248.

Schwaetzer (1999), Harald: Begriff, Ideal, Symbol. Die Vorbereitung von Gideon Spickers Symbolphilosophie durch Otto Liebmann und Johannes Volkelt. In: Hoyer, Ulrich / Schwaetzer, Harald (Hgg.): "Kampf zweier Weltanschauungen". Metaphysik zwischen

Naturwissenschaft und Religion im Werk Gideon Spickers. Hildesheim u.a. 1999. 157-182.

Schwaetzer (1999a), Harald: Interpolation und Aisthesis. Die Wiedergewinnung eines allgemeinen Menschenrechts. Zum Satz des Bewußtseins bei Liebmann, Volkelt und Goethe. In: Schwaetzer, H. / Stahl-Schwaetzer, Henrieke (Hgg.): Aisthesis. Die Wahrnehmung des Menschen. Gottessinn. Menschensinn. Kunstsinn. Regensburg 1999. 231-246.

Schwaetzer (im Druck), Harald: Zwischen Dichtung und Wahrheit. Die Krisis in Otto Liebmanns Transzendentalphilosophie. In: Gabriel, G. / Kodalle, K.-M.: Die Angst vor der Moderne. Der Mikrokosmos Jena um 1900. Kritisches Jahrbuch der Philosophie 5. Würzburg 2000 (im Druck).

Schwaetzer, Harald / Stahl-Schwaetzer, Henrieke (Hgg.): L'homme - machine? Anthropologie im Umbruch. Ein interdisziplinäres Symposion. Hildesheim u.a. 1998.

Spicker, Gideon: Kant, Hume und Berkeley. Eine Kritik der Erkenntnisstheorie. Berlin 1875.

Tenbruck, Friedrich: Neukantianimus als Philosophie der modernen Kultur. In Orth / Holzhey (1994) 71-87.

Volkelt (1879), Johannes: Immanuel Kants Erkenntnistheorie nach ihren Grundprinzipien analysiert. Ein Beitrag zur Grundlegung der Erkenntnistheorie. Leipzig 1879.

Volkelt (1880), Johannes: Rez. zu Liebmann AW. In: Philosophische Monatshefte16 (1880) 349-357.

Volkelt (1886), Johannes: Erfahrung und Denken. Kritische Grundlegung der Erkenntnistheorie. Hamburg / Leipzig 1886.

Windelband (1910), Wilhelm: Otto Liebmanns Philosophie. In: Kant-Studien 15 (1910) III-X.

Windelband (1921), Wilhelm: Präludien. Bd 1. 7. Auflage. Tübingen 1921.

Windelband (1924), Wilhelm: Präludien Bd 2. 9. Auflage. Tübingen 1924.

Zeidler, Kurt Walter: Bruno Bauchs Frege-Interpretation. In: Orth / Holzhey (1994) 214-232.

Die

Klimax der Theorieen.

Eine Untersuchung

aus dem Bereich der allgemeinen Wissenschaftslehre

von

Otto Liebmann.

Ut philosopho ea credenda non sunt, quae nequeunt evidentius probari, ita neque temere sunt reprobanda, quae certa non possunt incusari ratione.

Giordano Bruno.

Straßburg.

Karl J. Trübner.

1884.

Anastatischer Neudruck 1914.

Vorwort.

Obwohl nur eine eng eingeschränkte Monographie aus einem sehr umfangreichen Forschungsgebiet, eignet sich diese Schrift doch zu separater Veröffentlichung. Sie behandelt in abgerundeter Gestalt ein wichtiges und relativ selbständiges Thema, welches bis in die letzten Wurzelfasern unseres Wissens hinabgreift. Sie ist gleichzeitig dazu angethan, gewissen tief eingenisteten Irrthümern durch energische Selbstprüfung ein Ende zu bereiten. Richtigkeit des Denkens besteht gutentheils in der Schärfe des Unterscheidens; eine Cohorte von hartnäckigen Irrmeinungen verdankt ihr zählebiges Dasein der Confusion, das heißt dem Zusammenwerfen solcher Dinge, die man scharf unterscheiden müßte. Entfernung des Irrthums aber ist eine Vorbedingung des intellectuellen Fortschritts. Als einst Antisthenes gefragt wurde, welche Wissenschaft unter allen die nothwendigste sei, antwortete er: „Die Wissenschaft, das Falsche zu verlernen, — τὸ κακὰ ἀπομαθεῖν".

Es bedarf wohl nicht der besonderen Versicherung, daß auf den Gegenstand durchgängig die logische Sorgfalt verwendet worden ist, welche seiner Bedeutsamkeit entspricht. Sollten jedoch trotzdem die Ausführungen der ersten Hälfte einige Bedenken zurücklassen, so wird wohl das Schlußkapitel eine hinreichende, für Manchen sicherlich überraschende Auflösung dieser Scrupel darzubieten im Stande sein.

Jena, im November 1883.

Nachdem die „Klimax der Thorien“ von Otto Liebmann längere Zeit im Buchhandel gefehlt hat, erscheint sie zwei Jahre nach dem Tode ihres Verfassers in unveränderter Gestalt von neuem. Dieses Libellum hat ein vielleicht noch eigentümlicheres Fatum gehabt, als es sonst das vielberufene Bücherschicksal zu sein pflegt. Die Vorzüge des Geistes seines Urhebers, leuchtende Klarheit und eindringliche Schärfe, sind an ihm ganz besonders ausgeprägt. Und doch ist es zunächst sehr viel weniger, als die anderen Werke Liebmanns und sehr viel weniger, als es seiner Bedeutung nach verdient, beachtet worden. Es sind nun volle dreißig Jahre vergangen, seit es zum ersten Male vor die Öffentlichkeit trat. Die Nachfrage war also, solange es im Buchhandel dargeboten werden konnte, nur gering; und nun sie sich in der letzteren Zeit recht lebendig regte, war das Büchlein nicht mehr zu erlangen. Daß man es aber verlangte, beweist doch wohl, daß es Bleibendes zu sagen hat.

Es gehört, wie schon sein Untertitel ankündigt, in das Bereich der „allgemeinen Wissenschaftslehre“. Unter den Wiedererneuerern des Kantischen Kritizismus, die den Übergang von der transzendentalpsychologischen zur transzendentalkritischen Ausgestaltung der Wissenschaftslehre innerhalb jener Erneuerungsepoche angebahnt haben, gebührt Liebmann zweifellos ein bleibender Platz an allererster Stelle. Ja er war wohl die bedeutendste und eindrucksvollste Denkererscheinung jenes Übergangs von der transzendentalpsychologischen Reflexion zur eigentlich transzendentalphilosophischen Aufgabestellung der Wissenschaftslehre. Diese Aufgabe wird nun der Logik für alle Zukunft gewiesen bleiben müssen, wenn die Logik das sein will, was sie ihrer Bestimmung nach sein soll: Lehre vom Λόγος. Und wie nun das Schriftchen gleich auf seinen ersten Seiten scharf den Unterschied und das Verhältnis zwischen der „geschichtlichen Entstehungsweise“ und dem „logischen Erkenntniswert“ der Theorien bezeichnet, so führt es als Ganzes stetig vom „genetischen Gesichtspunkte“ zum Gesichtspunkte „logischer Gültigkeit“ weiter, um hier gleich Liebmanns eigene Gegenüberstellungen anzuwenden. Die in ihr behandelnden Probleme sind für die ganze Erkenntnislehre von eminenter Bedeutung. Und die Darstellung dieser wichtigen Probleme ist von einer so glänzenden Klarheit und Einfachheit, daß sich ihr nur wenige Erscheinungen unserer philosophischen Literatur an die Seite stellen dürfen. Darum wird die Art der Problembehandlung und Darstellung dem der wissenschaftlichen Führung bedürftigen Leser die besten Dienste leisten, um einen Zugang zu den Problemen der Erkenntnis- und Wissenschaftslehre zu gewinnen, die ja im Vordergrunde unserer gegenwärtigen philosophischen Aufgaben und Interessen stehen. Daß sich also ein abermaliges Erscheinen der Schrift rechtfertigt, bedarf keiner besonderen Erwähnung.

Ich bin der Aufforderung, die Schrift meines Amtsvorgängers, des von mir aufrichtig verehrten Mannes und Denkers, mit diesen Zeilen zu begleiten, gerne und freudig gefolgt. Mehr über diese Arbeit zu sagen ist nicht nötig. Sie wird für sich selber reden.

Jena, im Januar 1914. **Bruno Bauch.**

Inhalt.

Die Klimax der Theorieen.

Ut philosopho ea credenda non sunt, quae nequeunt evidentius probari, ita neque temere sunt reprobanda, quae certa non possunt incusari ratione.

Giordano Bruno.

Erstes Kapitel.

Einleitung und Thesen.

Zwischen dem Theoretiker und dem Historiker, deren ganz heterogene Betrachtungsweisen jede für sich gerechtfertigt und zu wechselseitiger Ergänzung bestimmt sind, herrscht vielfach ein aus Einseitigkeit der Interessen entspringender Antagonismus. Selbstgenügsamkeit, Überschätzung der eigenen, Unkenntniß und Unterschätzung der fremden Betrachtungsweise macht sich oft genug auf beiden Seiten geltend; — zum Schaden für die Gesammtwissenschaft. Der Historiker, der die Ding im Fluß des Werdens betrachtet und gleich anderem Menschenwerk auch wissenschaftliche Lehrgebäude dem Wechsel von Entstehung und Untergang unterworfen sieht, wird immer versucht sein, angesichts einer sich fertig dünkenden Theorie den Ungläubigen und Skeptiker zu spielen. Er hält seinen genetischen Gesichtspunkt für den höheren; nicht etwa nur deshalb, weil sein Hauptobject, nämlich die sittliche und geistige Entwicklung des Menschengeschlechts, ohne Zweifel das sachlich Interessanteste ist, sondern auch deshalb, weil dies Object den Wechsel menschlicher Theorieen als einen Specialfall unter sich begreift. Er glaubt nur an relative, nicht an absolute Wahrheit menschlicher Lehrmeinungen. Systeme und Theorieen, so denkt er, entwickeln sich, wachsen an, herrschen und stürzen wie Weltreiche, Throne und Dynastieen; es gibt nichts Bleibendes in der Sphäre theoretischer Ueberzeugungen. Er irrt sich; er übersieht hierbei Mehreres. Er vergißt oder weiß nicht, daß wir denn doch im Besitz mancher Theorieen sind, wie beispielsweise der Geometrie des Euklides, der Syllogistik des Aristoteles, der Bewegungstheorie des Galilei, der Gravitationslehre Newton's, welche, aus dem historischen Fluß und Wechsel gänzlich herausgetreten, als fest krystallisirte, für immer bleibende Errungenschaften des Verstandes dastehen.* Er übersieht, daß der logische Erkenntnißwerth einer Theorie etwas von ihrer geschichtlichen Entstehungsweise vollkommen und durchaus Unabhängiges repräsentirt. Angenommen z. B. wir könnten den genauen Nachweis erbringen, daß unsere europäische Geometrie, wie schon Platon und Aristoteles andeuten, von den Priestern, den Architekten, Feldmessern und Astronomen Aegyptens ganz sporadisch und stückweise aufgefunden sei, so würde diese historisch recht werthvolle Erkenntniß für unsere Einsicht in die strenge Geltung und den zeitlos-ewigen Zusammenhang der geometrischen Wahrheiten schlechterdings irrelevant und unbedingt werthlos sein. Endlich, er übersieht, daß seine eigenen Verstandesoperationen, Methoden und Ergebnisse unter der normativen Oberherrschaft theoretischer Voraussetzungen stehen; in letzter Instanz unter der Oberherrschaft derjenigen Theorie, welche Logik heißt.

Der Theoretiker andererseits, der irgendwelchen Ausschnitt

* Das kopernikanische System bildet, wie Jedermann weiß, geschichtlich und sachlich die Vorstufe und Basis der newtonischen Gravitationstheorie. Nun wäre es möglich, ich meine in abstracto denkbar, daß das System des Kopernikus irgendeinmal dahinfiele, wie das des Ptolmäus und das des Tycho de Brahe. Trotzdem, ja sogar wenn durch einen Zauberschlag die ganze factische Weltordnung umgestürzt würde, bliebe die Lehre Newton's und die Galilei's als veritas aeterna feststehen. Ein Paradoxon! — ich gebe es zu. Aber wer dies Paradoxon nicht versteht, ihm nicht unbedingte Zustimmung zollt, der steckt gerade in der oben gerügten Einseitigkeit und mag zusehen, ob er sich durch eifriges Studium davon befreien kann.

der realen oder idealen Welt auf feste Gesetze gebracht hat und den innerhalb dieser Region gültigen Causalnexus durchschaut zu haben überzeugt ist, pflegt im Bewußtsein dieses, wie er glaubt, unantastbaren Besitzthums mit einiger Geringschätzung auf Denjenigen hinabzusehen, der nur auf der Oberfläche des Werdens verweilt, ohne daß er die Nothwendigkeit dieses Werdens aufweisen könnte; der höchstens diplomatisch genaue Kenntniß liefert, aber nicht mathematisch strenge Erklärung; der außerdem nur in den allerwenigsten Fällen den Wahrscheinlichkeitsgrad seiner Forschungsresultate zu schätzen, und das Gewisse vom Ungewissen haarscharf zu unterscheiden im Stande ist. Er stellt, wenn auch nur im Stillen, an den Historiker das übertriebene Postulat, daß derselbe, anstatt zeitlich aufeinanderfolgende individuelle Ereignisse zu referiren, lieber die allgemeinen Gesetze entdecken sollte, aus deren Geltung der Strom und Wechsel der geschichtlichen Begebenheiten resultirt; und wenn die Geschichtsforschung dies nicht leisten kann, so bezweifelt er wohl ihre Wissenschaftlichkeit. Er übersieht hierbei Mehreres. Erstens, daß auch die bestbegründete Theorie durch historischen Einblick in die Reihenfolge ihrer Antecedenzien und Entwicklungsstadien vor dogmatischer Erstarrung bewahrt, zur Selbstkritik, zur Erweiterung des Horizonts, zur Erhebung über ihren zeitweiligen Besitzstand, damit aber zum Fortschritt und immer tieferen Eindringen in den Gegenstand ermuntert wird. Sodann, daß die Kenntniß der individuellen Entwicklungen, mit denen die Geschichte sich befaßt, das Erste, deren theoretische Erklärung aber erst das Zweite sein muß. Endlich, daß die hochgeschraubte Forderung, die er an den Historiker stellen möchte, selbst auf ihm viel näher liegenden Gebieten, selbst an viel leichteren und einfacheren Objecten, z. B. am physiologischen Entwicklungsproceß des organischen Individuums, bis auf den heutigen Tag noch nicht im Entferntesten erfüllt oder auch nur als erfüllbar nachgewiesen ist.

Beide Einseitigkeiten sind Bildungsdefecte. Man muß sich

über sie zu erheben trachten, wenn man richtig, d. h. wenn man gerecht urtheilen will.

Indessen, nicht dieser Gegensatz bildet das Thema, welches hier in's Auge gefaßt werden soll. Nur einleitungsweise und im Vorübergehen, wenn auch nicht ohne Absicht, berühren wir ihn. Wird von der einen Seite zugegeben, daß unsere Historik selbst schon gewissen Theorieen subordinirt ist, von der anderen aber, daß unsere Theorie dem geschichtlichen Werden ausgesetzt ist, dann wäre mindestens der Anfang zur Einigung unter einem höheren Gesichtspunkt gewonnen. Viel eher ist es ein ganz anderer Gegensatz, auf den diese Untersuchung hinzielt; ein Gegensatz, den gleich auf der Schwelle mit gangbaren Schlagwörtern zu bezeichnen lieber vermieden werden soll. Denn Schlagwörter präoccupiren. Im weiteren Verlauf wird er klar genug zu Tage treten; auch klingt er schon vernehmlich an, wenn man auf eine gewisse Veränderlichkeit der wissenschaftlichen Geschmacksrichtung Rücksicht nimmt.

Der Hang zum Theoretisiren scheint nämlich, gleich anderen menschlichen Neigungen, einem Wechsel von Ebbe und Fluth unterworfen zu sein. In ursächlichem Zusammenhang mit culturgeschichtlichen Factoren mannigfacher Art erlebt er alternirend seine Maxima und seine Minima. Es gibt Zeitalter, in denen er zur förmlichen Monomanie anschwillt und das bescheidenere Bedürfniß nach einfach beobachtender Kenntnißnahme des Thatsächlichen auf hypertrophische Weise überwuchert. Es gibt andere Zeitalter, in denen er unter Null hinabsinkt und von eben jenem ihm antagonistischen Bedürfniß völlig zurückgedrängt scheint. Wenn doctrinäre Erstarrung in einer dogmatisch abgeschlossenen Weltauffassung schon auf dem Gipfel der Weisheit angelangt zu sein glaubt und nun ihre ganze Sagacität darauf verwendet, das fertige, für wahr gehaltene Begriffssystem in alle seine feinsten Ramificationen auszuarbeiten; aber auch wenn eine jugendlich hoffnungsfreudige, eine reformatorische Periode in voreiligem Gestaltungsdrang das unbekannte Land der geahnten Wahrheit mit niegesehenen Gedankengebilden bevölkert und in's Unermeßliche, in's Phantastische hinausschweift, dann ist die Reaction gegen solches Hypertheoretisiren naturgemäß, und eine besonnen prüfende Nachwelt wird die Hälfte ihrer Arbeitskraft auf kritische Ausräumung überfüllter Augiasställe verwenden müssen. Dann stellt sich auch wohl jenem Zuviel ein Zuwenig entgegen; aus löblicher Scheu vor doctrinären Illusionen, aus begreiflicher Furcht vor unsoliden Scheintheorieen, aus höchst achtungswerthem Wahrheitssinn verfällt man in das andere Extrem; man redet sich ein, unser Erkenntnißtrieb könne dadurch seine Befriedigung finden, daß man der Frage nach dem Warum einfach den Rücken zukehrt und überall nur das Was und das Wie zu constatiren sucht. Ein derartiger Umschlag hat sich oftmals und an vielen Orten der Welt wiederholt. Aber die skeptischen Prophezeiungen oder Wünsche, die den theoretisirenden Geistestrieb todtsagen wollen, werden durch die Geschichte regelmäßig Lügen gestraft. Denn jedes echt Menschliche stirbt, solange die Menschheit lebt, nie gänzlich aus; und die skeptischen Reactionen, weit entfernt den Hang zur Theorie abzutödten, dienen nur zu dessen Reinigung, Selbstbesinnung, stiller Sammlung und Höherbildung. Uebrigens wäre es ein Irrthum, wenn man das hier skizzirte Verhältniß zwischen theoretisirender und empirischer Denkungsart nur so auffassen wollte wie einen zeitlich linear ablaufenden Proceß des abwechselnden Sinkens und Steigens, wenn man mit dem chronologischen Lineal in der Hand zwischen Perioden des einen und des andern Charakters strenge Grenzlinien ziehen wollte. Wer dies unternimmt, geräth in eine erkünstelte Schablone hinein und vergißt, daß zu allen Zeiten die verschiedensten Seiten menschlicher Geistesbethätigung offener oder latenter nebeneinanderleben.

Wie mancher zum Beispiel wäre schnell mit seiner Zustimmung bereit, wenn das Mittelalter mit seiner sterilen Scholastik für eine Periode krankhafter Hypertheorie erklärt, und im glänzenden Con-

kraft hierzu die heute um uns lebendige Gegenwart als eine Zeit heilsamer Theorieverachtung und Thatsachenschätzung belobt würde. Aber wie kurzsichtig wäre das! Dasselbe Mittelalter hat auch hyperempirische Experimentaldisciplinen hervorgebracht, wie die Alchymie und die Ars magna Lulliana;* und die Wissenschaft der Gegenwart ist nicht eben arm an weitgeglaubten, in's Fernste und Größeste hinaustastenden Lehrmeinungen, die man bei einigermaßen unbefangenem Blick als äußerst gewagte, jede wirkliche und mögliche Erfahrung kühn transscendirende Theorieen erkennt. Heutigen Tages construirt man durch Schlüsse aus verhältnißmäßig geringfügigen Erfahrungsbruchstücken nicht etwa nur Stammbäume des ganzen Pflanzen- und Thierreichs, vom Urschleim bis zum Menschen hinauf, sondern auch auf Jahrmillionte zurück und vorwärts die ganze Vergangenheit und Zukunft des materiellen Universums; die Weltentstehung und den Weltuntergang. Wer dies für Erfahrungswissenschaft hält, der muß einen ziemlich laxen Begriff von der „Erfahrung" haben. Auch betrachte man unsere heutige Mathematik. Sie leidet in allen ihren Partieen, von der Zahlentheorie bis zur Geometrie, an einer förmlichen Sucht, Alles und Jedes beweisen, strict beweisen, definiren, streng definiren zu wollen. Wer dies nicht für Theorie hält, der muß von „Theorie" einen ziemlich abnormen Begriff besitzen. Letztere Erscheinung erinnert lebhaft an die skeptisch-kühlen Erwägungen eines großen Mathematikers früherer Zeit, dem die Grundbegriffe der Mathematik und Physik einfach als unerklärlich und undefinirbar gelten. Ich meine Pascal. Man lese einmal in Pascal's „Pensées" die interessante Abhandlung „Réflexions sur la géométrie en général". Sie ist lehrreich.

Indem wir uns zur Sache wenden, sollen hier vom Stand-

---

* Diese wunderliche, von Giordano Bruno und Leibnitz enorm überschätzte Doctrin enthielt den barocken Versuch einer Experimental-Logik.

punkt der allgemeinen Wissenschaftslehre aus über das angedeutete Verhältniß zwischen mehreren dem menschlichen Geistestypus inhärenten Arten des Erkennens eine Anzahl allgemeiner Sätze aufgestellt werden, deren Erläuterung und Begründung den nachfolgenden Kapiteln überlassen bleibt.

Thesen.

I.

Die Meinungen und Ueberzeugungen des Menschen, d. h. derjenige Theil seiner Gedanken, den er mit einem höheren oder geringeren Grade von Bestimmtheit *für wahr hält*, müssen sich stets in Gestalt logisch eindeutiger Sätze von bestimmtem Inhalt und Umfang formuliren lassen. Sie zerfallen in solche, die vermöge eines unanalysirten Gefühls, und solche, die mit deutlichem Bewußtsein ihrer Begründung und Berechtigung für wahr gehalten werden. Jedoch existirt psychologisch eine scharfe Trennung und exclusive Disjunction dieser zwei Klassen keineswegs; sondern es gibt die mannigfaltigsten Ueberzeugungsstufen von der ganz objectiv begründeten, von Gefühlsmotiven geläuterten Ueberzeugung des Mathematikers an bis zum blinden, unvernünftigen Aberglauben des Fetischanbeters. Auf dieser psychologischen Stufenleiter muß irgendwo die Grenze zwischen wissenschaftlichen und populären Ueberzeugungen gelegen sein.

II.

Unter dem Namen Wissenschaft verstehen wir das vom menschlichen Verstande selbständig concipirte und ausgebildete Ideal eines Systems solcher für wahr gehaltener Sätze, deren Fürwahrgehaltenwerden von der psychologischen Wurzel des Gefühls oder des Gemüthslebens völlig losgelöst und ganz und gar auf das selbstlos objective, deutliche Bewußtsein ihrer Begründung und Berechtigung gebaut sein soll.

Die unter dem Namen „Wissenschaft" actuell vorhandenen Gedankengebäude haben jenes Ideal nicht alle in gleichem Grade verwirklicht. Am höchsten stehen in dieser Hinsicht die Logik und die Mathematik.

III.

Als objectiv begründet muß uns in erster Linie dasjenige Fürwahrhalten gelten, welches entweder aus der Undenkbarkeit, respective der intuitiven Unvorstellbarkeit des contradictorischen Gegentheils von unserem Gedanken entspringt, oder auf der directen Wahrnehmbarkeit des von uns Gedachten beruht. Wissenschaftliche Ueberzeugungen der ersten Art sind nothwendig oder apodiktisch gewiß; solche der zweiten Art thatsächlich oder assertorisch gewiß. Jene heißen, wenn sie ursprünglich, d. h. nicht erst durch Schlüsse aus höheren Sätzen abgeleitet sind, Axiome; diese heißen Empeireme.

In zweiter Linie aber muß auch dasjenige Fürwahrhalten als objectiv begründet gelten, welches durch logisch correcte Ableitung von Folgesätzen aus Axiomen oder aus Empeiremen erzeugt wird. Solche Folgesätze heißen Theoreme; und die nach irgendwelchen Richtungen hin ausgesponnene, womöglich vollständige Ableitung der Folgesätze irgendwelcher Axiome oder Empeireme ist eine Theorie.

IV.

Hieraus leuchtet ein, daß nicht nur die axiomatisch, sondern auch die empirisch begründeten Wissenschaften sehr viel Theorie enthalten müssen. Letztere speciell deshalb, weil Erstens das für uns Undenkbare und das intuitiv Unvorstellbare auch nicht in der

Wahrnehmung vorhanden sein kann; weil Zweitens unsere (äußere und innere) Wahrnehmung notorisch manchen Täuschungen ausgesetzt, und die Unterscheidung der fehlerhaften, täuschenden von der objectiv adäquaten Wahrnehmung nur nach Maaßgabe und unter Anwendung von (logischen und mathematischen) Axiomen möglich ist; weil Drittens die empirisch begründete Wissenschaft sich nie auf singuläre Wahrnehmungsurtheile von nur momentaner und einmaliger Gültigkeit beschränkt, sondern particuläre und universelle Sätze von größerem oder geringerem Umfang mit dem Anspruch auf deren objective Gültigkeit hinstellt, wobei die Wahrheit dieser Sätze in den nicht factisch wahrgenommenen Fällen aus ihrer Wahrheit in den wirklich beobachteten Fällen auf Grund irgendwelcher Prämissen gefolgert oder erschlossen werden muß.

V.

Unter die Aufgaben der allgemeinen Wissenschaftslehre gehört die Eruirung und Prüfung sowohl der Schlußarten, vermittelst welcher, als der Prämissen, auf Grund welcher die empirische Wissenschaft ihre direct nur aus singulären Wahrnehmungen geschöpften Urtheile generalisirt, ihnen einen Gattungs- oder Art-Umfang ertheilt, mithin sie unter dem Anspruch auf Wahrheit über die nicht wahrgenommenen Fälle ausdehnt.

VI.

Die Analyse dieses Problems stößt auf eine Anzahl von Grundsätzen, deren keine Erfahrungswissenschaft entrathen kann, während ihnen weder der Charakter von Axiomen, noch der von Wahrnehmungsurtheilen zukommt, mithin weder apodiktische, noch assertorische Gewißheit inhärirt. Diese Grundsätze sind gewisse Maximen, nach Maaßgabe welcher wir die fragmentarische und discrete Reihe singulärer Wahrnehmungen und isolirter Beobachtungen durch Interpolation oder Einschaltung der fehlenden Zwischenglieder zu einem zusammenhängenden Erfahrungsthatbestand ergänzen.

VII.

Während es der empirischen und theoretischen Psychologie, einer Wissenschaft, die selbst nur auf Grund von Axiomen und unter Anwendung jener Interpolationsmaximen zu Stande kommen kann, anheimgestellt bleibt, die subjective Entstehungsart der von uns als objective Norm verwendeten Interpolationsmaximen ausfindig zu machen, hat die allgemeine Wissenschaftslehre an dieser psychogenetischen Frage kein unmittelbares Interesse; indessen ist sie, gleichviel welches die richtige Lösung der berührten Frage sein mag, genöthigt, die erwähnten Maximen als unabstreifbares Attribut desjenigen intellectuellen Organisationstypus aufzufassen, innerhalb dessen jede uns bekannte Art von Erfahrungswissenschaft gelegen ist.

Zweites Kapitel.

Classification der Theorieen.

Jede Theorie besteht in einem feiner oder gröber verzweigten, über ein engeres oder weiteres Erkenntnißgebiet ausgedehnten System allgemeinerer und speciellerer, theils im Verhältniß der Coordination, theils in dem der Subordination stehender Sätze (Theoreme), die aus einer möglichst geringen Anzahl ganz universell gültiger Sätze (Principien) durch Schlußfolgerung a majori ad minus abgeleitet sind; und zwar zu dem Behuf, um dem natürlichen Erklärungsbedürfniß unseres Verstandes vermöge der Nachweisung des logischen Zusammenhangs in einer Gruppe homogener Erkenntnisse Genüge zu leisten. Zur Eintheilung und Classification der Theorieen bietet sich, da auf allen möglichen Erkenntnißgebieten theoretisirt wird, mannigfaltiger Anlaß; und es kann dabei bald dieses, bald jenes Eintheilungsfundament zu Grunde gelegt werden. Aus dem Gesichtspunkt der allgemeinen Wissenschaftslehre aber, welche nicht sowohl dem Erkenntnißstoff als vielmehr der Erkenntnißmethode ihre Aufmerksamkeit widmet, dürfen in erster Linie unterschieden werden formale Theorieen von materialen Theorieen. Die formalen Theorieen, unter welche außer der Logik die reine Mathematik gehört, entwickeln nach der Maxime des zureichenden Erkenntnißgrundes aus irgendwelchen Principien ein System solcher

Wahrheiten, die unabhängig von der realen Welt des Thatsächlichen eine für alles vernünftige Denken oder auch für alles menschliche Anschauen zwingende Gültigkeit besitzen. Die materialen Theorieen wollen gemäß der Maxime des zureichenden Realgrundes ein System von Specialgesetzen deduciren, deren natürliche oder normative Geltung auf irgendwelchem Gebiet der realen Außenwelt oder Innenwelt als Erfahrungsthatsache gegeben ist; ihre Principien können entweder selbst der Erfahrung entnommen, oder als Hypothesen angesetzt, oder als axiomatische Behauptung aufgestellt sein. Indem nun aber der Begriff des Realgrundes sowohl den der wirkenden Ursache (causa efficiens), als den der Zweckursache (causa finalis) unter sich begreift, zerfällt die Klasse der materialen Theorieen in zwei Arten; man kann sie nennen Causaltheorieen und Normaltheorieen.* Das Wesen einer causalen Theorie besteht darin, daß sie unter principieller Voraussetzung der strengen Allgemeingültigkeit des Satzes der Causalität irgendeine in sich homogene Gruppe empirischer Vorkommnisse aus der Wirksamkeit gewisser Grundursachen erklärt oder, was dasselbe besagt, die in dieser Gruppe herrschenden Specialgesetze aus allgemeineren Gesetzen deducirt. Eine normative Theorie hingegen stellt sich die Aufgabe, irgendeine Gruppe von Imperativen, praktischen Regeln, positiven oder negativen Vorschriften als Consequenzensystem aus gewissen Grundpostulaten abzuleiten. Hierher gehört außer der Ethik, Rechtslehre, Politik und Aesthetik jede technische Wissenschaft, von der Maschinenbaukunde bis zur Taktik und Strategie, von der Anstandslehre bis zur Rhetorik und Mimik.

Die vor uns liegende Untersuchung nun bezieht sich bloß auf

---

* Nicht unpassend wäre es auch, die erste Art ätiologische Theorieen, die zweite Art teleologische Theorieen zu nennen. Indessen gäbe dies, da unter dem Namen Teleologie eine metaphysische Parteiansicht auftritt, zu Mißverständnissen Gelegenheit. Deshalb verdienen die im Text gewählten Ausdrücke den Vorzug.

eine der hiermit unterschiedenen Wissenschaftskategorieen; sie schließt sämmtliche formalen und normativen Theorieen ganz von sich aus, faßt allein die causalen Theorieen in's Auge, und will deren methodologisches Wesen, deren wissenschaftliche Dignität und Tragweite, sowie deren letzte Fundamentalvoraussetzungen einer gewissen Beleuchtung unterwerfen, die, wie mir scheint, aus erkenntnißtheoretischem Gesichtspunkt nicht uninteressant sein wird. Hierbei sei denn sogleich eine Fortsetzung der soeben begonnenen Classification zu Grunde gelegt, deren logische Berechtigung im weiteren Verlauf an den Tag treten muß, und welche, auch wenn ihr kein übermäßiger Werth beigelegt werden dürfte, jedenfalls zur Erleichterung der Uebersicht dienlich ist. Mustert man nämlich die Gesammtheit der nach Gegenstand und Umfang so mannigfaltigen (causalen) Theorieen, mit Hülfe welcher der menschliche Verstand den Lauf des natürlichen Geschehens sich begreiflich zu machen sucht, so gibt es zwar in Hinsicht auf deren größere oder geringere Allgemeinheit, sowie in Beziehung auf die längere oder kürzere Distanz ihrer Erklärungsprincipien von dem empirisch beobachtbaren Sachverhalt recht viele und feine Gradunterschiede; drei Hauptstufen aber sind es, die als besonders charakteristisch hervorspringen. Wir nennen sie, in Ermangelung besserer Kunstausdrücke, die Theorieen der ersten, der zweiten und der dritten Ordnung.*

Unter einer Theorie der ersten Ordnung verstehe ich eine solche, die ihre Erklärungsprincipien unmittelbar aus dem Bereich des empirisch Gegebenen entnimmt, deren Gedankenmaterial also die Grenzen der wahrnehmbaren Thatsächlichkeit garnicht über-

* Eine Ergänzung und theilweise eine mehr in's Specielle hinabsteigende Ausführung der hier entworfenen Classification enthält die anderwärts von mir gelieferte „Schematische Stufenordnung der deductiven Wissenschaften". Siehe: Gedanken und Thatsachen, Heft I, S. 38—45. Auch mag hiermit verglichen werden, was in meiner Analysis der Wirklichkeit, 2. Aufl. S. 560, S. 203, 280 über den Unterschied zwischen Theorie des Seins und Theorie des Geschehens gesagt und angedeutet wird.

schreitet. Zum Behuf causaler Deduction irgendwelcher Gattung von Phänomenen entdeckt sie innerhalb der erfahrbaren Welt ein wirklich vorhandenes, ein der Beobachtung zugängliches wirksames Agens, eine sogenannte causa vera, und zeigt dann durch Schlußfolgerung, günstigen Falls durch förmliche Rechnung, daß aus der gesetzlich stets und überall gleichbleibenden Wirksamkeit jenes Agens sämmtliche Specialerscheinungen der in Frage stehenden Gattung mit realer Nothwendigkeit entspringen müssen.

Unter einer Theorie zweiter Ordnung verstehe ich eine solche, die das Feld der wahrnehmbaren Thatsachen insofern schon überschreitet, als sie zum Zweck causaler Erklärung eines empirischen Erscheinungsgebietes solche Factoren oder Agenzien herbeiziehen muß, die ihrer eigenen Natur und der Beschaffenheit unseres Wahrnehmungsvermögens gemäß nicht mehr beobachtbar sind, also nur in Gedanken construirt und dann, mit ausdrücklichem Bewußsein von der problematischen Existenz des Hinzugedachten, hypothetisch als wirkende Ursachen angesetzt werden. In der Regel stützt sich eine derartige Hypothese auf irgendein wahrnehmbares Erfahrungsanalogon, und die Theorie beruht also auf versuchsweise unternommener Uebertragung von etwas Erfahrbaren in's Unerfahrbare.

Eine Theorie dritter Ordnung endlich ist jedes metaphysische System, sofern wir hier das Wort Metaphysik in dem ehemals allgemein gebräuchlichen und heute noch landläufigen Sinne nehmen. Ein solches System ist transscendent, nicht immanent; es überschreitet jede wirkliche und mögliche Erfahrung schon insofern, als es mit dem Anspruch auftritt, absolute Principien zur Erklärung der gegebenen Welt mitzutheilen, während die empirischen und hypothetischen Erklärungsprincipien der Theorieen erster und zweiter Ordnung eingestandenermaßen immer nur relative sind.

Ueber diese Wissenschaftskategorieen handeln die nächstfolgenden drei Kapitel.

Drittes Kapitel.

Die Theorieen erster Ordnung.

Sie beschränken sich, wie oben bereits bemerkt, ganz und gar auf das Gebiet der Erscheinungen, also Desjenigen, was uns thatsächlich gegeben und wirklich beobachtbar ist; sie verlassen das empirische Beobachtungsfeld mit keinem Schritt, sondern wollen nur abhängige und secundäre Thatsachen aus ursprünglichen Thatsachen ableiten, Specialphänomene zurückführen auf Urphänomene. Subsumtion vieler gleichartiger, aber nach Raum und Zeit sporadischer und durch Nebenbedingungen hier so, dort anders modificirter Einzelfälle unter einen typischen Fall, das scheint den logischen Kern dieser Art von Theorieen auszumachen. Der Charakter eines solchen rein immanenten Denkverfahrens wird am besten durch einige Paradigmata vergegenwärtigt, die wir aus einer Ueberfülle gleichwerthiger Beispiele herausgreifen.

Als erstes Beispiel diene uns die Theorie der Winde. Ausgegangen wird hier von dem Erfahrungssatz, daß die Luft, sobald an irgendwelcher Stelle ihr Gleichgewicht eine Störung erleidet, in eine strömende Bewegung geräth, welche solange andauert, bis das gestörte Gleichgewicht wieder hergestellt ist. Dies das Urphänomen und Princip der ganzen Theorie. Nun kann aber eine solche atmosphärische Gleichgewichtsstörung auf doppelte Weise hervorgerufen werden. Einmal so, daß die Luft irgendwo durch Erwärmung und Erhitzung verdünnt wird, mithin leichter wird und wegen ihres Gewichtsverlustes in die Höhe steigt, oder umgekehrt durch Abkühlung verdichtet wird, schwerer wird und infolge der Gewichtszunahme herabsinkt; sodann dadurch, daß eine Luftsäule, vermöge starker Verdunstung von Wasser mit Dämpfen geschwängert, an Dichtigkeit zunimmt, an Elasticität einbüßt, oder umgekehrt infolge plötzlichen Niederschlags der in ihr suspendirten Wasserdämpfe, als Regen, Schnee, Hagel, an Gewicht abnimmt, an Elasticität gewinnt. Wo immer aus dem einen oder andern Grunde Luftverdünnung und eine Luftströmung nach oben eintritt, da wird aus den Nachbarregionen von größerer Atmosphärendichtigkeit unten die schwerere Luft herbeiströmen; dort hingegen, wo schwere und dichte Luft herabsinkt, wird in der Höhe die leichtere Luft der Nachbarregionen herbeifließen. Hier wie dort also wird ein Luftzug, Wind, Sturm, Orkan entstehen, welcher solange andauert, als die Dichtigkeitsdifferenz noch unausgeglichen bleibt. Im Kleinen demonstrirt dies das bekannte Experiment ad oculos, daß man in der geöffneten Thür eines geheizten Zimmers stehend eine brennende Kerze von der Schwelle aus langsam emporhebt, wobei denn unten die Kerzenflamme durch den kalten Luftstrom in's Zimmer hineingeweht, oben durch den warmen Luftstrom aus dem Zimmer hinausgeweht wird, in der mittleren Höhe aber, als einer neutralen Zone der Windstille, ruhig und gerade emporbrennt. Dasselbe vollzieht sich nun aber auch im Großen und in der freien Natur, nur daß hier die geographische Vertheilung von Land und Meer, der vom Stand der Sonne über dem Horizont, sowie von der Beschaffenheit des Erdbodens abhängige Erwärmungsmodus der Atmosphäre, und andere Umstände noch den Proceß complicirter machen. Hieraus ergibt sich denn eine allgemeine und genügende Erklärung der hauptsächlichsten Arten von Luftströmung, der Passatwinde, der Land- und Seewinde in Küstenstrichen, der Moussons, der Cyclonen und Wirbelstürme ꝛc. Die Passatwinde z. B. entstehen dadurch, daß am Äquator der Erdboden und die Atmosphäre von der Sonne am stärksten erwärmt wird, daher dort unaufhörlich ein heißer Luftstrom emporsteigt und in der Höhe nach Norden und Süden zu abfließt, während an den eisbedeckten Polen die stets abgekühlte Luft herabsinkt und zum Äquator hinströmt.

Wie man sieht, ist in dieser Erklärungsart Alles immanent, alles empirisch; Nichts, vom einfachen Urphänomen bis zur complicirtesten Concurrenzwirkung, überschreitet die Grenzen factischer und thatsächlich controllirbarer Erfahrung.

Als zweites Beispiel sei die sogenannte Migrationstheorie von M. Wagner angeführt; eine Doctrin, welche, innerhalb des Rahmens der modernen Descendenzlehre stehend, zu dieser einen wichtigen und unentbehrlichen Baustein zu liefern berufen scheint. Die Erfahrung der Thierzüchter und Pflanzenzüchter lehrt, daß der Mensch ganz neue Spielarten (Varietäten) organischer Geschöpfe in's Leben rufen kann, indem er ein durch irgendwelche besondere Eigenschaften übereinstimmend ausgezeichnetes Päärchen einer Species sich miteinander paaren läßt und zugleich vor der Paarung mit morphologisch abweichenden Individuen derselben Stammart (species) durch räumliche Absonderung auf's sorgfältigste behütet. Die Nachkommen des isolirten Paares erben dann jene hervorstechende Eigenschaft ihrer Eltern. Dieselbe befestigt sich, steigert sich sogar in der Reihenfolge der Generationen; und so kann eine neue Varietät zu Stande gebracht werden, die von der alten Stammart ganz erklecklich abweicht. Hundertfältige Erfahrung lehrt dies. Räumliche Isolirung der Erzeuger fungirt hier als greifbare Gelegenheitsursache (causa occasionalis) eines Vorganges, der als Proceß der beginnenden Artenbildung aufzufassen ist. Anders für gewöhnlich in der freien Natur. Wo zahlreiche, individuell verschiedene Exemplare derselben Species auf einem geographisch zusammenhängenden Territorium, z. B. auf demselben Continent, derselben Insel oder in demselben Flußthal frei zusammenleben, da wird trotz alles Kampfes um das Dasein ein allseitiger Geschlechtsverkehr, eine freie Kreuzung zwischen den Artgenossen stattfinden, daher an der Nachkommenschaft im Ganzen eine Compensation der individuellen Abweichungen resultiren; es wird infolge mannigfaltiger, stets wiederholter Neutralisirung der begonnenen Abänderungen das Zustandekommen einer förmlichen Varietät verhindert, die Erhaltung des alten Formtypus der Stammart begünstigt sein. Wenn nun aber ein Päärchen, oder ein trächtiges Weibchen, oder auch der befruchtete Samen einer Pflanzenart aus irgendwelchen Gründen vom bisherigen Wohnort der Stammart räumlich entfernt, in entlegene Wohnsitze verschlagen und dort geographisch isolirt wird, kurz wenn es eine freiwillige oder unfreiwillige Auswanderung vollzieht, dann wird aus dieser natürlichen Isolirung unbeabsichtigter Weise derselbe Effect hervorgehen, den der Mensch bei der künstlichen Züchtung durch künstliche Isolirung erzielt; d. h. es werden die Emigranten an ihrem neuen Wohnsitz der Kreuzung mit den abweichenden Individuen ihrer alten, heimischen Stammart entzogen, es wird also jene Compensation der individuellen Abweichungen verhindert sein, mithin von selbst eine neue Varietät entspringen. Auch die Veränderung des Klimas, des Bodens, der Nahrungsmittel, welche mit der Auswanderung verknüpft ist, wird als Coefficient auf den Organisationstypus der Auswanderer modificirend einwirken; und das Ergebniß von Alledem wird sein, daß schließlich eine der Stammart ziemlich unähnliche Species zu Stande kommt. Mancherlei natürliche Grenzen, wie hohe und steile Gebirgswände, Meere oder auch breite Flüsse verhindern die Rückkehr, dienen zur dauernden Absperrung und erhalten die neue Species in ihrem neuen Typus. Der geschilderte Vorgang und sein Effect ist in zahlreichen Fällen factisch beobachtet und constatirt. Auf die Pflanzen- und Thiergeographie fällt ein sehr bedeutsames Licht. Alles mögliche wird begreiflich, genetisch erklärlich, was ehedem als wunderbarer Zufall und Laune der

Natur erschien. Und namentlich ist es das Dasein der „vicarirenden Formen", welches aus dieser Theorie eine höchst plausible Erklärung erhält.

Zum dritten Paradigma derselben Kategorie wollen wir uns die von Adam Smith gelieferte Theorie des Nationalreichthums auserwählen. Princip oder Urphänomen dieser berühmten Lehre ist bekanntlich der Egoismus. Die von Smith aufgestellte, überall mit Originalität, Geist und eindringender Sachkenntniß durchgeführte Thesis geht dahin: Daß, wenn jeder Mensch, ausschließlich und allein eingeschränkt durch die öffentlichen Rechtsschranken der Ehrlichkeit, in dem allgemeinen Wettkampf um Ehren und Reichthümer seinem natürlichen Eigennutz nach Kräften Genüge thut, hieraus von selbst als nothwendiges, wenn auch garnicht beabsichtigtes Ergebniß das Maximum des Wohlstandes einer Nation resultiren müsse. Ausgegangen wird von der psychologischen Erfahrungsthatsache, daß der Mensch von Natur bestrebt ist, sich an nützlichen und angenehmen Besitzthümern so viel anzueignen, als ihm möglich ist. Wenn nun der Staat, dieser Hüter des Friedens, der Rechtsordnung, der öffentlichen Moral und Sicherheit, die Aneignung solcher Besitzthümer durch Gewalt, List, Betrug und überhaupt durch unehrliche Mittel verhindert, dann bleibt nur ein einziges Mittel übrig, sie zu erlangen: Die Arbeit. Arbeiten muß der Einzelne, um entweder die Arbeit selbst oder sein Arbeitsproduct (die Waare) gegen die von Anderen producirten, ihm begehrenswerthen Güter einzutauschen. Diese Arbeit entspringt anerkanntermaßen aus egoistischen Triebfedern und kommt direct dem Einzelnen zu Gute; indirect aber der Gesammtheit. Indem der Einzelne sich selbst bereichern will, steigert er zugleich, ohne sein eigenes Wissen oder Wollen, den Reichthum der Nation. Und zwar geht dies so zu. Nur durch freiwilligen Austausch von Arbeitsproducten oder productiver Arbeit ist unter den angegebenen Bedingungen die Befriedigung des natürlichen Egoismus erreichbar. Als Vermittler des

Tausches fungirt das Geld. Denn da die Production und das Consumtionsbedürfniß, also das Angebot und die Nachfrage, in einem einigermaßen ausgedehnten Landstrich nur ausnahmsweise örtlich zusammentreffen, also der directe Tauschhandel, der unmittelbare Eintausch einer Waare gegen andere Waare, mit großen, zum Theil unüberwindlichen Schwierigkeiten verknüpft sein würde, so ist als Tauschmedium die klingende Münze erfunden worden, welche leicht transportabel durch Aller Hände läuft und von Jedermann als gültiges Werthsymbol anerkannt wird. Angenommen nun, der Staat gewährt seinen Unterthanen unbeschränkte Gewerbefreiheit und völlig freie Concurrenz, dann wird sich der veränderliche Preis einer Waare im Einzelnen lediglich nach dem wechselnden Verhältniß zwischen Angebot und Nachfrage richten; im Allgemeinen aber wird ein Gesetz in Wirksamkeit treten, wonach das Steigen und Sinken der Preise zu der Abnahme und Zunahme der Production in strictem Causalnexus steht. Versteht man nämlich unter dem „natürlichen Preis" einer Waare denjenigen, welcher dem Producenten für sämmtliche Productionskosten vollen Ersatz bietet, so wird, wenn wegen Überproduction, zu starken Angebots und Marktüberfüllung der factische Marktpreis einer Waare unter den „natürlichen" herabgesunken ist, naturgemäß die Production dieser Waare eingeschränkt werden, indem sich dann die Arbeit auf andere, größeren Gewinn versprechende Productionszweige wirft; sobald hingegen der Marktpreis einer Waare merklich über den natürlichen Preis emporgestiegen ist, wird, weil der Gewinn anlockt, die Production dieser Waare zunehmen, bis er wieder zur natürlichen Preishöhe herabgesunken ist. Dies eine natürliche Mechanik, die, wie gesagt, da obwalten wird, wo vollkommene Gewerbefreiheit und freie Concurrenz herrscht. Die hiermit deducirte Mechanik des Steigens und Sinkens der Preise im reciproken Causalnexus zu der Abnahme und Zunahme der Güterproduction wird nun offenbar zunächst dahin zielen, daß dem Producenten wie dem Consumenten stets die Wohlthat natürlicher Preise annähernd gewährt sei. Sie wird aber außerdem Jedermann anspornen, daß er, um nicht durch Concurrenten aus dem Felde geschlagen zu werden, sein Bestes zu leisten bestrebt ist. Also sie wird die beste und die billigste Waare hervorbringen. Hierzu kommt, daß sich die individuelle Wahl des Berufs bei vernünftigen Menschen naturgemäß nach der individuellen Befähigung richtet; und wenn Jeder nach eigener Wahl Dasjenige arbeitet, wozu er am besten befähigt ist, so wird er selbst den größtmöglichen Arbeitsertrag genießen, die Gesammtheit aber die besten Arbeitsproducte erhalten. Indem also jeder Einzelne, nur eingeschränkt durch die vom Staat überwachte Rechtsordnung, unter Anspannung aller seiner Kräfte dem eigenen Vortheil nachjagt und diesem allein zu dienen wähnt, wird eo ipso mit Nothwendigkeit der Vortheil des Ganzen erzielt. Somit resultirt bei völlig freier Concurrenz und staatlich bewilligtem Laisser faire aus dem concurrirenden Egoismus der Einzelnen der größte Wohlstand Aller, aus dem betriebsamen Wettstreit der Privatpersonen der Reichthum der Nation. Das sind — (ich referire hier, ich beurtheile nicht!) -- die von Adam Smith aufgefundenen Grundgesetze der Nationalökonomie.

Blicken wir zurück, so zeigen die angeführten Beispiele durchgängig die nämliche logische Structur. Alle diese Theorieen sind immanent und empirisch. Die Phänomene, auf deren Erklärung es ihnen ankommt, liegen als Erfahrungsthatsachen vor. Ihre Erklärungsprincipien sind ebenfalls der Erfahrung entnommen. Sie erklären gegebene Specialphänomene aus nicht minder gegebenen Urphänomenen. Die reale Abfolge der empirischen Wirkungen aus den empirischen Ursachen steht der unmittelbaren Beobachtung und Erfahrung offen. Wo diese Abfolge nicht direct beobachtet ist, da darf sie dem allgemeinen Causalitätsprincip gemäß als unbeobachteter Weise realiter vorhanden angenommen werden. Nur insofern scheint der Theoretiker sich von der reinen Erfahrung zu trennen, als er manche zweifellos mitwirkende Factoren vorläufig und interimistisch ignorirt; z. B. bei der Erklärung der Winde die Gravitationsanziehung der Sonne und des Mondes auf die Erdatmosphäre, bei der Migrationstheorie die vereinzelten Fälle von Rückschlag und Atavismus, bei dem nationalökonomischen Industriesystem den Umstand, daß der betriebsame Egoismus der Menschen durch mancherlei antagonistisch wirkende Motive, als da sind Indolenz, Bequemlichkeit und Arbeitsscheu oder Mangel an Intelligenz, oder auch Menschenfreundlichkeit und Mitleid, gewisse Einschränkungen erfährt. Indessen ein solches interimistisches Ignoriren ist um der Reinheit des Phänomens willen methodologisch geboten und erlaubt. Es geschieht selbstverständlich unter dem Vorbehalt, daß nachträglich, nachdem die vollen Consequenzen der herausgehobenen Haupterklärungsprincipien allseitig gezogen und explicirt worden sind, dann auch die Einwirkung der übrigen, mehr nebensächlichen Factoren mit in Rechnung zu bringen sein wird.

Wie wir ausdrücklich anerkennen, muß diese Art von Theorieen das feste Fundament bilden für alle höherstrebenden Erklärungsversuche; und wenn es gestattet wäre, allein auf thatsächliche Gewißheit Werth zu legen, so würden sie ohne Zweifel die besten sein.

Viertes Kapitel.

Die Theorieen zweiter Ordnung.

Unser Denken ist nicht damit zufriedengestellt, Erscheinungen aus Erscheinungen zu erklären; die Zurückführung abhängiger Phänomene auf die Urphänomene genügt ihm durchaus noch nicht; es greift, im Bewußtsein der Bedingtheit und Relativität aller Phänomene insgesammt, über das Erscheinende, das in der Wahrnehmung direct Gegebene hinaus in's Gebiet des Unerfahrbaren, des im Raum schlechthin Entlegenen, Unzugänglichen, des in der Zeit Vergangenen, ein für alle Mal Unwiederbringlichen, ja des seiner ganzen Natur und Qualität nach für unsere essenziell beschränkte Wahrnehmungsfähigkeit absolut Unwahrnehmbaren; es setzt in diesen der Empirie verschlossenen Regionen hypothetisch solche Realgründe an, aus denen es ganze Erscheinungsgebiete, bis zum Urphänomen hinauf und dasselbe eingeschlossen, deduciren kann. So baut sich auf das Erdgeschoß der empirischen Theorieen ein zweites Stockwerk auf, welches schon eine weitere Aussicht gewährt, aber allerdings auch bei einem etwanigen Erdbeben in noch bedenklichere Schwankungen gerathen würde, als das gesichertere Erfahrungsparterre der Wissenschaft.

Nächstliegende exempla illustria dieser neuen Wissenschaftskategorie sind sämmtliche Zweige der Physik der Imponderabilien, also die Theorieen des Lichts, der Wärme, des Magnetismus und der Elektricität. Sie alle bringen auf hypothetisch angenommene, mit hypothetischen Eigenschaften ausgestattete Substrate die allgemeinen Grundlehren der analytischen Mechanik in Anwendung und deduciren aus diesen hypothetischen Principien Lehrgebäude solcher Folgesätze, die mit den empirisch aufgefundenen Gesetzen der betreffenden Erscheinungsgebiete congruent zusammenfallen und damit ihre Berechtigung bewähren sollen. Hierdurch wird die Forderung zureichender Realgründe des Gegebenen über die Sphäre directer Wahrnehmbarkeit hinaus in Erfüllung gebracht und dem Erklärungsbedürfniß des Verstandes auch jenseits der Urphänomene Befriedigung gewährt. Wir kennen als Wahrnehmungsthatsachen das Licht und die Farben; wir messen empirisch, berechnen astronomisch die Zeit, welche der Lichtstrahl gebraucht, um von einem Gestirn zum andern zu gelangen; wir zerlegen mit dem dreikantigen Glasprisma den Sonnenstrahl in die bunte Reihe der Regenbogenfarben und brechen durch ein Linsenglas diesen Farbenfächer des Spectrums wieder zum farblos-weißen Sonnenlicht zusammen. Worin jedoch das unwahrnehmbare Agens, das unsichtbare Geschehen besteht, welches erst in unserem Gesichtssinn und für ihn die Urphänomene des Hellen und des Farbigen erzeugt, darüber will die Undulationstheorie der Optik Aufklärung geben. Und ähnlich in den übrigen Gebieten der theoretischen Physik.

Gerade diese Paradigmata, die man in formeller Hinsicht vollendet nennen darf, haben indessen etwas Unpopuläres. Formell vollendet sind sie, weil in ihnen durchgängig mathematisch strenge Bestimmtheit, quantitativ genaue Formulirung des hypothetisch erschlossenen Causalnexus herrscht. Aber sie sind unpopulär. Denn sie wahrhaft zu würdigen ist nur derjenige im Stande, der ihren mathematischen Schlußfolgerungen Schritt für Schritt folgen kann. Wer ohne Vorkenntniß der analytischen Mechanik an sie herantritt, für den wird das Überzeugende, das eminent Befriedigende solcher Erklärungsarten ebensowenig verständlich sein, wie für den Taubstummen die Macht und der Werth der Musik.

Allgemeiner verständlich in dieser Hinsicht sind schon die Theorieen der modernen Chemie, aus deren Bereich wir als ein besonders instructives Beispiel die seit Dalton immer schärfer ausgebildete chemische Atomistik wählen wollen. Vier generelle Thatsachen der Experimentalchemie gibt es, für welche diese Theorie äußerst plausibele Erklärungen zu liefern vermag; es sind die chemischen Äquivalente, das Erfahrungsgesetz der multiplen Proportionen, die sogenannte Isomerie und der Allotropismus. Vorausgesetzt und durch offenkundige oder verborgene Überlieferung seit Leukippos und Demokritos fortgeerbt ist der Grundgedanke des Atomismus, also die Hypothese, wonach jeder wahrnehmbare Körper in einem Aggregat unsichtbar kleiner, nicht weiter theilbarer Körperchen bestehen, und das Phänomen qualitativer Veränderung von physischen Dingen lediglich aus dem Ortswechsel, den Bewegungen, Vereinigungen und Trennungen jener an sich beharrlichen und unveränderlichen Atome hervorgehen soll. * Nun ist es ein allseitig be-

---

* Der Gedankengang, welcher zur Conception des Atombegriffs und zur ganzen atomistischen Naturerklärung hinführt, ist eine analytisch-regressive, halb empirisch, halb hypothetisch fundirte Schlußkette. Seinen genaueren Verlauf und seine logische Dignität sich einmal scharf vor Augen zu stellen, dürfte wohl hier der Mühe werth sein.

Ausgegangen wird von der Erfahrungsthatsache, daß jeder physische Körper bei Anwendung der nöthigen Force majeure physisch zertheilbar ist. Der härteste Stoff wie der lockerste, Diamant so gut als Ackererde, der feste, weiche wie der flüssige Körper läßt sich mechanisch zerbrechen, zertrümmern, zerreiben, pulverisiren, durch Erhitzung schmelzen, verdampfen, in Splitter, Staubkörner, Tropfen und Dunstbläschen auflösen, oder chemisch zersetzen, zu Rauch und Asche verbrennen 2c. Diese empirisch feststehende physische Theilbarkeit des Körpers geht nach dem Zeugniß der Erfahrung zwar nicht in *infinitum*, — (da überhaupt nichts Unendliches erfahrbar ist) —; wohl aber in *indefinitum*. Sie hat nirgends empirisch nachweisbare absolute Grenzen, steht nirgends still bei irgendwelchen empirisch aufweisbaren Körpertheilchen, die etwa wegen ihrer absoluten Härte und unbeschränkten Cohäsion jedem Versuch zu noch weitergehender Zertheilung einen schlechthin unüberwindlichen Wider-

währter Erfahrungssatz der Experimentalchemie, daß die Stoffe sich stets nach constanten Gewichtsverhältnissen miteinander verbinden, wie denn z. B. im Wasser stets 8 Gewichtstheile Sauerstoff mit einem Gewichtstheil Wasserstoff, im Schwefelwasserstoffgas stets 16 Gewichtstheile Schwefel mit einem Gewichtstheil Wasserstoff verbunden sind. Diese sogenannten Äquivalente erklären sich am leichtesten aus der Annahme, daß die chemische Verbindung zweier Elemente nichts Anderes sei, als eine durch Affinitätsanziehung bewirkte Aneinanderlagerung und Zusammengruppirung ihrer Atome, welche Atome denn in eben jenem Gewichtsverhältniß zu einander stünden, nach welchem die Elemente erfahrungsgemäß in Verbindung treten; so sei z. B. ein Sauerstoffatom achtmal, ein Schwefelatom sechzehnmal so schwer als ein Wasserstoffatom. Die Erklärung stimmt; aus der Hypothese folgt das Factum, und das für die

---

stand entgegensetzten. Vielmehr steht es a priori fest, daß, falls nur die zur Zertheilung benutzten Naturkräfte selbst nicht durch gewisse äußerste Intensitätsgrenzen eingeschränkt sein sollten, dann auch die physische Theilbarkeit des Körperlichen, ebenso wie die geometrische Theilbarkeit, in infinitum gehen müßte. Nun hat aber unsere Erfahrung nach dieser Seile des Minutiösen hinab bestimmte Schranken, sofern unsere Sinne, selbst mit dem schärfsten Mikroskop bewaffnet, die Theilung und Theilbarkeit des Körperlichen nur bis zu einem gewissen minimum visibile hin wahrzunehmen und durch Beobachtung als factisch zu constatiren fähig sind. Diese Schranken der Erfahrung überspringt jedoch das Denken, indem es, gestützt auf den Satz von der Beharrlichkeit der Substanz, in das unerfahrbare Gebiet des Transmikroskopischen hinübergreift und dort als wirklich beharrliche Substrate des empirischen Geschehens gewisse nicht mehr wahrnehmbare, absolut constante, folglich auch unzertheilbare Elementarbestandtheile des Körperlichen annimmt. Somit dürfte man sagen, das physische Atom sei eigentlich eine metaphysische Fiction. Da nun aber außerdem der hierbei als Prämisse zu Grunde gelegte Satz von der Beharrlichkeit der Substanz weder Empeirem, noch Axiom, weder a priori noch experimentell irgendwie erweisbar ist (conf. Gedanken und Thatsachen, Heft I. S. 63—64), dergestalt, daß er sogar von namhaften Denkern, wie Heraklit von Ephesus, angezweifelt und bestritten werden konnte, so ist mit der Prämisse selbst auch die darauf gebaute Atomenlehre durchaus problematisch und hypothetisch. Die thatsächliche Existenz von Atomen streng zu beweisen, wird für immer unmöglich sein.

Hypothese vorbildliche Erfahrungsanalogon liegt auf der Hand. Man nehme zwei Sorten Pulver, zwei Arten kleiner, je unter sich gleichgroßer und gleichschwerer Kügelchen, etwa bleierne Schrotkörner einerseits, kleine Korkkugeln andererseits; ihre specifischen Gewichte mögen sich verhalten wie a : b. Wenn dann bei einer Mischung beider Sorten immer ein Kügelchen oder Korn der einen Art mit je einem solchen der anderen Art paarweise zusammenklebte, die überschüssigen Bestandtheile der einen oder anderen Art aber sich von dem neuentstandenen Mischstoffe ganz absonderten, dann würden in dem resultirenden Mischstoff stets beide Sorten in dem Gewichtsverhältniß a : b enthalten sein. Dieser Vorgang in's Metamikroskopische, also in's Unerfahrbare, übertragen ergibt die Theorie der Atomgewichte. Etwas Drastisches hat diese Vorstellungsweise; sie erinnert stark an die Cruditäten der cartesianischen Naturphilosophie; aber wenn man an dem unaufgeklärt zurückbleibenden Rest, ich meine an der qualitativen Verschiedenheit der Elementarstoffe und dem Mysterium der sogenannten „Affinitätskraft", keinen Anstoß nehmen will, so hat sie jedenfalls den Vorzug, einen unerfahrbaren Proceß in ein für unsere Anschauung völlig klares und faßliches Bild zu transformiren. Ferner aber entdeckte Dalton das Gesetz der **multiplen Proportionen**. Er fand auf experimentellem Wege, daß, wenn zwei Elemente sich in einer Stufenleiter nach mehreren verschiedenen Gewichtsverhältnissen zu mehreren qualitativ verschiedenen Stoffarten verbinden, wie z. B. Schwefel und Sauerstoff erst zur unterschwefligen Säure, dann zu schwefliger Säure, und endlich zur Schwefelsäure, — daß dann diese Verbindungen nach Multiplen der Aequivalente vor sich gehen. So verhalten sich die relativen Gewichtsquanta an Schwefel und an Sauerstoff in den ebengenannten drei Oxydationsstufen des Schwefels successive wie 16 : 8, 16 : 16, und 16 : 24; d. h. die in ihnen enthaltenen Sauerstoffmengen stehen in der Proportion 1 : 2 : 3. Auch dieser Umstand läßt sich aus der atomistischen

Hypothese vortrefflich deduciren, indem man annimmt, daß je ein Atom Schwefel im ersten Fall mit je einem, im zweiten Fall mit je zwei, im dritten mit je drei Sauerstoffatomen zusammentritt. Und so allgemein. Es folgt die seltsame Erscheinung der Isomerie, d. h. der Umstand, daß es Stoffe von ganz derselben chemischen Zusammensetzung gibt, die trotzdem qualitativ verschieden sind, wie denn beispielsweise der Zucker, das Stärkemehl und der Holzfaserstoff, obwohl ihren empirischen Eigenschaften nach völlig heterogen, doch gleicherweise die nämlichen Gewichtsquanta der Elemente Kohlenstoff, Wasserstoff und Sauerstoff in sich enthalten. Man erklärt das einfach daraus, daß in solchen Fällen die Anordnung oder Gruppirung der Atome jetzt diese, dann wieder eine andere sei. Und Ebendies liefert auch einen plausibelen Erklärungsgrund für das noch befremdlichere Phänomen der Allotropie. Wenn ein und dasselbe Element einmal in dieser, das andere Mal in einer ganz anderen Form und Qualität auftritt, z. B. derselbe Kohlenstoff als heller Diamantkrystall, als grauer Graphit und als schwarzer Ruß, derselbe Sauerstoff jetzt als Ozon, jetzt als Antozon, derselbe Phosphor jetzt als weißer, wachsweicher und leicht entzündlicher Stoff, und dann auch als rother, harter, erst bei einer Hitze von 200° Cels. sich entzündender Körper, so wird diese sonderbare, proteusartige Vielgestaltigkeit derselben chemisch unzerleglichen Substanz einigermaßen begreiflich, indem man sich die gleichen Atome einmal so, das andere Mal ganz anders gruppirt denkt. Uebrigens wären über den empirisch unbekannten Sachverhalt auch noch anderweitige Hypothesen denkbar.

Ein ferneres Paradigma derselben Kategorie liefert uns die von Dav. Strauß aufgestellte Mythotheorie der in den Evangelien erzählten Wundergeschichten. Sie tritt, wie bekannt, sowohl zu den Rationalisten als zu den Supranaturalisten unter den älteren Theologen in scharfe Opposition, indem sie sowohl die historische Wahrheit und natürliche Erklärbarkeit, als auch die Uebernatürlichkeit jener wunderbaren Vorgänge bestreitet. Statt dessen überträgt sie den Begriff des Mythos, der bis dahin nur in der Kritik der heidnischen Mythologie zur Anwendung gebracht worden war, auf die christlichen Evangelien. Mythos heißt danach eine Dichtung, die nicht aus bewußter und absichtlicher Erfindung eines einzelnen Menschen hervorgeht, sondern als unwillkürliches Gesammtergebniß aus der Stimmung und Phantasie eines ganzen Volkes, eines Zeitalters oder einer religiösen Gemeinde entspringt. Der Mythos ist nicht Lüge, aber auch nicht geschichtliche Wahrheit, vielmehr, wie etwa der Traum oder die Vision des Ekstatischen, ein psychologisches Naturproduct, ein unwillkürliches Erzeugniß der affectvollen Einbildungskraft, welches, wenn einmal entstanden, weitererzählt und von Mehreren geglaubt, dann den gläubigen Gemüthern der folgenden Generationen als historische Thatsache gilt, von ihnen mit religiöser Inbrunst festgehalten wird, und allmählich vom Roste des Alters überzogen an Ehrwürdigkeit mehr und mehr gewinnt. Erwägt man nun mit Strauß, daß zur Zeit der Entstehung des Christenthums, damals, als die später in den Evangelien codificirten Erzählungen entsprungen sein müssen und zu cursiren anfiengen, unter dem niedergedrückten Volke Israel die Messiaserwartungen, welche das alte Testament überall erregt, besonders stark lebendig waren, so wird es begreiflich, daß die Anhänger Jesu zunächst in der außerordentlichen Persönlichkeit des Meisters den lang erhofften Messias erblickten, sodann sich dem Glauben hingaben, es müsse bei ihm Alles zutreffen, was den alttestamentlichen Weissagungen, Vorbildern und Andeutungen gemäß von dem Messias erwartet wurde. Daher erzählte und glaubte man, obwohl Jesus aus Nazareth stammt, er sei in Bethlehem geboren; denn so hatte es der Prophet Micha geweissagt. Man glaubte an den Stern, der den Weisen aus dem Morgenlande als Führer voranleuchtete und in Bethlehem über dem Hause der Eltern Jesu stillestand; denn im 4. Buche Mosis (24, 17) verkündigt Bileam einen Stern aus

Jacob, einen Scepter aus Israel, und nach Jesaias (60, 1—6) sollte ein Licht über Jerusalem aufgehen, dem Könige mit reichen Geschenken entgegenziehen würden. Man war zu glauben bereit und glaubte, daß Jesus die Blinden sehen, die Tauben hören und die Lahmen gehen gemacht habe; denn Jesaias hatte ja Ebendies vom Messias prophezeit. Man glaubte an das Wunder, daß Jesus in der Einöde am galiläischen See fünftausend Menschen mit fünf Broden und zwei Fischen reichlich gesättigt habe; denn darauf deutete der hundertundsiebente Psalm hin, und seit der wunderbaren Speisung der in der Wüste hungernden Israeliten mit Manna hatten sich nach dem Zeugniß der Schriften des alten Testaments ähnliche Speisungen öfter wiederholt. So kamen diese Mythen zu Stande. Unwillkürliche, psychologisch wohlbegreifliche Anwendung uralter, durch die Zeitumstände neubelebter messianischer Prophezeiungen und Erwartungen auf die imponirende und erhabene Person Christi, dies ist nach der Strauß'schen Theorie das Hauptmotiv der evangelischen Mythenbildung.

Ich meinerseits finde nun, daß diese gewiß sehr plausibele Erklärung das Gebiet des strict Erfahrbaren gerade ebenso transscendirt, wie die vorher angeführten Theorieen der Physik und Chemie. Sie beruht wie jene nicht auf empirischer, sondern auf hypothetischer Basis, kann sich aber gleich jenen auf gewisse Erfahrungsanaloga stützen. Da mir aber wohl bewußt ist, daß die Juxtaposition inhaltlich so heterogener, durch Himmelsweite getrennter Theorieen manchem Zweifel begegnen kann, so sei diese meine Auffassung in extenso begründet. Ob schon die Fundamentalvoraussetzung von Strauß, daß nämlich die heute gültigen Naturgesetze auch vor achtzehnhundert Jahren Geltung gehabt haben, mithin etwas mit diesen Unvereinbares sich damals ebensowenig wie heute habe zutragen können, den Namen „Hypothese" erhalten soll, ist schließlich bloß eine Formfrage der Terminologie. Jedenfalls enthält die genannte Voraussetzung eine Ansicht, die bei höchster

Wahrscheinlichkeit doch keineswegs absolute Gewißheit besitzt. Hypothetisch aber ist sodann zweifellos die Annahme, daß gerade der Mythus Entstehungsgrund der Wundererzählungen gewesen sei. Sie spielt in der Strauß'schen Theorie dieselbe Rolle, wie in der physikalischen Optik die Annahme des oscillirenden Aethers. Es könnten statt dessen auch Hallucinationen, bewußte Erfindungen und Fälschungen, oder noch ganz andere Dinge im Spiel gewesen sein. Wir wissen das nicht. Hier wäre nun aber der Einwand denkbar: Wenn man unser Classificationsschema beibehalten wolle, so würde doch die Strauß'sche Erklärungsart viel eher unter die Theorieen erster Ordnung gehören als hierher. Sie verhalte sich ja rein immanent, sie rechne mit lauter empirischen Factoren, sie überschreite principiell das Gebiet thatsächlich begründeter Erfahrungssätze um keines Fußes Breite, stehe vielmehr zu psychologischen Vorgängen in derselben Beziehung, wie die Theorie der Winde zu meteorologischen Vorgängen; ja sie verhalte sich sogar a limine abweisend gegen jene ganze Sphäre des Unerfahrbaren, Ueberempirischen, wohinein die Physik der Imponderabilien und die Moléculartheorie ihre hypothetischen Erklärungsprincipien zu construiren gezwungen ist. Genug, sie sei von uns am falschen Orte untergebracht. Sehr wohl! — erwiedern wir; indessen bleibt zu bedenken, daß es mit der Theorie historischer Thatsachen eine etwas andere Bewandtniß hat, als mit der von physischen Phänomenen. Während man in den physikalischen Wissenschaften unter Voraussetzung strenger Constanz und Ubiquität der Naturgesetze einen der Vergangenheit angehörigen oder an schlechthin entlegenen Stellen des Raumes vorgefallenen Proceß entweder experimentell wiederholen, und so unmittelbar ad oculos demonstriren, oder ihn — z. B. eine vor Jahrhunderten vorgekommene Planetenconstellation, Kometenerscheinung, Sonnenfinsterniß — mit mathematischer Sicherheit zurückberechnen kann, ist Dasselbe in culturhistorischen Angelegenheiten schlechthin unausführbar und unmöglich. Welche Stimmung die Zeitgenossen und Jünger Christi factisch beherrscht, welche Motive sie bei ihrem Verhalten gelenkt, auf welchen Füßen eigentlich ihr Glaube gestanden, wieviel von den cursirenden Wundergeschichten auf Autopsie, auf affectvoll gesteigerter Imaginationsthätigkeit, auf visionären Seelenzuständen, auf Uebertreibung durch das Gerücht beruht habe, ja daß überhaupt zur Zeit Christi an die angeführten Wunder geglaubt worden ist, — dies ist unwiederbringlich der Nacht der Vergangenheit anheimgefallen, nicht mehr empirisch constatirbar. Da menschliche Seelenzustände und weltgeschichtliche Ereignisse nicht so wie Naturereignisse experimentell herstellbar und reconstruirbar oder mathematisch streng zurückberechenbar sind, so gehören sie, wenn einmal der Vergangenheit anheimgefallen, dem absolut Unerfahrbaren an. Diesem lassen sie sich auf keine Weise entreißen. Es ist daher schon eine ziemlich weitgehende Concession, wenn man die zuerst durch mündliche Ueberlieferung, nachher durch den geschriebenen Text der Evangelien aufbewahrten Erzählungen als psychologische Thatsachen der Vergangenheit in demselben Sinne gelten läßt, in welchem die Sonnenfinsterniß des Thales eine physische Thatsache der Vergangenheit ist. Was aber gar zur psychologischen Erklärung jener psychologischen Thatsachen beigebracht wird, das überschreitet die Erfahrungswissenschaft in demselben Grade und ist mindestens ebensosehr Hypothese, als die für immer unsichtbaren Schwingungen des Aethers oder die unwägbaren Gewichte der Atome. Es sind Gedanken, nur Gedanken, nichts als Gedanken; ohne jede empirische Gewähr; lediglich gebaut auf die subjective Meinung, daß, wenn wir Heutigen uns in jene verschwundene Zeit zurückversetzen könnten, dann, soweit unsere in der Gegenwart erworbene Psychologie reicht, die Dinge vor unseren Augen sich so hätten zutragen können.

Doch hiermit ist eine Richtung der logischen Selbstkritik angedeutet, in der hier nicht weitergegangen werden soll. Sie droht uns in's Unermeßliche zu führen; und das gebietet der Zweck der gegenwärtigen Untersuchung keineswegs.

Aehnliches gilt übrigens von einer ganzen Gattung theoretischer Lösungen historisch-psychologischer Probleme, z. B. von den mancherlei Theorieen über den Ursprung der menschlichen Gesellschaft und Staatsordnung. Wenn hier eine optimistische und eine pessimistische Partei im Streit liegen, wenn Aristoteles, Hugo Grotius und J. J. Rousseau im Contrat social aus dem Geselligkeitsbedürfniß, der Sympathie und dem gegenseitigen Wohlwollen der Menschen, hingegen die Epikureer und Hobbes im Leviathan aus dem Haß, der Concurrenz, dem zwar zu kluger Mäßigung fähigen, aber unausrottbaren Egoismus, dem raubthierähnlichen bellum omnium contra omnes zwischen den Urmenschen die sociale und politische Ordnung deduciren wollen, so ist der Optimismus der Einen, der Pessimismus der Anderen lediglich Hypothese. Es handelt sich um Theorieen zweiter Ordnung.

Schließlich noch ein Wort über den logischen Werth dieser Kategorie.

Es wäre ein weit übertriebener Rigorismus, wenn man, mit sehnsüchtigem Rückblick auf die den Theorieen erster Ordnung zukommende thatsächliche Gewißheit, diejenigen der zweiten Ordnung wegen ihrer problematischen Natur so beurtheilen wollte, als seien sie ein müßiges Spiel des Scharfsinns, eine subjective Verstandesübung ohne jedes objective Recht. Obwohl ihnen das sehnlichst erwünschte Attribut assertorischer oder apodiktischer Gewißheit fehlt, obwohl sie jeden Augenblick durch bessere Hypothesen verdrängt und ersetzt werden können, obwohl ihnen daher nur der Werth von Provisorien, von glaublichen Annäherungen an die unbekannte Wahrheit zugesprochen werden kann, so befriedigen sie doch das Bedürfniß des Erkennens mindestens insofern, als sie das auf uns lastende Gefühl der Unwissenheit interimistisch erleichtern, als sie uns die Ueberzeugung gewähren, daß auch empirisch Unbegriffenes,

Unerklärtes formell mit der Logik des menschlichen Verstandes überwältigt werden kann, als sie die trostreiche Zuversicht bestärken, daß uns immer weiterdringende Approximationen an die Wahrheit möglich sein werden. Und namentlich dort ist dies der Fall, wo die Ziehung der Consequenzen aus der Hypothese mit mathematischer Schärfe herstellbar ist.

Fünftes Kapitel.

Die Theorieen dritter Ordnung.

Ein schöner Gedanke, die Grenzen zwischen Wahrheit und Dichtung zu ziehen. Aber schwer ausführbar! Nicht überall vielleicht ausführbar! Es hat eine Zeit gegeben, wo man die tägliche Umdrehung des Universums und die periodischen Kreisläufe der Planeten mit der Bemerkung erklärt zu haben meinte, der Kreis sei die vollkommenste und ebenmäßigste aller Bahnen, daher es der Welt und den Gestirnen sich im Kreise zu drehen gebühre.* Es hat eine andere Zeit gegeben, und sie liegt uns nicht sehr fern, wo von verdienstvollen Gelehrten die Parole ausgegeben war, die Fabelgestalten der griechischen Mythologie seien durchweg als allegorische Sinnbilder von physikalischen Kräften und Naturereignissen zu erklären, und wo es denn beispielsweise als sinnreiche Erklärung galt, wenn man sagte, die Dioskuren, jenes göttliche Zwillingspaar, seien nichts Anderes als der Nordpol und Südpol des Magneten, oder als die positive und negative Elektricität. In welche wissenschaftliche Kategorie Erklärungen dieser Art einzuordnen sind, das bleibe hier dem Geschmack und Scharfsinn Anderer überlassen. Wir wenden uns jetzt zu einem schwierigeren Fall.

* Platon. Timaeus, 34. — Aristotel., De Coelo, II, 4; Metaph. XII, 8.

3*

Die Theorieen der ersten Ordnung waren immanent-empirische. Die der dritten Ordnung sind nicht nur transscendent, sondern sogar metaphysische; ein Prädicat, welches allerdings eines besonderen Commentars bedarf. Ich meine: sie greifen in's Unbedingte hinein; sie wollen Alles, was an unserer Erkenntniß empirisch und hypothetisch ist, also in Relationen befangen bleibt, aus Unbedingtem ableiten.

Daß der etwas mystische Glorienschein, von dem die Metaphysik, als angeblich höchste aller Wissenschaften, ehemals umstrahlt war, sich längst in eine Dornenkrone umgewandelt hat, ist allbekannt, kommt aber für unsere Untersuchung, welcher die verschiedenen Arten von Theorie zunächst nicht als Object einer sachlichen Kritik, sondern nur als Gegenstand einer Classification und vergleichenden Charakteristik gegenüberstehen, vorläufig garnicht in Betracht. Als historische Thatsache, als intellectuelles Gebilde des menschlichen Geistes ist nun einmal die Metaphysik in einer größeren Anzahl individuell verschiedener Exemplare vorhanden; auch gibt es noch immer solche Denker, die ihr einen berechtigten Platz im Gebäude menschlicher Wissenschaften vindiciren wollen. Hiermit ist zu rechnen; und wir werfen daher die unumgängliche Vorfrage auf: Was heißt eigentlich Metaphysik? Welche Erkenntnißart ist die metaphysische?

Die Bedeutung ist einigermaßen schwankend und zweifelhaft.

Dasjenige monumentale Werk, welches zuerst und zwar, wie man behauptet, durch ein sonderbares Spiel des Zufalls, diesen Namen erhalten hat, ist die Fundamentalphilosophie, Prima Philosophia, πρώτη Φιλοσοφία des Aristoteles. Dieselbe handelt über Substanz und Accidens, über Materie und Form der Dinge, über wirkende Kraft und Zweck, über Keimanlage und Entwicklung, d. h. über solche Gegenstände und Begriffe, von denen in der wissenschaftlichen Litteratur der Gegenwart gleichfalls außerordentlich viel die Rede ist. Während des Verlaufs zweier Jahrtausende hat sich jedoch der Sinn des Wortes so oft und nach so vielen Richtungen hin modificirt und ist dadurch so elastisch geworden, daß es heutzutage fast im Belieben jedes einzelnen Schriftstellers zu liegen scheint, welche Bedeutung er ihm vermöge einer willkürlichen Definition beilegen will, um dann über die Metaphysik entweder Lobhymnen anzustimmen oder, was häufiger ist, die Schaale seiner Verachtung auszugießen. Nun definire man immerhin ein Wort wie man will; nur halte man dann auch an der Definition fest.

Das erste steht uns frei;
Beim zweiten sind wir Knecht.

Denn Eindeutigkeit und Consequenz des Wortgebrauchs gehört unter die obersten Bedingungen nicht nur der wissenschaftlichen Verständigung, sondern überhaupt jedes vernünftigen Gedankenaustausches. In welchem Sinn also soll das Wort hier angewendet werden?

Bacon von Verulam identificirt die Metaphysik mit der Lehre von den Zweckursachen (causis finalibus), welche er nicht ohne treffende Ironie den Vestalinnen, den heiligen aber unfruchtbaren Jungfrauen vergleicht; Metaphysik ist ihm, offen gesagt, eine unersprießliche Träumerei; und er will sie von der Physik, der seiner Meinung nach allein förderlichen Wissenschaft der wirkenden Ursachen (causae efficientes) im Interesse des intellectuellen und praktischen Fortschritts auf's strengste ausgeschieden wissen. Diese Worterklärung ist *sehr* eng gefaßt; im Hinblick auf entschieden zweckleugnende, antiteleologische Systeme, wie den Epikureismus und den später aufgetretenen Spinozismus, ist sie offenbar *zu* eng. Andere haben gesagt, Metaphysik sei eine vorgebliche Wissenschaft von Demjenigen, was jenseits aller Erfahrung liegt, eine Lehre von den übersinnlichen und überempirischen Dingen, z. B. von Gott, Willensfreiheit und Unsterblichkeit oder von dem substanziellen Verhältniß zwischen der materiellen und der geistigen Welt; wobei denn neuerdings meistens inter lineas zu verstehen gegeben wird, es handle sich in dieser Pseudowissenschaft um lauter Chimären und gegenstandslose Wahnvorstellungen. Indessen diese Definition leidet am entgegengesetzten Fehler; sie ist unvollständig und viel zu weit. Denn wollte man sie im Ernste nehmen, dann würden der Lichtäther und die elektrischen Fluida unserer Physiker, die Atome, Molécules und Affinitäten unserer Chemiker durchaus in die Sphäre der Metaphysik hineinfallen; jede Hypothese, die das nicht unmittelbar Empirische betrifft, wäre dann eo ipso schon metaphysisches Dogma; eine Consequenz, die sich schwerlich allgemeinen Beifalls erfreuen wird. Universeller und bestimmter dagegen, zugleich der geschichtlichen Gesammtüberlieferung am meisten adäquat scheint mir die folgende Definition. Metaphysisch ist eine Speculation, eine Theorie, oder auch eine vereinzelte Behauptung, welche sich über alles Relative hinausversetzen zu können, mithin etwas absolut Reales geistig zu erfassen glaubt. Diese Nominalerklärung ist in der That auf sämmtliche historisch vorliegenden Specialfälle gleich gut anwendbar; und in diesem Sinne wollen wir hier das Wort gebrauchen. Offenbar entspricht sie schon der Absicht des Aristoteles, wenn derselbe seine Prima Philosophia als Wissenschaft von den ersten Principien und obersten Gründen (ἡ τῶν πρώτων ἀρχῶν καὶ αἰτιῶν θεωρητική) betrachtet. Sie paßt gleichermaßen auf Platon's Ideenlehre und auf Spinoza's antiteleologischen Naturalismus, auf den occasionalistischen Dualismus der Cartesianer wie auf Leibnitzen's Monaden und prästabilirte Harmonie, auf Hegel's „Wissenschaft der absoluten Idee" wie auf Schopenhauers „Welt als Wille und Vorstellung" und auf Herbart's pluralistische Realentheorie. Sie also wird von uns acceptirt. Wenn oben gesagt wurde, die Theorieen der dritten Ordnung seien metaphysische, so sollte dies heißen, es sind solche Theorieen, die aus angeblich obersten, unbedingten Principien irgendwelchen Erscheinungskreis der gegebenen Welt begreiflich zu machen bemüht sind.

Hiernach aber wäre es aus dem Gesichtspunkt der allgemeinen Wissenschaftslehre und Erkenntnißkritik sofort klar, daß der Unterschied zwischen den Theorieen der zweiten und denen der dritten Ordnung zunächst nur auf subjectiver Seite gesucht werden darf. Wenn ein Theoretiker seine Realerklärungsprincipien für schlechthin ursprünglich, für allen Relationen enthoben, für nicht ableitbar aus noch höheren Principien, für dem inneren Kern und Wesen der Dinge vollständig congruent hält, dann wäre er Metaphysiker; wenn er dies hingegen nicht thut, wenn er den problematischen und provisorischen Charakter seiner Principien zugesteht und die Möglichkeit ihrer Zurückführung auf noch höhere, dem Wesen der Dinge näherkommende, bis jetzt noch unentdeckte Realgründe offenläßt, so wäre er es nicht. Ferner aber würde klar sein, daß jener Unterschied ein flüssiger, kein fester ist, daß jede Theorie der zweiten Ordnung sich sogleich in Metaphysik, d. h. in eine Theorie dritter Ordnung umwandelt, sobald sie sich unter Ableugnung oder Verkennung ihrer bloß relativen Gültigkeit und hypothetischen Beschaffenheit für absolut gültig und dem „an sich" Realen congruent erklärt. Es kann beispielsweise Herbart's mathematische Psychologie als bloße Hypothese hingestellt werden; seine Mechanik der Störungen und Selbsterhaltungen, der Hemmungen und Hebungen, seine Theorie des Gleichgewichts und der Bewegung, des Sinkens und Steigens, der Association und Reproduction der Vorstellungen, seine deductive Erklärung des unwillkürlichen Gedankenablaufs im persönlichen Bewußtsein repräsentirt dann eine sehr scharfsinnige, des ernsten Studiums durchaus würdige Theorie der zweiten Ordnung und steht in dieser Hinsicht ungefähr ebenbürtig neben der Undulationstheorie der physikalischen Optik. Aber von ihrem Urheber wird sie kategorisch zur Metaphysik gestempelt, indem derselbe seine Principien in das Gebiet des absolut Realen versetzt und mit dem Anspruch auf apodiktische Gewißheit ausspricht. Dasselbe gilt von der chemischen Atomistik, insoweit sie von Manchen nicht nur, was Jedermann anerkennen müßte, als sehr brauchbare Annahme betrachtet, sondern, woran gerechte Zweifel möglich sind, für das intellectuelle Abbild des innersten Kerns der Dinge gehalten wird. Ja sogar der allernaivste Realismus, den es gibt, diejenige Weltauffassung, welche bei dem sinnlichen Wahrnehmungsbild der Welt (κόσμος αἰσθητός) einfach stehen bleibt und ihm, in Ermangelung des Gedankens an tieferliegende Bedingungen, absolute Realität zuschreibt, mithin allen skeptischen Scrupeln und phänomenalistischen Reflexionen, physikalischen Protesten und physiologischen Experimenten zum Trotz, ohne Rücksicht auf entoptische Sensationen, auf Rothblindheit, Grünblindheit und andere Sinnesanomalieen, unter Nichtbeachtung der Illusionen, Hallucinationen, der visionären und hypnotischen Zustände, das specifisch menschliche Anschauungsbild des Universums mit allen seinen formalen und qualitativen Prädicaten aus dem menschlichen Bewußtsein hinausversetzt und hypostasirt, ja ausdrücklich das Sinnenfällige und Augenscheinliche allein für Wirklichkeit, alles Uebrige für Chimäre und abstractes Hirngespinnst erklärt, — selbst diese ganz naive Sorte von Realismus ist nichts Anderes als eine absonderliche Art von *Metaphysik*. Denn obwohl sie, wie es scheint, die Sphäre des Thatsächlichen, empirisch Gegebenen garnicht verläßt, vielmehr, unter Ausschluß alles Nichtempirischen und Hypothetischen, an ihr festklebt, so überschreitet sie doch gerade dadurch die Empirie, daß sie das angeführte Factum für *absolut* hält, welches Letztere sich ja auf keine Weise empirisch erkennen läßt, sondern lediglich ein transscendentes, der Wucht so vieler contradictorischer Instanzen gegenüber kaum begreifliches Dogma involvirt.

Genug, wenn eine Hypothese zur Thatsache wird, wenn Etwas, das bisher nur Vermuthung war, sich plötzlich (etwa infolge starker Verschärfung unserer optischen Instrumente) in ein Beobachtungsfactum umwandelt, dann rückt die darauf gebaute Theorie aus der zweiten in die erste Ordnung hinüber. Wenn umgekehrt eine bloße

Hypothese, die sich der Controlle durch die Beobachtung bis jetzt oder für immer entzieht, zum Rang eines unbedingten Dogmas erhoben wird, dann rückt die darauf gebaute Theorie aus der zweiten in die dritte Ordnung, d. h. sie verwandelt sich in Metaphysik. An historischen Beispielen für beide Arten von Rangverschiebung fehlt es durchaus nicht.

Allein das Bisherige ist noch ungenügend. Es bedarf eines wesentlichen Zusatzes. Durch die oben ausgesprochene Definition des Prädicates „metaphysisch" wird der Sinn des Substantivums „Metaphysik", so wie er dem gebildeten Bewußtsein klarer oder verschwommener als Gegenstand entweder der Verehrung oder der Verwerfung vorschwebt, noch nicht in erschöpfender Weise wiedergegeben. Wir müssen weit mehr sagen; wir müssen offen eingestehen: Metaphysik als Ganzes genommen ist oder will sein nicht nur eine absolute, aus absoluten Principien entwickelte Theorie, sondern zugleich die Universaltheorie, die Welttheorie κατ' ἐξοχήν. Sie unterscheidet sich von ihren Schwesterwissenschaften nicht bloß durch den Anspruch auf absolute Gewißheit, sondern auch durch den auf absoluten Umfang. Sie möchte Alles erklären, den Vorhang der Erscheinungen definitiv lüften, das Wesen und den inneren Zusammenhang aller Dinge enthüllen, die Thatsache der Welt im Ganzen begreiflich machen, für sämmtliche Endprobleme des inneren und des äußeren Universums den Generalschlüssel liefern. Kurz, wofern sie überhaupt möglich ist, dann würde von ihr in das vielgegliederte Gebäude unserer Wissenschaften der Schlußstein eingesetzt.

Das ist sehr kühn gedacht; — eine Vermessenheit! Und doch, wie sich zeigen läßt, als Norm, Musterbild, Ziel, als regulativer Gedanke vollständig gerechtfertigt.

Die Gesammtheit aller empirischen und hypothetischen Einzelwissenschaften führt anerkanntermaaßen eine rein ideelle Existenz, während thatsächlich nur größere oder kleinere Wissensfragmente in den Köpfen so und so vieler Specialgelehrter hierhin und dorthin vertheilt und daselbst durchaus nicht immer actuell und präsent sind. Diese ideelle Gesammtheit bildet, aus der Froschperspective angesehen, eine Anarchie, nicht ein logisch zusammenhängendes, wohlgeordnetes System. Jede einzelne, auf irgendwelches Bruchstück der Innen- oder Außenwelt beschränkte Theorie soll in sich logisch cohärent sein und ist dies günstigen Falls. Aber die theils empirischen, theils hypothetischen Principien dieser Theorieen stehen, deren sporadischer Entstehungsweise gemäß, zuvörderst rein zufällig nebeneinander, befinden sich auch nicht immer und nicht durchgängig in dem wünschenswerthen Verhältniß gegenseitiger Compatibilität. Diese Isolirung und unvollkommene Verträglichkeit der Principien muß von uns als Übelstand empfunden werden; und sie wird es. Unsere Vernunft muß, unter unbeschränkter Anwendung des Satzes vom zureichenden Grunde auf die Totalität alles Wißbaren überhaupt, eine Fundamentalwissenschaft fordern, in welcher der logische Zusammenhang über die Specialprincipien der Einzelwissenschaften hinaus bis zu irgendwelchem, sei es im Singularis, sei es im Pluralis vorhandenen Schlußpunkt aller Erkenntniß fortgesetzt und hergestellt wird. Sie muß eine letzte und höchste Theorie postuliren, worin die Gesammtheit der Principien der Einzelwissenschaften, sofern sie überhaupt compatibel, mithin zur Coexistenz logisch berechtigt sind, als ein System von Folgesätzen aus schlechthin unbedingten Principien vor uns tritt. Angenommen, alle menschlichen Einzelwissenschaften hätten ihre definitive Gestalt erreicht; angenommen ferner, auf dem Piedestal dieser fertigen Einzeldoctrinen wäre auch jene höchste aller Theorieen in ewig gültiger Form construirt, dann, und dann erst, und dann allein würde jenes Ideal verwirklicht sein, welches dem menschlichen Forschen und Denken auf allen seinen mühsäligen Wegen, Irrwegen und Umwegen am fernen Horizont als ein Riesenbild entgegenleuchtet und uns mit erhobenem Siegeskranze zu sich lockt.

Diese Wissenschaft wäre nun eben die *Metaphysik*. Ihre Principien und sie selbst wären im subjectiven wie im objectiven Sinne absolut. Insbesondere müßte und würde sie uns auch über die letzten Urrelationen, die radicalsten Gegensätze, die wir kennen, hinaushelfen; über den transscendentalen Gegensatz zwischen Subject und Object der Vorstellung, der aller unserer Erkenntniß auf Schritt und Tritt inhärirt, über den immanenten Gegensatz zwischen materieller und geistiger Realität, von dem die uns gegebene Welt in zwei so gründlich heterogene Hälften zerschnitten wird. Irgendein Unbedingtes müßte sie aufweisen, als dessen Consecutiva erst diese zwei Grundgegensätze, deren wechselseitiges Verhältniß und weiterhin das ganze Netz von Relationen, in denen unsere empirische und hypothetische Erkenntniß der Außen- und Innenwelt hängen bleibt, logisch deducirt und begriffen würden.

Das ist die allerdings *höchst prometheische Idee* der Metaphysik. Was sie anstrebt, ist wirklich die intellectuelle Gottähnlichkeit. Nicht umsonst erklärt Aristoteles den Νους ποιητικός, die im Menschen denkende und principienerkennende Vernunft in ihrer Reinheit für unfehlbar und für etwas Göttliches im Sterblichen (θεῖόν τι ἐν τῷ θνητῷ); nicht umsonst identificirt Hegel unter pantheistischer Wendung seine Dialektik der absoluten Idee mit der absoluten Weltvernunft. Sehr wohl begreiflich bei der Größe des Gedankens jener dauerhafte Enthusiasmus, jener tiefe Ernst, jene beharrliche Geistesanstrengung, womit alle echten, überzeugten, großen Metaphysiker sich ihrem Lebenszweck gewidmet und geopfert haben. Wohl begreiflich selbst dann, wenn wir nach gewissenhafter Prüfung aller dieser Titanenarbeit mit dem skeptischen Spruch „In magnis voluisse sat est“ abschließen und das resignirte Eingeständniß ablegen müßten, daß kein babylonischer Thurmbau bis zum Himmel hinanreicht.

Die rein intellectuelle, oder die bloß scientifische Motivirung des Ideals der Metaphysik wäre hiermit im Umriß skizzirt. Es ist genau jenes von der logischen Natur unserer Vernunft geforderte Abhängigkeitsverhältniß der Einzelwissenschaften zu einer alles begründenden Fundamentalwissenschaft, welches Aristoteles im zweiten Kapitel des ersten Buchs seiner Metaphysik, Descartes in der Dissertatio de methodo und in den Regulis ad directionem ingenii geschildert hat. Dabei soll durchaus nicht geleugnet werden, daß hiermit nur die eine Seite der Sache hervorgehoben ist. Außer der scientifischen gibt es noch eine ganz andere, in der Gefühlssphäre wurzelnde Motivirung, die auf genau dasselbe Ideal hinzielt. Aber wir ignoriren sie hier; vom Standpunkt der Wissenschaftslehre aus kommt sie nicht in Betracht.

Daß nun die Aufgabe der Metaphysik, wenn auch sehr hoch, möglicherweise zu hoch gegriffen, doch sachlich vollkommen berechtigt ist, läßt sich überall ohne Schwierigkeit nachweisen. Bei jedem beliebigen Anlaß, von den alltäglichsten Gegenständen aus kann der denkende Kopf zu immer tiefer greifender Reflexion angeregt, sich sehr schnell durch die ganze Klimax der Theorieen bis in's oberste Gedankenstockwerk emporgetrieben sehen. Zum Beispiel wir erblicken einen am Wege liegenden Chausseestein oder in der Luft einen emsig hinundherfliegenden Vogel. An dem Stein tritt eine charakteristische Krystallgestalt oder eine petreficirte Muschel zu Tage; der Vogel sucht Futter für seine im Nest harrenden Jungen. So werden wir dort durch die Sphären der Geologie, Physik und Astronomie, hier durch die Gebiete der Zoologie, Physiologie und Psychologie sehr schnell zu immer höheren Problemen vorwärtsgedrängt. Erstgenanntes Object, der Stein, vergegenwärtigt uns die geologischen Erklärungen und Theorieen über die Entstehung der Erdrinde und ihrer Gesteinschichten theils vermöge der Erkaltung, Erstarrung und Krystallisation glühend geschmolzener Substanzen, theils durch Verhärtung schlammartig aufgelöster Stoffe; der Streit des Neptunismus mit dem Plutonismus erhebt sich und verlangt Entscheidung; eine Menge physikalischer Probleme, wie etwa die

Frage nach dem unbekannten Grunde der Cohäsion fester Körper, melden sich und wollen beantwortet sein; wir gerathen auf die Kant-Laplace'sche Theorie der Entstehung des Planetensystems, welche sammt der Spectralanalyse und Astrophysik dem geologischen Plutonismus als Unterlage und Ausgangspunkt dient; bis hierher mit unseren Gedanken gelangt, sehen wir im Geist die weite Perspective auf den ungeheuren Proceß abwechselnder Weltentstehungen und Weltuntergänge eröffnet und fragen uns, ob dieser makrokosmische Proceß als ein absolutes, durch nichts Höheres oder Tieferes mehr bedingtes Geschehen aufzufassen sei, oder als Ausfluß der spontanen Wirksamkeit irgendwelcher dem Geschehen zu Grunde liegenden Weltsubstanz betrachtet werden müsse. Hiermit wären wir denn schon vom Chausseestein aus mitten im Bereiche der Metaphysik angelangt. Das zweitgenannte Object, der futtersuchende Vogel, wird uns, falls wir den Vorgang zunächst nur äußerlich in's Auge fassen, also von den psychologischen Triebfedern und Functionen dieses emsig und mit offenbarer Absichtlichkeit hinundhereilenden Geschöpfs gänzlich abstrahiren, sogleich in die wunderbare Werkstatt und das verborgene Getriebe des sich spontan bewegenden Organismus hineinversetzen. Leben ist, wie Aristoteles urtheilt, Selbstbewegung; lebendig ein Wesen, ὃ ὑφ' ἑαυτοῦ κινεῖται. Die neuere Wissenschaft hat dies für bloßen Schein erklärt, denselben eliminirt und jeden, auch den organischen Bewegungsproceß in den universellen Weltmechanismus der durchgängig wechselwirkenden Körperelemente des Universums aufgenommen. Wir verfolgen in Gedanken die physikalisch und chemisch bis jetzt unaufgeklärten, aber der Erklärung dringend bedürftigen Bewegungsprocesse im Nerven- und Muskelsystem des Thieres, nicht minder das wundersame Getriebe vegetativer Functionen, vermöge dessen das Thier die aufgenommenen Nahrungsstoffe unwillkürlich und automatisch assimilirt, in organische Form bringt, die animalische Lebenswärme und die Bewegungskraft erzeugt, welcher letzteren es sich dann bei seiner willkürlichen Locomotion nach Belieben und eigener Auswahl bedienen kann; wir erkennen in diesem Wesen ein lebendiges physikalisch-chemisches Laboratorium, eine sich frei durch den Raum bewegende Maschinerie, gleich der Locomotive und dem Dampfschiff, nur daß sie sich von der ersten, geringfügigen Keimzelle an durch mannichfaltige Zellentheilung in ihrer typischen Form selber aufgebaut hat, sich selber heizt, sich selber von Ort zu Ort dirigirt. Wir schieben ungern, aber vom Zuge unserer Vernunft unweigerlich fortgezogen, die ungelösten Räthsel der natürlichen Erzeugung, Entwicklung und Selbstbildung des organischen Individuums und des ganzen Thierreichs überhaupt bei Seite, gerathen in die Psychologie hinein, bemerken, daß der fliegende Vogel, wenn auch durch einen völlig blinden Mechanismus in's Leben gerufen und gerade jetzt durch die Luft hinundhergetragen, doch bei seinem gegenwärtigen Geschäft einen Zweck verfolgt, an seine Jungen denkt, für diese sich eifrigst abmüht und dabei, freilich ohne ein klares Bewußtsein hiervon, einem höheren Naturzweck, nämlich der Erhaltung seiner Art, dienstbar zu sein scheint. Sofort steht vor uns das harte Problem: Verhältniß zwischen materiell-körperlicher und psychologisch-geistiger Realität; steht vor uns die große Antinomie zwischen mechanistischer und teleologischer Weltauffassung. Gesetzt nun aber, die Härte dieser Grenzfragen, die Unfaßlichkeit eines anfangs- und endlosen Naturlaufs, der Widerstreit zwischen dem Begriff eines blindmechanischen und dem eines teleologisch geordneten Geschehens, die Unvereinbarkeit der Auffassung eines animalischen Geschöpfs als bloße physikalisch-chemische Maschinerie mit seiner Auffassung als beseeltes, durch Wille und Absicht sich selbst lenkendes Wesen, — gesetzt dies Alles hätte den Effect, daß wir, gleichsam zurückgeschreckt von dem großen Geheimniß, auf uns selbst reflectirten, mit einer Wendung zur Selbstkritik unser intellectuelles Verhältniß zur räthselvollen Außenwelt in Betracht zögen, so geriethen wir in die bekannte

Correlativität zwischen Subject und Object der Erkenntniß hinein, müßten uns mit der Controverse zwischen Idealismus und Realismus auseinanderzusetzen suchen, und würden hierbei gewahr, daß die Wurzel unseres eigenen Daseins zweifellos eine metaphysische, nicht eine physische ist, weil für die ganz einseitige Betrachtungsweise der Physik das Geistige, welches doch als Urthatsache gegeben ist, so gut wie garnicht existirt, sondern allein Körperliches daist. So stünden wir denn mitten im Wirrsal der Metaphysik mit ihren ungeheuren Welträthseln und Weltantinomieen. Wir tasten nach dem „Nagel, an dem das Universum hängt," und fragen nach der Mauer, in der er befestigt ist.

Auf diese Art eilt unser Denken, durch die innere Unruhe der Frage nach dem Erklärungsgrund rastlos vorwärtsgedrängt, von Problem zu Problem, von Reflexionsstufe zu Reflexionsstufe empor, läßt bei dem unaufhaltsamen Regreß, aus Sehnsucht nach Stellung und Auflösung des Endräthsels, manche Fragen niederer Ordnung unerörtert bei Seite liegen, vollzieht den Fortschritt vom Empirisch-Gegebenen zum schlechthin Hypothetischen, vom Gewissen zum Ungewissen und Zweifelhaften, ohne sich in der Regel diese scharfen Modalitätsunterschiede zu deutlichem Bewußtsein zu bringen; die Probleme niederen und höheren Ranges ordnen sich dem Grade ihrer Allgemeinheit und ihrer näheren oder entfernteren Verwandtschaft entsprechend, von der empirischen Basis bis zur transscendenten Spitze hinauf, unschwer in einer Art von logischer Hierarchie an; und so ist denn, falls nicht irgendwelche Reflexionen ganz anderer Herkunft und Tendenz störend und zerstörend interveniren sollten, das Postulat, das Ideal, das Programm einer metaphysischen Universaltheorie vollständig gerechtfertigt. Große Gedankenbaumeister aller Zeiten, denen neben der Weite des geistigen Horizonts die speculative Kraft combinatorischer und synthetischer Gedankenbildung zu Gebote steht, kommen diesem Vernunftbedürfniß entgegen; sie stellen uns mit der Selbstgewißheit des Genius und der Zuversicht subjectiver Überzeugtheit ihre weltumfassenden Lehrgebäude hin, denen der Anspruch auf absolute Wahrheit als selbstverständliches Attribut innewohnt. Da stehen sie denn als monumentale Geisteswerke da und harren der Gläubigen, die sich um sie versammeln werden.

Der logische Baustyl eines metaphysischen Systems kann übrigens sehr verschiedenartig ausfallen. Nicht jedes tritt in der einfachen typischen Grundform eines vom transscendenten Princip bis zur Breite der empirischen Basis lückenlos herabgeführten Deductionsschemas auf. Die individuelle Geistesart des Baumeisters macht sich geltend. Anders verfährt Platon, der seinen Lehrling vermittelst einer kunstvollen Dialektik, indem er den Maaßstab eines idealen Erkenntnißbegriffs an die wechselnden und vergänglichen Thatsachen der Sinnenwelt anlegt, von der Scheinbarkeit der letzteren überzeugen und zu einem übersinnlichen Reich nur begrifflich erkennbarer ewiger Substanzialformen hinaufgeleiten will. Anders Aristoteles, der, zugleich vielseitiger Empiriker und gelehrter Litteraturkenner, stets auf die Fülle concreter Einzelheiten in der physischen und moralischen Welt hinblickt, ihnen die für gewöhnlich angenommene, von Platon bestrittene Realität beläßt und zugesteht, aber sie überall sofort mit dem Stempel seiner schon in Bereitschaft gehaltenen ontologischen Grundbegriffe abstempelt. Anders wiederum Descartes, der, ein durchaus mathematischer Kopf, auf die Evidenz, die Gewißheit den Hauptwerth legt, der die Metaphysik nach dem formellen Musterbilde der Mathematik von den ersten Fundamenten aus neu begründen will, der, die ganze Wissenschaft der Vergangenheit als unzulänglich über Bord werfend, nach langem Zweifeln, Forschen und Suchen in der unbestreitbaren Grundthatsache unseres Selbstbewußtseins den absoluten Standpunkt gefunden zu haben glaubt und von hier aus durch stranggefügte Schlußketten das von seinem Zweifel für ihn erschütterte Universum zu reconstruiren unternimmt. Den Eindruck der größten

Einheitlichkeit und formellen Vollendung machen die Systeme des Spinoza und des Fichte. Aber bei allen Styldifferenzen herrscht doch überall dasselbe Ideal: Absolute, ewig gültige Deduction des Stammbaums sämmtlicher Einzelwahrheiten aus absolut gültigen Principien, und damit absolute Welterkenntniß.

Dies die prometheische Idee der Metaphysik. Daß sie zur Skepsis herausfordert, liegt auf der Hand. Je größer eine Aufgabe, um so zweifelhafter ihre Ausführbarkeit. Philosophisch ist es, nach dem Höchsten zu streben; philosophisch aber auch, sich über seine Leistungsfähigkeit Rechenschaft zu geben. Indessen, wie schon früher bemerkt, ich referire hier, ich kritisire noch nicht; und zwei Punkte mögen jetzt nur erwähnt werden, deren Erörterung für eine spätere Stelle aufgespart bleibt. Ich meine erstens die Frage, ob sich Metaphysik wirklich in dem Grade gänzlich ausschließen und vermeiden läßt, in welchem man so oft von skeptischer Seite ihre Ausschließung verlangen hört; zweitens den Umstand, daß es einen gewissen Unterschied gibt zwischen dogmatischer und kritischer Metaphysik.

Sechstes Kapitel.

Die Kriterien.

Es ist kaum glaublich, welche Menge von dialektischem Unfug, welcher Wust von steriler Wortweisheit aus der Sucht hervorgegangen ist, in solchen Dingen, für die eigentlich das ernste Interesse und echte Fähigkeit fehlt, dennoch mitsprechen zu wollen. Ein Gelehrter, der sich in dieser unerquicklichen Lage befindet, wird eben trotz alles Aufwandes an Sagacität und Gelehrsamkeit immer nur **über** den Gegenstand reden, ohne je **in** ihn einzudringen; er wird einen ähnlichen Eindruck hinterlassen wie jener miles gloriosus, der zwischen den Lagerzelten bramarbasirend mit der Klinge spielt und Fechterkunststückchen vorführt, sobald aber das Zeichen zur Schlacht gegeben wird, seinen Degen einsteckt und sich säuberlich in den Hintergrund zurückschleicht. So ergieng es zur Zeit des Herabsinkens attischer Geistescultur, nachdem Platon und Aristoteles das Höchste, was die Weisheit des klassischen Alterthums darbietet, ersonnen hatten, den zahlreichen Spätlingen und Marodeurs der griechischen Philosophie. In Ermangelung eigener Originalgedanken, unfähig etwas Neues als philosophische Wahrheit auf den Markt zu bringen, begannen sie einen endlosen Streit darüber, ob es denn überhaupt Wahrheit gebe, worin deren Kriterium bestehe, und ob irgendein Kriterium aufzutreiben sei. Das Kriterium ist ihr stehendes Thema. Hierüber verlieren sie sich in ewige Präambeln und Präliminarien und kommen der Sache selbst garnicht an den Leib; ein sprechendes Zeugniß des Marasmus und der geistigen Impotenz. Wenn man die weitschweifigen Debatten der späteren Akademiker, Stoiker, Epikureer und Skeptiker über das delicate Thema „Kriterium der Wahrheit“ durchmustert, so wird man sich eines förmlichen Ekels über all dieses unfruchtbare Gerede kaum erwehren können. Man wird finden, daß die Mehrzahl dieser Secten, wenn nicht alle, in der seit dem Sophisten Protagoras landläufigen Voraussetzung einig sind, der Mensch, als Gattung und als Individium, sei ein für allemal in den unüberschreitbaren Kreis seiner subjectiven Vorstellungen hineingebannt; die Natur der Dinge „an sich“, wenn es eine solche gibt, stehe ihm als etwas völlig Anderes, direct nicht Erfaßbares, ihm Unnahbares fremd gegenüber; also könne nur ein Dritter, ein sowohl über der menschlichen Vorstellungswelt als auch über der Welt der Dinge erhabener Richter zum unparteiisch objectiven Urtheil über Wahrheit oder Falschheit unserer Vorstellungen befähigt sein. Trotzdem sind sie aber bemüht, durch allerlei künstliche Subtilitäten oder unmotivirte Machtsprüche in und an den menschlichen Vorstellungen selbst ein Merkmal ausfindig zu machen, an dem deren Wahrheit oder Falschheit so zu unterscheiden sein soll, wie am Probirstein das Gold vom Messing. Wenn dann hierbei bald die unmittelbar zwingende Evidenz (ἐνάργεια) und unerschütterliche Thatsächlichkeit der Sinneswahrnehmung, bald der consensus omnium, bald die sogenannte φαντασία καταληπτικὴ als das gesuchte Kriterium angepriesen wird, so scheinen sie garnicht zu bemerken, daß dergleichen Auskünfte sämmtlich mit der einmal gemachten Voraussetzung in flagrantem Widerspruch stehn; und deshalb behält denn der Meister aller Skeptiker, Sextus Empiricus, obwohl seine Strategie durch manche ganz grobe Sophismen verunziert wird, vollkommen Recht, indem er jedes Kriterium der Wahrheit für unmöglich erklärt.

Recht nämlich solange, als man, in ein völlig abstractes Erkenntnißideal verliebt, mit Discussionen über die Erreichbarkeit dieses Ideals Zeit und Mühe vergeudet, anstatt, wie sich's gebührt, den Gegenständen dort, unserem Gedankenapparat hier energisch auf den Leib zu gehen und festzustellen, unter welchen Umständen und in welchem Grade der menschliche Gedanke vom wirklichen Verlauf der Dinge factisch bewährt wird, bewährt werden muß, bewährt werden kann, oder factisch widerlegt wird, widerlegt werden muß, widerlegt werden kann.

Heutigen Tages pflegt man, geschult durch eine mehrhundertjährige Praxis fruchtbarster wissenschaftlicher Forschung, zwei Kriterien der Wahrheit anzuerkennen; einmal die logische Correctheit, sodann die empirische Verification einer Theorie. Dies ist richtig, muß aber etwas genauer explicirt werden.

Verstehen wir der hergebrachten Schuldefinition gemäß unter materialer Wahrheit die inhaltliche Uebereinstimmung subjectiver Gedanken mit dem objectiven Sachverhalt, unter formaler Wahrheit hingegen die Uebereinstimmung subjectiver Gedanken und Gedankengänge mit den logischen Denkvorschriften unseres eigenen Verstandes, dann gibt es drei allgemeine Regeln, die als Summe und Schlußmoral der Logik betrachtet werden dürfen, und denen überdies unter einer gewissen Voraussetzung eine hohe metaphysische Bedeutsamkeit nicht abzusprechen ist. Sie lauten folgendermaßen.

Erstens: Was aus materiell falschen Principien logisch correct, d. h. widerspruchslos, erschlossen ist, das ist materiell falsch. Denn gerade wegen der logischen Correctheit der dazu hinleitenden Schlüsse muß sich der materiale Fehler der ersten Prämissen von Glied zu Glied durch die ganze Schlußkette forterben; noch die letzte Conclusion ist mit dem Grundirrthum behaftet und wird deshalb von den Thatsachen der Erfahrung dementirt.

Zweitens: Was aus materiell wahren Principien logisch incorrect, d. h. durch Paralogismen, erschlossen ist, das kann materiale Wahrheit entweder nicht besitzen oder doch besitzen. Letzteres nämlich dann, wenn die begangenen Schlußfehler einander entgegengesetzt und gleich groß sind, dergestalt, daß sie sich compensiren.

Drittens: Was aber aus materiell wahren Principien logisch correct erschlossen ist, daß muß materiell wahr sein, d. h. die Erfahrung muß es bestätigen; sie kann nicht anders.

In diesen drei so pedantisch aussehenden Regeln haben wir das Fundament und die Grundbedingung aller wissenschaftlichen Erkenntniß vor uns. Nur dann, wenn sie gültig sind, ist Wissenschaft möglich; nur dann, wenn das aus materiell wahren Principien logisch correct Erschlossene von den Thatsachen der Erfahrung auf's Strengste bestätigt wird. Unmöglich wäre jede Wissenschaft, falls je diese Voraussetzung getäuscht, durch die Thatsachen selbst widerlegt würde. Sofern aber dies letztere nicht der Fall ist, herrscht im natürlichen Weltlauf eine der correcten Logik menschlichen Denkens correspondirende objective Logik. Die Natur der Dinge besitzt für uns, vermuthlich also auch „an sich" insofern eine logische Structur, als sie unter der Herrschaft eines Systems allgemeinerer und speciellerer, sich stets gleich bleibender Gesetze steht und diesen constanten Gesetzen entsprechend gezwungen ist, Dasjenige, was der Mensch durch folgerichtige Schlüsse aus den richtig erkannten Gesetzen deducirt hat, factisch zu bestätigen. Logik der Thatsachen habe ich das genannt und diesen inhaltreichen Begriff anderwärts ausführlich exponirt.*

Weiter aber, sobald der Wahrheitsbegriff definirt und nach einer gewissen Richtung hin noch feiner eingetheilt ist, enthalten obige drei Regeln implicite alles Dasjenige, was als allgemein gültiges Wahrheitskriterium einer menschlichen Theorie vernünftiger

* Analysis der Wirklichkeit, 2. Aufl. S. 187–207; S. 556–560. — conf. Gedanken und Thatsachen, Heft I, S. 18–20; a. a O.

Weise betrachtet und verlangt werden kann. Fügen wir also noch hinzu, daß es zwei Unterarten der materialen Wahrheit gibt, die empirische und die metaphysische; daß unter empirischer Wahrheit die inhaltliche Uebereinstimmung des Gedankens mit dem als Erscheinung wahrnehmbaren Sachverhalt, unter metaphysischer Wahrheit aber die Uebereinstimmung des Gedankens mit dem sich durch die Erscheinung manifestirenden absolut Realen verstanden wird; dann ist alles in der Kriterienfrage nöthige Begriffsmaterial bei einander, und wir können zu dessen praktischer Handhabung vorschreiten. Hierbei aber zeigt sich, daß in dieser Hinsicht zwischen den drei Stockwerken wissenschaftlicher Theorie ein gewaltiger Unterschied besteht, indem diejenigen der ersten Ordnung vor denen der zweiten und dritten Ordnung aus logischen Gründen enorm bevorzugt sind.

Eine Theorie erster Ordnung, deren Erklärungsprincipien selbst empirisch gegeben, der Welt thatsächlicher Phänomene entnommen sind, ist vom Kopf bis zu den Füßen, vom Princip bis zu den abgeleitetsten Folgesätzen hinunter, empirisch controllirbar. Mit oder ohne Zuhülfenahme des Experiments kann sie stets den Beobachtungsthatsachen confrontirt und durch unmittelbare Vergleichung des subjectiven Gedankengebäudes mit der realen Abfolge der Erscheinungen verificirt werden. Ja es genügt streng genommen einmalige Entdeckung, Confrontirung und Verification. Alles weitere Beobachten und Experimentiren hat dann entweder nur den didaktischen Zweck, das bereits als wahr Erkannte durch Autopsie lebendig zu vergegenwärtigen, oder den heuristischen Zweck, von der Operationsbasis der bereits errungenen Wahrheit aus neue, noch undurchforschte Nebengebiete in Angriff zu nehmen. Ist einerseits die logische Correctheit des Schlußgefüges am Grundmaaßstab des Principii Contradictionis geprüft und bewährt, ist andererseits die empirische Wahrheit des Princips und seiner Folgesätze von den Beobachtungsthatsachen verificirt, dann werden wir die einmal als wahr erkannte Theorie als für immer wahr, als veritas aeterna betrachten dürfen, — vorausgesetzt nämlich den schlechthin gleichförmigen Gang der Natur, vorausgesetzt die constante Gesetzlichkeit des Geschehens, die Logik der Thatsachen. Nur durch ein Wunder, eine Weltrevolution, einen totalen Umsturz der bestehenden Naturgesetze könnte eine so bewährte Theorie ungültig werden. Mit Wundern aber rechnet die Wissenschaft wenigstens nicht. Wenn wir also dem radicalen Skeptiker das Zugeständniß entgegenbringen, daß man die reale Unmöglichkeit eines solchen Wunders zu beweisen außer Stande ist, so muß er seinerseits sogleich den Zusatz acceptiren, daß eine im oben angegebenen Sinn bewährte Theorie nur mit der Naturordnung selber umgestoßen werden könnte. Dessen aber dürfen wir getrost harren. Ein Irrthum wäre es, wenn man etwa befürchten wollte, aus solcher Zuversicht könne eine chinesische Stagnation der empirischen Forschung hervorgehen. Dies durchaus nicht! Denn über die bloße Bestätigung des bereits Erkannten hinaus gewährt die nie rastende, nie erschöpfte Erfahrung auf allen Forschungsgebieten schon insofern die Möglichkeit wissenschaftlichen Fortschritts, als immer mehr Specialthatsachen derselben Gattung entdeckt, zum Theil an ganz unvermutheter Stelle und unter fremdartiger Hülle hervorgezogen und dann günstigen Falls auf die schon von früher her bekannten Urphänomene zurückgeführt werden können. So wußte man schon seit Lavoisier, daß das Verbrennen entzündbarer Stoffe, die Verkalkung der Metalle, das Verrosten des Eisens lauter Specialfälle desselben Urphänomens sind, nämlich der Oxydation oder Verbindung mit Sauerstoff; später hat man auch den Proceß der Respiration, die Entstehung der animalischen Eigenwärme, die Verwesung absterbender organischer Stoffe und andere dem Augenschein nach sehr fernliegende Erscheinungen aus demselben Urphänomen zu erklären vermocht. Übrigens gibt es neben den definitiv gesicherten auch provisorische Theorieen der ersten

Ordnung, welche so entstanden sind, daß man eine in einzelnen Specialfällen einer homogenen Erscheinungsklasse wirksame Ursache über diese ganze Klasse hin generalisirt und die durchgängige empirische Verificirung der Zukunft vorbehält. So z. B. in der Sprachwissenschaft die Theorie der Lautverschiebung, in der Paläographie die phonetische Theorie der ägyptischen Hieroglyphen, in der Medicin die Pilztheorie der Infectionskrankheiten, wozu es auf sämmtlichen Specialgebieten der empirischen Forschung Analoga gibt. Genug, die Wirklichkeit ist zu reich und das actuelle Erfahrungswissen des Menschen zu beschränkt, als daß in irgendwelcher absehbaren Frist ein Stillstand zu befürchten wäre.

Ganz anders schon mit den Theorieen zweiter Ordnung. Hier gehören nur die Consequenzen der Sphäre des thatsächlich Gegebenen an; nur sie liegen innerhalb der beobachtbaren Erscheinungswelt; nur sie sind empirisch controllirbar und einer empirischen Verification fähig. Die Principien hingegen sind hypothetisch und liegen in der Region des Unerfahrbaren. So die Ätheroscillationen der Optik, so die elektrischen Fluida, so die Atome und Molécules der Chemie. Bei ihnen kann nur von einem Kriterium der formalen Wahrheit die Rede sein, während ihre materiale Wahrheit für immer problematisch bleibt. Entsprechend der wissenschaftlichen Fundamentalvoraussetzung von dem ausnahmslosen Obwalten einer Logik der Thatsachen wird einer solchen Theorie nur dann objective Geltung zuerkannt werden können, wenn ihr vom Princip zu den Folgesätzen hinabführendes Schlußgewebe Schritt für Schritt den Anforderungen der Logik entspricht. Aber dies Können ist kein Müssen, die logische Correctheit noch nicht sachliche Richtigkeit. Denn die alte Regel Posita conditione ponitur conditionatum, deren specielle Anwendung auf den Causalitätsgedanken den Satz „aus gleichen Ursachen die gleichen Wirkungen" ergibt, läßt sich zwar dahin contraponiren „Sublato conditionato tollitur conditio", d. h. speciell „wo die Wirkung unterbleibt, kann auch die Ursache nicht wirksam sein", aber keineswegs dahin umgestalten „Sublata conditione tollitur conditionatum", da ja sehr gut dieselbe Folge einmal aus diesen, das andere Mal aus ganz anderen Gründen entspringen könnte. Daher bleibt der Schluß von einer empirisch gegebenen Wirkung auf eine bestimmte Ursache stets unsicher und mißlich. Schon auf dem der Beobachtung zugänglichen Gebiet werden wir ja auf's mannigfaltigste überzeugt, daß ein und dieselbe Wirkung durch gänzlich verschiedene Ursachen herbeigeführt werden kann. So bei Gelegenheit jeder optischen, akustischen oder sonstigen Sinnestäuschung, beispielsweise beim Sehen durch das Stereoskop oder bei der Betrachtung eines guten Panoramas, wo wir, von der Identität der optischen Wirkung verführt, auf die Existenz plastischer Gegenstände schließen, während doch nur Flächenbilder vorhanden sind. Wenn nun aber die aus dem gegebenen Effect rückwärts erschlossene bestimmte Ursache ihrer Natur nach völlig unerfahrbar, bloß in Gedanken construirt und als Hypothese angesetzt ist, wie der schwingende Äther, die chemischen Atome und Atomgruppen u. dgl. m., dann fehlt selbstverständlich das materiale Kriterium der empirischen Verification des Princips, und trotz aller logischen Correctheit unserer Theorie könnte diese doch an der objectiven Logik der Natur gänzlich vorbeischlagen, könnte im nächsten Moment durch eine logisch ebenso correcte, aber aus völlig anderen Principien abgeleitete Theorie verdrängt und ersetzt werden. Daher die behutsame Reserve gerade des sachkundigsten Forschers, der, aus Gewissenhaftigkeit, auf die Gewißheit seiner hypothetischen Erklärungsart zu pochen wohlweislich unterläßt. Nur soviel kann, im Hinblick auf die Fundamentalvoraussetzung einer allgemein herrschenden Logik der Thatsachen, als Kanon für die Beurtheilung einer Theorie zweiter Ordnung gültig sein: Wenn sie formale Wahrheit besitzt, solange das System ihrer Consequenzen mit dem Complex bekannter Erfahrungsthatsachen coincidirt, solange außerdem keine in irgendwelcher Hinsicht plausiblere Theorie ersonnen ist, dann und solange haben wir das Recht, sie als provisorischen Bestandtheil dem Körper unserer wissenschaftlichen Ueberzeugungen einzuverleiben. Wohl gemerkt: das Recht; aber nicht die Pflicht.

Am schlimmsten endlich ist es mit den Theorieen der dritten Ordnung bestellt. Sie theilen das Schicksal derjenigen der zweiten Ordnung, daß ihre Principien in der Region des Unerfahrbaren gelegen sind, haben aber vor jenen den fatalen Vorzug des Absolutseinwollens voraus. Gerade Das, was in ihren eigenen Augen ihr eigenthümliches Privilegium und Monopol ausmacht, erweist sich vor dem Richterstuhl logischer Kritik als ihre Achillesferse. Sagen wir es gleich kurz: Ein Wahrheitskriterium metaphysischer Systeme, sofern sie mit dem Anspruch apodiktische Wissenschaft vom absolut Realen zu sein auftreten, existirt nicht, und kann garnicht existiren. Hierin hat Sextus Empiricus vollständig Recht. Wenn man einmal gänzlich davon abstrahirt, daß einige dieser Systeme, das Hegel'sche zum Beispiel, sich von dem bindenden Zwang der formalen Verstandeslogik emancipiren, oder genauer, im Besitz einer angeblich höheren Methode der Gedankenentwicklung etwas über die gemeine Verstandeslogik Erhabenes mitzutheilen versichern, also für das sonst allgemein anerkannte, jeder Specialwissenschaft gegenüber sacrosancte Kriterium der *formalen* Wahrheit unzugänglich sind, so gehören die Realgründe der metaphysischen Welttheorieen, wiewohl mit ihren Consequenzen schließlich in die thatsächlich gegebene Erscheinungswelt einmündend und auslaufend, sammt und sonders dem Gebiete des Ueberempirischen an, während sie doch, getragen von dem Bewußtsein ihrer Unbedingtheit, den Titel bloßer Hypothesen auf's entschiedenste zurückweisen. Ein Kriterium ihrer *materialen* Wahrheit würde daher nur dann vorhanden sein können, wenn es irgendwelche Sätze von axiomatischer Evidenz gäbe, die gleich den Grundsätzen der reinen Logik und reinen Mathematik, eine über das actuelle Erfahrungswissen hinausreichende absolute Ueberzeugungskraft besäßen, gleichzeitig aber zum Unterschied von jenen nicht nur etwas Formales, sondern etwas Materiales aussagten. Wäre nun dies der Fall, machte man außerdem die transscendente Concession, daß das für Menschen intuitiv und begrifflich Undenkbare auch „an sich" unmöglich sei, dann allerdings würde, wie es scheint, ein System der Metaphysik herstellbar sein, welches, wie die bloß formellen Theorieen der Logik und reinen Mathematik, die Garantie seiner unerschütterlichen Richtigkeit in sich selber trüge. Und in der That haben alle großen metaphysischen Gedankenbaukünstler dieser Ueberzeugung gelebt, haben derartige Grundsätze theils explicite, theils implicite aufgestellt. So die Eleaten den Satz von der Unentstandenheit, Unzerstörbarkeit, Unveränderlichkeit des wahren Seins:

> πῶς δ'ἂν ἔπειτα πέλοι τὸ ἐόν; πῶς δ' ἄν κε γένοιτο;
> εἴ γε γένοιτ', οὐκ ἔστ', οὐδ' εἴ ποτε μέλλει ἔσεσθαι.
> τὼς γένεσις μὲν ἀπέσβεσται καὶ ἄπιστος ὄλεθρος.

Woraus Parmenides die bloße Scheinbarkeit des Werdens, die Phänomenalität der Zeit und alles Veränderlichen in ihr erschließt. So Aristoteles neben dem ontologisch gedeuteten Princip des Widerspruchs den Satz, daß jedes Ding und jedes Ereigniß in der Welt nicht nur aus einer wirkenden Ursache hervorgehe, sondern auch einen zweckmäßigen Typus zu verwirklichen bestrebt sei. So Descartes das Princip der Causalität, vermittelst dessen er sich aus der Einsiedelei des Cogito ergo sum heraushilft, zuerst ontologisch die Existenz der Gottheit, dann weiter aus einem Attribut Gottes die Realität der materiellen Außenwelt, aus einem anderen Attribut die Gültigkeit der obersten Naturgesetze deducirt. So Spinoza eine ganze Menge Axiomata und Definitiones, als da sind: „Omnia, quae sunt, vel in se, vel in alio sunt" — „Id quod per aliud non potest concipi, per se concipi debet" — „Per substantiam intelligo id, quod in se est et per se concipitur, hoc est, cujus conceptus non indiget alterius rei, a quo formari debeat" — „Effectus cognitio a cognitione causae dependet, et eandem involvit" rc. So Leibnitz neben dem Principium Contradictionis den Satz des zureichenden Grundes, der ja auch für uns ein unumgängliches Denkpostulat ist, ihm aber als transscendentes Weltgesetz gilt. — Wie gesagt, gäbe es dergleichen materiale Grundsätze, die über alles Erfahrbare hinausgreifend auch jenseits der menschlichen Anschauungs- und Gedankenwelt unbedingte Gültigkeit besäßen und, wie die Grundsätze der Logik und Mathematik, unmittelbar apodiktisch gewiß wären, dann würde auch ein ewig gültiges System der dogmatischen Metaphysik denkbar sein, und wir hätten dessen materiales Wahrheitskriterium schon in der Hand. So wie Archimedes nur einen festen Punkt verlangt, an den er seinen Hebel ansetzen könne, um die ganze Erde aus den Angeln zu heben, so hätte die Metaphysik in ihren ontologischen Axiomen den intellectuellen Stützpunkt, an den sie den Hebel streng logischer Schlußfolgerung nur anzusetzen brauchte, um die ganze Welt deductiv begreiflich zu machen. Allein, der feste Punkt des Archimedes existirt nirgends in Wirklichkeit; er ist nur ein Ideal, ist ein imaginärer Punkt; nur in Gedanken, nicht in der That können wir uns von unserer Erde hinwegversetzen; factisch sind wir überall hineinverflochten in ein System relativer Bewegungen; daher auch der ganze Hebelapparat und sein Effect lediglich in der Einbildung vorhanden ist. Und ebenso ergeht es der dogmatischen Metaphysik. In der Idee versetzt sie sich aus dem Gewebe von Relationen, in welches unser Anschauen, Denken und Erkennen unentrinnbar verflochten ist, hinaus, wie Archimedes sich in der Idee von der Erde, an die wir für immer leiblich gefesselt sind, hinwegversetzt. Sie will absolute Axiome zur Welterklärung liefern; aber die Festigkeit und Stützkraft dieser Axiome ist imaginär. Daß sie dies ist, daß weder der Satz von der Ewigkeit und Unveränderlichkeit des wahrhaft Seienden, noch der von der Zweckmäßigkeit alles Geschehens, noch das Princip der

Causalität, noch die von Spinoza proclamirten zahlreichen Grundsätze eine axiomatische Evidenz, geschweige denn die innere Bürgschaft einer über die menschliche Vorstellungs- und Gedankenwelt hinausreichenden Gültigkeit besitzen, dies ist verhältnißmäßig leicht nachweisbar: durch ein psychologisches Experiment. Ich reflectire nicht auf das von sophistischer und skeptischer Seite so oft gegen die Möglichkeit der Metaphysik in's Feld geführte Argumentum e Dissensu. Es hält nicht Stand, weil es auch gegen ganz andere, anerkannt solide Wissenschaften ebenso anwendbar ist. Aber man mache das Experiment; man versuche es sich das contradictorische Gegentheil jener angeblichen Axiome, z. B. eine Entstehung des Realen aus Nichts, oder eine Welt, in der völlig regelloser Zufall herrscht, oder ein wirkliches Wunder vorzustellen. Und siehe da: Es geht! Axiom aber und apodiktisch gewiß ist nur Dasjenige, wovon das contradictorische Gegentheil nicht denkbar und nicht vorstellbar ist, wie z. B. der Satz des Widerspruchs. Also verlieren die metaphysischen Systeme, sofern sie den Anspruch absolute Welttheorieen zu sein erheben, ihren Halt. Ihre angebliche Absolutheit ist eben der Hauptgrund, weshalb es für sie nicht so, wie für die Theorieen erster und zweiter Ordnung, ein Kriterium geben kann. Ja, wenn sich der Metaphysiker dazu verstünde, seine Principien nur als Hypothese hinzustellen, dann würde sich mit ihm reden lassen. Aber daß er das nicht kann, daran ist eben der von ihm gewählte Standpunkt schuld. Er muß kategorisch sprechen, weil er die endgültige Lösung des Welträthsels geben will; er kann nicht anders. Er darf keinen Widerspruch, keinen Zweifel, kein Bedenken gelten lassen; denn die vermeintliche Absolutheit seines Standpunktes verbietet dies. Vergegenwärtige man sich doch den überschwänglichen Enthusiasmus, mit welchem Platon, die mathematische Zuversichtlichkeit, mit der Cartesius, die tiefe, ernste Ueberzeugtheit, womit Spinoza, den doctrinären Starrsinn, mit dem Herbart, die feurige, jeden Scrupel über den Haufen rennende Beredsamkeit, mit der Fichte, die eigensinnige Rechthaberei mit welcher Schopenhauer, das souveräne Dictatorenbewußtsein, mit dem Hegel ihre eigenen Welterklärungsprincipien der Welt verkündigt haben, man vergleiche hiermit die geradezu befremdende Bescheidenheit, mit welcher Newton am Ende seines klassischen Werkes, nachdem er die Menschheit mit einer wirklich universellen mathematischen Weltwissenschaft beschenkt hat, das Eingeständniß ablegt, die „causa vera“ der Planetenbewegung sei ihm unbekannt*, — und man wird sogleich gewahr, hier, in der dogmatischen Metaphysik, handelt es sich eigentlich gar nicht um ein Wissen, ein objectiv begründbares Wissen, sondern um einen Glauben, eine zwar sehr feste, aber doch lediglich subjective Ueberzeugung, genau so wie in der Religion; um ein Credo, das sich der wissenschaftlichen Kritik ohne weiteres entzieht, dessen Wahrheit nur nachempfunden, nachgefühlt, aber, ebenso wie die Schönheit eines Kunstwerks, nie streng bewiesen werden kann; um eine Confession, die zwar Proselyten zu machen und Secten zu stiften, aber ihre Gegner nur als Ketzer zu verurtheilen, nimmermehr ad absurdum zu führen im Stande ist. Metaphysische Systeme wie religiöse Confessionen sind intolerant. Beide aus demselben Grunde. Beide deshalb, weil sie auf Glauben, nicht auf Wissen gegründet sind, auf ein Fürwahrhaltenwollen, nicht ein Fürwahrhaltenmüssen. Die objective Unsicherheit ihrer subjectiv für absolut wahr gehaltenen Position macht ihnen die Toleranz unmöglich. Denn wegen jener Unsicherheit gilt ihnen ein wissenschaftlicher Angriff nicht als discutirbares Argument, sondern als Beleidigung; und da sie sich nicht durch strenge Widerlegung zur Wehr setzen können, so wehren sie sich durch Verdammung.

Ob also die in rastlosem Werdefluß begriffene, dabei jedoch

* Causam harum gravitatis proprietatum ex phaenomenis nondum potui deducere; et hypotheses non fingo.

auffallender Weise constanten Gesetzen gehorchende Erscheinungswelt mit Platon für eine Art Schattenspiel und flüchtig vorüberschwebende Nachbildung eines vorbildlich feststehenden Reiches ewiger Gattungstypen zu halten ist, oder mit Aristoteles für das reale Product einer Stufenfolge den Einzeldingen immanenter zielstrebiger Substanzen (Entelechieen), ob man das empirische Factum der zeitlichen Veränderung, des Werdens, des Geschehens mit Heraklit als absoluten Proceß betrachten soll, oder mit den Eleaten, Platon und Herbart als bloß phänomenale Manifestation eines constant und unveränderlich beharrenden Realen, ob die Epicureer im Recht sind mit ihrer Behauptung, daß der Vielheit, Mannigfaltigkeit und dem Wechsel der Erscheinungen eine anarchische Vielheit gleich selbständiger Substanzen zu Grunde liege, oder Parmenides, die Neuplatoniker, Spinoza, Hegel und Schopenhauer mit dem Ἓν καὶ πᾶν, der Lehre von der substanziellen Welteinheit, ob man mit Cartesius den empirisch gegebenen Dualismus des Geistigen und des Materiellen auf zwei toto genere verschiedene Arten des Seienden, oder mit Leibnitz auf die prästabilirte Harmonie zwischen bloß graduell verschiedenen Monaden zu reduciren hat, ob irgendeine dieser metaphysischen Theorieen die von ihr selbst in Anspruch genommene absolute Wahrheit wirklich besitzt, dafür fehlt uns jedes entscheidende Kriterium. Die Speculation über diese Probleme verbleibt für immer in der Region des schlechthin Problematischen. Möglicherweise besteht der sichere Ertrag metaphysischer Speculationen nur darin, daß wir durch sie bis zu gewissen Grenzbegriffen menschlichen Nachdenkens hingeführt und mit gewissen universellen, einander antithetisch gegenüberstehenden Gesichtspunkten bekannt gemacht werden, aus denen der Mensch das Universum auffassen kann, aber nicht auffassen muß.

Siebentes Kapitel.

Revision, Peripetie, Neuconstruction und Abschluß.

Die theoretischen Interpolationsmaximen der Erfahrungswissenschaft.

Man erinnert sich des kleinen Zwischenfalls im Hamlet, wie Polonius, vom Prinzen gefragt, ob jene Wolke dort nicht aussehe wie ein Kameel, dieses sofort bejaht; gleich darauf aber, von Neuem gefragt, ob dieselbe Wolke nicht aussehe wie ein Walfisch, die Antwort gibt „Ganz wie ein Walfisch!" Dieser kleine Zug ist völlig naturwahr, ohne jede Uebertreibung aus dem Leben gegriffen. Aehnliches wiederholt sich auch unter normalen Menschen alltäglich; und schon hieraus kann entnommen werden, wie sehr unsere Auffassung des thatsächlich Gegebenen, unsere intuitive Vorstellung des objectiv Vorhandenen durch innerlich entsprungene Phantasiebilder inficirt, durch Vorurtheile oder auch Vorkenntnisse gestempelt und geprägt wird. Ich sehe Etwas mit eigenen Augen, ich höre es mit eigenen Ohren, dies besagt: Ich deute gewisse factisch gegebene Gesichts- und Schallempfindungen auf dieses oder jenes, so oder so beschaffene, hier oder dort befindliche Object. Die Auffassung des Wirklichen ist subjective Interpretation der gegebenen Sinneseindrücke; und ein und derselbe reale Gegenstand kann daher vermöge individueller Verschiedenheiten der Interpretation von mehreren Zuschauern völlig abweichend gesehen, gehört und wahrgenommen werden. Diese Mehrdeutigkeit erstreckt sich nun auch auf die sogenannte Erfahrung. Mehrere Personen, die gleichzeitig aufmerksame Augenzeugen genau des nämlichen Vorgangs gewesen sind, können seltsamer Weise nicht Dasselbe, sondern ganz Verschiedenes „erfahren“ haben. Man frage z. B. einen Skeptiker, der einer spiritistischen Sitzung beigewohnt hat, was er dabei erlebt und erfahren habe; und man wird finden, daß seine Erlebnisse und Erfahrungen mit denen der gläubigen Theilnehmer an derselben Session schlechterdings nicht congruent zusammenfallen. Der sachkundige Zoologe und Botaniker, der durch das Mikroskop ein organisches Präparat beobachtet, sieht und erfährt hier etwas ganz Anderes als ein Laie, der mit neugieriger Spannung und großer Aufmerksamkeit durch dasselbe Glas das gleiche Präparat anblickt. Manzoni in den Promessi Sposi bei Gelegenheit seiner meisterhaften Schilderung der furchtbaren Pest, von welcher Mailand im Jahre 1630 verheert wurde, hat uns nach den Angaben des zuverlässigen Chronisten Ripamonti folgende Erzählung mitgetheilt. Zur Zeit als die Pestepidemie im Zunehmen begriffen war, am 17. Mai des Unglücksjahres, hatte man gegen Abend im Dom einige Personen herumgehen sehen, die eine Bretwand mit irgendetwas einsalbten. Das war verdächtig. Am folgenden Morgen waren auf lange Strecken hin die Wände und Thüren der Häuser mit einem weißlichen Schmutze beschmiert; Ripamonti selbst hat diese Schmutzflecken gesehen und beschreibt sie. Der Verdacht schwoll an und wurde zur Gewißheit. Diese Schmutzsalbe war der ansteckende Pestkeim; verruchte Bösewichter beschäftigten sich nächtlicher Weise damit, die Höllensalbe und mit ihr die entsetzliche Epidemie weiter und weiter zu verbreiten; man nannte sie „Salber“. Jedermann fahndete auf diese Schurken. Nach einiger Zeit sah man vor dem Dom einen reisenden französischen Maler stehen; er betrachtete das Bauwerk und trat nahe an die Mauer heran. Dies erregte Aufsehen; Vorübergehende sammelten sich; da streckte der Fremde, wie um sich zu vergewissern, daß es Marmor sei, die Hand nach den Steinen aus und befühlte sie. Sofort stürzte Alles unter dem Ruf „ein Salber!" über ihn her, mißhandelte ihn und schleppte ihn in den Kerker. In der Kirche Sant Antonio wollte an einem Festtage ein mehr als achtzigjähriger Greis sich setzen und stäubte mit dem Mantel die Bank ab. Einige Weiber, die dies erblickten, schrieen in einstimmigem Entsetzen auf „der Alte salbt die Bank!" Alsbald fielen die Leute in der Kirche über den Verbrecher her; er war in flagranti ertappt, man raufte ihm die Haare, trat ihn mit Füßen und schleppte den Halbtodten vor Gericht, auf die Folter. Ripamonti hat die Scene mit eigenen Augen angesehn. — Weitere Belege sammeln, hieße in der That Eulen nach Athen, oder Narren nach Abdera bringen. Genug, Das, was man erfährt, richtet sich nach Dem, was man ist. Sogenannte Erfahrungsthatsachen tragen den abweichenden Stempel der Individualitäten an sich. Selbst bei absolut gleicher Sinnesorganisation und absolut gleicher Beschaffenheit des Empfundenen, bei Ausschluß von Achromatopsie und ähnlichen Anomalieen der Wahrnehmung, entspringt doch für den einen Beobachter dieses, für den anderen jenes Vorstellungsbild des objectiven Sachverhalts. Und wenn es keine Mittel gäbe, solche individuellen Differenzen der Auffassung in allgemeingültiger Weise zu eliminiren, dann würde es mit der Erfahrungswissenschaft oder der wissenschaftlichen Erfahrung recht schlimm bestellt sein.

Soviel mindestens mußte vorausgeschickt werden, um eine neue Wendung zu motiviren, die unser Gedankengang in diesem Kapitel nehmen muß. Sie könnte den Leser überraschen und befremden; denn sie sieht einer wesentlichen Restriction, ja einem partiellen Widerruf unserer bisherigen Aufstellungen äußerst ähnlich. Allein wir sind zu diesem Schritte genöthigt; genöthigt wie zu allem Bisherigen durch die Wahrheit der Sache selbst. Es vollzieht sich dabei nichts Anderes, als eine ganz natürliche Gedankenperipetie, welche für den normalen Verstand, sobald er den von uns beschrittenen Weg weit genug verfolgt hat, ganz unvermeidlich ist.

Wir hatten die Theorieen der ersten Ordnung rein empirische genannt; wir hatten hervorgehoben, daß sie das Gebiet des Erfahrbaren um keines Fußes Breite transscendiren; wir hatten sie als die gesicherte Basis anerkannt, auf der die Erklärungsversuche anderer Ordnung als höhere Stockwerke aufgebaut sind; wir haben damit zugegeben, daß, wenn diese Basis erschüttert würde, dann, ähnlich wie bei einem Erdbeben, die höheren Stockwerke in bedenkliche Schwankungen gerathen und vielleicht zusammenstürzen würden. Was uns von Anfang an vorschwebte, war nicht sowohl das cartesianische, als das baconische Wissenschaftsideal; nicht jene metaphysisch fundirte Methode, die von allgemeinsten Grundbegriffen und Grundsätzen aus, von oben herab oder „a priori" ein Gedankennetz ausspinnt, dem sich dann die Welt des Empirischen wohl oder übel fügen soll, sondern die empirisch fundirte Methode, die von gewissenhafter Constatirung beobachteter Erfahrungsthatsachen ausgeht und ganz allmählich, die Erfahrung stets im Auge behaltend, zu höheren Erklärungsgründen emporsteigt. Mag das cartesianische Ideal für die rein formalen Theorieen, z. B. die reine Mathematik, immerhin maßgebend sein; für die Construction causaler Theorieen, die wir allein in Betracht ziehen, gilt, wie wir annahmen, das baconische Ideal.

Wie nun aber? Die obigen Eingangsbemerkungen zeigen bei aller ihrer Einfachheit, daß die Erfahrung vielzüngig ist, daß mehreren Beobachtern vermöge individueller Interpretationsdifferenzen trotz Identität ihres Empfindungsinhalts, trotz Identität des realen Beobachtungsobjects, doch ein nicht identischer, sondern in höherem oder geringerem Grade abweichender Erfahrungsthatbestand gegeben ein kann. Solche individuelle Unterschiede müssen durch künstliche

Veranstaltungen excludirt werden, wenn ein im gewöhnlichen Sinne objectiver, ein wissenschaftlich brauchbarer Thatbestand hergestellt, eine allgemeingültige Empirie construirt werden soll. Bacon von Verulam, der Urheber des modernen Ideals der Erfahrungswissenschaft, weiß dies bekanntlich auch sehr gut. Ein Empiriker nach seinem Sinn soll nicht nur sammeln, sondern auch sichten und bauen, soll nicht Ameise, sondern Biene sein. Er läßt es an Cautelen und Sicherheitsmaßregeln nicht fehlen. Er verlangt eine Kritik der Sinne, der Phantasie, des Verstandes. Er will nicht die gewöhnliche, die rohe, die unbearbeitete Empirie, sondern eine sogenannte „reine Erfahrung“ — Mera Experientia. Sein Verfahren zur Herstellung der Mera Experientia besteht, was hier nicht näher ausgeführt zu werden braucht, darin, daß zuvörderst alle Idole oder Anticipationes Mentis, d. h. alle subjectiven Phantasie- und Verstandeszuthaten, alle Anthropomorphismen, alle Vorurtheile der Tradition, der Autorität, des in der Schule und auf dem Markt herrschenden Sprachgebrauchs &c. charakterisirt und perhorrescirt werden, worauf denn der „Intellectus Abrasus“, d. h. der zu männlicher Reife gediehene, aber vermöge der Ausrottung sämmtlicher Idole zu kindlicher Unbefangenheit zurückgekehrte Verstand dem Beobachtbaren entgegentritt, durch Sammlung und kritische Sichtung der Instanzen, unter sorgfältiger Berücksichtigung der „Instantiae Contradictoriae“, und begünstigt durch „Instantiae Praerogativae“ das objectiv Thatsächliche constatirt und dessen Gesetze formulirt, um mit deren Hülfe und weiser Benutzung Erfindungen zu machen und die Natur dem Regnum Hominis mehr und mehr zu unterwerfen. So wenig es nun hier einer eingehenderen Schilderung der baconischen Methodologie bedarf, ebensowenig ist eine Wiederholung der Kritik von nöthen, welche diese gründlichen, zu ihrer Zeit epochemachenden Reformvorschläge seitens der Nachwelt erfahren haben. Man gesteht das Neue, das Großartige und Richtige, ja das Divinatorische in Bacon's Bestrebungen bereitwillig zu, man sucht, durch die seit mehr als zweihundert Jahren mächtig entfaltete Praxis der Experimentalwissenschaften gefördert, Bacon's Einzelirrthümer zu verbessern, seine methodologischen Postulate zu verschärfen; man hat unter Anderem einen wesentlichen Mangel Bacon's in seiner völligen Mißkennung des Werthes der quantitativen Merkmale, der Messung, der mathematischen Formulirung und Deduction erkannt; und so hat sich denn eine neubaconische Litteratur entwickelt, die bis auf J. Stuart Mill herab grundsätzlich an den Ideen und Desiderien des Denkers von Verulam festhält.* Wenn Bacon heute von den Todten auferstünde und die Wissenschaft der Gegenwart überblickte, er müßte stolz und zufrieden sein; das von ihm mit prophetischem Weitblick ersonnene Programm, er sähe es in unerwarteter Breite und Großartigkeit ausgeführt; und kein Zweifel, er würde namentlich solche Erklärungen wie wir sie unter dem Titel der Theorieen erster Ordnung angeführt haben, vollständig approbiren, würde sie als eine erfreuliche Frucht jener „Mera Experientia" betrachten, deren Ideal er aufgestellt hat.

Indessen das baconische Programm leidet an einer gewissen Einseitigkeit, es fordert ein Complement. Sehr löblich und weise, wenn man sich einmal behufs Herausschälung des echten Wahrheitsgehalts in unserem sogenannten „Wissen" ganz ernstlich darüber Rechenschaft zu geben sucht, wieviel eigentlich in diesem „Wissen" streng objectiv Gegebenes, wieviel hingegen subjective Gedankenzuthat ist, wobei denn z. B. die Begriffe „Kraft" — „Masse" —

---

* Herrn Stuart Mill's oft erwähnte und weit überschätzte vier Methoden der Induction sind in der That nichts Anderes als eine etwas weitschweifige Paraphrase der baconischen Instanzenlehre. Dabei haben sich zwei Grundmängel Bacon's ganz unverändert auf Herrn Mill vererbt. Erstens die Vernachlässigung des Werths der quantitativen Bestimmungen; zweitens die Unklarheit über die aller empirischen Forschung zu Grunde liegenden Prämissen. Hiervon weiter unten!

„Substanz" — „Wirkung" ꝛc. unschwer als auf die subjective Seite herüberfallend erkannt und demgemäß aus dem objectiven Thatbestand ausgeschieden werden würden. Aber nicht minder weise und nothwendig, zu untersuchen, ob denn bei Ausscheidung aller subjectiven Verstandszuthat an Begriffen, Grundsätzen, Hypothesen u. s. w. dasjenige, was den Namen „Erfahrung" führt, überhaupt zu Stande kommen und weiterbestehen, ob es nicht vielleicht zu einem bedenklichen Minimum zusammenschrumpfen würde. Beide Seiten der erkenntnißkritischen Analyse unserer Wissenschaft sind gleich nothwendig. Man darf über der ersten die zweite nicht vernachlässigen. Man könnte sonst eventualiter in die Lage jenes energischen Arztes gerathen, der, um eine verseuchte Stadt von allen Miasmen und Contagien zu purificiren, den ganzen Ort mit Mann und Maus verbrannte. Sein Parforcemittel half; die Epidemieen waren verschwunden; die Luft war gereinigt; es blieb auch noch etwas von der Stadt übrig, nämlich — Asche.

An diese Untersuchung herantretend, stellen wir das Problem in möglichst scharfer Fassung an die Spitze. Es umfaßt zwei Unterfragen und lautet so:

Gibt es überhaupt eine reine Erfahrung?

Und wenn dies, worin besteht sie?

Wenn über die Möglichkeit und Erreichbarkeit einer reinen Erfahrung entschieden werden soll, so muß vor Allem dem Begriff oder der Idee nach genau feststehen, unter welchen Bedingungen der Erfahrung das Prädicat „rein" zuertheilt werden soll. Nun ist bei dem baconischen und dem experimentalwissenschaftlichen Ideal offenbar zunächst dies subintelligirt, daß alle die oben erwähnten Unterschiede der individuellen Interpretation in Abzug gebracht werden müssen. Sie sind zahlreich; sie sind die Idola Specus. Solange z. B. zwischen das beobachtende Subject und die Wolke am Himmel das verfälschende Phantasiebild der Kameelgestalt oder Walfischgestalt sich in die Mitte schiebt oder in das Beobachtungsobject hineinprojicirt und für objectiv gehalten wird, kann von Reinheit der Erfahrung nicht wohl die Rede sein. Es ist ferner subintelligirt, daß nach Ausscheidung gröberer und feinerer Phantasiezuthaten dieser individuellen Art auch alles Dasjenige vom Beobachtungsthatbestand in Abzug gebracht werden solle, was der menschliche Verstand im Allgemeinen, seiner Gattungsorganisation gemäß in die Dinge hineinzudeuten und den Wahrnehmungsdatis unwillkürlich hinzuzufügen gewohnt ist. Handle es sich beispielsweise um den astronomischen Vorgang des Planetenumlaufs um die Sonne nach Kepler's Regeln und Newton's Gravitationsgesetz, so ist der menschliche Verstand aus gewissen Gründen geneigt, diesem sich mit grandioser Regelmäßigkeit unaufhörlich wiederholenden Proceß eine Gravitations*kraft* als permanent wirkende Ursache zu Grunde zu legen. Er denkt sich diese Kraft als ein zwar unsichtbares, aber objectiv vorhandenes, ununterbrochen thätiges Etwas, eine der directen Wahrnehmung entzogene, nur mittelbar im Fall, im Druck, in der Schwere der irdischen Körper sich palpabel manifestirende Actio in distans, welche, etwa nach Analogie unseres gleichfalls unsichtbaren, den Leib bewegenden Willens, jedoch nicht mit Freiheit, sondern beherrscht von einem strengen Gesetz, die Weltkörper zu einander zieht. Eine solche Kraft ist *nicht* Beobachtungsthatsache, sie ist anthropomorphistische Zuthat des menschlichen Verstandes, sie gehört unter die Idola Tribus. Sie muß in Abzug gebracht werden; und als Rest bleibt: der bloße Ortswechsel, die reine Translocation, die Bewegung des Planeten, die in jedem Moment nach bestimmter Richtung, mit bestimmter Geschwindigkeit und Beschleunigung von Statten geht, und vermöge welcher der Planet während eines bestimmten Zeitintervalls vom Punkte O zum Punkte O_1 hingelangt. Wieweit ein solches Subtractionsverfahren sich treiben läßt, wissen wir vorläufig nicht. Soviel jedoch ist klar: Das Ideal der reinen Erfahrung verlangt, das Verfahren solle *bis zu Ende* geführt, solle soweit fortgesetzt werden, bis als Rest nur das mit Bewußtsein Empfundene, nur das Beobachtete und Beobachtbare übrigbleibt. Offenbar ist dies das Ziel. Denn gesetzt, man wollte vorher irgendwo mit dem begonnenen Subtractionsverfahren Halt machen, also z. B. irgendwelchen nicht aus der Beobachtung geschöpften Begriff oder Grundsatz des Verstandes dem Beobachtungsthatbestand objectiv einverleibt denken, so wäre dies völlig unmotivirt; es wäre nicht einzusehen, was uns zu solcher Schonung berechtigte; wäre nicht einzusehen, weshalb denn diese noch unangetastet gelassene Verstandeszuthat die Erfahrung nicht verunreinigen soll, während doch alle vorher in Abzug gebrachten Zuthaten als verunreinigend betrachtet und deshalb eliminirt worden sind. Zu welchem Ergebniß die radicale, folgerichtig bis an's Ende geführte Execution des geschilderten Purificationsverfahrens hingelangen dürfte, davon erhält man schon einen Vorgeschmack, wenn man erwägt, daß dann schließlich Alles, was nicht in der Zeit momentan gegenwärtig, nicht im Raume local anwesend, kurz, was nicht directer Gegenstand und Inhalt der actuellen Beobachtung sein kann, aus unserer sogenannten Erfahrung zu eliminiren sein würde. Denn sämmtliche das nicht momentan und local Gegenwärtige betreffenden Ingredienzien unsrer sogenannten Erfahrung sind ja von uns hinzuimaginirt, hinzugedacht, hinzusupponirt, also subjective Verstandeszuthat, folglich aus der Sphäre des Objectiv-Thatsächlichen und der „reinen" Erfahrung auszumerzen. Wäre aber die Subtraction glücklich bis zu diesem letzten Rest hin vollbracht, dann erst harrte des Erkenntnißkritikers noch das ernsthaft schwierige Geschäft, aus Dem, was nun wirklich rein factischer Beobachtungsinhalt ist, alle Fehlwahrnehmungen, z. B. alle Empfindungen von illusionärem oder hallucinatorischem Charakter auszuscheiden, wobei denn in letzter Instanz nicht etwa Empfindungsdata, sondern, da über diese ja Gericht gehalten wird, logische Principien, insbesondere der Satz des Widerspruchs den Ausschlag geben müßten.* Und was dann von der Erfahrung übrig bleiben mag, — (selbst die transscendentalphilosophische Streitfrage zwischen Idealismus und Realismus gänzlich bei Seite gesetzt) — das kann jedenfalls nicht sehr Viel sein.

Ehe wir jedoch den entscheidenden Schritt vollziehen, ist es nöthig einen weit verbreiteten Irrthum zu entfernen, der auf einer Homonymie beruht und sich unserer Kritik störend in den Weg zu werfen droht.

Der Ausdruck „empirische Erkenntniß" ist doppelsinnig. Man kann, wenn man einer Erkenntniß das Prädicat „empirisch" zuertheilt, entweder auf deren psychologischen Ursprung reflectiren, oder auf den von ihr beanspruchten Geltungsbereich. Man kann entweder definiren, empirisch sei diejenige Erkenntniß, die aus der Erfahrung geschöpft ist, (also nicht etwa aus irgendwelchen überempirischen Erkenntnißquellen abstammt); oder diejenige sei empirisch, die über das empirisch Gegebene hinaus keinerlei Gültigkeit in Anspruch nehmen will. Der weitverbreitete Irrthum, von dem ich spreche, beruht auf einer Verwechslung und Confusion dieser zwei völlig verschiedenen Bedeutungen desselben Wortes; er geht dahin, als ob durch Einsicht in die psychologische Entstehungsweise eines Gedankens zugleich ein Urtheil über dessen objective Gültigkeitssphäre gewonnen werden könnte, als ob z. B. ein Gedanke, der im ersten Sinne empirisch ist, deshalb auch im zweiten Sinn empirisch sein müßte. Diese Ansicht ist völlig falsch! Sie bildet das πρῶτον ψεῦδος bei Locke und einer ganzen Partei moderner Erkenntnißkritiker.** Weder folgt aus dem Umstand, daß ein Gedanke auf dem Erfahrungswege entsprungen ist,

* conf. Gedanken und Thatsachen, Heft I, S. 35—37.

** Dieser error principalis Locke's tritt schon in der Einleitung seines Essay concerning human understanding scharf genug zu Tage und zieht sich dann durch das ganze in psychologischer Hinsicht so lehrreiche Werk hindurch. Er war vielleicht zu damaliger Zeit entschuldbar und ist für den

seine ausschließliche Anwendbarkeit auf Erfahrbares, noch auch würde umgekehrt aus dem Umstand, daß ein Gedanke nur innerhalb, nicht jenseits des Erfahrbaren anwendbar und objectiv gültig ist, hervorgehen, daß er auch aus der Erfahrung entsprungen sei. Das Erstere deshalb nicht, weil sonst mit gleichem Recht der aberwitzige Schluß gezogen werden dürfte: „Unser Begriff von einer Pflanze und von einem Thier ist nur aus irdischen Objecten abstrahirt; also — gibt es auf anderen Weltkörpern keine Pflanzen und Thiere!" — Hieraus leuchtet nun ein: Für die allgemeine Wissenschaftslehre und Erkenntnißkritik, zu deren Aufgaben die Untersuchung der Möglichkeit einer reinen Erfahrung gehört, ist das psychologische Problem der subjectiven Entstehungsweise menschlicher Gedanken und Überzeugungen gleichgültig, und nur mit der Bestimmung der Gültigkeitsgrenzen und Feststellung der logischen Dignität jener Gedanken und Überzeugungen hat sie es zu thun. Ob z. B. der Begriff und Grundsatz der Causalität „aus der Erfahrung stammt" oder ob er „a priori gegeben ist", dies ist für die Frage, ob er auch im Gebiet des Unwahrnehmbaren und Unerfahrbaren Gültigkeit besitzt, ebenso irrelevant wie der Umstand, daß wir Wasser nur auf der Erde kennen gelernt haben, für die Frage, ob es auch auf dem Monde Wasser gibt. Wenn Jemand eine Wolke für ein am Himmel dahineilendes Kameel hält, so ist das sicherlich eine „unreine" Erfahrung, obwohl der Begriff des Kameels ganz sicherlich ein empirischer Begriff ist. Sie ist unrein nicht deshalb, weil der Begriff des Kameels auf überempirischen Wege entstanden oder „a priori gegeben" wäre, sondern deshalb, weil er aus gewissen Gründen auf eine in der Luft schwebende Nebelmasse nicht im ernsthaften Sinn anwendbar ist.

Sachkenner aus Locke's polemischer Stellung zu Cartesius historisch sehr leicht erklärlich. Deshalb hört er aber nicht auf, ein Fehlgriff und starker Irrthum zu sein, wie oben im Text gezeigt wird.

Dies führt auf unser Hauptthema zurück.

Wenn man einmal Kritik treiben will, so thue man es scharf, energisch und ganz; nicht lahm, lau und halb. Ein anderes Verfahren wäre nicht nur langweilig, sondern, was schlimmer ist, zweckwidrig. Man verfahre nicht so wie ein ungeschickter Chirurg, der zuerst aus falscher Schonung sein Messer zu schärfen unterläßt, und dann, wenn bis zur Hälfte durchgeschnitten ist, aus feigem Bedenken zu schneiden aufhört; auch nicht so wie jener Mitleidige, der seinem Hunde täglich nur ein Stück vom Schwanze abschnitt, damit das arme Thier nicht auf einmal soviel zu leiden habe. Sondern, ist einmal die Operation als nothwendig erkannt, so schleife man sein Instrument haarscharf, setze es fest an richtiger Stelle und in genauer Richtung an, und dann — schnell durchgeschnitten, daß das kranke oder überflüssige Glied, bis zur letzten Faser losgelöst, abfällt. Nachher wird sich der Erfolg schon zeigen. Entweder der Pazient ist ohne dieses Glied noch lebensfähig, während er mit ihm verloren gewesen wäre; so wird er günstigen Falls curirt. Oder er ist ohne dies Glied verloren, wie er es mit ihm gewesen wäre; nun, so ist er von langen Leiden und Qualen erlöst.

Unser Pazient ist die menschliche Intelligenz, die menschliche Wissenschaft, die menschliche Erfahrung. Man will sie von gewissen Auswüchsen befreien, die man für krankhaft hält. Man schneidet bald hier, bald dort an ihr herum. Aber man schneidet nicht ganz durch. Ich habe dies versucht und bin zu einem Resultate gelangt. Hier ist es:

Der Pazient liegt auf dem Operationstisch. — Ich setze das Messer an. — Ich schneide! — Ich schneide durch! — Der Schnitt ist geglückt! — Und was ist der Effect? — — — — Ein pulverisirter Leichnam.

Unsere Operation ist also von so letalem Erfolg, daß das Opfer nicht nur den Geist aufgibt, sondern sogar augenblicklich in einen unarticulirten Staubhaufen auseinanderfällt.

Daran wäre nun nichts mehr zu ändern. Damit aber doch das Schicksal unseres Pazienten mindestens in Zukunft andern Seinesgleichen zu Nutz und Frommen gedeihe, suche ich jetzt nach der eigentlichen inneren Todesursache, um die unentbehrlichen Lebensbedingungen ausfindig zu machen. Und hiebei zeigt sich: Es gibt ein System von Bändern und Arterien, die unvorsichtig durchschnitten worden sind, die aber intact bleiben müssen, wenn der Pazient am Leben bleiben soll. Das Geflecht dieser Arterien und Bänder habe ich herauspräparirt und werde es dem Sachkenner zur Besichtigung vorlegen.

Oder, um nun Bilder und Gleichnisse abzustreifen und sensu proprio et strictissimo zu reden, wenn man behufs Herstellung einer reinen Erfahrung sämmtliche in der gewöhnlichen und wissenschaftlichen Erfahrung enthaltenen subjectiven Verstandszuthaten eliminirt, so fällt die Erfahrung in ein ungeordnetes, zusammenhangsloses Aggregat völlig discontinuirlicher Wahrnehmungsfragmente auseinander, und das Resultat ist nicht sowohl eine reine Erfahrung, als garkeine Erfahrung. Die genauere Analyse stößt auf ein System über jeden möglichen und wirklichen Beobachtungsinhalt hinausreichender, mithin nichtempirischer Prämissen, durch deren Anwendung auf die Wahrnehmungsdata erst Dasjenige zu Stande gebracht wird, was im wissenschaftlichen, theilweise auch im alltäglichen Sinne Erfahrung heißt. Diese Prämissen dienen zur Herstellung des Zusammenhangs zwischen Wahrnehmungsdatis, die ihrer Natur nach isolirt sind; sie begründen ein mehrfaches Verfahren der Interpolation.* Ihre Formulirung und Erläuterung folgt hier.

* Der Ausdruck Interpolation hat bekanntlich in der Philologie einen andern Sinn als in der Mathematik. Dort bezeichnet er ein illegitimes Verfahren und ist mit Tadel behaftet, hier wird eine durchaus legitime Denkmethode so genannt. Ich gebrauche ihn natürlich im letzteren Sinne.

*　*
*

Die theoretischen Interpolationsmaximen der Erfahrungswissenschaft.

1. Das Princip der realen Identität.

Wenn vom percipirenden Subject in einem ersten Zeitpunkt t das Phänomen A, in einem zweiten Zeitpunkt t_1 das mit jenem A sämmtlichen Merkmalen nach — (z. B. wo es sich um ein körperliches Object im Raume handelt, auch den localen Relationen nach) — völlig übereinstimmendes Phänomen A_1 wahrgenommen wird, so sind A und A_1 realiter identisch; sie sind numerisch ein und dasselbe Phänomen, nur zweimal wahrgenommen; sind nicht zwei Dinge, sondern nur zwei zeitlich getrennte Perceptionen eines einzigen Dinges.

Erläuterung.

Wer heute die Sonne sieht, der ist überzeugt, es sei dieselbe Sonne, die gestern geschienen hat. Wenn der Mond hinter einer Wolke verschwindet und nach einigen Minuten wieder hervortritt, so halten wir ihn für denselben Mond wie vorhin. Wenn ich nach einem halbstündigen Ausgang in mein Zimmer zurückkehre, so bin ich überzeugt, es sei das nämliche Zimmer, welches ich vor einer halben Stunde verlassen habe. Wenn man im Gespräch mit Jemand begriffen für einen Moment den Blick von ihm abwendet, gleich darauf aber ihn an derselben Stelle von Neuem erblickt, so ist man überzeugt, es sei derselbe Mensch. Es wäre nicht unrichtig, dieses das aus der Sprache der Ontologie in's Erkenntnißtheoretische übersetzte Principium identitatis indiscernibilium zu nennen. Wie nun diese Überzeugung von der realen Identität des in getrennten Zeitpunkten Percipirten psychologisch entstanden sei, dies ist für den Erkenntnißkritiker vollkommen irrelevant (Siehe Oben!); für ihn handelt es sich allein darum, ob sie objectiv berechtigt ist, und speciell in unserem Falle noch darum, ob sie im stricten Sinne empirisch ist, d. h. die Sphäre des streng Beobachtbaren garnicht transscendirt. Gewiß hat man nun mit der angeführten Überzeugung Recht; — Recht nämlich zum mindesten insofern, als ohne Befolgung der formulirten Denkmaxime die praktische Erfahrung des Alltags und die methodische Erfahrung der Wissenschaft unmöglich sein, und die wohlgeordnete Welt des Thatsächlichen in ein sinnloses Chaos auseinanderfallen würde. Aber absolut gewiß oder gar ein wohlfundirtes Empeirem, ein der stricten Beobachtung entnommenes Factum ist die präsumirte reale Identität durchaus nicht. Denn was mit einem Gegenstand in der Pause seines Nichtbeobachtetseins realiter geschehen sein mag, darüber vermag selbstverständlich die Beobachtung nichts auszusagen; dies ist eben, sofern jeder Zeuge darüber fehlt, empirisch nicht constatirbar. Es könnte während der Pause der frühere Gegenstand total verschwunden, völlig annihilirt und mit einem zweiten, ihm allen beobachtbaren Merkmalen nach schlechthin ähnlichen Gegenstande vertauscht sein. Ja, wenn man im Geiste der strengen Wissenschaft mit penibler Genauigkeit urtheilen will, so gilt bei den angezogenen Beispielen und allen Ihresgleichen der Satz von der realen Identität nur approximativ, keineswegs mit voller Strenge. Das Sonnenbild, welches heute für mein Auge entspringt, ist mit dem gestrigen Sonnenbilde realiter nicht identisch, sondern heute ein ganz neues, noch nie dagewesenes, heute durch andere Lichtstrahlen und andere Nervenerregungen erzeugt, als gestern; auch würde der Physiker von seinem Standpunkt aus bemerken müssen, daß die heute scheinende Sonne vermöge des an der Oberfläche und im Innern eines Weltkörpers sich rastlos vollziehenden Stromes physikalischer Veränderungen garnicht mehr im Sinne unterschiedsloser Identität die gestrige Sonne sei. Und Analoges gilt für alle ähnlichen Beispiele. Sämmtliche phänomenal-empirischen Objecte sind, gerade nach der Auffassung der modern naturalistischen Weltansicht, recht eigentlich dem Heraklitischen πάντα ῥεῖ unterworfen; und wenn man sich exact an das Begriffssystem dieser herrschenden Weltansicht halten will, so würde das Einzige im Ablauf der Zeit realiter mit sich identisch Bleibende etwas Unwahrnehmbares, Nicht-empirisches sein —: die Atome. Indessen auch das wäre, aus einem höheren Gesichtspunkt beurtheilt, ungenau und bedürfte noch der Correctur. Denn die Atome, obwohl ihren äußeren Merkmalen nach durch chemische und physikalische Processe, in die sie verflochten sind, nicht alterirt, wirken doch beim Wechsel ihrer Distanzen, Constellationen, Gruppirungen nicht mit immer gleichbleibender, sondern mit veränderlicher Kraftintensität, erleiden also bei Gelegenheit ihres äußeren Ortswechsels innerliche Veränderungen und verharren also nicht in unterschiedsloser Identität. Und so würden denn in Wahrheit die Gesetze des Seins und Geschehens das Einzige sein, was constant und beharrlich ist. Die constanten Gesetze allein bilden

„den ruhenden Pol in der Erscheinungen Flucht".

Sämmtliche Einzeldinge in der Welt bis zu den Uratomen hinunter sind in ununterbrochener Veränderung begriffen und verlieren also Moment für Moment ihre reale Identität mit sich selber.* Wenn demnach überhaupt das obige Princip der realen Identität in irgendeiner Bedeutung als eine Fundamentalmaxime der alltäglichen und der wissenschaftlich geläuterten Erfahrung festgehalten werden soll — (und dies muß es, da ohnedies Erfahrung unmöglich sein würde!) —, so ist es einer Modification bedürftig und offenbart sich dann als eine theoretische Interpolationsmaxime des die Erfahrung hervorbringenden Verstandes. Es will und kann nur soviel besagen: Wieweit auch der äußere und innerliche Eigen-

---

* conf. Gedanken u. Thatsachen, Heft I, S. 64; S. 106 107.

schaftswechsel der Objecte von ihrer phänomenalen Oberfläche bis in den Kern ihrer letzten constituirenden Bestandtheile hinabreichen mag, die Existenz eines Realen intermittirt nicht; dergestalt, daß, wenn wir nach einer Beobachtungspause ein dem früheren Objecte A annähernd gleiches Object A_1 in einem solchen Zustand antreffen, wie er bei numerischer Identität von A und A_1 allgemeinen Gesetzen gemäß hätte eintreten müssen, dann auch unsererseits die Präsumtion berechtigt ist, A_1 sei wirklich nicht ein zweites, neben dem verschwundenen oder anderweitig fortbestehenden A coexistirendes Object, sondern mit jenem A numerisch identisch (numero idem).

Genug, Zweierlei ist hiernach evident.

Erstens: Unser Princip geht über die Sphäre möglicher und wirklicher Beobachtung weit hinaus, ist also im erkenntnißtheoretischen Sinne nicht empirisch. Zweitens: Das Princip ist jedoch bei Herstellung der gewöhnlichen wie der wissenschaftlichen Empirie schon als gültig vorausgesetzt, eine objectiv angewendete, unentbehrliche Regel der Interpolation.

Diese Auseinandersetzung läßt erkennen, daß das erste Princip auf mehrere andere Principien zurückweist.

2. Das Princip der Continuität der Existenz.

Das Sein oder die Existenz eines Realen ist in der Zeit continuirlich. Wenn Etwas überhaupt ein Sein besitzt, dann existirt es so, daß seine Existenz den in's Unendliche theilbaren Zeitlauf lückenlos ausfüllt, nicht aber intermittirt oder variirt, d. h. nicht von einem Moment zu einem davon getrennten Moment hinüberspringend, mit Zwischenpausen der Nichtexistenz abwechselt, noch auch Moment für Moment aus der Existenz des Einen in die Existenz eines ganz Andern übergeht.

Erläuterung.

Das Sein des Realen intermittirt nicht. Dies ein Satz, über dessen Wahrheit zwischen dem alltäglichen Denken und der strengen Wissenschaft völlige Übereinstimmung herrscht. Aber woher wissen wir das? Und inwiefern ist es wahr? Unsere Wahrnehmung eines objectiv Seienden ist, wie schon aus der Exposition des vorangehenden Princips sattsam einleuchtet, in zeitlicher Hinsicht durchaus unstätig, discontinuirlich und durchlöchert; dennoch nehmen wir continuirliche, zeitlich lückenlose Existenz des Realen an. Und wenn diese Präsumption als für die gewöhnliche Erfahrung „wahr", d. h. als zum praktischen Lebenkönnen hinreichend genau und unentbehrlich, insofern auch als gerechtfertigt betrachtet werden darf, so involvirt sie doch, wenn in der wissenschaftlichen Forschung als objectiv gültig anerkannt und angewandt, ein über das direct Beobachtbare weit hinausgreifendes Theorem, eine zu rationeller Ergänzung der Beobachtungsfragmente dienliche Behauptung, die auf strenge Wahrheit und wissenschaftliche Anerkennung Anspruch erhebt, deren logische Dignität sich zum Bewußtsein zu bringen daher wissenschaftliche Pflicht ist. Wir haben eben durchgehends die Gewohnheit, Dasjenige, was uns zur Herstellung einer geordneten Erfahrung unentbehrlich scheint, als etwas Selbstverständliches zu betrachten. Ein verzeihlicher Irrthum! Aber ein Irrthum. Weder in der Erfahrungspraxis des Alltags, noch in der methodischen Empirie ist es möglich, ein Object im exacten Sinne continuirlich zu beobachten, es keinen Augenblick außer Acht zu lassen, ihm ohne jede Pause die concentrirte Aufmerksamkeit zuzuwenden, und so die zeitliche Ununterbrochenheit seiner Existenz auf rein empirischem Wege zu constatiren. Dennoch setzen wir letztere voraus, in der Wissenschaft wie im gewöhnlichen Leben. Sobald man die empirische Unerwiesenheit und Unerweisbarkeit dieser Annahme continuirlicher Existenz des Realen einsieht, trotzdem aber letztere festhält, so erkennt man sie entweder als eine Hypothese an, oder man erhebt sie zum metaphysischen Dogma.

Wenn Irgendetwas wie ein flackerndes Licht, ein in Schwebungen begriffener Ton, oder der bald springende, bald pausirende Wasserstrahl des intermittirenden Brunnens für unsere Beobachtung alternirend da ist, dann wieder nicht da ist, um nach regelmäßigen oder unregelmäßigen Intervallen der Nichtexistenz von Neuem wiederzukehren, wenn es zwischen Sein und Nichtsein oscillirt, so entnimmt schon das alltägliche Denken hieraus die Relativität und Bedingtheit des betreffenden Etwas und reflectirt auf irgendwelche Gründe solchen Existenzwechsels; die strenge Wissenschaft aber erklärt mit größter Zuversicht diesen Wechsel für ein bloßes Phänomen, substituirt ihm ein der Existenz nach Continuirliches, ein im Ablauf der Zeit constantes Reale, und sucht das empirische Alterniren von Sein und Nichtsein, Erscheinen und Verschwinden dadurch begreiflich zu machen, daß sie es auf den gesetzlich verursachten Wechsel bloß der Verhältnisse zwischen solchen Grundfactoren reducirt, deren continuirliche Existenz sie voraussetzt. Genug, unser Continuitätsprincip geht über die Sphäre wirklicher und möglicher Beobachtung weit hinaus, und ist also im erkenntnißtheoretischen Sinne nicht empirisch. Welches das Erste wäre.

Ein unserem schlechthin universell gedachten, über Dinge, Eigenschaften und Relationen gleichmäßig ausgedehnten Princip in einer Rücksicht logisch subordinirtes Theorem ist der bekannte Grundsatz von der Beharrlichkeit der Substanz, der, schon von den Eleaten und Empedokles in die Philosophie eingeführt, unter die am festesten eingebürgerten Inventarstücke der neueren, von Galilei und Descartes inaugurirten Weltauffassung gehört.

Ἐκ τοῦ γὰρ μὴ ὄντος ἀμηχανόν ἐστι γενέσθαι
καὶ τ' ἐὸν ἐξόλλυσθαι ἀνήνυστον καὶ ἄπρηκτον.

Empedocles.

Gigni
De nihilo nihil, in nihilum nil posse reverti.
Lucretius.

Das logische Verhältniß des Beharrlichkeitsgrundsatzes zu unserem allgemeineren Continuitätsprincip ist, genauer betrachtet, dieses, daß ersterer das letztere bereits als gültig voraussetzt, aber noch ein specifisches Merkmal hinzufügt: die quantitative Unveränderlichkeit, d. h. die Unvermehrbarkeit und Unverminderbarkeit des Realen. An der objectiven Geltung des Satzes von der Beharrlichkeit der Substanz zu zweifeln, kommt heute nur Sonderlingen in den Sinn; der Satz ist längst aus der Region des streng wissenschaftlichen Denkens in die allgemeine Meinung der Gebildeten übergegangen und steht hier als kaum erschütterliches Dogma fest. Fragt man nun aber nach seiner Dignität und seinem Gewißheitsmodus, so zeigt sich, daß er weder Axiom, noch Empeirem ist, weder nothwendige Wahrheit a priori, noch thatsächlich erweisbare Wahrheit a posteriori. Nothwendige Wahrheit a priori deshalb nicht, weil er keineswegs, wie die Principien der Logik und der reinen Mathematik, durch die Undenkbarkeit des contradictorischen Gegentheils legitimirt werden kann. Denn bei einiger Berücksichtigung der Glaubensvorstellungen der Mythologie, der Vorstellungswelt des Kindes, des Naturmenschen, des Ungebildeten, zeigt sich ja evident, daß in allen diesen Sphären der Begriff einer Entstehung aus Nichts und eines Verschwindens zu Nichts factisch vorkommt und auf mancherlei Phänomene der Innen- und Außenwelt ganz unbedenklich angewandt wird. Ebensowenig ist der Satz ein Empeirem. Im strengsten Sinne des Wortes ist er dies schon deshalb nicht, weil er zugestandenermaßen das Feld des Beobachtbaren erklecklich transscendirt und sich das Unbeobachtete und Unbeobachtbare zu unterjochen strebt. Er ist aber auch nicht im gewöhnlichen, laxeren Sinne Empeirem. Denn daß der seitens der Experimentalchemie angeblich gelieferte Beweis seiner objectiven

Allgemeingültigkeit unstichhaltig ist, habe ich anderwärts unwiderleglich nachgewiesen.* Im laxeren Sinn experimentell erhärtbar ist nur die Beharrlichkeit des Gewichts beim chemischen Verbindungs- und Zersetzungsproceß. Aber das Gewicht ist nicht Substanz, sondern eine Eigenschaft. Sodann bleibt das Gewicht eines Körpers zwar in der chemischen Metamorphose unverändert; aber es ändert sich bei Annäherung des Körpers an das Gravitationscentrum und bei seiner Entfernung vom Gravitationscentrum; es ist eine veränderliche Größe, als Function der wechselnden Distanz vom Gravitationsmittelpunkt. Beharrlich kann höchstens das Gesetz der Gravitation genannt werden, nach welchem die Veränderlichkeit des Körpergewichts sich richtet. Dabei geben wir jedoch ohne Weiteres zu, daß dieser weder empirisch, noch a priori feststehende Beharrlichkeitsgrundsatz insofern unter die unentbehrlichsten Bestandtheile des heute herrschenden wissenschaftlichen Begriffssystems gehört, als bei Festhaltung der übrigen Bestandtheile dieses Systems eine rationelle Deutung der Beobachtungsdata ohne ihn nicht möglich zu sein scheint.

Wie steht es aber in dieser Hinsicht mit dem allgemeineren, ihm logisch übergeordneten Princip der Continuität der Existenz? Wenn man im übertriebenen Sinne eines radicalen Purismus der reinen Empirie bloß Dasjenige als objectiv Thatsächlich gelten lassen wollte, was wirklich beobachtet und beobachtbar ist, dann müßte wegen der räumlichen und zeitlichen Discontinuität unsrer Wahrnehmungen ein dem entsprechendes Intermittiren der Existenz des Realen selbst angenommen werden; dann wären wir nicht berechtigt, die durchlöcherte Reihe unserer vereinzelten Wahrnehmungsfragmente zu interpoliren durch die Annahme, daß das wahrgenommene Reale auch während der Zeit seines Nichtwahrgenommenwerdens weiterexistirt. Die Folge hiervon wäre aber offenbar die,

* conf. Gedanken und Thatsachen, Heft I; S. 63—64.

daß jede feste und eindeutige Beziehung unserer Wahrnehmungsinhalte auf Objectives zur Unmöglichkeit würde und Dasjenige, was man „Erfahrung“ zu nennen pflegt, in Staub auseinanderfiele. Diese Consequenz ist unabweisbar. Insofern ist unsere Continuitätsmaxime eine unentbehrliche Voraussetzung der Empirie; insofern ist sie legitim. Welches das Zweite wäre.

3. Das Princip der Causalität oder der durchgängigen Gesetzlichkeit des Geschehens.

Im Ablauf des natürlichen Geschehens erfolgt stets in der Zeit und überall im Raume beim Eintritt gleicher Bedingungen die gleiche Wirkung; mit anderen Worten: das natürliche Geschehen ist durchgängig von constanten Gesetzen beherrscht. Wo daher dem Anschein nach eine Ausnahme von der Regel eintritt, d. h. wo in irgendeinem individuellen oder speciellen Fall aus den empirisch beobachteten Bedingungen eine von dem erkannten Gesetz abweichende Wirkung erfolgt, da sind verborgener Weise irgendwelche concurrirende, aber gleichfalls nach constanten Gesetzen wirkende Factoren im Spiel, nach deren Entdeckung und hinreichender Berücksichtigung der Schein einer Ausnahme verschwinden, das angeblich Gesetzwidrige als nothwendiges Resultat der beobachteten und der nachträglich entdeckten Componenten sich enthüllen muß.

Erläuterung.

Daß dies Princip eine für alle wissenschaftliche Empirie feststehende Maxime ist, unterliegt ebensowenig einem Zweifel, als daß von ihm die Sphäre des Beobachtbaren um ein Enormes überschritten wird.

Bei der Erörterung des Princips ist ein scharfer Unterschied zu machen zwischen dem populären und dem streng wissenschaftlichen Gedanken der Causalität. Jener ist viel vager, dieser viel bestimmter. Der populäre Causalitätsgedanke besagt und fordert weiter Nichts, als daß jeder thatsächliche Vorgang in der Welt die Wirkung irgendwelcher Ursache sei, und daß er unterblieben sein würde, falls die Ursache gefehlt hätte. Das wissenschaftliche Causalitätsprincip geht viel weiter, behauptet viel mehr, fordert viel riguröser, daß mit absoluter Regelmäßigkeit in jedem Punkte des Raumes und der Zeit aus gleichen Ursachen die gleiche Wirkung entspringe. Nun muß zugestanden werden, daß — höchstens mit Ausnahme der abstracten reinen Mechanik, — eine strenge, allgemein anerkannte Realdefinition Dessen, was denn eigentlich in rerum natura als Ursache, und was als Wirkung zu betrachten sei, bis auf den heutigen Tag noch unter die Desiderien gehört. Aber für unseren gegenwärtigen Zweck ist die Lösung dieser Aufgabe nicht unbedingt nothwendig. Ein Desiderium anderer Art wäre eine erschöpfende culturhistorische Untersuchung über die mancherlei Wandelungen und Transformationen, die der Causalitätsgedanke in der Entwicklung des Bewußtseins der Menschheit erlebt hat. Ebenfalls ein dankbares Thema! Aber für uns hier ebenfalls ein Parergon. Bei eingehender Behandlung des letzteren Themas würde sich im Einzelnen Dasjenige bestätigen, was im Großen und Ganzen schon bekannt ist; daß nämlich in der anthropomorphistischen Vorstellungswelt nicht allein barbarischer Naturvölker, sondern selbst noch so hochcivilisirter Nationen, wie der Griechen und Römer, jenes unserem wissenschaftlichen Causalitätsprincip charakteristische Merkmal der Constanz und Unveränderlichkeit der Gesetze des Geschehens bloß partiell vorhanden war, bloß für solche durch augenscheinliche Regelmäßigkeit ausgezeichnete Gebiete, wie die astronomischen Bewegungen der Weltkörper; daß die Ueberzeugung, alles Geschehen überhaupt, das gesammte

Getriebe des Universums sei unverbrüchlichen Gesetzen unterworfen, sich sehr allmählich hervorentwickelt und erst seit ein paar Jahrhunderten bei der Majorität der Gelehrten definitiv festgesetzt hat.

Fassen wir hier allein die strenge, die wissenschaftliche Form des Princips in's Auge, so repräsentirt dasselbe, wie zunächst einleuchtet, eine durchaus unentbehrliche Interpolationsmaxime unserer Erfahrungswissenschaft. Die fingirte Annahme des Gegentheils beweist das. Denn gesetzt, ein empirisch beobachteter, experimentell constatirter Causalnexus fände zwar in allen wirklich beobachteten Einzelfällen statt, in allen nicht factisch beobachteten aber, d. h. in der ungeheuren Mehrzahl aller Fälle bliebe er aus, oder an seine Stelle träte hinter unserem Rücken ein völlig regelloser Zufall, so wäre unsere Wissenschaft null und nichtig. Gesetzt z. B. eine Magnetnadel, die frei aufgehängt wird, drehte sich zwar, so oft dies vor den Augen eines Menschen geschieht, unter bestimmtem Inclinations- und Declinationswinkel gegen den Pol, hingegen jeder factisch unbeobachtete Moment würde von ihr heimtückisch dazu benutzt, bei genau denselben objectiven Bedingungen bald rechts, bald links, bald nach oben, bald nach unten auszuschlagen, jetzt in rapid schnelle, jetzt wieder in verschwindend langsame Schwingungen zu gerathen, dann wäre unsere empirische Wissenschaft vom Magnetismus eine völlig bodenlose Illusion. Die Erfahrungswissenschaft setzt mit Bestimmtheit voraus, daß, gleichviel ob beobachtet oder nicht, unter identischen Bedingungen A stets und überall derselbe Effect B erfolge; sie i n t e r p o l i r t dieser Regel gemäß die ganz discrete, fragmentarische Reihe factischer Beobachtungen durch Ausfüllung der Beobachtungslücken mit dem Vorstellungsbilde des uns bekannten Effects. Und angenommen, sie wollte dies nicht thun, — was dann? Die Antwort liegt auf der Hand. Wenn wir die Anwendung dieser Interpolationsregel verpönen, wenn wir verlangen wollten, empirische Wissenschaft dürfe einzig und allein Dasjenige für wahr ausgeben, was in der That empirisch constatirt ist, — welche Zerstörung müßten wir da in unsern Bibliotheken anrichten! Ganze Bändereihen, ja Repositoriensääle voll solidester Experimentalwissenschaft müßten dann in's Feuer! In ebendasselbe Feuer, welchem vor ungefähr hundertundvierzig Jahren der scharfsinnige Philosoph David Hume nur die Werke über Theologie und Metaphysik anzuvertrauen die Weisheit besessen hat.* Wir unsererseits sind toleranter und vorsichtiger. Wir lassen der Wissenschaft die unbewiesenen Voraussetzungen, ohne die sie ihre Lebensfähigkeit total einbüßen würde. Man muß aber noch weiter gehen; man muß bekennen: Nicht nur Erfahrungswissenschaft, sondern überhaupt Alles, was zum Unterschied vom rein individuellen, singulären, unwiederbringlichen und uncontrollirbaren Erlebniß den Namen Erfahrung verdient, beruht auf derselben Maxime und wäre ohne deutlicheres oder dunkleres Bewußtsein des strengen Causalprincips unmöglich. Und wenn hierauf etwa mit dem Hinweis auf Griechen, Römer, Kinder, Ungebildete und Barbaren replicirt, wenn das Argument in's Feld geführt würde, daß es doch heutigen Tages aufrichtig wundergläubige Orthodoxe gebe, und daß doch diese Leute ohne Zweifel „Erfahrungen machen" und „Erfahrung besitzen", ohne die strenge Allgemeingültigkeit des wissenschaftlichen Causalitätsprincips zuzugestehen, so lautet unsere Antwort folgendermaßen: Es liegt ein unentrinnbares Dilemma vor. Entweder Jemand ist aufrichtiger und ganz echter Wundergläubiger; ein Standpunkt, dessen Berechtigung oder Haltbarkeit hier garnicht discutirt zu werden braucht. Nun wohl! Dann leugnet er für die seiner Meinung nach dem Wunder ausgesetzten Gebiete oder Einzelfälle in Natur und Geschichte die Gültigkeit des Causalprincips, d. h. dann gibt er zu, daß in solchen Fällen zwar in-

---

* „Commit it then to the flames! For it can contain nothing but sophistry and illusion". Siehe: David Hume's Enquiry concerning human understanding; sect. 12; sub finem.

dividuelle Erlebnisse, aber garkeine Erfahrungssätze möglich sind. Denn ein wirkliches Wunder begründet nicht, sondern widerlegt vielmehr die Erfahrung; es straft sie Lügen. *Oder* Jemand ist im Herzen weit entfernt, die reale Möglichkeit und geschichtliche Wahrheit irgendwelcher Wunder, d. h. Durchbrechungen der allgemeinen Naturgesetzlichkeit zuzugeben, er erklärt alle Wundererzählungen für falsch, für Illusion, Mythus, Erfindung u. dgl. m.; und *trotzdem* spricht er öffentlich Zweifel an der Gewißheit des allgemeinen Causalprincips aus. Nun wohl! Dann ist sein Zweifel ein gemeines Sophisma, eine heuchlerische Schikane, eine baare Unehrlichkeit. Er spricht anders, als er denkt. Er verleugnet mit den Lippen Dasselbe, woran er im Herzen glaubt. Als *nicht* Wundergläubiger *glaubt* er eo ipso an die objective Allgemeingültigkeit desselben erfahrungstiftenden Princips, dessen objective Allgemeingültigkeit er mit dem Munde anzuzweifeln wagt. Denn „*nicht* Wundergläubiger sein" und „an ganz strenge, ausnahmslose Gesetzlichkeit alles Geschehens *glauben*", d. h. an der unbedingten objectiven Allgemeingültigkeit des Causalitätsprincips schlechterdings *nicht zweifeln*, — dies beides sind einfach Wechselbegriffe oder Synonyma. — Genug hiervon! — Im Uebrigen bedarf es nicht vieler Worte, daß unser Causalitätsprincip, gleich den vorher besprochenen Interpolationsregeln, auf sämmtlichen Gebieten menschlichen Denkens, Forschens und Erkennens überhaupt, also in den Wissenschaften der moralischen Welt ebensogut wie in denen der physischen Welt, genau dieselbe Rolle einer unentbehrlichen, zur Herstellung des objectiven Thatbestands selber nothwendigen Ergänzungs- und Einschaltungsmaxime spielen muß. Ob es sich nun um die Bewegung von Gestirnen und Atomen oder um die der Marktpreise und Papiercurse handelt, ob die Reihe der geologischen Revolutionen und Metamorphosen unseres Erdballs oder die hinter den Märchen des Livius versteckte Urgeschichte Roms reconstruirt werden soll, ob menschliche Charaktere, Entschlüsse und Handlungen oder Meeresströmungen und meteorologische Processe in Frage stehen, überall beruht rationelle Wissenschaft zum Unterschied vom kindlichen Aberglauben auf der Fundamentalvoraussetzung, daß in den unserer Beobachtung unzugänglichen Partieen des realen Geschehens ein strenger Causalnexus herrsche, welcher dem in unseren Erfahrungsfragmenten sporadisch constatirten Causalnexus auf's genaueste entspricht. Das schwere Problem aber, wie mit dieser wissenschaftlichen Grundüberzeugung die sittliche Freiheit des Willens und die logische Freiheit des Denkens zu vereinigen sei, ist transscendent und darf, nach welcher Seite hin auch immer die Lösung des Problems gesucht werden mag, in unsere erkenntnißtheoretische Untersuchung schlechterdings nicht eingemengt werden. Hier wäre es ein fremdartiger, störender Eindringling und würde nur Verwirrung stiften. Es gehört an einen ganz anderen Ort.

Was den zweiten Punkt der Erläuterung anbelangt, so dürfen wir kurz sein. Das Princip der Causalität ist nicht empirisch, sondern theoretisch; nicht in der Erfahrung gegeben, sondern zum Behuf der Erfahrung vom Verstande supponirt; einfach deshalb, weil es sich über die erdrückende Menge sämmtlicher nichtbeobachteten Fälle erstreckt. Ein Einwand hiergegen, wenn auch ein kurzsichtiger, wäre denkbar. Man könnte etwa hinweisen auf gewisse berühmte Entdeckungen der neueren Astronomie, welche so verlaufen sind, daß zuerst aus sichtbaren Perturbationen sichtbarer Gestirne der Gravitationstheorie gemäß die Existenz dunkler oder noch nicht gesehener Weltkörper erschlossen wurde, nachher aber diese noch unbekannten Weltkörper an der durch Rechnung ausfindig gemachten Stelle des Himmels wirklich gesehen worden sind; es genügt die Nennung der Namen Leverrier, Galle, Neptun und unsichtbar gewesener Begleiter des Sirius. Man könnte, auf solche wissenschaftlichen Triumphe sich berufend, die Meinung aussprechen: Hier sei doch die objective Gültigkeit des Causalitätsprincips, d. h. seine Geltung auch in den unbeobachteten Fällen, *empirisch* bewährt; das Princip sei ein durch ähnliche Vorkommnisse in verschiedenen Provinzen der Wissenschaft hinreichend gestütztes indirectes Empeirem. Allein, überlegen wir doch! Was diese namhaften Triumphe der Wissenschaft strict beweisen können, ist ja nur dies, daß der Naturlauf, sobald er von Menschen beobachtet wird, augenblicklich in's Geleise der allgemeinen Gesetzlichkeit einlenkt, aber keineswegs, daß er auch, wenn der Mensch ihm den Rücken zukehrt, sich in demselben Geleise weiterbewegt. Wenn jeder sachkundige Gelehrte, wir können fast sagen jeder ernsthaft denkende Mensch, insbesondere jeder empirische Forscher das Letztere mit Bestimmtheit annimmt, wenn er die höchst fragmentarisch bekannte subjective Regelmäßigkeit gewisser Wahrnehmungssuccessionen auf eine vom subjectiven Bewußtsein unabhängige, mit objectiver Regelmäßigkeit ununterbrochen fortwirkende Natur zurückführt, so urtheilt er nach dem nicht empirischen, aber für alle Empirie unentbehrlichen Princip der Causalität.

Nur noch ein Wort! Mit der Wahrscheinlichkeitsrechnung wäre in dieser Angelegenheit natürlich nichts gethan. Ich meine, man kann nicht etwa aus dem Umstand, daß in sehr vielen oder in sämmtlichen uns bekannten Fällen aus gleichen Ursachen derselbe Effect hervorgegangen ist, die Wahrscheinlichkeit dafür berechnen wollen, daß Dasselbe auch in den nichtbeobachteten Fällen stattfinde. Dies Unternehmen wäre absurd. Denn die Berechnungen des Calculus Probabilium sind eben schon auf die Annahme constanter Gesetzlichkeit des Geschehens basirt und würden, falls etwa diese Annahme objectiv falsch wäre, zur ohnmächtigen, bedeutungslosen Zahlenspielerei. Wer ausgerechnet hat, daß beim Ziehen aus einer verdeckten Urne, welche w weiße und s schwarze Kugeln enthält, die Wahrscheinlichkeit im einzelnen Falle weiß zu ziehen $= \frac{w}{w + s}$ ist, der setzt eben schon voraus, daß nicht etwa durch ein Zauberkunststück oder ein Wunder die Anzahl der Kugeln unter der Hand vermehrt oder vermindert werde; das heißt er setzt objective Gültigkeit des Causalitätsprincips voraus. Mithin kann die Wahrscheinlichkeit dafür, daß eben dieses Princip objectiv gültig sei, in keiner Weise berechnet werden.

Wie nun das erste unserer Principien unmittelbar auf ein zweites zurückwies, so weist der Satz der Causalität auf ein viertes zurück.

4. Das Princip der Continuität des Geschehens.

Jeder wirkliche Vorgang, jede Ortsbewegung und qualitative Veränderung, jeder physische oder geistige Entwicklungsproceß verläuft so, daß er die Zeitstrecke seines Geschehens — (und, wo es sich um physische Bewegung im Raume handelt, die Raumstrecke der Bewegungsbahn) — continuirlich ausfüllt; nicht aber so, daß er von Zeitpunkt zu Zeitpunkt — (respective auch von einem Bahnpunkt zu einem davon getrennten Bahnpunkt) — springend, durch inhaltsleere Zeitintervalle, d. h. absolute Pausen, in ein Discretum zerfällt wird; nicht so, daß er in einem Moment oder Punkt plötzlich aufhört, um in einem davon getrennten Punkt oder Moment ebenso plötzlich von Neuem anzuheben.

Erläuterung.

Als es dem Johannes Kepler nach langjähriger mühsamer Verstandesarbeit und Durchprobirung von nicht weniger als zwanzig verschiedenen Hypothesen über die Gestalt der wahren heliocentrischen Planetenbahn gelungen war, die von Tycho de Brahe beobachteten und in einer Tabelle verzeichneten Marsörter auf einer von ihm a priori construirten Ellipse aneinander zu reihen, in deren einem Brennpunkte sich die Sonne befand, da bildete diese discrete Reihe der Marsörter eine elliptisch geschlossene Perlenschnur. Die Perlenschnur würde zerrissen, die Marspositionen würden haltlos in's chaotisch Unbestimmte auseinandergerollt sein, wenn Kepler sie nicht zunächst mathematisch auf einer geometrischen Linie, weiter zurück aber logisch auf dem Faden des Princips der Continuität befestigt hätte. Eben dieses Princip aber war eine empirisch nicht constatirbare Präsumption. Daß der Planet continuirlich durch sämmtliche Punkte der elliptischen Bahn hindurchlaufen müsse, daß er nicht etwa in der Zwischenzeit zwischen einer Beobachtung und der nächsten von Punkt zu Punkt hinüberhüpfe oder gar an einem Bahnpunkt völlig annihilirt, an einem anderen Bahnpunkt plötzlich aus dem Nichts wieder im Dasein auftauche und ganz neu zu existiren anhebe, davon war Kepler von vornherein überzeugt, wie wir Alle dies sind. Aber gerade dies war eine das reine Beobachtungsfactum transscendirende Anticipation, deren objective Wahrheit freilich von keinem Vernünftigen angezweifelt wird, die aber nur dann logisch legitimirt ist, wenn man ganz universell die Continuität des Geschehens als objectiv gültigen Obersatz für die Interpretation und intellectuelle Zusammenfassung empirisch gegebener Zustandssuccessionen behaupten zu dürfen glaubt.

Wenn eine Sternschnuppe fällt, so sehen wir eine Strecke weit ihren Bewegungszug am Himmel; wir sehen ihn, wie man sagt, mit leiblichen Augen, obwohl das Anschauungsbild selbst eines so schnell ablaufenden Bewegungsvorganges keineswegs als pures Empfindungsdatum, als reine Beobachtungsthatsache gegeben ist, vielmehr erst durch subjective Zusammenfassung, Deutung, phantasiemäßige Ergänzung einer Mehrheit von Empfindungsdatis zu Stande kommt. Durch das Teleskop erblicken wir die aus der Erdrotation hervorgehende Scheinbewegung der Fixsterne. Aber wegen der Discontinuität unserer Beobachtungen können als Factum immer nur discrete Bruchstücke des objectiven Vorganges unmittelbar gegeben sein; den Vorgang selbst construirt unser Verstand mit Verwerthung der Empfindungsdata auf Grund gewisser mathematischer und sonstiger Prämissen, in letzter Instanz auf Grund der Interpolationsmaxime der Continuität. Ganz allgemein gesprochen: Unsere actuelle Beobachtung eines objectiven Geschehens muß wegen der Schwankungen und Pausen der individuellen Aufmerksamkeit, wegen der willkürlichen und unwillkürlichen Bewegungen des beobachtenden Sinnesorgans, wegen der intercurrirenden Gedankenemotionen und aus manchen anderen Gründen noch stets discontinuirlich sein; sie liefert uns daher als thatsächliches Material immer nur vereinzelte Momente, sporadische Bruchstücke, getrennte Entwicklungsphasen des von uns für objectiv gehaltenen Processes. Aber wir interpoliren gemäß der Maxime der Continuität; wir füllen die Beobachtungslücken durch Einschaltung n i c h t beobachteter Momente aus; wo dies möglich ist, nach Maaßgabe mathematisch exact formulirbarer Specialgesetze, stets aber der Ueberzeugung gehorchend, daß ein veränderliches Object sämmtliche zwischen zwei Entwicklungsmomenten zeitlich, räumlich, qualitativ und quantitativ mitteninneliegenden Uebergangszustände durchlaufen müsse. Diese Maxime wird, ebenso wie die Principien der realen Identität, der Continuität der Existenz und der Causalität, vom wissenschaftlichen Denken auf das Universum im Ganzen, auf die Erscheinungen der physischen wie der moralischen Welt, mit dem kategorischen Anspruch objectiver Wahrheit in Anwendung gebracht. Ohnedies wäre wissenschaftliche Empirie unmöglich. Ohnedies würde es unserer Erfahrung so ergehen, wie in Goethe's Märchen jenem gemischten König, als die züngelnde Flamme der Irrlichter seine goldenen und silbernen Adern und Bänder herausgeleckt hat.

Man muß zugeben, das geschilderte Einschaltungsverfahren bildet kein Privilegium der strengen Wissenschaft; es ist ein allgemeines Menschenrecht; es wird auch vom gewöhnlichsten Alltagsverstand bei der unwillkürlichen Construction des Anschauungsbildes einer zeitlich ablaufenden Begebenheit ungezwungener Weise ausgeübt. Vielleicht darf man sagen, im gewöhnlichen Denken herrsche es nur nach Art eines psychologischen Naturgesetzes, als eine instinctive Function des dem Zug der Phantasie folgenden Vorstellens. In der strengen Wissenschaft hingegen wird die von der Naivetät des gewöhnlichen Vorstellens als selbstverständlich angenommene Maxime jenes Verfahrens explicite oder implicite in Gestalt einer vollgültigen Wahrheit behauptet, und nun tritt an die Stelle des psychologischen Naturgesetzes ein ausdrückliches Princip. Wie diese Interpolationsmaxime subjectiv entstanden sein mag, das ist ein uns hier ganz fern liegendes Problem der Psychologie. Für die allgemeine Wissenschaftslehre und Erkenntnißkritik aber ist es ebenso einleuchtend, daß *ohne* Befolgung der genannten Maxime *Erfahrung unmöglich* ist, wie daß die Maxime den beobachtbaren Thatbestand *transscendirt*, folglich kein Empeirem ist. Sobald man einsieht, daß sie das assertorisch Gewisse übersteigt, darf man sie als Hypothese einführen. Wenn man sie hingegen als absolut gültig hinstellt und ihr absolute Gewißheit vindicirt, so wird sie zum *ontologischen Dogma* gestempelt, und man steht auf dem Standpunkte der *Metaphysik*.

Wir brechen hier ab. Jenes oben versprochene Geflecht von logischen Bändern, Nerven und Schlagadern, welches von uns bei dem energischen Versuch zur Herstellung der reinen Erfahrung unvorsichtiger Weise und mit so letalem Erfolg durchschnitten worden war, ist nun herauspräparirt. Hier liegt es vor uns! Der Sachkundige möge es besichtigen, zu Nutz und Frommen für die Geisteschirurgie der Zukunft und für die Lebensfähigkeit der Wissenschaft.

*   *
*

Herodot hat gesagt, Aegypten sei ein Geschenk des Nils. Eine große geologische Wahrheit, die für eine ganze Klasse mächtiger Ströme und fruchtbarer Alluvialländer zutreffend ist. Mit gleichem Rechte darf man sagen: Die Erfahrung ist ein Geschenk des Verstandes. Dies enthält durchaus keine Hyperbel, sondern ist im strengsten Sinne wahr, sobald man das Wort Verstand dahin definirt, daß darunter die Gesammtheit der Intellectualfunctionen zusammenbegriffen werden soll, durch welche das Material bloßer Sinneseindrücke oder Wahrnehmungsdata auf bestimmte Weise geordnet, ergänzt, in Verbindung gesetzt, objectiv gedeutet und so in die Form eines vollständig articulirten empirischen Thatbestandes hineingebracht wird. Ganz im Allgemeinen schon leuchtet dies ein aus der Erwägung, daß, wie früher bemerkt, die Erfahrung eines Jeden sich nach Dem richtet, was er selber ist. Ein Idiot kann genau dieselben Sinneseindrücke haben wie ein genialer Forscher; trotz dieser Identität des beiderseitigen Empfindungsinhaltes besitzt jener eine andere Art von Erfahrung als dieser. Weiterhin ist die specifisch menschliche Erfahrung ein Accidens der specifisch menschlichen Geistesconstitution, behaftet mit deren Vorzügen wie mit ihren Mängeln; demgemäß wird sie von der Erfahrung eines in sinnlicher Hinsicht zwar uns gleich organisirten, zugleich aber intellectuell uns heterogenen Wesens in höherem oder geringerem Grade verschieden sein müssen, und zwar nach der Proportion dieses intellectuellen Unterschieds.

Von der vorstehenden analytischen Untersuchung nun aber, die wohl ebenso unwiderleglich ist, als sie Manchem paradox erscheinen mag, wird diese generelle Einsicht bis zur Formulirung präciser Sätze verschärft. Sie hat uns Einblick eröffnet in ein System dem gewöhnlichen Bewußtsein in der Regel latent bleibender Prämissen, auf denen unsere Empirie durchgängig beruht, während diese Prämissen selbst doch etwas schlechthin Ueberempirisches, Unerfahrbares behaupten. Man kann sie Verstandesanticipationen nennen, — **Anticipationes Mentis**, um einen baconischen

Ausdruck zu gebrauchen, welchem Bacon selbst einen tadelnden Beigeschmack verliehen hat. Der Begriff bleibt, der Tadel aber verschwindet. Denn Unvermeidliches, wie z. B., daß der Hungrige essen, der Durstige trinken, der mit Augen Begabte sehen will, zu tadeln, ist unbillig. Wenn Bacon verlangt, Nichts solle vom Verstand anticipirt, Alles aus den Dingen selbst geschöpft werden, wenn er eine Interpretatio Naturae ohne Anticipationes Mentis verlangt, so befindet er sich in einer utopistischen Illusion, deren Unausführbarkeit uns ja schon hinreichend deutlich geworden ist. Dabei erhebt jedoch unsere analytische Untersuchung keineswegs den Anspruch auf Vollständigkeit; mit der Heraushebung der vier besprochenen Interpolationsmaximen ist das nichtempirisch-logische Fundament der Erfahrungswissenschaft durchaus nicht etwa erschöpft. Bei Weitem nicht! Es bedarf nur der Andeutung, daß der logische Rahmen unserer Erfahrung viel enger noch durch Prämissen von speciell mathematischer Natur determinirt wird, deren objective Allgemeingültigkeit, wiewohl empirisch unerweisbar, doch bei aller Empirie und für alles Empirische schon vorausgesetzt werden muß. Dahin gehören sämmtliche Gesetze der Arithmetik, der Geometrie, der Chronometrie und der Phoronomie; dahin die überempirischen Vorstellungsschemata des absoluten Raumes und der absoluten Zeit, als Doppelschauplatz absoluter Bewegung. Der Sachkundige zum mindesten wird bei nur einiger Selbstbesinnung über sein eigenes Thun das Bekenntniß ablegen, daß diejenigen zur Herstellung exacter Empirie unentbehrlichen Verstandesoperationen, welche man Zählung, Messung, Berechnung nennt, für ihn ein Ding der Unmöglichkeit sein würden, wenn er nicht vor aller Beobachtung und für alles Beobachtbare die strenge objective Allgemeingültigkeit der arithmetischen und geometrischen Gesetze anticipiren wollte. Angenommen, er wollte nicht auf's Zuversichtlichste glauben und behaupten, daß diese Gesetze für alles Erfahrbare objectiv maßgebend und zwingend sein müssen, so stünde er mit von ihm selber gebundenen Händen machtlos vor einer Welt des Zufalls, des Wunders, der kosmischen Taschenspielerei, die sich verstandesmäßiger Erforschung deshalb gänzlich entzöge, weil und sofern die unbedingte Anwendbarkeit für uns zwingender Verstandesgesetze auf sie nicht vorausgesetzt wird. Oder wer den absoluten Raum und die absolute Zeit nicht explicite oder implicite den sinnlichen Phänomenen als gemeinsamen Wirkungsschauplatz suppeditiren wollte, für den verlören die phoronomischen Prädicate der Ruhe, Bewegung, Geschwindigkeit, Beschleunigung und Bewegungsrichtung jeden objectiven Sinn. Das also wären gleichfalls unentbehrliche **Anticipationes Mentis**, auf welche nur hinzuweisen ich mich hier begnügen darf, da sie von mir anderwärts mit gebührender Ausführlichkeit erörtert worden sind.* Genug, unsere vier Interpolationsmaximen ebenso wie sonstige hier nur angedeutete oder garnicht in Erwähnung gebrachte Prämissen sind von erfahrungstiftender Natur; und ein Fehlgriff wird es schwerlich sein, wenn man sie als ebensoviele Charakterzüge der typisch-menschlichen Geistesconstitution bezeichnet, von welchen wiederum der Typus specifisch menschlicher Erfahrung und die ganze thatsächlich gegebene Gestaltung des im menschlichen Bewußtsein dastehenden empirischen Weltbildes als eine Folgeerscheinung abhängig ist. Nicht jede Intelligenz braucht der unsrigen gleich constituirt zu sein. Nicht für jede Intelligenz daher muß dieselbe Erfahrung und dasselbe empirische Weltbild zu Stande kommen, welche für uns als Factum gegeben sind. Im Hohlspiegel entspringt ein anderes Bild des Objects als im Convexspiegel.

Daß nun dieser ganze Erwägungscomplex auf die von anderer Seite her gewonnenen Ergebnisse der vorangegangenen Kapitel eine

* Ich verweise auf die Kapitel „Ueber die Phänomenalität des Raumes“, „Raumcharakteristik und Raumdeduction“, „Ueber subjective, objective und absolute Zeit“, „Ueber relative und absolute Bewegung“ in meiner Analysis der Wirklichkeit, 2. Aufl. S. 36—144. Ebenso auf: Gedanken und Thatsachen, H. I S. 38—44, S. 57 62.

gründlich modificirende Rückwirkung ausüben muß, ist offenbar. Auch werden wir nicht ermangeln die nothwendig gewordenen Modificationen eigenhändig zu vollziehen. Bevor dies aber geschieht, ist gerade hier der richtige Ort zu nochmaliger Inangriffnahme und definitiver Entkräftung eines Einwurfs, der sich uns schon oben einmal störend in den Weg geworfen hat und dort mit aller Kürze bei Seite geschoben worden ist. Er kommt eben immer wieder. Er gehört unter jene hartnäckigen Irrthümer, die allem Vernunftpredigen zum Trotz eine sehr zähe Vitalität deshalb zu fristen wissen, weil sie mit den natürlichen Vorurtheilen des „gesunden Menschenverstandes" innigst verwachsen sind. Ich meine den empiristischen Einwurf, der, wie früher bemerkt, aus der verhängnißvollen Doppelsinnigkeit des Ausdrucks „empirische Erkenntniß" entspringt und auf vollkommen irrthümlicher Confundirung eines psychogenetischen mit einem erkenntnißtheoretischen Problem beruht. Man könnte uns also mit der Behauptung entgegentreten: sämmtliche Erkenntnißurtheile überhaupt, somit auch die von uns für nicht empirisch erklärten Interpolationsmaximen und sonstigen Prämissen erfahrungstiftender Natur, seien doch vielmehr empirisch — ihrem Ursprunge nach. Unsere Analyse sei daher ungenügend, und sie sei irreführend. Ungenügend insofern, als es von uns versäumt sei, sie bis in ihre lediglich empirischen Wurzeln zurückzuverfolgen. Irreführend deshalb, weil sie die superstiziöse Meinung zu erwecken geeignet sei, als gebe es im Menschen eine von der Wahrnehmung unabhängige Erkenntnißquelle höherer Art, etwa cartesianische ideae innatae, oder einen aristotelischen νοῦς ποιητικός, welcher von außen, von oben, vom Himmel herab (θύραθεν) — man wisse nicht wie! — in den Menschen hineingefahren sei. Und damit werde denn — (vielleicht geflissentlich!) — den wüstesten Speculationen Thor und Thür geöffnet.

Hierauf jetzt unseren ernsten, endgültigen und inamoviblen Bescheid.

Der Begriff des Centauren, um das alte Fabelwesen wieder einmal aus seiner Ruhe aufzustören, — der Begriff des Centauren ist ein empirischer Begriff; nämlich in psychogenetischer Hinsicht. Aber er ist kein empirischer Begriff, in erkenntnißtheoretischer Hinsicht. Er ist in erkenntnißtheoretischer Hinsicht nicht empirisch, weil es keine Centauren gibt; weil die Natur der Dinge kein Wesen hervorgebracht hat, welches diesem erfundenen Phantasietypus entspricht. Er ist in psychogenetischer Hinsicht empirisch, weil er entweder als Ganzes, oder seinen Formelementen nach gewissen wahrnehmbaren Originalien nachgebildet ist. Wir Heutigen haben ihn erfahrungsmäßig aus bildlichen Darstellungen und wörtlichen Schilderungen geschöpft; die Urheber der griechischen Mythologie haben ihn durch phantastische Combination solcher erfahrungsmäßig gegebener Gestaltelemente erzeugt, die in der erfahrbaren Natur zwar vorhanden, aber nicht vereinigt sind. Gäbe es nicht in Wirklichkeit die Menschengestalt und die Roßgestalt, so würde auch die Phantasiefigur des Roßmenschen schwerlich ersonnen worden sein. Der Begriff und Grundsatz der realen Identität ist in psychogenetischer Hinsicht — wir wissen nicht was; entweder empirisch oder das Gegentheil. In erkenntnißtheoretischer Hinsicht ist er nicht empirisch, wiewohl man ihn in der Regel hierfür hält; er ist nicht empirisch, weil, wie oben klärlich gezeigt worden ist, eine solche reale Identität und unser Glaube daran die Sphäre des Beobachtbaren schlechterdings transscendirt, weil ihr objectives Vorhandensein zwar vermöge einer verstandesmäßigen Präsumtion vorausgesetzt, nimmermehr aber auf dem Beobachtungswege erwiesen werden kann. Man lerne doch exact denken! Man halte doch endlich einmal zwei Probleme auseinander, die von einander radical verschieden sind! Die psychogenetische Frage nach dem Ursprung, der subjectiven Entstehungsweise unserer Gedanken gehört in die Psychologie. Die erkenntnißtheoretische Frage nach dem Gültigkeitsanspruch und der Aufweisbarkeit eines objectiven Correlats unsrer Gedanken gehört der allgemeinen Wissenschaftslehre an. Wenn der Erkenntnißkritiker durch sorgfältigste Analyse zu dem Resultat geführt wird, daß unsere sogenannte Erfahrungswissenschaft auf anticipirender Anwendung solcher Prämissen beruht, die über jeden constatirbaren Beobachtungsinhalt weit hinausgreifen, folglich in erkenntnißtheoretischer Hinsicht nicht empirisch sind, so ist für ihn die Art, wie jenes psychologische Problem gelöst werden mag, vollständig irrelevant. Denn das in der einen Hinsicht nachweisbar Nichtempirische, kann ja in der anderen Hinsicht ebensogut empirisch als nichtempirisch sein. Ebenso auch umgekehrt.

Nun pflegt freilich der doctrinäre Empirist hergebrachten Styls noch in ganz anderer Beziehung einen inneren Zusammenhang der beiden so völlig heterogenen Probleme auszuklügeln, welcher hier gleichfalls im Interesse der Wahrheit als durchaus illusorisch entlarvt werden muß. Es gibt nämlich eine specifisch empiristische Sorte von Bescheidenheit. Sie stellt auf Grund des Dogmas, daß alle unsere Erkenntnißurtheile psychologisch aus Wahrnehmungen und Wahrnehmungsresiduen entstanden seien, den skeptischen Satz auf: Folglich sei es uns auch nicht erlaubt, mit Bestimmtheit zu behaupten, daß Dasjenige, was bisher durch Wahrnehmungsthatsachen bewährt worden ist, für immer und in genere wahr sein, d. h. immer und überall von den Wahrnehmungsthatsachen bewährt werden müsse. Wenn also psychologisch unsere Erkenntnißurtheile aus der Wahrnehmung thatsächlich gegebener Einzelfälle entsprungen seien, dann seien sie erkenntnißtheoretisch auch nur in Hinsicht auf diese bereits beobachteten Einzelfälle gewiß, in Beziehung auf alle übrigen aber ungewiß; und wir hätten daher mit geduldiger Resignation einfach abzuwarten, ob die Erfahrung sie auch künftig zu ratificiren die Gewogenheit haben werde. Sehr lobenswerth — diese Bescheidenheit! Nur leider an falscher Stelle und aus falschen Gründen angebracht. Sicherlich ist kein Mensch ein Prophet. Sicherlich besitzt Niemand von uns eine Garantie dafür, daß nicht im nächsten Moment die gesammte Weltordnung über den Haufen gestürzt und damit die Gesammtheit unserer Erfahrungssätze plötzlich annullirt werden könnte. Wir selbst haben dies ja in der vorangegangenen Erörterung offen genug anerkannt. Aber erstens setzt der Empirist in seinen psychologischen Theorieen die assertorische Gewißheit und objective Allgemeingültigkeit der mehrerwähnten Interpolationsmaximen sowie mancher anderen Sätze seinerseits schon voraus, kommt also mit seiner skeptischen Bescheidenheit in flagranten Widerspruch. Zweitens ist seine psychogenetische Ansicht über den Ursprung unserer Erkenntnißurtheile auf ein Dogma gebaut, welchem ein anderes Dogma als ebenbürtiger Rival gegenübersteht; folglich involvirt die vermeintliche Bescheidenheit vielmehr einen recht unbescheidenen Dogmatismus.

Was das Erste betrifft, so setze man einmal den Fall, irgendeine Wissenschaft wollte unsere erfahrungsstiftenden Prämissen nicht von vornherein als objectiv wahr voraussetzen, sondern die Möglichkeit des contradictorischen Gegentheils ganz im Ernste, nicht etwa als eristisch spielende Fiction, offenhalten. Was wäre der Effect? Antwort: der Tod aller Wissenschaft. Wenn man die Möglichkeit offenhält, es gäbe ein Thatsachengebiet, in welchem die vier Rechnungsspecies oder die Axiome und Lehrsätze der Geometrie ihre strenge Gültigkeit factisch verlören, ein Thatsachengebiet, in welchem z. B. 2×2 nicht immer gleich 4, sondern zuweilen gleich 5 oder gleich $4^1/_2$ wäre, so erklärt man dies Thatsachengebiet von vornherein unserer Wissenschaft für unnahbar, und unsere Vernunft und Empirie ihm gegenüber für bankerott; ein solches Thatsachengebiet wäre eine Hexenwelt, nicht einmal fähig der simpelsten Beobachtung, geschweige denn einer zusammenhängenden empirischen Erforschung unterworfen zu werden. Ein derartiges skeptisches Zugeständniß ist also für die wissenschaftliche Philosophie deshalb unmöglich, weil dadurch die Möglichkeit der Wissenschaft selber negirt und aufgehoben wird. Und weiter! Man versuche es, sich eine Psychologie zu denken, welche alles Ernstes die Möglichkeit offenhalten wollte, das menschliche Seelenleben sei so beschaffen, daß in ihm die psychische Entwicklung nur solange objectiv stattfände, als sie wirklich beobachtet wird, in den Beobachtungspausen aber völlig abrisse und intermittirte; oder so, daß aus genau denselben psychischen Bedingungen das eine Mal dieser, jedes andere Mal aber ein total anderer Effect hervorgienge; oder so, daß ein in dem Beobachtungsmomente t constatirtes psychisches Phänomen x mit dem im unmittelbar benachbarten Beobachtungsmoment t_1 constatirten, allen Merkmalen nach mit x genau übereinstimmenden Phänomen x_1 trotzdem realiter nicht identisch wäre, — — eine solche Psychologie ist ein Unding, ein Messer ohne Klinge, dem das Heft fehlt. Mit der Annahme sägt man den Ast ab, auf dem man selber sitzt, und stürzt in den Abgrund der Unwissenschaft. Also auch die Psychologie des puren Empirismus muß, um überhaupt möglich zu sein, die objective Allgemeingültigkeit derselben Interpolationsmaximen schon in limine voraussetzen, deren objective Allgemeingültigkeit sie aus skeptischer Bescheidenheit als zweifelhaft preiszugeben befiehlt. Das heißt sie geräth mit ihrer eigenen Bescheidenheit in flagranten Widerspruch.

Was das Zweite anbelangt, so ist die psychogenetische Frage nach dem Ursprung und der Entstehungsart unserer Erkenntnißurtheile bekanntlich ein noch immer unentschiedenes Problem, der ewige Erisapfel zweier rivalisirender Theorieen, deren eine Sensualismus heißt und auf klassische Weise von Locke vertreten wird, während die andere den Namen Noologismus führt und Leibnitz zum Repräsentanten hat. Der Wahlspruch der ersten ist das „Nihil est intellectu, quod non fuerit in sensu"; derjenige der anderen das „Excipe: nisi intellectus ipse". Wie diese zwischen zwei psychologischen Theorieen obschwebende Streitfrage entschieden werden wird, ja ob sie überhaupt definitiv entscheidbar ist, das wissen wir nicht. Lassen wir die Parteien weiterstreiten! Wenn jede von ihnen mit echtem Wahrheitssinn und wissenschaftlichem Ernst ihren Standpunkt vertheidigt, jede von ihrem Standpunkt aus in das räthselhafte Object, das menschliche Seelenleben, immer tiefer einzudringen bestrebt ist, dann kann dies trotz aller unvermeidlich mit unterlaufenden Irrthümer der Sache der Wissenschaft nur zu Gute kommen. Für unser erkenntnißtheoretisches Thema aber ist dieser Streithandel ganz gleichgültig. Mag man also von Seiten des Sensualismus immer wieder, mit stets erneuerter Kraftanstrengung den Versuch unternehmen, menschliche Erkenntnißurtheile psychogenetisch aus psychischen Elementarthatsachen abzuleiten, z. B. solche Principien wie die Maximen der Continuität und der Causalität aus der, trotz alles springenden Wechsels und aller Discontinuität der äußeren Sinnesempfindungen, doch ununterbrochen fortbestehenden Continuität der inneren Organempfindungen und des sinnlichen Lebensgefühls, ferner aus dem psychomechanischen Getriebe der Associations- und Reproductionsvorgänge, weiterhin aus dem Gedankenaustausch der alternirend beobachtenden und ihre Beobachtungsresultate sich gegenseitig mittheilenden Individuen, und drgl. m. Glück zu! Man verfolge diesen Forschungsweg mit Sorgfalt und Gewissenhaftigkeit in's Einzelnste, in's Minuziöse hinein; und alle dabei eruirten Specialentdeckungen werden uns im Interesse der Wissenschaft höchst willkommen sein. Mag andererseits der Noologismus immer von Neuem behaupten, und vielleicht mit zunehmender Schärfe erweisen, daß die psychomechanischen Processe der Entstehung, des Wachsthums, der Verkettung und des gedächtnißmäßigen Ablaufs bloßer Vorstellungsbilder von den an sich unbildlichen Verstandesacten der Bejahung, der Verneinung, der Identificirung und Unterscheidung, kurz vom logischen Erkenntnißurtheil toto genere verschieden sind, und daß nur vermittelst doctrinärer Gewaltsamkeiten eine Scheindeduction der letzteren aus den ersteren herstellbar sei. Glück zu! Man verfolge auch diesen

Weg; und wenn hierbei außer Irrthümern ein Schatz solider Wahrheiten zu Tage gefördert wird, so werden wir das im Interesse der Wissenschaft nicht minder willkommen heißen. Eine Entscheidung hierüber zu suchen, liegt uns beim gegenwärtigen Thema ganz fern. Nur in Paranthese sei bemerkt: Die lockesche Tabula rasa ist genau so wie die leibnitzische Monade ein überempirischer Begriff, eine Hypothese oder, wenn peremptorisch behauptet, eine dogmatische Fiction. Alle Analogieen der Natur im Pflanzen- und im Thierreich scheinen weit mehr für die leibnitzische als für die locke'sche Hypothese zu sprechen. Gegen Locke spricht beispielsweise der Umstand, daß aus dem Kirschkern immer nur ein Kirschbaum, aus dem Gerstenkorn immer nur Gerste wächst; niemals umgekehrt; und gleichviel, in welchen Boden sie gesät sind. Eine Entscheidung hierüber zu suchen, liegt uns hier ganz fern. Wir können es nicht. Wir wollen es nicht. Wir brauchen es auch nicht. Aber ein colossales Ὕστερον-πρότερον begeht derjenige, welcher die Entscheidung darüber, ob unsere Interpolationsmaximen trotz der von ihnen handgreiflich begangenen Transscendenz objective Allgemeingültigkeit und Gewißheit besitzen, davon abhängig machen will, wie jener psychologische Streithandel ausfällt. Und wenn er auf Grund der unbewiesenen Behauptung, die sensualistische Theorie sei im Recht, an uns die sehr arrogante und überdies unausführbare Forderung stellt, wir sollten eben deshalb, weil der Sensualismus im Recht sei, im Ernste daran zweifeln, ob denn auch die für alles wissenschaftliche Denken unentbehrlichen Interpolationsmaximen angewendet werden dürfen, so ist das in der That ein recht dogmatischer Skepticismus, eine recht unbescheidene Bescheidenheit!

Soviel hier definitiv über eine psychologische Debatte, die sich seit der Polemik zwischen Stoa und Akademie bis zum Nominalismusstreit der Scholastiker, von da bis zu der Auseinandersetzung zwischen Locke und Leibnitz, und von hier wiederum bis auf die langathmigen Expectorationen der Neo-Baconisten der Gegenwart oft genug -- unbillig oft! — in die an ganz anderer Stelle gelegenen Probleme der allgemeinen Wissenschaftslehre eingemengt und daselbst eine leider recht erkleckliche Verwirrung der Begriffe hervorgerufen hat. —

Die in den vorangegangenen Kapiteln aufgestellte Classification und Charakteristik der Theorieen war nach dem Muster des baconischen Wissenschaftsideals construirt. Als feste Basis der erklärenden Realwissenschaft waren die Theorieen der ersten Ordnung anerkannt. Sie bildeten das Piedestal, auf welches die Theorieen zweiter und dritter Ordnung emporgehoben und gestützt wurden. Wir hielten sie für rein immanent; wir glaubten, sie beschränkten sich ganz auf die Sphäre der gegebenen Thatsächlichkeit, entnähmen dieser allein ihre Erklärungsprincipien und vollzögen die erklärende Ableitung der secundären Erscheinungen aus dem Urphänomen sozusagen vor unsrem leiblichen Auge. Eben hierin, so gaben wir zu, bestehe ihr Vorzug. Eben darum, so sagten wir, seien sie bestimmt, das feste Fundament aller höherstrebenden Erklärungsversuche zu bilden, und wenn man allein auf die thatsächliche Gewißheit Werth legen wolle, so würden sie zweifellos die besten sein. Wie aber jetzt? Nach der Peripetie, die sich inzwischen vollzogen hat, bedürfen jene früheren Aufstellungen und Zugeständnisse einer wesentlichen Umgestaltung und Restriction. Denn dort hatten wir uns, unter Anbequemung an den naiven Erfahrungsbegriff der Menge und gewisser Philosophen, dem Glauben hingegeben, als ob Dasjenige, was man einen Erfahrungssatz zu nennen pflegt, rein receptiv durch getreues Auffassen und Festhalten der sich uns von selbst darbietenden Wahrnehmungsinhalte gewonnen werden könne. Diese naive Voraussetzung ist inzwischen entkräftet worden; sie ist durch eine tiefergehende Einsicht ersetzt. Wir haben erkannt, daß der rein factische, streng a posteriori gegebene Beobachtungsgehalt aus isolirten Stücken, discreten Fragmenten eines in seiner Totalität nie wirklich wahrnehmbaren Geschehens besteht, und daß diese Wahrnehmungsbruchstücke erst nach Maaßgabe bestimmter Verfahrungsarten des Verstandes durch außerordentlich viel Nichtbeobachtetes ergänzt, verbunden, in fester Ordnung aneinandergereiht werden müssen, damit ein in räumlicher, zeitlicher causaler Hinsicht vollständiger und articulirter Erfahrungssachverhalt zu Stande komme. Beispiele und Belege hierfür stehen massenhaft zu Diensten, werden aber jetzt wohl nicht mehr nöthig sein. Und was folgt hieraus nun ganz allgemein? Offenbar dieses: Unsere Classification war verfehlt. Sie beruhte auf einem populären Irrthum. Wenn man unter Theorieen der ersten Ordnung solche verstehen will, die wirklich rein immanent sind, von denen wirklich das factisch Beobachtete garnicht transscendirt wird, so gibt es garkeine Theorieen erster Ordnung. Diese ganze Kategorie ist ein leerer, durch keine Beispiele belegbarer, ein gegenstandsloser, ein chimärischer Begriff. Sämmtliche Theorieen rücken vielmehr in die zweite und dritte Ordnung hinauf. Die vermeintlich so feste Basis des baconischen Wissenschaftsideals weicht unter unseren Füßen; sie stürzt; sie ist verschwunden; — die höheren Stockwerke aber stürzen nicht; sie bleiben, weil sie von den intellectuellen Banden und Klammern unseres Verstandes zusammengehalten und getragen sind. Wir werden gewahr, daß das ganze Gedankengebäude menschlicher Wissenschaft, vom Erdgeschoß stricter Experimentalforschung an bis in die luftigsten Regionen ontologischer Speculation hinauf, sich von dem illusorischen Erdboden des Rein-Empirischen loslöst, mit dem Realen nur durch vereinzelte Wahrnehmungsfäden zusammenhängt, in den intellectuellen Organismus theoretischer Verstandesconstructionen ganz und gar eingegliedert ist und, als ein Product der typischen Constitution menschlicher Intelligenz, über der von uns glaubensmäßig vorausgesetzten Natura Rerum in unbestimmbarer Höhe schwebt.

Ein Anderes ist die Empirie, ein Anderes der Empirismus;

und der Empiriker darf mit dem Empiristen durchaus nicht verwechselt werden. Empirie ist concrete Erforschung des für unsere Intelligenz Gegebenen; Empirismus ein doctrinärer Parteistandpunkt innerhalb der Erkenntnißtheorie. Empiriker ist der, welcher dem uns Gegebenen unmittelbar auf den Leib geht, durch die unbewaffnete oder bewaffnete Autopsie, das Experiment, die Messung, Wägung, Zählung und anderweitige methodische Hülfsmittel unsere Kenntniß der Natur und der Geschichte zu bereichern, zu vertiefen, zu berichtigen bestrebt ist. Empirist aber der, welcher die, wie aus allem Bisherigen evident hervorgeht, unerfüllbare Forderung aufstellt, wir sollten nur Das als wahr anerkennen, was actuell wahrgenommen wird. Wenn der Empiriker, unter sorgfältig gewissenhafter Ausschließung subjectiver Fehlerquellen, sei es am Präparirtisch und Mikroskop, oder an der Wage, dem Thermometer, dem Galvanometer oder dem Spectralapparat, oder am Passageninstrument und der Pendeluhr, oder durch scharfsinnige Entzifferung alter Lapidarinschriften, durch Entdeckung historischer Documente, durch kritische Vergleichung von Quellenschriftstellern, oder anderswie und anderswo neues Wissensmaterial an den Tag zieht, so macht er sich um den Fortschritt der Erkenntniß und die Zerstörung schädlicher Wahngebilde hochverdient. Wenn aber der Empirist uns aus doctrinärem Eigensinn Dasjenige verbieten will, was seiner doctrinären Schablone gemäß folgerichtigerweise verpönt werden müßte, — wenn er es für unzulässig erklären will, daß wir den wegen der Vereinzelung und Discontinuität unserer Wahrnehmungen incohärenten Wahrnehmungsstoff auf den nichtempirischen Faden logischer Einschaltungsprincipien aufreihen und hierbei das factisch Percipirte durch interpolirendes Hinzudenken nichtwahrgenommener Zwischenglieder in Verbindung bringen, — so zerstört er leichtfertig die Möglichkeit der empirischen Wissenschaft. Und ferner, wenn der Empiriker in den Mußestunden zwischen seiner verdienstvollen Arbeit die Stimmung und das Bedürfniß fühlt, von so abstract philosophischen

Untersuchungen wie die gegenwärtige Kenntniß zu nehmen, so wird er hoffentlich gewahr werden, daß hier sein Verdienst unverhohlen anerkannt, seinen Fundamentalüberzeugungen und Grundpostulaten kein Abbruch gethan, vielmehr auf das Wesen und Ziel seines eigenen geistigen Thuns eine helle Beleuchtung geworfen wird. Insbesondere wird er — (dessen sind wir gewiß!) — jenes Hauptresultat unserer Untersuchung als präcisen Ausdruck einer von ihm selbst empfundenen Wahrheit begrüßen, daß alle unsere Forschungsarbeit von dem zuversichtlichen Vertrauen getragen wird, es gebe als festen, realen Untergrund unsrer wechselnden, discreten, fragmentarischen Wahrnehmungsreihen eine sich selbst stets getreu bleibende Natur der Dinge, eine objectiv consequente Logik der Thatsachen, die, freilich als solche nicht wahrnehmbar, sondern nur von unserem Verstande nach bestimmten Regeln begrifflich construirt und von uns vorausgesetzt, dafür zu sorgen hat, daß das einmal als empirisch wahr Erkannte auch wirklich wahr bleibt, nicht aber das momentan Richtige vermöge eines launenhaft springenden kosmischen Gaukelspiels im nächsten Augenblick ad absurdum geführt wird.

Hiermit dürften die im Eingang aufgestellten Thesen hinreichend erläutert und erhärtet sein. Was uns noch übrig bleibt, ist die logische Ortsbestimmung der Erfahrungswissenschaft.

* * *

Die Incompatibilitäten der Specialwissenschaften sind zahlreicher und schärfer, als in der Regel angenommen wird. Sie nehmen an Zahl ab, aber an antinomischer Schärfe zu, je höhere Abstractionsstufen man erklimmt, und je weiter man den Umkreis der Betrachtung über den Globus intellectualis ausdehnt. Diese Incompatibilitäten sind das unzweideutige Symptom des unfertigen, provisorischen Zustandes unserer Specialwissenschaften. Nach Maaßgabe des obersten aller logischen Grundsätze, des Satzes vom Widerspruch, würden sie gänzlich verschwinden müssen und durch ein allerseits als gültig und adäquat anerkanntes Begriffssystem ersetzt werden können, sobald sämmtliche Specialwissenschaften den Zustand ihrer definitiven Vollendung erreicht hätten. Sie weisen daher durchgängig auf eine höhere, eine höchste Instanz zurück, welche aber bisher noch nicht aufgefunden ist. Unerträglich für unsere Vernunft der Gedanke, es könne Dasselbe, was in einer Specialwissenschaft wahr ist, in der anderen falsch sein, — etwa nach dem berüchtigten spätscholastischen Recept von der Existenz einer doppelten Wahrheit. Nothwendig im Gegentheil der Gedanke, daß es nur eine Wahrheit gibt, daß also logische Compatibilität der specialwissenschaftlichen Principien als conditio sine qua non ihrer materialen Richtigkeit zu fordern, und zwar unbedingt zu fordern ist. Faßt man auch nur den Umkreis der Naturwissenschaften in's Auge, so herrscht beispielsweise zwischen den Grundbegriffen der Chemie und denen der Physik keineswegs Übereinstimmung; der Chemiker legt den Atomen ganz andere Prädicate bei, als der Physiker sie haben will. Und wenn beide Prädicationen im Widerspruch stehen, so mag immerhin der Physiker ganz fest an die Wahrheit seiner physikalischen, der Chemiker eben so fest an die Wahrheit seiner chemischen Atomprädicate glauben, — jeder von ihnen kann dies, als vernünftiger Mensch, nur unter der Voraussetzung, daß der Andere im Unrecht sei und sich mit der Zeit zu adäquateren Vorstellungen bekehren werde, vielleicht auch, daß die Zukunft uns mit einem bis jetzt noch unersonnenen Begriffssystem beschenken werde, worin die Widersprüche beider Wissenschaften ausgelöscht, die Ansprüche beider in Harmonie gebracht sind. Wenn beide Parteien sich der hypothetischen Beschaffenheit ihrer incompatiblen Principien bewußt bleiben, beide von der verschwiegenen Fundamentalüberzeugung beseelt sind, die reale Natur der Dinge sei so logisch construirt, daß ein schlechthin adäquates Begriffssystem keinerlei Widersprüche enthalten könne, so appelliren beide an eine höhere, ihnen selbst unbekannte Instanz. Weiter sodann leidet unsere heutige Organologie oder Physiologie an einem inneren Zwiespalt mit sich; einerseits glaubt sie, auf Grund des Satzes von der Erhaltung der Energie und anderer Prämissen, eine Zerlegung der organischen Lebensprocesse in bloß physikalische und chemische Vorgänge, d. h. eine rein mechanische Theorie des Lebens postuliren zu müssen; andererseits legt sie dem Element des Organismus, der Zelle, gewisse Prädicate bei, wie z. B. die Entwickelungsfähigkeit und Variabilität, welche zu dem Postulat rein mechanischer Lebenstheorie wenn nicht in offenkundigem Widerspruch, so doch im Verhältniß vollständiger Disparität stehen. Eine höhere, noch ungefundene Instanz soll die Entscheidung treffen. Überdies ist der Physiologe im Hinblick auf die psychophysische Doppelseitigkeit des animalischen Organismus geneigt, schon der Zelle, vielleicht sogar dem Atom rudimentäre psychische Attribute beizulegen, von welchen die Theorie der unorganischen Natur nichts weiß oder nichts wissen darf; und wenn er etwa um der Reinheit der Phänomene willen die psychischen Functionen des animalischen Organismus einfach ignorirt, so sind sie zwar subjectiv bei Seite geschoben, aber nicht objectiv aus der Welt der Thatsachen hinausexpedirt. Wie könnten sie das! Eine höhere, unbekannte Instanz soll die Wahrheit finden. Die Incompatibilitäten verschärfen sich immer mehr, je weiter man sich dem scientifischen Cardinalgegensatz zwischen den Wissenschaften der Natur und denen des Geistes annähert, bis endlich bei dem Aufeinandertreffen der causalen Theorieen mit den normativen Theorieen der Contrast als eine schlechthin unleidliche Antinomie zum Ausbruch kommt. Ethik und Rechtslehre sind ein Unding, wenn die Begriffe der sittlichen Freiheit, der Verantwortlichkeit, des Sollens, Dürfens und Nichtdürfens unhaltbare Illusionen sind. Aber eben diese Begriffe treten zu der causal-mechanischen Weltauffassung in den härtesten Widerspruch. Wir heischen Entscheidung von einer höchsten Instanz. Diese muß, wiewohl unbekannt, präsumirt werden, wenn die Vernunft gerettet, wenn nicht die letzte Gültigkeitsbasis aller wissenschaftlichen Überzeugung zerstört werden soll. Und wie heißt die unbekannte, von allen Seiten laut oder stillschweigend angerufene Instanz? Sie heißt — Metaphysik.

Zwei Arten von Metaphysik gibt es; die dogmatische und die kritische. Die dogmatische Metaphysik, welche von der Philosophie der Hellenen bis auf die Scholastik des Mittelalters, von da bis auf die realistischen und idealistischen Systembildungen des siebzehnten, achtzehnten und neunzehnten Jahrhunderts eine Reihe großartig kühner Begriffsgebäude errichtet hat, will eine apodiktische Wissenschaft vom Wesen, Grund und Zusammenhang der Dinge sein. Sie hat aus mancherlei Ursachen mehr und mehr ihren Credit verloren. Die kritische Metaphysik hat, trotz scheinbarer oder wirklicher Identität des Untersuchungsobjects, ihren Schwerpunkt an eine ganz andere Stelle hinverlegt; sie ist hypothetische Erörterung menschlicher Vorstellungen über Wesen, Grund und Zusammenhang der Dinge. Sie hat die Einsicht errungen, daß der Glaube an die Möglichkeit absoluter Welterkenntniß haltlos in der Luft schwebt, und daß unsere Gedanken über das absolut Reale selbst im denkbar günstigsten Fall, nämlich bei vollendeter logischer Compatibilität und vollkommener Übereinstimmung ihrer Consequenzen mit der thatsächlich gegebenen Erscheinungswelt, nichts Anderes enthalten würden als die Art und Weise, wie sich jenes Reale für eine Intelligenz von specifisch menschlicher Geistesconstitution repräsentiren kann. Aber ohne Erkenntniß und Präcisirung jener Incompatibilitäten würde nicht einmal die formelle Vorbedingung für steigende Approximation an die unbekannte materiale Wahrheit erfüllt sein; und kritische Metaphysik übernimmt eine Pflicht, deren Erfüllung von den Einzelwissenschaften latenter Weise unbedingt verlangt, ostensibler Weise stets auf unsichtbare Schultern abgewälzt wird.

Was das Verhältniß der dogmatischen Metaphysik zur empirischen Wissenschaft anbetrifft, so ist man in der Regel geneigt, diese beiden als Extreme anzusehn und ihnen auf der Scala scientifischer Unternehmungen die conträr entgegengesetzten Stellen anzuweisen. Erstere hält man gewöhnlich für ein von der zuverlässigen Basis der Thatsachen gänzlich abgelöstes Schattenspiel mit vornehmthuenden aber inhaltlosen Abstractionen; letztere für die allein ersprießliche, gediegene Forschungsarbeit, welche sich mit der nicht vornehmen aber soliden Hausmannskost greifbarer Thatsachen redlich ernährt und deshalb Tag für Tag an Gesundheit und Leibesumfang sichtlich zunimmt.

Diese Auffassungsweise beruht auf einem Irrthum. Wenn wir zurückblicken und nach reiflicher Überlegung das Facit ziehen, so ist es folgende Schlußalternative, in der unser ganzer Gedankengang zum Stehen kommt.

Entweder man hat sich mit uns die überempirische Natur der erfahrungstiftenden Maximen eindringlich zum Bewußtsein gebracht und deren problematische Beschaffenheit erkannt. Nun wohl! Dann ist empirische Wissenschaft nicht Das, wofür sie gewöhnlich gilt; sie ist nicht eine mit assertorischer Gewißheit begabte, von subjectiven Zuthaten geläuterte Thatsachenkenntniß, sondern eine *hypothetisch fundirte Theorie*.

Oder man ignorirt, man leugnet vielleicht sogar das von uns evident Erwiesene; man behauptet, nicht ohne überlegenes Lächeln, die absolute und objective Wahrheit jener alle Erfahrungswissenschaft stützenden Prämissen, die von uns als bloße Hypothesen gekennzeichnet worden sind. Nun wohl! Dann ist die ganze empirische Wissenschaft nichts Anderes, als eine *Unterart der dogmatischen Metaphysik*.

Hierzwischen kann man seine Auswahl treffen.

Personenregister

Sachregister

Inhaltsverzeichnis

Ulrich Hoyer

Der transzendentale Realismus Eduard von Hartmanns

Eduard von Hartmann (1842-1906) gilt als der Begründer der neueren Naturphilosophie, die innerhalb seines gewaltigen Werkes freilich nur einen kleinen Teilbereich ausmacht. Bekannt geworden ist er in den siebziger Jahren des 19. Jahrhunderts durch seine 1868 erschienene dreibändige *Philosophie des Unbewußten*. Daneben hat er zwei Bände über Geschichte der Metaphysik und mehrere Bücher über Ästhetik, Religionsphilosophie und Psychologie geschrieben. Auch zu politischen Themen hat er sich geäußert, und schon als junger Mann hat er eine kleine Autobiographie verfaßt, aus der hervorgeht, daß er frühzeitig eine Vorliebe für Musik und Zeichnen entwickelt und daß er komponiert, gemalt und gedichtet hat, bis er eines Tages einsah, daß ihm zu originellen Leistungen auf künstlerischem Gebiet das nötige Talent abging.

Als Schüler hatte er lebhaftes Interesse für die Naturwissenschaften, doch konnte er sich zunächst nicht zu deren Studium entschließen. Er zog vielmehr die Offizierslaufbahn vor. Da machte eine Knieverletzung seiner Karriere als Soldat ein Ende. Er trieb daraufhin Privatstudien, die ihn von den Naturwissenschaften zur Philosophie führten. Eine akademische Stellung hat er nie innegehabt. Zeitlebens blieb er Privatgelehrter.

Im Jahre 1867 hat er einen Aufsatz unter der Überschrift *Naturforschung und Philosophie* verfaßt, der autobiographische Züge trägt und Licht auf die Motive wirft, die ihn dazu veranlaßten, sich mit beiden Wissenschaften gründlich auseinanderzusetzen. Die kleine Schrift hat die Form eines Briefwechsels zwischen zwei Freunden, von denen der eine der Naturforschung, der andere der Philosophie ergeben ist. Der erste stellt den anderen darüber zur Rede, warum er sich - nach hoffnungsvollem naturwissenschaftlichem Beginn - ausgerechnet der Philosophie in die Arme geworfen hat, dieser fruchtlosen, spekulativen Wissenschaft, von deren Adepten es im *Faust* heißt:

Ein Kerl, der speculirt,
Ist wie ein Thier auf dürrer Haide
Von einem bösen Geist im Kreis herumgeführt,
Und rings umher liegt schöne grüne Weide.

Der Philosoph repliziert daraufhin mit der Frage[1]: "Was ist denn an irgend einer beliebigen Wissenschaft das wahrhaft *Interessante*?" und führt dem Naturforscher vor Augen, daß die Anhäufung von Wissensstoff zwar für die Naturforschung notwendig, aber keineswegs hinreichend ist. Eine Wissenschaft wird daraus erst, wenn sie das *Allgemeine* und *Vernünftige* im *Zufälligen* entdeckt. Solange sie im bloß Empirischen stehenbleibt, ist die Naturforschung bestenfalls *Kunde*, nicht wirkliche *Erkenntnis*. Das klingt platonisch, und der Philosoph antwortet zuletzt auf die von ihm aufgeworfene Frage im Sinne des Idealismus[2], "dass das eigentlich Interessante an jeder Wissenschaft das Philosophische daran sei". Die philosophischen Elemente, die jeder Wissenschaft zugrundeliegen, nämlich sind es, die aus dem Heterogenen auf dem Wege der Synthese eine organische Einheit herzustellen gestatten. Mit anderen Worten: die Philosophie der Natur geht über die Einzelwissenschaften hinaus und mündet auf natürlichem Wege in die *Metaphysik* als übergeordnete Wissenschaft.

Das ist im Grunde auch die Ansicht Kants gewesen, der trotz seiner Fundamentalkritik an der Metaphysik die Naturwissenschaft mit "metaphysischen Anfangsgründen" beginnen ließ und der gleichwohl den Wert der in den Einzelwissenschaften angehäuften Erfahrungen nicht geringgeachtet hat. Da von Hartmann sich zudem im Jahre 1869 unter dem Eindruck der damals gerade im Aufschwung begriffenen Atomlehre mit dem Dynamismus Kants kritisch auseinandergesetzt hatte - in seinem Aufsatz *Dynamismus und Atomismus* war er entschieden für eine Synthese beider Ideenkreise eingetreten, die von seinem Zeitgenossen Ludwig Boltzmann dann auch wirklich vollzogen worden ist -, lag es nahe, die Erkenntnistheorie des transzendentalen Idealismus überhaupt in den Blick zu nehmen. Das ist mit dem im Jahre 1871 erschienenen Buch geschehen, das den Titel *Das Ding an sich und seine Beschaffenheit* und den Untertitel *Kantische Studien zur Erkenntnisstheorie und Metaphysik* trägt. Dessen Generalthema ist der Begriff "Erfahrung". -

In der Einleitung zur *Kritik der reinen Vernunft* sagt Kant[3]:

> "Wenn aber gleich alle unsere Erkenntnis *mit* der Erfahrung anhebt, so entspringt sie darum doch nicht eben alle *aus* der Erfahrung."

Erkenntnis ist daher an Erfahrung geknüpft. Was heißt aber "Erfahrung"?

---

[1] Eduard von Hartmann, Gesammelte Studien und Aufsätze gemeinverständlichen Inhalts, 3. Aufl. Leipzig o.J. S. 425.

[2] Ebd. 427.

[3] Immanuel Kant, Kritik der reinen Vernunft. In: Immanuel Kants Werke, Bd III, herausgegeben von Ernst Cassirer, Berlin 1923, 34.

Hartmann beginnt seine Analyse des Erfahrungsbegriffs mit der Feststellung[4], Kant lehre, "dass alles, was wir wahrnehmen und denken, unter den Formen der Räumlichkeit, der Zeitlichkeit und der Kategorien steht, welche nur subjektive Anschauungs- und Denkformen, aber nicht Formen der Dinge an sich seien." Er fügt hinzu: "Hiernach ist alles Wahrgenommene Erscheinung, und es ist der Fehler des vorkantischen Realismus, diese äusseren Erscheinungen zu Dingen an sich zu *hypostasiren* [...]"

Die Erscheinung hat demnach nur *subjektive* Realität, und es erhebt sich zunächst die weitere Frage, wie wir dazu kommen, den Erscheinungen zum Unterschiede vom bloßen Schein eine mehr als subjektive, nämlich objektive Realität zuzuschreiben. Hartmann nannte das[5] "die Kardinalfrage jeder Erkenntnisstheorie".

Eine gründliche Prüfung der einschlägigen Stellen der beiden ersten Auflagen der *Kritik der reinen Vernunft* ließ ihn zu dem Ergebnis gelangen, daß die erkenntnistheoretische Grundfrage von Kant letztlich nicht befriedigend beantwortet wird, weil sich, nimmt man ihn beim Wort, die Welt am Ende als Illusion erweist; denn das in seinen Vorstellungen befangene Subjekt verfällt unausweichlich dem Solipsismus, wenn weder die Anschauungsformen noch die Kategorien zu irgendwelchen Schlüssen auf die Dinge an sich berechtigen. Dann kann es weder ein transzendentales Objekt noch ein transzendentales Subjekt geben, weil der Gedanke "nicht aus der Haut des Gedankens fahren" kann[6]. Die Welt bleibt bewußtseinsimmanent, und von erfahrungsgegründeter naturwissenschaftlicher Erkenntnis, die sich in irgendeiner Weise von bloßen Phantasien unterscheidet, kann keine Rede sein. Kant habe diese Konsequenz aber gescheut, meinte von Hartmann, und sich daher in zahllose Widersprüche verwickelt mit dem Ergebnis, daß er, wie sein Kritiker schließlich unumwunden festgestellt hat[7], mit seiner Erkenntnistheorie "Fiasco macht".

Merkwürdigerweise hat Hartmann Kant dennoch nachdrücklich verteidigt, indem er schrieb[8]:

> "Niemand hat die Probleme mehr in ihrer Tiefe aufgewühlt; niemand ist deshalb ferner von jener glatten Widerspruchslosigkeit der Form, hinter welcher meistens nur die Oberflächlichkeit eine unbedeutende Weisheit in

---

[4] Eduard von Hartmann, Das Ding an sich und seine Beschaffenheit. Kantische Studien zur Erkenntnisstheorie und Metaphysik, Berlin 1871, 1.

[5] Ebd. 2.

[6] Ebd. 17.

[7] Ebd. 14.

[8] Ebd. 2.

> Paragraphen ordnet, - mehr als irgend ein bahnbrechendes Genie hat er die hohe Selbstverläugnung besessen, die Widersprüche in seiner Lehre stehen zu lassen [...]"

Ähnlich hat sich einige Jahre später Gideon Spicker über die Kantische Erkenntnistheorie vernehmen lassen[9]. Auch Spicker hat die Widersprüche, die sich in der *Kritik der reinen Vernunft* finden, nicht als Ausdruck des Scheiterns des Bemühens Kants, sondern als Indizien dafür genommen, daß letzterer ein großes philosophisches Problem entdeckt hatte, das aufzugeben verdienstvoll genug war, wenn auch seine Lösung auf die Dauer nicht befriedigen konnte.

Hartmann ließ daher seiner Kritik eine Apologie Kants folgen, die sich auf dessen Festhalten an dem Begriff des Dinges an sich stützte. Kant hatte nämlich seinen Idealismus von demjenigen Berkeleys sorgfältig unterschieden, und von Hartmann zeigte, daß er eine befriedigende Antwort auf die erkenntnistheoretische Kardinalfrage zu liefern imstande war, indem er auf dem von Kant in der transzendentalen Analytik eingeschlagenen Wege weiterschritt und die sinnliche Empfindung als Wirkung einer das Bewußtsein des Subjekts transzendierenden objektiven Ursache - nämlich der Dinge an sich - ansah. Hartmann hat deshalb, sich von Kants bewußtseinsimmanenter Kategorie der Kausalität abwendend, den Begriff *transzendente Kausalität* gebraucht und als Hauptresultat seiner realistisch-sensualistischen Erkenntnislehre den Satz aufgestellt[10]:

> "So zeigt sich das der Erscheinung zu Grunde liegende als ein *Ding an sich selbst*."

Ja, er hat darauf hinweisen können, daß Kant selbst "die Lehre von der transcendenten Causalität in einer keinen Zweifel übrig lassenden Deutlichkeit vorgetragen" habe[11], indem er Kants Satz anführte, "dass es die Dinge an sich seien, welche uns durch Vorstellungen afficiren", und er hat versichert, dass "Kant´s gesunder Sinn, der ihn fast überall vor den Extremen schützt, [...] ihn auch hier die rechte Mittelstrasse erwählen" ließ[12]. Als frühen Beleg der realistischen

---

[9] Gideon Spicker, Ueber das Verhältniss der Naturwissenschaft zur Philosophie. Mit besonderer Berücksichtigung der Kantischen Kritik der reinen Vernunft und der Geschichte des Materialismus von Albert Lange, Berlin 1874, 19. 24. 35. Gideon Spicker, Der Kampf zweier Weltanschauungen. Eine Kritik der alten und neuesten Philosophie mit Einschluß der christlichen Offenbarung, Stuttgart 1898, 136 u.f. 218 u. 231. Siehe auch: "Kampf zweier Weltanschauungen". Metaphysik zwischen Naturwissenschaft und Religion im Werk Gideon Spickers, herausgegeben von Ulrich Hoyer und Harald Schwaetzer, Hildesheim, Zürich, New York 1999.

[10] von Hartmann (wie Anm. 4) 40.

[11] Ebd. 41 u. f.

[12] Ebd. 44.

Auffassung Kants hat er dessen Satz aus der Habilitationsschrift von 1755 herangezogen[13]:

"*Plura extra animam adesse necesse est.*"

Mit anderen Worten: Erfahrung kommt zustande, wenn die Dinge an sich über die Empfindungen das Wahrnehmungsvermögen des Subjekts in Tätigkeit versetzen, und die vermöge des Kausal-, des Substanzsatzes und der Anschauungsformen konstruierten subjektiven Vorstellungen sind mehr als subjektive Eindrücke, weil sie objektiven Gegebenheiten, nämlich den Dingen an sich - mindestens bis zu einem gewissen, näher zu bestimmenden Grade - entsprechen. Vermittels der Dinge an sich kommunizieren die einzelnen Individuen - Hartmann hat hier den Plural verwandt und von "Bewusstseinen" gesprochen - miteinander, womit der Solipsismus vermieden wird, den er gegenüber der realistischen Variante für die kompliziertere erkenntnistheoretische Hypothese gehalten hat.

Was die von Kant bestrittene Erkennbarkeit der Dinge an sich betrifft - ihre Ähnlichkeit mit den Vorstellungen, die sich das erkennende Subjekt davon macht -, so war von Hartmann der Ansicht, daß z.B. die Zeit nicht allein eine Form der Anschauung sein kann, weil sie aus dem Begriff der Kausalität jeder Art (also auch der transzendentalen) nicht hinwegzudenken ist; folglich muß die Zeitlichkeit eine Existenzform der transzendentalen Ursachen unserer Empfindungen sein. Ebenso hat Hartmann dafür plädiert, daß der Raum nicht eine Anschauung a priori, sondern eine Eigenschaft der Realität ist. Er schrieb[14]:

"Wahre Erkenntnis ist nur möglich, wenn unsere Vorstellungsformen mit den Daseinsformen des (unabhängig von allem Bewusstsein) an sich Seienden übereinstimmen, also auch nur, wenn die Räumlichkeit Form der Dinge an sich ist; sie ist *Bedingung der Möglichkeit der Erkenntniss.*"

A priori sind die Anschauungsformen und Kategorien nur insofern, als sie im allgemeinen unbewußt angewandt werden. Jedenfalls hat von Hartmann die zuweilen geradezu rätselhafte Übereinstimmung zwischen Denken und Sein, wie sie beispielsweise in den komplizierten Theorien der modernen Physik zum Ausdruck kommt, auf "die Conformität des Immanenten und Transcendenten hinsichtlich der logischen Formen des Denkens und Daseins" zurückgeführt[15], und er hat Kant Unrecht gegeben, wenn dieser geleugnet hatte, die Kategorien seien[16] "ebensowohl Daseinsformen des an sich Seienden [...] wie Denkformen des Gedachten". Konsequenterweise hat er daher gelehrt, daß die Mathematik Wider-

---

[13] Ebd.

[14] Ebd. 95.

[15] Ebd. 86.

[16] Ebd. 89.

spiegelung eines in der Realität Gegebenen im Bewußtsein ist. Im Ideellen ist sie unbedingt gültig, wenn auch ihre Anwendung auf die Realität im einzelnen problematisch sein kann. So erklärt sich ferner, daß von Hartmann behauptet hat, die Geometrie gründe "auf Erfahrung und Induktion"[17].

Mit Befriedigung hat er deshalb im Jahre 1871 festgestellt, daß seine Erkenntnislehre der Ansicht entsprach, die von den Naturwissenschaftlern seiner Zeit instinktiv vertreten wurde, und den springenden Punkt, in dem sich der transzendentale Realismus vom transzendentalen Idealismus unterscheidet, hat er in die knappe Formel gefaßt[18]:

> "Es tritt hiernach an Stelle der von Kant behaupteten Unerkennbarkeit des Dinges an sich eine mittelbare Erkennbarkeit desselben."

In den späteren Auflagen hat das oben erörterte Werk den Titel *Kritische Grundlegung des Transcendentalen Realismus* und den Untertitel *Eine Sichtung und Fortbildung der erkenntnisstheoretischen Principien Kant's* erhalten. Darin hat er drei mehr oder minder berechtigte erkenntnistheoretische Standpunkte unterschieden, nämlich erstens den naiven Realismus des "gesunden Menschenverstandes", zweitens den Idealismus, den Berkeley vertreten hatte, und drittens den transzendentalen, d.h. den kritisch geläuterten Realismus. Die beiden ersten Varianten hat er folgendermaßen charakterisiert[19]:

> "Während der naive Realist sich einbildet, dass es die wirklichen Dinge seien, die er vorstellt, bildet Berkeley sich ein, dass seine Vorstellungen die wirklichen Dinge seien, oder anders ausgedrückt: während der naive Realist an der Wirklichkeit seiner Vorstellungen darum nicht zweifelt, weil er sie mit den wirklichen Dingen identificirt, zweifelt Berkeley darum nicht an ihr, weil er die wirklichen Dinge mit seinen Vorstellungen identificirt. Berkeley's Standpunkt ist also eigentlich nur ein umgekrempelter naiver Realismus."

Einen Beweis für die Richtigkeit des transzendentalen Realismus hat von Hartmann nicht gegeben; vielmehr hat er stets eingeräumt, daß er letztlich eine Hypothese bleibt, die es "niemals zu einer absoluten theoretischen Gewissheit" bringen kann.

---

[17] Ebd. 118.

[18] Ebd. 125.

[19] Eduard von Hartmann, Kritische Grundlegung des Transcendentalen Realismus. Eine Sichtung und Fortbildung der erkenntnisstheoretischen Principien Kant's, 3. Aufl. Leipzig o.J., 3.

"Der transcendentale Realismus", hat er daher 1889 in seinem Buch *Das Grundproblem der Erkenntnisstheorie* gesagt[20], "ist ein Postulat des naturwissenschaftlichen Bewusstseins, da eine gesetzmässige kausale Naturordnung nur auf seiner Grundlage denkbar ist. Alle Erklärungsversuche, Hypothesen und Theorien der Naturwissenschaften wären ohne diese Grundlage nicht nur ein müssiges, illusorisches Gedankenspiel, sondern ein in sich selbst widersprechendes Gewebe absurder Gedanken."

Schließlich hat von Hartmann, als sich die Ideen Darwins durchzusetzen begannen, seine erkenntnistheoretischen Überlegungen mit der Evolutionslehre verbunden und die folgende Begründung dafür gegeben[21]:

> "Der transcendentale Realismus ist eine Konsequenz der genetischen Weltanschauung, nach welcher die Formen des Bewusstseinsinhalts aus der Anpassung der Erkenntnissfunktion an die transcendent-reale Welt hervorgegangen sind und deshalb in ihrem Ergebnisse den Daseinsformen adäquat sein müssen."

Als im Jahre 1872 Emil du Bois-Reymond auf der Naturforscherversammlung in Leipzig seinen berühmt gewordenen Vortrag *Ueber die Grenzen des Naturerkennens* hielt, in dem er die Kluft zwischen toter Materie und Bewußtsein mit dem Satze *ignoramus et ignorabimus* als ewig unüberbrückbar beschrieb und seinen Zuhörern die Beschränkung auf das uns allein Zugängliche empfahl, antwortete von Hartmann im Jahre 1873 in einem Aufsatz unter der Überschrift *Anfänge naturwissenschaftlicher Selbsterkenntniss*, daß die Resignation auf das Faktische zwar an sich lobenswert sei, vorausgesetzt, daß man sich darüber im klaren ist, in welchem Ausmaß auch die reine Naturforschung naturphilosophischer Setzungen bedarf. Hartmann unterschied drei Stufen des Naturerkennens, nämlich die rationelle *Naturkunde*, die *exakte Naturwissenschaft* und die *Naturphilosophie*. Letztere untersucht die Prinzipien, "mit denen die Naturwissenschaft kritiklos operiert"[22]. An anderer Stelle heißt es[23]:

> "Die ganze *Naturwissenschaft* ist also nur *möglich* auf der Grundlage einer *schon vorhandenen* Natur*philosophie* und ihrer Prinzipien; ohne diese würde es ewig an den Fundamenten fehlen, auf denen das Gebäude der Naturwissenschaft sich erhebt."

[20] Eduard von Hartmann, Das Grundproblem der Erkenntnisstheorie. Eine phänomenologische Durchwanderung der möglichen erkenntnisstheoretischen Standpunkte, Leipzig o.J., 125.

[21] Ebd. 126.

[22] Eduard von Hartmann, Anfänge naturwissenschaftlicher Selbsterkenntniss (In: Siehe Anmerkung 1) 450.

[23] Ebd. 452.

Das erste dieser Prinzipien ist die Annahme des transzendentalen Realismus, daß dem Naturforscher eine von seinem Bewußtsein unabhängige Welt gegenübersteht. In seinem im Jahre 1902 erschienenen Buch *Die Weltanschauung der modernen Physik*, das von Hartmanns gediegene Kenntnisse der damals fortgeschrittensten Theorien der Physik (in Thermo- und Elektrodynamik) belegt, erläuterte er den Gedanken folgendermaßen[24]:

> "Daß es eine wirkliche Natur gibt, und daß die von der Physik aufgestellten Gesetze in dieser wirklichen Natur Geltung haben, ist selbst nur eine Hypothese. Denn die wirkliche Natur ist ja nichts als die induktiv erschlossene hypothetische Ursache unserer subjektiv idealen Bewußtseinserscheinungen, für deren Gebiet die physikalischen Gesetze jedenfalls nicht gelten, in welchem vielmehr andersartige psychologische Gesetze an ihre Stelle treten."

Mit der Betonung des hypothetischen Charakters der naturphilosophischen und erkenntnistheoretischen Prinzipien der Naturwissenschaft ging bei von Hartmann eine entschiedene Ablehnung des Positivismus einher. Er schrieb[25]:

> "Das Pochen auf eine "*hypothesenfreie* exacte Naturwissenschaft" droht in demselben Sinne zu einer geistigen Epidemie unserer Zeit zu werden, wie der Glaube an die speculative Konstruktion der Natur eine solche vor hundert Jahren darstellte."

Er setzte hinzu:

> "Tatsächlich bedient sich [...] die moderne Physik auf Schritt und Tritt der Hypothesen [...] Und zwar sind ihre Hypothesen vierfacher Art: 1. solche der Abstraktion und Begriffsbildung, 2. solche der Gesetzesinduktion, 3. solche der Ursacheninduktion und 4. erkenntnistheoretische Hypothesen über die Existenz und nähere Beschaffenheit einer realen Natur. - "

Wenn aber die Gesetze der Physik prinzipiell hypothetischen Charakter haben, so daß sie über Wahrscheinlichkeitsannahmen nicht hinausgehen, dann ist es erlaubt, zur Erklärung der Phänomene die Atomhypothese heranzuziehen, gegen die Ernst Mach sich wiederholt ausgesprochen hatte. In diesem Zusammenhang hat von Hartmann festgestellt[26]:

> "Ein *nicht atomistisch* gegliederter Dynamismus ist *physikalisch unmöglich*."

Im Anschluß an Ferdinand Redtenbacher hat Eduard von Hartmann für das mit Kräften ausgestattete Atom den Ausdruck *Dynamide* gebraucht, der um dieselbe Zeit von Philipp Lenard in die Physik eingeführt worden ist (1903), als sich

---

[24] Eduard von Hartmann, Die Weltanschauung der modernen Physik, 2. Aufl. Bad Sachsa 1909, 213.

[25] Ebd. 208.

[26] Ebd. 203.

nämlich zeigte, daß die Atome eindringenden Kathodenstrahlen gegenüber fast leer sind und elektrische Kraftwirkungen ausüben.

Hartmann wäre daher der natürliche philosophische Bundesgenosse Ludwig Boltzmanns gewesen, den er in der Tat einmal erwähnt hat[27]. Auch Boltzmann war in gewissem Sinne ein Anhänger des transzendentalen Realismus, wenn er etwa in seinem Aufsatz *Über die Frage nach der objektiven Existenz der Vorgänge in der unbelebten Natur* aus dem Jahre 1897 den Realismus der Physiker als ein Postulat der Zweckmäßigkeit bezeichnet hat[28]. Die innere Verwandtschaft ist umso größer, als Hartmann vorzügliche Kenntnisse in der Thermodynamik besaß. Er machte bespielsweise die sachlich vollkommen berechtigte Bemerkung, daß der Clausiussche Ausdruck *Entropie*, d.h. Verwandlungswert, für das Integral der Größe dQ/T (dQ: Differential der Wärmemenge, T: absolute Temperatur) im Grunde unzutreffend ist, weil bei reversiblen Carnotprozessen sich die fragliche Größe gerade *nicht* verwandelt; denn es gilt in diesem Fall das Gesetz

$$Q_1 / T_1 = - Q_2 / T_2.$$

Max Planck erwähnt von Hartmann mehrfach; vor allem dessen *Vorlesungen über Thermodynamik* von 1897. Vielleicht hätten Boltzmann und Planck gegen einen Satz wie den folgenden nichts einzuwenden gehabt[29]:

> "Die theoretische Physik ähnelt sowohl in ihren Zielen wie in ihren Methoden der älteren spekulativen Naturphilosophie, denn sie will gleich dieser die Natur auf *deduktivem* Wege *konstruieren*, indem sie von allgemeinen Grundbegriffen und Grundsätzen ausgeht."

Wahrscheinlicher ist, daß sie den Vergleich der theoretischen Naturforschung mit der älteren Naturphilosophie mit Indignation zurückgewiesen haben würden, weil sie sich in ihren mathematischen Deduktionen stets auf die Erfahrung in Gestalt sorgfältig durchgeführter Experimente berufen hatten - indessen haben auch Schelling und Hegel zugunsten ihrer idealistischen Naturphilosophien empirische Argumente herangezogen. Jedenfalls hat Planck ebenso wie Boltzmann den Realismus als die unerläßliche Prämisse seiner Naturforschung angesehen, indem

---

[27] Ebd. 79.

[28] Ludwig Boltzmann, Über die Frage nach der objektiven Existenz der Vorgänge in der unbelebten Natur. In: Populäre Schriften, 3. Aufl. Leipzig 1923, 162-187; insbesondere 179 Siehe auch: Ulrich Hoyer, Thermodynamics and Philosophy - Ludwig Boltzmann. In: Journal of Non-Equilibrium Thermodynamics, Vol. 12, 1987, 11-26.

[29] von Hartmann (wie Anm. 24) 205.

er im Jahre 1930 in einem Aufsatz über *Positivismus und reale Außenwelt* die beiden folgenden erkenntnistheoretischen Kernsätze aufgestellt hat[30]:

"Es gibt eine reale, von uns unabhängige Außenwelt", und

"Die reale Außenwelt ist nicht unmittelbar erkennbar."

In ähnlicher Weise haben auf philosophischer Seite Hans Driesch, Nicolai Hartmann, Karl Popper, Konrad Lorenz und Bernhard Rensch argumentiert. Sie alle waren transzendentale Realisten im Sinne von Hartmanns und haben wie dieser betont, daß die Annahme einer vom Bewußtsein unabhängigen Wirklichkeit eine Hypothese von großer Wahrscheinlichkeit ist und daß von Erkenntnis überhaupt nur dann gesprochen werden kann, wenn letztere, wie es Nicolai Hartmann im Jahre 1921 in den *Grundzügen einer Metaphysik der Erkenntnis* ausgedrückt hat[31], "nicht ein Erschaffen, Erzeugen oder Hervorbringen des Gegenstandes ist, wie der Idealismus alten und neuen Fahrwassers uns belehren will, sondern ein Erfassen von etwas, das auch vor aller Erkenntnis und unabhängig von ihr vorhanden ist."

Im gleichen Sinne heißt es in dem 1968 erschienenen Buch Bernhard Renschs unter dem Titel *Biophilosophie auf erkenntnistheoretischer Grundlage*[32]:

"Es gilt wohl mit Recht als unbezweifelbare Tatsache, daß die Welt und mithin eine irgendwie geartete 'Materie' (ein 'Etwas') existierte, ehe es Menschen und ehe es wahrnehmende Lebewesen gab."

Bemerkenswert ist schließlich, daß sich von Hartmann im Jahre 1902 trotz aller Betonung des hypothetischen Charakters der Naturwissenschaft zu dem Satz bekannt hat, daß die klassische Kinematik - die *Phoronomie* in der von Kant übernommenen Ausdrucksweise - "eine *deduktive apriorische* Wissenschaft von apodiktischer Gewißheit" sei[33]. Dieser Satz, der drei Jahre vor Entstehen der Speziellen Relativitätstheorie niedergeschrieben worden ist, rückt von Hartmann in die Nähe Hugo Dinglers, mit dessen methodischem Idealismus er sonst wenig gemein hat, wie insbesondere sein Votum zugunsten des empirischen Charakters der Geometrie zeigt[34]. Andererseits hat er damals ebenso wie Dingler an Newtons

---

[30] Max Planck, Positivismus und reale Außenwelt. In: Wege zur physikalischen Erkenntnis. Reden und Vorträge, 4. Aufl. Leipzig 1944, 207.

[31] Nicolai Hartmann, Grundzüge einer Metaphysik der Erkenntnis, 5. Aufl. Berlin 1965, 1.

[32] Bernhard Rensch, Biophilosophie auf erkenntnistheoretischer Grundlage (Panpsychistischer Identismus), Stuttgart 1968, 210. Siehe auch: Ilona Ruschmeier, Das philosophische Werk Bernhard Renschs. Eine kritische Auseinandersetzung mit Renschs wissenschaftlichem Weltbild anhand klassischer Probleme der Philosophie, Münster 1999.

[33] von Hartmann (wie Anm. 24) 80.

[34] von Hartmann (wie Anm. 1) 119.

Vorstellung des absoluten Raumes festgehalten und im Vorwort zu seinem Buch gesagt[35]:

> "Die mathematischen Ableitungen der Fachmänner pflegen keine formalen Fehler zu enthalten; wenn gleichwohl die theoretische Physik gleich allen anderen Wissenschaften nur durch Irrtum zur Wahrheit schreitet, und öfters in der Lage war, Rechnungen als nicht brauchbar zu verwerfen, so lag das wesentlich an den Rechnungs*ansätzen*, d.h. an den *begrifflichen* Voraussetzungen, auf denen sie erbaut waren."

Die begrifflichen Grundlagen der Naturwissenschaft sind aber gerade deren philosophische Elemente, die von Hartmann in seiner Jugend als das "wahrhaft Interessante" an der Naturforschung angesehen hatte. Insofern konnte er sich auch in seinem Alterswerk nicht mit der Botschaft des Positivismus zufriedengeben, daß es der Naturforschung lediglich auf korrekte Beschreibung der Phänomene ankomme. Im Zusammenhang mit seiner Kritik an der Energetik Wilhelm Ostwalds schrieb von Hartmann vor annähernd hundert Jahren[36]:

> "Die mathematischen Formeln haben nur dann einen Wert, wenn ihnen klare Begriffe zugrunde liegen, und je mehr diese Begriffe sich auf die Anschauung stützen können, desto besser für die Erkenntnis. Der menschliche Erkenntnistrieb wird sich das Recht niemals rauben lassen, nach den inneren Zusammenhängen und tieferen Gründen der Erscheinungen zu forschen, deren gesetzmäßige quantitative Beziehungen zueinander in den Formeln niedergelegt sind. *Praktisch* sind vielleicht die letzteren sehr viel wichtiger; aber aus *theoretischem* Gesichtspunkt die ersteren [die begrifflichen Beziehungen, UH] *interessanter* zu finden kann man niemandem verwehren. Die Wissenschaft *braucht beides* und hat *Raum für beides*, wenn auch gegenwärtig eine agnostische Zeitströmung es für der Weisheit letzten Schluß ausgibt, sich bei innerlich unverstandenen Formeln bescheiden zu lernen."

Diese Sätze - insbesondere der Schluß - haben nichts von ihrer Aktualität eingebüßt. Es gibt auch heute eine agnostische Richtung in der Physik, die ihre Aufgabe erledigt zu haben glaubt, wenn sie Differentialgleichungen aufstellt und deren rechnerische Konsequenzen mit den Beobachtungen vergleicht, ohne sich um eine Begründung, geschweige denn um ihre Wurzeln in der Anschauung zu kümmern.

Andererseits scheint der transzendentale Realismus Eduard von Hartmanns inzwischen zu den philosophischen Grundüberzeugungen der Naturwissenschaftler zu gehören, und auch sein Gedanke, daß die Dinge an sich wenigstens mittelbar

---

35 von Hartmann (wie Anm. 24) III.

36 Ebd. 136.

erkennbar sein müssen, weil sich die Erkenntnisfunktionen im Laufe der Entwicklungsgeschichte an die objektiven Gegebenheiten angepaßt haben, findet gegenwärtig vielfach Zustimmung.

Dabei wird allerdings nicht gebührend in Rechnung gestellt, daß die Naturwissenschaft gewisse *Methoden* voraussetzt, ohne die sie nicht zustandekäme. Dazu gehören der Kausal- und der Substanzsatz, die Geometrie und die Zeitlehre, die Kinematik, die Mechanik, die Wahrscheinlichkeitslehre usw.[37] Das sind wesentlich die Kategorien und Anschauungsformen Kants. Die *Methoden* werden aber nicht schlechthin vorgefunden. Sie entspringen einer Auswahl aus einer größeren Zahl methodischer Möglichkeiten. Der erkenntnistheoretische Grundgedanke Kants, daß wir selber die Urheber der rationalen Strukturen der Welt sind, läßt sich daher auch weiterhin verteidigen.[38] Würde die Naturforschung nämlich anders vorgehen, so würden andere Strukturen für wirklich gehalten oder gegebenenfalls gar keine erkannt. Wenn indessen die Annahme gemacht wird, daß die Welt an sich vernünftig beschaffen ist, dann dürfte Eduard von Hartmann auch darin Recht behalten, daß die Naturforschung auf diesem Wege über die Physik hinaus unversehens in die Metaphysik hineinführt.

---

[37] Ulrich Hoyer, Klassische Naturphilosophie und moderne Physik. In: Existentia, Vol. III-IV; 1993-94, 57-83.

[38] Kirstin Zeyer, Die methodische Philosophie Hugo Dinglers und der transzendentale Idealismus Immanuel Kants, Hildesheim, Zürich, New York 1999.

Harald Schwaetzer

Erkenntnistheorie des Unbewußten

"*Vorstellungen zu haben,* und sich *ihrer doch nicht bewußt zu sein,* darin scheint ein Widerspruch zu liegen, denn wie können wir wissen, daß wir sie haben, wenn wir uns ihrer nicht bewußt sind." (Kant, Anthropologie B 15)[1]

Mit diesen Worten Kants beginnt Eduard von Hartmann seine *Philosophie des Unbewußten* (PhU 1).[2] Indem Hartmann an Kant anknüpft, dokumentiert er, daß die *Philosophie des Unbewußten* nicht nur einen weltanschaulichen[3], sondern auch einen erkenntnistheoretischen Anspruch hegt. Einerseits ist Hartmanns Bezugnahme verständlich: Die Fundierung der Weltanschauung in der Erkenntnistheorie ist für alle Denker nach Hegels Tod unumgänglich.[4] Andererseits aber liegt in dieser Grundlegung bereits ein elementares Problem versteckt: Eine *Philosophie des Unbewußten* hat es vor allem mit der umfassenden Einführung des *Unbewußten* zu tun, während Erkenntnistheorie *die* Domäne des *Bewußtseins* ist. Eine Philosophie des Unbewußten bewußtseinstheoretisch begründen zu wollen scheint ein Widerspruch in sich zu sein. Ein weiteres Problem bildet die notwendige Form der Erkenntnistheorie: Sie muß sich mit Kant auseinandersetzen;[5] das

---

[1] Die Hervorhebung erfolgt so, wie Hartmann sie setzte; bei Kant ist der komplette Anfang bis einschließlich des Wortes "darin" gesperrt.

[2] Zur Abkürzung der Hartmannschen Schriften vgl. das Literaturverzeichnis. Die *Philosophie des Unbewußten* wird - wenn nicht anders angegeben - nach der ersten Auflage zitiert, da diese frühe Fassung durch den Nachdruck (Hildesheim 1989) einerseits wieder allgemein zugänglich ist und andererseits den Stand vor dem Erscheinen der hier edierten Schrift wiedergibt.

[3] Der Begriff "Weltanschauung" fällt bereits im Untertitel. Vgl. zum Begriff in dieser Zeit und zu seiner Entstehung Schwaetzer (1998a, 229-230 u. 242-244).

[4] Bereits 1867 läßt Hartmann den "Philosophen" in NPh sagen: "Ich möchte hinzufügen, dass gerade Logik, Erkenntnisstheorie und Methodologie eine wahrhafte *philosophia prima* bilden, d.h. eine Grundlage für alle anderen Wissenschaften [...]" (NPh 435).

[5] In PhD 554 heißt es unter Verweis auf die hier erneut veröffentlichte Schrift: "Auf dem Gebiete der Erkenntnisstheorie liegt darum die hervorragendste Bedeutung Kant's, und seine Leistungen sind hier um so wichtiger, als diese Disciplin von den bedeutenderen nachkantischen Philosophen keine nennenswerthe Pflege gefunden hat, die Gegenwart also gleichsam gezwungen ist, hier *unmittelbar* an Kant anzuknüpfen."

bedeutet aber nichts anderes, als daß die kantische Erkenntnislehre in eine Theorie des Unbewußten auszulaufen hat.

Dieser historisch wie systematisch bemerkenswerten Aufgabe einer *Erkenntnistheorie des Unbewußten* stellt sich Hartmanns Schrift über das Ding an sich. Die Berechtigung dieser These soll im folgenden nachgewiesen werden, indem Hartmanns frühe Erkenntnistheorie zuerst biographisch und werkgeschichtlich eingeordnet wird, dann anhand der Schrift der eigentliche Argumentationsgang aufgewiesen wird und schließlich auf die Stellung der Schrift in der Diskussion ihrer Zeit eingegangen wird. Dabei wird der dritte Punkt zwei weitere Unterthesen enthalten: a) Unabhängig von Trendelenburg entwickelt Hartmann die "dritte Möglichkeit", um welche die bekannte Kontroverse zwischen Fischer und Trendelenburg sich entzündet hatte. b) Zeitgleich erschienen mit dem Grundbuch des Marburger Neukantianismus, Cohens *Kants Theorie der Erfahrung* (1871), formuliert die Schrift Hartmanns neben dem Trendelenburgschen Neuaristotelismus die zweite Richtung, von der die Marburger sich abgrenzen.

Historische Dimensionen des Unbewußten

Wenn Lütkehaus in seiner Einleitung zur Neuauflage der *Philosophie des Unbewußten* dem Opus vor allem *historischen* Wert zuschreibt, diesen aber "mit allem Nachdruck" (Lütkehaus 1989, II*), dann darf dies für die vorliegende Schrift zum Ding an sich nicht weniger beansprucht werden.[6] Dabei ist der Rahmen der historischen Relevanz freilich weiter zu fassen, als es Hartmann selbst tut.[7] Er führt Kants Äußerung auf Leibniz zurück; ihm bleibe "der Ruhm, zuerst die Existenz von Vorstellungen behauptet zu haben, deren wir uns nicht bewusst sind, und denselben eine hohe Wichtigkeit beigelegt zu haben" (PhU 15).

Beide Behauptungen sind philosophiegeschichtlich unzutreffend. Ohne den Anspruch zu verfechten, den frühesten Vertreter einer *Theorie des Unbewußten* anzuführen, will ich doch zumindest auf den ersten rezeptionsgeschichtlich

---

[6] Lütkehaus stellte 1989 fest, es gebe keine nennenswerte Hartmann-Forschung (Lütkehaus 1989, I*). Daran hat sich nicht viel geändert; in Sonderheit gilt der Ausspruch für den *Erkenntnistheoretiker* Hartmann. Eine der wenigen neueren Monographien zu Hartmann, Weismüller (1985), arbeitet beispielsweise ausschließlich systematisch, ohne den historischen Kontext auch nur zur Kenntnis zu nehmen.

[7] Die einschlägigen Passagen Hartmanns, in denen er seine Vorläufer anführt, brauchen hier nicht angeführt zu werden. Man findet das Nötige im Vorwort der 10. Aufl. der PhU und in PhD. Hartmann versteht sein Werk als Synthese von Schelling und Schopenhauer, wobei er beide aber eigenwillig und unter bestimmten Gesichtspunkten rezipiert.

bedeutenden Vertreter des Unbewußten hinweisen:[8] *Augustinus*. Er unterscheidet, neuplatonisch geprägt, im Rahmen seiner *imago Dei-Lehre* zwischen einem *homo exterior* und einem *homo interior* als dem eigentlichen Bild Gottes. Er beschreibt den *homo interior* mit dem Ternar *memoria, intelligentia, voluntas*. Die Hinführung dazu ist für den vorliegenden Zusammenhang von Bedeutung: Augustin stellt folgende - an Descartes gemahnende - Überlegung an: Man könne an nahezu allem zweifeln, aber folgendes bleibe doch klar:

> "Wenn einer zweifelt, erinnert er sich, woher sein Zweifeln stammt, wenn er zweifelt, erkennt er, daß er zweifelt; wenn er zweifelt, will er Gewißheit; wenn er zweifelt, denkt er, wenn er zweifelt, weiß er, daß er nichts weiß."[9]

Augustinus konzentriert sich auf die ersten drei Ausdrücke. Anders als nach ihm Descartes stellt er die Frage, ob es denkbar sei, daß Erinnern, Erkenntnis, Wille auch jenseits des Bewußtseins liegen können. Er führt an anderer Stelle folgendes Beispiel an: Gesetzt, ein Mensch sei in zwei Wissenschaften bewandert, etwa in der Musik und in der Geometrie: Wenn dieser als Musiker tätig ist und voller Konzentration sein Instrument spielt: könne man dann behaupten, fragt Augustinus, daß dieser Mensch die Geometrie nicht liebe und kenne, da er sie nicht im Bewußtsein habe? Das sei offenbar absurd.

> 'Hierdurch werden wir daran gemahnt, daß wir im Verborgenen unseres Geistes bestimmte Begriffe von Dingen besitzen und daß sie dann auf eine gewisse Weise ins Bewußtsein gelangen und in den Anblick des Geistes - gleichsam zugänglicher [sc. als vorher, HS] - versetzt werden, wenn sie gedacht werden."[10]

Der Vorläufer von Descartes' Bewußtseinsphilosophie konzipiert also als zentrales Lehrstück eine theologische Anthropologie des Unbewußten.

---

[8] Die Wirkmächtigkeit hat interessanterweise vor allem dazu geführt, die scharfe Pointierung des Unbewußten zugunsten einer Bewußtseinsphilosophie aufzuheben. Nikolaus von Kues z.B. arbeitet in seiner Schrift *De aequalitate* in Absetzung von Augustin eine Erkenntnislehre heraus, welche die reine Beschränkung auf den *homo interior* überwinden will. Vgl. Schwaetzer (im Druck).

[9] Augustinus: De trinitate (X, 10, 14; CCSL 50, 327f.; Dt.: HS): "si dubitat, unde dubitet, meminit; si dubitat, dubitare se intellegit; si dubitat, certus esse vult; si dubitat, cogitat; si dubitat, scit se nescire."

[10] Augustinus: De trinitate (XIV,7,9; CCSL 50a, 433; Dt.: HS): "Hinc admonemur esse nobis in abdito mentis quarundam rerum quasdam notitias, et tunc quodam modo procedere in medium atque conspectu mentis velut apertius constitui, quando cogitantur."

Bestimmt man mit Lütkehaus Günther Anders als einen exemplarischen Vertreter einer zeitgenössischen Spielart der Philosophie des Unbewußten,[11] dann wäre die Stellung der Hartmannschen *Erkenntnistheorie des Unbewußten* zwischen Augustins *Theologie des Unbewußten* und Anders' *Nihilismus der moralischen Phantasie*, zwischen der Frage, was des Menschen innerster Kern, und der Frage, was seine eigentliche Aufgabe sei, zu lokalisieren.

Die frühe Kant-Kritik in Leben und Werk

Alle Darstellungen der Biographie Hartmanns stützen sich auf den *Inhalt* von Hartmanns eigenem Essay *Mein Entwicklungsgang* von 1874, den er 1876 in den *Gesammelten Studien und Aufsätzen* (GSTA) erneut publizierte.[12] Mit dem Werk verband Hartmann bestimmte Absichten beim Publikum.[13] Können die 70er Jahre des 19. Jahrhundert als "Jahrzehnt Hartmanns und des 'Hartmannianismus'" gelten[14], wollte Hartmann mit verschiedenen Publikationen - nicht zuletzt mit der Schrift über das Ding an sich - seine Position ausbauen: Er wolle, schreibt Hartmann, den Lesern, "welche vor der unmittelbaren Beschäftigung mit einem specifisch philosophischen Werke, wie der Phil. d. Unb., bisher Scheu gehegt,"

---

[11] Vgl. Lütkehaus (1989, VI*). In der Tat hat Anders eine erkenntnistheoretische Position entwickelt, die, Leibniz aufgreifend - vgl. dazu mit Nachweisen Schwaetzer (1997, 128 ff.), (1998, 193 ff.) -, den Begriff des *geschichtlich Überschwelligen* zum zentralen Bestandteil erhebt. Wie es Ereignisse gibt, die unserem Bewußtsein entgehen, weil der Reiz zu klein ist, so gibt es Geschehnisse - Anders meint vor allem die durch die Atombombe entstandene Situation -, welche alle Dimensionen des Vorstellbaren übersteigen. Anders erklärt diesen Sachverhalt mit dem *prometheischen Gefälle*: Jedes unser Vermögen habe seine eigene Spannweite; dabei seien die Vermögen in der Gegenwart einander nicht mehr kongruent. Er verdeutlicht dies an folgendem Beispiel: Wir sind in der Lage, die Vernichtung einer Großstadt zu planen und entsprechend durchzuführen; aber wir sind außerstande, uns in Gedanken ein konkretes Bild der Vernichtung vorzustellen; noch weniger sind wir in der Lage, mit unserem Gefühl und unserer Verantwortung diese Tat zu erfassen. Aus diesem Grunde fordert Anders, an der Schwelle zum Unbewußten Exerzitien zu unternehmen - Übungen zur Ausbildung dessen, was er *moralische Phantasie* nennt. Vgl. dazu ausführlich Schwaetzer (1997, 132-137) und (1998, 195-198).

[12] Zu verweisen wäre etwa auf die auch jetzt noch leicht zugängliche Darstellung von Schnehen (1929, 16 ff.).

[13] In populärphilosophischer Hinsicht sind dabei die *Gesammelten Studien und Aufsätze* der wichtigste Beitrag. Neben dem biographischen Aufsatz enthalten sie z.B. die wichtige Arbeit über *das philosophische Dreigestirn des neunzehnten Jahrhunderts* (PhD), in der Hartmann sein Verhältnis zu Hegel, Schopenhauer und Schelling skizziert.

[14] So formulierte es Lütkehaus (1989, I*).

Gelegenheit geben, "sich gleichsam auf bequemeren Umwegen mit der Denkweise des Autors vertraut zu machen" (GSTA 1).[15] Die Umwege sind im Falle der Autobiographie besonderer Natur: Sie expliziert *methodisch*[16] ein Grundanliegen Hartmanns: die *Teleologie*. Durch eine Reihe von Entwicklungsstadien, die sich zwar nicht als Sackgassen, aber doch als Irrwege oder Umwege erweisen, findet Hartmann zu seiner eigentlichen Berufung. Dieses Moment dürfte nicht nur eine literarische Stilisierung, sondern Hartmanns wirkliche Überzeugung sein.[17] Denn er beginnt den zweiten Teil der Einleitung in die *Philosophie des Unbewußten*:

> "Eine der wichtigsten und bekanntesten Aeusserungsformen des Unbewussten ist der Instinct, und dieser ruht auf dem Zweckbegriff." (PhU 24)

Ferner zeichne sich das Unbewußte durch folgende Eigenschaften aus: a) das Unbewußte ermüde nicht; b) es erkranke nicht; c) es zweifele und schwanke nicht; d) es irre nicht.[18] Diese Elemente werden in die Autobiographie einverwoben, so daß sich im Leser *unbewußt* ein Begriff des Hartmannschen *Unbewußten* bildet[19] - das ist der "Umweg", auf dem sich der Leser das System aneignet.

---

[15] Hartmann konkretisiert wenig später seine Bemerkung: "Alle hier vereinigten Aufsätze sind zuerst in Journalen erschienen [...] Aber die journalistische Thätigkeit eines Schriftstellers entgeht zu leicht der Aufmerksamkeit der[jenigen] Leser [...] Ich betrachte diesen Band als eine unmittelbare Ergänzung zu der 7ten Auflage der Philosophie des Unbewussten, da ein einziges Buch unmöglich den erforderlichen Raum gewähren kann, um ein neues philosophisches System so darzulegen und zu begründen, dass nach allen Seiten hin klares Licht über den Standpunkt und die Tendenzen des Verfassers verbreitet und auch nur gröberen Missverständnissen sicher vorgebeugt wird" (GSTA 5). Diese Intention trifft natürlich auch die Schrift über das Ding an sich.

[16] Inhaltliche Aspekte wie etwa die 'Einsamkeit' der Stellung Hartmanns, der kein Fachphilosoph war, und seine 'Berufung' zur Philosophie spielen eine geringe Rolle; man findet auch Töne der Selbstkritik. Vgl. etwa gleich zu Anfang die Bemerkungen zur eigenen Altklugheit (ME 12 f.). Darüber hinaus gibt der Aufsatz eine Fülle biographischer Details, die keineswegs auf Publikumswirksamkeit abzielen.

[17] Damit steht er nicht allein. Ein weiteres prominentes Beispiel für eine ähnliche Konzeption der Biographie findet sich bei Gideon Spicker. Vgl. Spickers Autobiographie (Spicker 1999) und darin das Nachwort von Schwaetzer / Stahl-Schwaetzer.

[18] Vgl. dazu PhU 319 ff. Es kommen noch einige weitere Eigenschaften hinzu: die Vorstellungen des Unbewußten sind nicht sinnlicher Art; das Unbewußte hat kein Gedächtnis; diese beiden Bestimmungen in dem Entwicklungsbericht nachzuweisen erfordert eine eingehendere Analyse, als sie hier möglich ist.

[19] Schon der Titel des Aufsatzes *Mein Entwicklungsgang* deutet diese Tendenz an, indem er mit dem (organischen) Entwicklungsgedanken ein teleologisches Prinzip als maßgebend annimmt.

Bereits der Anfang wählt eine scheinbar neutrale Form: Hartmann schreibt nicht in der Ich-Form[20]; von seiner Geburt am 23. Februar 1842 berichtet er wie aus einer Vogelperspektive. Das Leben des Vaters wird mit der Berufsangabe Hauptmann der Artillerie, der als Generalmajor 1864 aus dem Dienst schied, in einer geraden Entwicklungslinie umrissen (ME 11). Diese Überschauperspektive eines 'allwissenden' Wesens wird verlassen, und die Erzählung geht in den Ich-Stil über (ebd.). Als ersten Bericht auf dieser Ebene erfährt der Leser von der *Altklugheit* des jungen Eduard - man befindet sich also im Bereich des Bewußtseins (ebd. 11 f.). Altklugheit ist eine Eigenschaft, die geistige Entwicklung im hohen Maße enthält, aber eben auch eine gewisse Überspanntheit einschließt - im weitesten Sinne eine Mischung aus Irrtum und Krankheit. Der Vater, ein rationalistischer Charakter, kommt dem "Drängen nach geistigem Fortschritt" des Sohnes nach, so daß der Knabe sofort bei Schuleintritt drei Klassen überspringt.

Neben der Schule zeigt sich bald das musische Geschick des Knaben. Doch es bedurfte eines besonderen Auslösers. Während der ersten Jahre des Musikunterrichts gilt Eduard eher als unbegabt. Aber nach dem *ungewöhnlich frühen Stimmwechsel* (ebd. 19) wird er veranlaßt, etwas vorzusingen, und von da an kommt es zu einer explosionsartigen Entwicklung seiner musikalischen Fähigkeiten. Wieder ist also das Unbewußte und seine Äußerung im natürlichen Bereich Auslöser einer bewußten Entwicklung. Ähnlich verhält es sich mit dem Zeichnen. Im Unterricht liefert Eduard schlechte Arbeiten ab, aber die nebenher, mehr zufällig entstandenen Profilskizzen von Mitschülern verraten das Talent, so daß der Vater auch hier fördernd eingreift (ebd. 20f.).

Die ästhetische Ausrichtung läßt ihm die "studentische Rohheit und Verwilderung, Kneiperei und Renommisterei" (ebd. 23) als unerträglich erscheinen. Er entschließt sich, den Beruf des Vaters zu ergreifen. Hartmann charakterisiert die Entscheidung ausdrücklich als eigene freie Entscheidung (ebd.) und hebt hervor, sie niemals bereut zu haben; dadurch sei ihm eine andere Charakterschulung möglich geworden und eine bessere Lebenskenntnis, als wenn er die Gelehrtenlaufbahn eingeschlagen hätte. Seine einsame Stellung jenseits der Fachphilosophie wird so in einen Vorteil umgemünzt.

Von der eigentlichen Militärzeit erfährt der Leser wenig. Ausführlich aber verweilt die Schilderung auf dem Knieleiden, welches sich Hartmann im Juni 1861 zuzog. Der 19jährige muß daraufhin seinen Militärdienst abbrechen. Der Umschlagspunkt der Biographie ist markiert. Das Knieleiden beschert dem bis

[20] Die Aussage "ich wurde geboren ..." ist konsequenterweise auch nicht als Bewußtseinsinhalt aufzufassen, da diese Zeit nicht in der Erinnerung präsent ist. Dadurch weist Hartman also schon im Eingang eine Schicht des Unbewußten auf, die durch gehabte Erlebnisse, die aber nicht erinnerbar sind, bestimmt ist.

dahin sehr robusten Menschen ein lebenslanges Leiden; die gesamte physische Konstitution ist von nun an geschwächt. Das Leben Eduard von Hartmanns steht, so ist zu interpretieren, unter der ständigen Einwirkung des Unbewußten ins Bewußtsein. Hartmanns Darstellung seines Entwicklungsganges deutet unmißverständlich darauf hin: Von diesem Moment an durchläuft die Biographie einen *rückwärtsgerichteten* Weg. Denn Hartmann überlegt zuerst, Maler zu werden, was er aber bald aufgeben muß, da er aufgrund seines Knieleidens nicht lange stehen kann. Daraufhin will er Musiker und Komponist werden, doch nach kurzer Zeit sieht er ein, daß er es nicht über ein Mittelmaß hinausbringt, da sich in der Musik seine "sonst streng verbannte Sentimentalität" (ebd. 29) ihr Schlupfloch suche. "Ein Stück Ballast flog nach dem anderen über das Bord meines Lebensschiffleins" (ebd.). Er hat jetzt einen Weg durchgemacht, der ihn zwar an Erfahrungen reich gemacht hat, der aber doch nicht der rechte ist. In seinem *Bewußtsein* wähnt er sich vom Schicksal betrogen, weil ihm nur noch eines geblieben ist: der Gedanke (ebd. 29 f.). In Wahrheit aber steht er wieder an der Quelle: Im Stimmwechsel wirkte das Unbewußte auf das Bewußte musikalisch; jetzt ist er, indem er die Musik aufgibt, aber die Wirkung aufgrund des Knieleidens nach wie vor gegeben ist, am reinen Ursprungspunkt einer Verbindung von Unbewußtem und Bewußtem angekommen.

Ganz deutlich tritt an dieser Stelle das teleologische Moment des Unbewußten in den Vordergrund: Der Lebensweg erweist sich in der Schilderung als innerlich zielstrebig, während es dem Bewußtsein als Irrweg erscheint. Das Unbewußte führt Eduard auf das eigentliche Feld: den Gedanken, nachdem es diesen Acker bestellt hat.

Hartmann reflektiert diesen Moment seines Lebens: er spricht von dem *aequus animus*, den er sich in allen Lebenslagen zu bewahren wußte.[21] Die höhere Einsicht *sub specie aeternitatis* sei das Wichtige; je mehr er an Äußerlichkeiten aus seinem Lebensschiff entfernt habe, desto leichter sei es ins rechte Fahrwasser gekommen (ebd. 30).

Jetzt entsteht als Konsequenz im Bewußtsein ein Vertrauen in die teleologische Kraft des Schicksals, des Unbewußten, indem auf eine bewußte Lebensplanung verzichtet wird; aus dieser Stimmung heraus schreibt der 22jährige die *Philosophie des Unbewußten*:

---

[21] Hartmann spielt auf das bekannte Gedicht (carmen II,3; ed. Kiessling / Heinze 1930, 173 ff.) von Horaz an: "Aequam memento rebus in arduis / servare mentem non secus in bonis [...]" Das Gedicht fährt fort: "ab insolenti temperatam / laetitia, moriture Delli". Auch hierin spiegelt sich das Vertrauen in ein alles lenkendes *fatum*, dem man dann nahe kommt, wenn man die äußeren Dinge des Lebens als *äußere* auffaßt.

> "Ohne bestimmtere Pläne für die Zukunft zu entwerfen, ging ich frisch an's Werk, meine Gedanken in grösserem Massstabe zu ordnen und niederzuschreiben, wie ich es in kleinerem schon immer gethan. So begann ich gegen Ende des Jahres 1864 die 'Philosophie des Unbewussten', ohne zu ahnen, wie weit die beim Abschnitt A angefangene Arbeit sich mir unter den Händen ausspinnen würde." (ebd. 30)

Die Darstellung kulminiert also darin, daß das Bewußte sich auf das Unbewußte einstellt und dieses zu seinem Inhalt macht. In diesem Moment gibt es keinen *Irrtum,* kein *Schwanken* mehr im Lebenslauf, der wahre Weg ist gefunden.[22] Keine *Ermüdung* hindert den Autor, mit innerer Zielstrebigkeit entsteht das Werk, im Frühjahr 1867 ist es vollendet (vgl. ebd. 38). Die *Krankheit* tritt in den Hintergrund. Die Arbeitsweise ist vom *Instinkt* geprägt.[23]

Die frühe Periode der Hartmannschen Philosophie, in die mit der biographischen Skizze eingeführt worden ist, sei im zweiten Schritt etwas genauer beleuchtet. Hartmanns Verhältnis zur Fachphilosophie war immer sehr getrübt - abgesehen von der kurzen Zeit des Erfolges der *Philosophie des Unbewußten.*[24]

---

[22] Wenn es auch der vorliegenden Darstellung vornehmlich auf den Nachweis der *teleologischen Dimension des Unbewußten* ankam, so seien doch noch einige wenige Worte zur weiteren Biographie hinzugefügt. Bereits im Juli 1871 hatte sich Hartmann mit Agnes Taubert vermählt, einer Jugendfreundin, deren Vater gleichfalls Artillerieoberst war. Sie nahm regen Anteil an den philosophischen Gedanken Hartmanns und griff in die Auseinandersetzungen um die Philosophie des Unbewußten mit zwei Werken ein. Zu Agnes Taubert vgl. Drews (1906, 47-49), Schnehen (1929, 22f.). Im Mai 1877 starb sie und ließ Hartmann mit einer fünfjährigen Tochter zurück. Im November 1878 heiratete Hartmann ein zweites Mal. Auch Alma Lorenz war eine engagierte Mitstreiterin; wenngleich sie zu Lebzeiten Hartmanns nicht schriftstellerisch tätig wurde, blieb sie doch eine unermüdliche Mahnerin, die ihn drängte, philosophisch-systematisch zu arbeiten. Einzig die Kategorienlehre genügte ihren Ansprüchen. Vgl. dazu Schnehen (1929, 23-25; hier: 24) und Drews (1906, 52-54). Das weitere Leben Hartmanns ist hauptsächlich von verschiedenen Krankheiten geprägt, die seine Arbeitsfähigkeit sehr einschränkten; zumeist vermochte er nur wenige Stunden am Tag sich seinen Werken zu widmen. Dabei ist dennoch ein Werk von enormem Umfang entstanden. Hartmann starb am 6. Juni 1906.

[23] Vgl. z.B.: "Ich verliess mich wesentlich auf einen gewissen natürlichen Instinct betreffs der Unterscheidung bedeutender und unbedeutender Schriftsteller" (ebd. 38).

[24] Die Zeit nach dem Erscheinen der *Philosophie des Unbewußten* faßt Schnehen zusammen: "Angesehene Kritiker wie Rud. v. Gottschall, Moritz Carrière, Hieronymus Lorm, Joh. Scherr u.a. empfahlen es [das Werk *PhU*, HS] mit warmen Worten ihren Lesern. Die erste Auflage von 1000 Stück war schon im Frühjahr des Jahres 1870 verkauft. Auch das Ausland beeilte sich, von ihm Kenntnis zu nehmen. Und als Prof. Erdmann in der zweiten Auflage seines vielgelesenen 'Grundriss der Geschichte der Philosophie' das Werk ausführ-

Die Stimmung gegenüber Hartmann schlug um, als er seine *Selbstzersetzung des Christentums*[25] (SCh) 1874 veröffentlichte.[26] Beispielhaft sei auf Moritz Carrières Stellungnahme eingegangen, die dieser in der Zeitschrift *Im neuen Reich* veröffentlichte (Carrière 1875).[27] An den Bemerkungen Carrières wird deutlich, daß im Grunde genommen von vornherein eine Verständigung mit Hartmann problematisch erschien; denn die jetzt auftretende Differenz schwelte, so läßt sich zeigen, bereits seit der *Philosophie des Unbewußten*.

Der Spätidealist und Antiinfallibilist Carrière skizziert dem Münchner Bildungsbürgertum[28] eingangs die beiden Fronten, derer es sich zu erwehren gilt: das Rom des Kulturkampfes[29] und der Materialismus[30] Was Carrière anstrebt, deckt

---

lich und vorwiegend günstig besprach, da erging aus Leipzig, aus Göttingen und vom Preußischen Kultusministerium an Hartmann die Anfrage, ob er geneigt sei, einen Lehrstuhl anzunehmen. Er aber lehnte alle drei Angebote ab" (Schnehen 1929, 21).

[25] Zur allgemeinen Aufnahme und Polemik gegen diese Schrift vgl. Drews (1906, 49-51).

[26] Über die Brisanz des Religiösen war sich Hartmann im klaren. *Die Briefe über die christliche Religion* veröffentlichte er 1870 noch unter dem Pseudonym F. A. Müller. Im Rückblick rechtfertigt er sein Vorgehen so: "Der Hauptgrund dieser Pseudonymität war der, daß ich die damals noch im ersten Flusse befindliche Beurtheilung meiner philosophischen Arbeiten nicht durch den Seitenblick auf diese Schrift beeinflussen lassen wollte" (ChNT VII).

[27] Die Stimmung in München war Hartmann zunächst gewogen. Nicht nur Carrière, sondern auch der aus der Münchener Schule stammende Spicker, der damals in Freiburg Privatdozent war und mit Carrière im Briefwechsel stand, war ein Hartmann-Freund. Schlagartig änderte sich dies mit Bekanntwerden von Hartmanns *Selbstzersetzung*. Spickers Lehrer und Carrières Kollege Johannes Huber eröffnet den Reigen mit einer Gegenschrift (Huber 1874). Spicker schreibt an Carrière, er habe eine Broschüre gegen Hartmanns *Selbstzersetzung* nahezu fertig, habe aber von der Publikation abgesehen, nach dem Carrière seinerseits das Nötige gesagt habe (Spicker 1999, 113).

[28] Der Aufsatz bildet die schriftliche Fassung eines Vortrages, der auf Einladung des Volksbildungsvereins zustande kam, vgl. Carrière (1875, 161).

[29] "Altkluge Bildungsphilister meinten vor fünf Jahren: Was kümmern uns die paar hundert alten Männer des vaticanischen Concils? Und heute ist ein großer Bruchtheil unseres Volkes von ihnen umschnürt, verhetzt, verblendet" (Carrière 1875, 161).

[30] "Sind aber einmal in der Menge Gott und Gewissen zu Schein- und Trugbildern geworden, dann tritt das augenblickliche Gelüsten der Sinne, die Selbstsucht und physische Gewalt an die Stelle von Pflicht und Recht, und der Mensch stürzt geistmörderisch in die Thierheit herab, aus der er sich emporgerungen" (ebd. 162). Dabei hat Carrière nicht mehr bloß den Vulgärmaterialismus eines Vogt oder Büchner im Auge, sondern er bezieht sich auf den gesamten Gesinnungswandel in breiteren Schichten, der durch die Fortschritte der Naturwissenschaften mitveranlaßt wurde.

sich mit der Formulierung des späten Spicker: "eine Religion in philosophischer Form auf naturwissenschaftlicher Grundlage" (Spicker 1999a, 16).[31] Die Versöhnung von Naturwissenschaft und Religion erfolge, so Carrière, auf folgende Weise: Alles Wissen sei zwar Stückwerk; aber wir hätten durch die Naturwissenschaften ein wenig Einsicht in die Welt gewonnen; dadurch erführen wir die Welt als gesetzmäßig geordnet, als vernünftig und zielvoll. Die Welt aber sei Wirkung Gottes. In der Ursache könne - nach einem alten, aristotelischen Grundsatz - nicht weniger sein als in der Wirkung.[32] Infolgedessen sei Gott personal und vernünftig zu denken.[33]

Vor dem Hintergrunde dieser Position wird die Differenz zu Hartmann deutlich; Hartmann steht zwar zwischen denselben Fronten, aber er geht einen Schritt weiter. Und mit diesem Schritt hebt er das Fundament der Spätidealisten auf. Denn sein Ansatz zielt auf einen *unbewußten* Gott; Carrière schreibt:

> "Wie soll Liebe und Bewußtsein aus dem Lieb- und Bewußtlosen stammen? Gott ist Geist, innerweltlich und überweltlich zugleich. / Doch Hartmann will ihn unpersönlich, unbewußt festhalten." (ebd. 174)

---

[31] Genau dieses Bemühen skizziert Carrière in den folgenden Passagen seines Aufsatzes. Dem Idealismus wie der Naturwissenschaft will man gerecht werden. Das Prinzip der Naturwissenschaft, sofern sie nicht materialistisch verstanden wird, ist *pantheistisch*; es ist eine Kraft, die in allem sich spezifizierend wirkt (vgl. zum idealistischen Gedankengut Grün 1999). Der christliche Idealismus hingegen trennt Gott von der Welt, um seine Eigenständigkeit zu bewahren; diese Position wurde - terminologisch unscharf - bald Deismus, bald Theismus genannt. In diesem Sinne formuliert Carrière als Ideal: "[...] ich habe selber seit mehr als fünfundzwanzig Jahren die Ueberwindung und Versöhnung des Pantheismus und Deismus, der leitenden Gedanken von Spinoza und Leibniz, für die philosophische Aufgabe der Gegenwart erklärt" (ebd. 172).

[32] Diesen Grundsatz hat meines Wissens erst das 20. Jahrhundert angezweifelt. Für Günther Anders z.B. muß die Formel "Das Bewegende ist größer als das Bewegte" geradezu umgekehrt werden; das sei das Charakteristikum der Gegenwart, vgl. Schwaetzer (1997, 134).

[33] "Unser Wissen ist Stückwerk; aber wir haben in der Gegenwart eine Summe von wissenschaftlichen Erkenntnissen gewonnen, die uns gewiß sind, die ebenso sehr der Erfahrung wie der Vernunft entsprechen [...]" "wir fragen: wie muß Grund und Ziel der Wirklichkeit beschaffen sein, um diese Welt des Naturmechanismus und Freiheitsbewußtseins, diese zweckvolle Ordnung hier und dies Leid des Daseins dort, das Gute, wie das Böse zu erklären? Ist vernunftgemäß die Wirkung nicht größer als die Ursache, so kann der Geist nicht aus dem Geistlosen, die Liebe nicht aus dem Lieblosen [...] stammen" (Carrière 1875, 163 f.).

Gründet man das Bewußte auf das Bewußtlose, so sind die beiden Herzstücke des christlichen Idealismus zunichte gemacht: ein persönlicher Gott und eine menschliche Person sind als letzte Prinzipien unhaltbar.

Indem die Grunddifferenz ausgesprochen ist, bricht der alte Konflikt der *Philosophie des Unbewußten* wieder auf, auf den Carrière nur anspielt. Denn der unbewußte Gott steht in enger Beziehung zu Hartmanns *Pessimismus,* und der Personbegriff wird sehr drastisch deutlich an Hartmanns Theorie der Geschlechtsliebe. Hartmann selbst bezeichnet diese beiden Punkte als die neuralgischen Probleme in der Diskussion. In *Mein Entwicklungsgang* betont er, daß es sich mit der *Philosophie des Unbewußten* um ein zu Teilen revisionsbedürftiges Frühwerk handele, aber hebt zugleich hervor,

> "[...] dass die beiden Punkte, welche die heftigsten, sinnlosesten und unfläthigsten Angriffe gegen mich hervorgerufen haben, ich meine meine Ansichten über die Geschlechtsliebe und das Elend des Daseins, von solchen Modificationen *nicht* betroffen werden." (ME 39)

Daß der Zusammenhang zwischen unbewußtem Gott und Pessimismus Ablehnung finden kann, braucht nicht weiter ausgeführt zu werden. Die provokante Darstellung der Geschlechtsliebe rief vor allem billige Polemik hervor.[34] Der eigentliche Kern liegt aber in der Auffassung Hartmanns, die Verbindung von Mann und Frau sei niemals geistiger Natur, sondern immer ein Werk des Instinktes. Streiche man aus der Beziehung alles, was auf ihn zurückzuführen sei, so bleibe nur eine gewöhnliche Freundschaft zwischen Menschen.[35] Daß die Liebe zu einer bestimmten Person Sache des unbewußten Instinktes sein soll und nicht ein geistiges Band zwischen zwei Personen mindestens einschließt, das war es, was den eigentlichen

[34] Hartmann löst die Frage nach Polygamie oder Monogamie in der Weise, "dass der Instinct des Mannes Polygamie, der des Weibes Monogamie fordert." Daraus folgert er: "Wenn für den Mann die Ehebruchsgelüste so schwer zu besiegen sind, so ist dies nur eine Wirkung seines Instinctes zur Polygamie; wenn aber ein Weib [...] Ehebruchsgelüste hat, so ist dies entweder eine Folge völliger Entartung oder der leidenschaftlichen Liebe." Und weiter: "Die Verschiedenheit des Instinctes in Mann und Weib versteht man wohl, wenn man bedenkt, dass ein Mann in einem Jahre mit der genügenden Anzahl Frauen bequem über hundert Kinder zeugen könnte; das Weib aber mit noch so vielen Männern nur Eins" (PhU 174 f.).

[35] "Das Sehnen und Streben [*sc.* der Liebe, HS] ist in der That ein Unendliches, aber auch ohne entschiedenen bewussten Zweck, trotzdem jedoch mit dem *einzigen unbewussten* Zweck der Geschlechtsverbindung [...] Nur wo der Zweck der Liebe *noch nicht* bewusst geworden, ist die Liebe ein gesunder Process, [...] nur da besitzt das Gefühl diejenige Unschuld, welche allein ihm den wahren Adel und Reiz verleihen kann. / Wir sind nun so weit, dass wir die Liebe zu einem bestimmten Individuum als einen *Instinct* erkannt haben" (PhU 180).

philosophischen Anstoß bedeutete; denn damit war das idealistische Personverständnis aufgehoben.[36] Die radikale Rückführung des Bewußten auf das Unbewußte griff also das allgemeine Lebensgefühl an; es raubte der damaligen "Kulturphilosophie" ihr Fundament.[37]
Ein besonders markantes Beispiel ist Hartmanns Auseinandersetzung mit der Naturwissenschaft. Mehr oder minder wirkungslose Versuche wurden von den Vertretern der Deszendenztheorie gegen Hartmanns Teleologie gestartet. 1872, also ein Jahr nach der erkenntnistheoretischen Schrift über das Ding an sich, erschien anonym eine knapp 250 Seiten umfassende Broschüre mit dem Titel *Das Unbewusste vom Standpunkt der Physiologie und Deszendenztheorie* (US). Diese Schrift galt bald einhellig als schlagende Widerlegung Hartmanns. Man schrieb sie u.a. Haeckel zu. Doch dieser sagte, er sei nicht der Autor, wenngleich in der Schrift genau seine Ansicht getroffen sei.[38] Im Jahre 1877 erschien die Schrift in zweiter Auflage - sie war von Hartmann selbst. In 260 Anmerkungen widerlegte er jetzt Punkt für Punkt seine eigenen Einwände. Auf diese Weise hatte er sich zwar als besserer Kenner der Deszendenztheorie erwiesen als alle seine Gegner, aber das Verfahren trug trotz des Sieges in der Sache maßgeblich dazu bei, daß man Hartmann von nun an einfach ignorierte.[39]

Hartmann verfährt, wie diese Beispiele zeigen, im Umgang mit den Fronten konsequent; eine nach der anderen nimmt er sich vor. Während die Auseinandersetzung mit dem christlichen Idealismus inmitten des Kulturkampfes sicherlich der zeitgeschichtlich schwierigste Teil war und er diesen an den Schluß stellte, so war es nicht weniger sinnvoll, vor der Auseinandersetzung mit den Naturwissen-

---

[36] Vom idealistischen Standpunkt aus hat *Vladimir Solov'ev* eine Philosophie der Liebe entwickelt, die das Gegenteil behauptet und auch die geschlechtliche Liebe beim Menschen auf sein geistiges Wesen zu gründen versucht. Diese Darstellung bildet den klarsten Gegenpol zu Hartmann (vgl. Solov'ev 1985, 5) und kann in dieser Beziehung als Beispiel des hier unter "Idealismus" Verstandenen herangezogen werden.

[37] Hartmann griff z.B. auch die Völkerpsychologie an - eine Richtung, von welcher der junge Cohen nicht unbeeinflußt war. In seinem Aufsatz WG will Hartmann den Begriff des Gesamtgeistes gerade nicht wie die Völkerpsychologie im Sinne eines Subjektes verstehen, sondern als unbewußten Geist. Dadurch stellt er sich in einen direkten Gegensatz zu dieser einflußreichen Strömung.

[38] Vgl. Drews (1906, 32).

[39] Über die Vorgehensweise Hartmanns ist viel gestritten worden; er selbst rechtfertigt sein Vorgehen im Vorwort zu der zweiten Auflage. Er habe eine in der Form unbefangene Auseinandersetzung erreichen wollen; in der Tat ist dies der Sache nach auch geglückt; aber gerade deswegen ist es zu einer psychologisch sehr ungeschickten Düpierung der damaligen Naturwissenschaft gekommen.

schaften das erkenntnistheoretische Fundament zu klären. Denn nicht zuletzt von den Reihen der Naturwissenschaftler - wie etwa Helmholtz - oder der naturwissenschaftlich orientierten Philosophen ging die Besinnung auf Kant aus.[40]

Diese psychologische Lage, in der das Büchlein (D) entstanden ist, reflektiert die Einleitung in Hartmanns späterem Werk über Kant (K):

> "Schon einmal habe ich zur Kantschen Erkenntnistheorie und Metaphysik das Wort ergriffen in der Schrift 'Das Ding an sich und seine Beschaffenheit' (1871) [...]. Aber diese Schrift beabsichtigte nicht eine zusammenhängende Darstellung der Kantschen Lehre zu geben, sondern griff nur einige Hauptzüge heraus, um an sie alsbald mit der Kritik anzuknüpfen." (K III)

Hartmann selbst bescheinigt der Schrift also einen gewissen apologetischen Charakter; es geht ihr weniger um Kant als vielmehr um die *Philosophie des Unbewußten* und deren Berechtigung angesichts der Kantschen Erkenntnistheorie.[41]

---

[40] Vgl. zu Lotze Pester (1997, passim. bes. 303 ff.). Zu Hartmanns Lotze-Buch ebd. 113: Hartmanns Einschätzung Lotzes als Weisseaner sei "völlig unzutreffend". Durch Liebmanns *Kant und die Epigonen* und durch Langes *Geschichte des Materialismus* war die Entstehung des Neukantianismus kräftig geschürt worden, noch ehe die *Philosophie des Unbewußten* erschienen war. Von einem Neukantianismus im eigentlichen Sinne war freilich noch kaum zu sprechen, da zeitgleich mit der Schrift über das Ding an sich erst Cohens *Kants Theorie der Erfahrung* erschien. Zu der zeitgeschichtlichen Lage kam aber auch der sachliche Grund, daß Hartmann mit dem eingangs angeführten Kant-Zitat vom Beginn der *Philosophie des Unbewußten* sich in eine Traditionslinie mit Kant gestellt hatte, die durchaus klärungswürdig erscheinen mußte.

[41] Er selbst sieht dabei die erste Auflage im Vergleich zu den späteren eher kritisch: "Meine Schrift hatte [...] von Anfang an das Unglück, gegen den Strom schwimmen zu müssen [...] Ich darf es mir daher als ein besonderes Glück anrechnen, daß ihr eine stetig wachsende literarische Berücksichtigung zuteil geworden ist, namentlich seit dem Erscheinen der zweiten Auflage, in der die Tendenz und die Ergebnisse der Untersuchung deutlicher ans Licht gestellt waren" (KGR V). Wenn hier doch die erste Auflage veröffentlicht wird, dann erfolgt dies aus drei Gründen: a) die zweite Auflage erscheint 1875 in geänderter Situation: nach der Veröffentlichung der *Selbsterzersetzung* und nach dem Beginn der eigentlichen *Kant-Philologie* des Neukantianismus. b) die weitere Auseinandersetzung mit Lange erfolgt auch auf dem Hintergrund dieser Auflage; auch die unabhängige Formulierung von Trendelenburgs Standpunkt ist nur aufzuzeigen in der ersten Auflage; c) drittens schließlich wird die eigentliche Absicht der Schrift - eine Erkenntnistheorie des Unbewußten zu bieten - durch die weiteren Ergänzungen eher undeutlicher, da die Argumentation in späteren Auflagen vielschichtiger und umfassender ist und dadurch die Tendenz nicht mehr so unverhohlen zum Ausdruck bringt.

Das Unbewußte als Prinzip der Erkenntnistheorie

Die Schrift *Das Ding an sich und seine Beschaffenheit* ist ihrer Anlage nach von Hartmann zutreffend als *kritische* Schrift bestimmt. Ihr Verfahren ist von einer klaren Methodik bestimmt: Sie nimmt bestimmte Aspekte der Kantischen Theorie auf, um deren Widersprüchlichkeit mit dem Kantischen System selbst zu zeigen und den Widerspruch dadurch aufzulösen, daß der Begriff des Unbewußten eingeführt wird.

Die in der Schrift vertretene Position nennt Hartmann einen *transzendentalen Realismus*.[42] Dabei rekurriert er auf Kants Unterscheidung von *transzendentalem Idealismus* und *transzendentalem Realismus*. Der Königsberger bestimmt im *vierten Paralogismus* aus der ersten Auflage der *Kritik der reinen Vernunft* die Begriffe folgendermaßen: Während der erste Raum und Zeit als Anschauungsformen verstehe, halte sie der zweite für subjektunabhängig.[43] Mit diesem Gegensatz ist die Differenz zwischen Hartmann und Kant richtig bezeichnet; das Bindeglied, über das Hartmann die Kantische Lehre weiterzuentwickeln sucht, ist der Begriff des Unbewußten.

Dabei geht Hartmann in seinem acht Kapitel umfassenden Büchlein folgendermaßen vor. In den ersten drei Kapiteln wird Kants Lehre vom Ding an sich destruiert. Hartmann widerlegt aus Kant selbst dessen Versuche, 1. über die Subjektivität der Anschauung hinauszukommen, 2. ein transzendentes Objekt zu erreichen, 3. ein Ich an sich zu erfassen.[44] Dann schließen sich zwei Kapitel an, welche aus Kant heraus einen positiven Ansatz gewinnen: nämlich den einer transzendenten Kausalität. Im sechsten Kapitel dehnt er seine Überlegungen auf die gesamte Kategorienfrage aus; dabei kommt er zur Formulierung der Trendelenburgschen dritten Möglichkeit. In den beiden Schlußkapiteln wird sie zuerst

---

[42] Vgl. dazu auch das Vorwort von Hoyer (2000) in diesem Band.

[43] "Ich verstehe aber unter dem *transzendentalen Idealism* aller Erscheinungen den Lehrbegriff, nach welchem wir sie insgesamt als bloße Vorstellungen, und nicht als Dinge an sich selbst, ansehen, und dem gemäß Zeit und Raum nur sinnliche Formen unserer Anschauung, nicht aber vor sich gegebene Bestimmungen, oder Bedingungen der Objekte, als Dinge an sich selbst sind. Diesem Idealism ist ein *transzendentaler Realism* entgegengesetzt, der Zeit und Raum als etwas an sich (unabhängig von unserer Sinnlichkeit) Gegebenes ansieht. Der transzendentale Realist stellet sich also äußere Erscheinungen (wenn man ihre Wirklichkeit einräumt) als Dinge an sich selbst vor, die unabhängig von uns und unserer Sinnlichkeit existieren, also auch nach reinen Verstandesbegriffen außer uns wären" (KrV A 369).

[44] Vgl. dazu auch PhD 555 f.

auf Raum und Zeit angewandt, bevor das Schlußkapitel sich einer Analyse der transzendentalen Ästhetik widmet.

Aus der Übersicht wird deutlich, daß die Hauptbeweislast auf den ersten fünf Kapiteln liegt. Mit ihnen begründet Hartmann die Erkenntnistheorie des Unbewußten. Sie seien zunächst untersucht, bevor auf das sechste Kapitel und die Trendelenburgsche Frage eingegangen wird.

Die Destruktion der Kantischen Ansicht bildet den ersten Teil der Schrift. Die Absicht derselben liegt auf der Hand. Die kantische Erkenntnistheorie ist eine Erkenntnistheorie des Bewußtseins. Mit ihrer Widerlegung wird - verbunden mit einer Auflösung des idealistischen Personbegriffs - zugleich der Primat des Bewußtseins aufgehoben.

Hartmanns Ansatz ist von demselben Verständnis oder Mißverständnis geprägt wie der Trendelenburgs. Die ersten Sätze lauten:

> "Kant lehrt, dass alles, was wir wahrnehmen und denken, unter den Formen der Räumlichkeit, der Zeitlichkeit und der Kategorien steht, welche nur [!] subjektive Anschauungs- und Denkformen, aber nicht Formen der Dinge an sich seien." (D 1)

Trendelenburg seinerseits hatte nach einer Auseinandersetzung mit Kants transzendentaler Ästhetik geschlossen:

> "Hiernach sind Raum und Zeit etwas Subjektives und zwar nach Kant etwas *nur* Subjektives." (Trendelenburg 1870, I, 159)

Daraus zieht er dieselbe Folgerung, die auch Hartmann in seinen ersten drei Kapiteln darlegt:

> "Wenn Raum und Zeit nur und ausschliessend Subjektives sind, so drängt sich allenthalben diese Zuthat ein. [...] Wie wollen wir uns von dem Zauberkreise lösen, da er vielmehr unser eigenstes Wesen ist?" (ebd. 161)

Hartmann behandelt die Subjektivität des Apriori in drei Schritten und gibt zugleich im zweiten und dritten Kapitel einen vorausdeutenden Lösungshinweis auf das Unbewußte. Die kantische Erscheinung (Kap. I) bleibe immer subjektiv, wenn man den oben zitierten Grundsatz ernst nehme. Hartmann unterscheidet vier Versuche Kants, die mehr als subjektive Gültigkeit der Erscheinung zu begründen; doch wichtiger als dieser negative Befund, der, wie Hartman selbst anführt (D 8), zu erwarten war, ist seine Interpretation. Alle Versuche, die Hartmann namhaft macht, gehen letztlich vom Subjekt oder von der Erscheinung aus; das Subjektive ist hier zugleich das *Bewußte*. Das erste Kapitel signalisiert auf diese Weise: es gibt keine Möglichkeit, *allein* vom Bewußtsein ausgehend eine konzise Erkenntnistheorie zu begründen.

Nach den beiden möglichen Seiten hin wird dieser Befund in den folgenden Kapiteln ausgebaut. Das transzendentale Objekt ist nach dem obigen Grundsatz der subjektiven Geltung des Apriori nicht erreichbar. Dabei macht Hartmann aber auf einen besonderen Punkt aufmerksam. Jedes Objekt ist ein Bewußtseinsinhalt; dies gemahnt an den Reinholdschen Satz des Bewußtseins, der sich vielfach im Neukantianismus findet und gerade auch bei Denkern, die Hartmann verwandt sind.[45] Aber Hartmann zielt noch auf einen anderen Punkt: Wenn jedes Objekt immer im Bewußtsein erscheint, dann ist das Bewußtsein selbst unfähig, zu den Dingen an sich zu gelangen: "Der Gedanke kann nicht aus der Haut des Gedankens fahren" (D 17). Die Schärfe dieses Arguments wird daran ersichtlich, daß es sich auch auf einen etwaigen intuitiven, göttlichen Verstand anwenden läßt. Bei einem solchen Verstand fielen Erkennen und Schaffen zwar zusammen, aber:

> "Er [Kant, HS] hat nur vergessen, [...] [hinzuzufügen, HS], dass ein solcher Verstand nicht bewusst vorstellen, also weder Subjektivität besitzen, noch Objekte produciren kann, sondern nur Ideen, respective Dinge. Wäre der göttliche Verstand ein bewusster, der also Objekte hätte, so wären auch für ihn die Objekte nur die Bilder oder die subjektiven Repräsentanten der wirklichen Dinge und nicht die Dinge selbst; dann könnte auch er nur Dinge hervorbringen nach dem Ebenbilde seiner Vorstellungsobjekte, nicht durch sein Vorstellen selbst. Nur als erhaben über die erst durch das Bewusstsein geschaffenen Gegensätze kann er das absolute Denken sein." (D 17 f.)

Hartmann geht es also weniger um den Satz des Bewußtseins, als vielmehr um dessen Radikalisierung: aus dem Bewusstsein könne man nicht einmal auf der Ebene des göttlichen Intellekts zu einem Objekt gelangen, weil Bewußtsein die Subjekt-Objekt-Spaltung per se beinhalte.

Ähnlich verfährt das dritte Kapitel, indem es die Widersprüchlichkeit aller Versuche Kants, zu einem Ich an sich zu gelangen, zeigt. Dabei weist Hartmann natürlich auf den Grundsatz Kants hin, daß Vorstellung mit Bewußtsein nur eine Unterart von Vorstellung überhaupt ist, daß es mithin unbewußte Vorstellungen gebe (D 20). Es gelte aber auch und gerade für das Ich der im zweiten Kapitel genannte Grundsatz, den Hartmann hier noch einmal anführt: Das anschauende Ich sei, so Hartmann mit Kant, niemals das angeschaute Ich. Und er fährt fort: dies sei nicht einmal bei einem Ich der intellektuellen Anschauung der Fall, da es als nicht-bewußtes sich nicht anschauen könne (D 25 f.). Auf diese Weise hat Hartmann, ohne daß er an dieser Stelle darauf eingehen würde, eine erkenntnistheoretische Begründung seiner Ansicht gegeben, weshalb das Absolute nicht personal gedacht werden kann.

Bis hierher sind Vorstellungstätigkeit, Subjekt und Objekt als bloß subjektiv und also als bloßer Schein gekennzeichnet:

---

[45] Als Beispiel wäre Volkelt (1879, 1) zu nennen. Vgl. dazu ausführlich Schwaetzer (1999) und zu Reinhold Mittmann (1993).

> "Die Unhaltbarkeit des transcendentalen Objekts machte den *transcendentalen* Idealismus zum *subjektiven* Idealismus, Subjektivismus oder Solipsismus, die Unhaltbarkeit des transcendentalen Subjekts machte diesen zum *Bewusstseins*-idealismus, die Unhaltbarkeit der Realität des Vorstellungsactes vollendet diesen zum *absoluten Illusionismus*. Mit dem ersten Schritt büssten wird die Welt der materiellen und geistigen Dinge an sich (mit alleiniger Ausnahme des Ich an sich) ein [...] mit dem zweiten Schritt kam uns das Ich abhanden, und das Weltall wurde zu einer sich selbst tragenden Perlenschnur bewusster Vorstellungen; mit dem dritten Schritte zerreisst auch dieser dünne Faden, und *der Wahnsinn des eine Welt scheinenden Nichts* gähnt uns an." (D 28 f.)

Mit dem nächsten Kapitel setzt Hartmann neu an: Kant sei angetreten, die Möglichkeit von Erfahrung zu klären. Was er bewiesen habe, sei ihre Unmöglichkeit. Entweder seien also die Prämissen richtig, dann gebe es keine Erfahrung, oder es gebe möglicherweise Erfahrung, dann seien die Kantischen Prämissen falsch (D 33 f.).

Da Hartmann die Kantische Erkenntnistheorie immanent weiterführen will, setzt er mit der Frage ein, ob darin ein Element gefunden werden könne, welches zwar den Prämissen widerstreite, aber doch von Kant unbedingt befürwortet werde. Er findet dies darin, daß wir von den Dingen an sich *affiziert* werden, damit überhaupt eine Anschauung bzw. zunächst eine Empfindung zustande kommt (D 36 ff.). Affizieren sei aber offenbar eine Handlung, und zwar eine solche, "welche einen Eindruck in der Receptivität hervorbringt" und darum nicht "anders genannt werden kann, als *Causalität*" (D 37).

Mit diesem Ansatz verfährt Hartmann gegenüber der frühen Kant-Kritik und auch zeitgenössischen Denkern wie Liebmann gerade umgekehrt. Denn diese hatten das *Ding an sich* zwar auch wie Hartmann als Inkonsequenz Kants gebrandmarkt, aber daraus den Schluß gezogen, es zu verwerfen.[46] Das von Liebmann herrührende und von Windelband in die griffige Formel "Kant verstehen, heißt über ihn hinauszugehen"[47] geprägte Motto der Neukantianer wird hier in

---

[46] Vgl. dazu z.B. Liebmanns *Kant und die Epigonen*. Zur Kritik am Ding an sich vgl. die Einleitung in den ersten Band dieser Reihe. Ferner zur frühen Kant-Kritik Mittmann (1993) und zu ihrer Rezeption im frühen Neukantianismus, speziell bei Spicker, Herbst (1999, 69-82).

[47] Der Satz beschließt das Vorwort der Windelbandschen Präludien, vgl. Windelband (1924, III). Zur Vorläuferschaft vgl. Liebmann (1865, 64 f.). Zum ersten Mal in einem Vorwort findet sich das Motto meines Wissens bei Volkelt (1879, IV), der die Stelle aber von Liebmann (1865) entlehnt haben dürfte. Liebmann wie Volkelt berufen sich auf Kant selbst, der in der Kritik der reinen Vernunft (B 370) einmal notierte: "Ich merke nur an, daß es gar nichts Ungewöhnliches sei, sowohl im gemeinen Gespräche, als in Schriften,

einer eigentümlichen Weise aufgenommen. Das Ding an sich wird "restituiert", wie Hartmann sagt, aber nicht etwa, indem einfach nur eine transzendente Kausalität gesetzt wird, sondern indem aus Kant gefolgert wird, daß via *Bewußtsein* keine Lösung des Erkenntnisproblems zu finden sei. Diese Interpretation seiner ansonsten weder neuen noch ungewöhnlichen Kant-Kritik macht den eigentlichen Wert des Bändchens aus. Im Weiterdenken Kants vor dem Hintergrunde des Unbewußten liegt Hartmanns Originalität.[48]

Die so gewonnene transzendente Kausalität muß in ihrem Verhältnis zur immanenten bestimmt werden; dies leistet das nächste Kapitel. Dabei verwirft Hartmann Kants Vorstellung von der Zeitlosigkeit einer transzendenten Kausalität, da Handlung - und Affizieren ist eine Handlung - Zeit erfordere. In jedem Fall aber - darin liegt Hartmann zufolge das eigentliche Problem - liefen immanente und transzendente Kausalität parallel. Die Abfolge der Erscheinungen und der Dinge an sich sei prästabiliert. Kant zufolge leiste das Kausalitätsgesetz die geregelte Abfolge von Vorstellungen. Gegen diese Ansicht bezieht Hartmann Stellung. Er macht geltend, daß nicht eine Vorstellung auf eine andere kausal wirke, sondern ein Ding an sich auf ein anderes. Zwei Beispiele führt er an, deren kürzeres zur Illustration an dieser Stelle eingefügt sei und deren längeres eines Verweises zur erbaulichen Lektüre wert ist (D 64f.). Gesetzt den Fall, ich beobachte zwei Streitende, deren Auseinandersetzung in Handgreiflichkeiten übergeht, so gilt in diesem Fall:

> "[...] kein Mensch, der seinen gesunden Verstand nicht durch philosophische Vorurtheile zu Grunde gerichtet hat, wird behaupten wollen, dass meine Gehörswahrnehmungen der Streitenden als solche die Ursache meiner darauf folgenden Gesichtswahrnehmungen der Prügelei seien, sondern er wird voraussetzen, dass die Personen (als transcendente Correlate meiner Vorstellungen von ihnen) wirklich existiren und handeln." (D 63)[49]

Welche Stelle hat aber das Unbewußte in dieser Konzeption? Ist es wirklich für diese Erkenntnistheorie vonnöten?

Um diese Frage zu beantworten, sei auf eine zweite Linie geblickt, die sich durch die Schrift zieht; nahezu in jedem Kapitel hatte Hartmann die *Schopenhauer*sche Erkenntnistheorie im Anschluß an Kant zu Rate gezogen. Jetzt macht er auf eine Einsicht Schopenhauers aufmerksam, die er für grundlegend wichtig hält. Schopenhauer hatte zwischen Empfindung und Anschauung getrennt:

---

durch die Vergleichung der Gedanken, welche ein Verfasser über seinen Gegenstand äußert, ihn so gar besser zu verstehen, als er selbst sich verstand."

[48] Diese Technik hat Hartmann auch anderweitig benutzt. Man vgl. dazu z.B. den Aufsatz *Kant als Vater des Pessimismus* in GBP 1-64.

[49] Vgl. dazu auch KR 53 ff.

> "Die Empfindung in den Sinnesorganen ist eine durch den Zusammenfluß der Nervenenden erhöhte [...] besonders offen stehende: aber sie bleibt bloße Empfindung [...] Erst wenn der *Verstand* [...] in Thätigkeit geräth und seine einzige und alleinige Form, *das Gesetz der Kausalität*, in Anwendung bringt, geht eine mächtige Verwandlung vor, indem aus der subjektiven Empfindung die objektive Anschauung wird." (Schopenhauer, Satz vom Grunde, § 21, 1991 III, 64 f.)

Schopenhauer geht noch einen Schritt weiter; der Übergang von der Empfindung zur Anschauung geschieht zwar aufgrund von Kausalität, aber er vollzieht sich nicht in der dem Subjekt zugänglichen Form der Diskursivität:

> "Diese [...] Verstandesoperation ist jedoch keine diskursive, reflektive, *in abstracto*, mittelst Begriffen und Worten, vor sich gehende; sondern eine intuitive und ganz unmittelbare." (ebd. 65)

Und Schopenhauer schließt daraus:

> "Demnach ist unsere alltägliche, *empirische Anschauung* eine *intellektuale*." (ebd. 66)

Hartmann fügt an diese Überlegung die "Cardinalfrage" an, ob diese Kausalität immanent oder transcendent sei. Die Antwort ist klar. Wäre die Kausalität immanent, bliebe es bei dem Subjektivismus, der in den absoluten Illusionismus mündet. Ferner dürfte Hartmann Schopenhauer in dem intellektuellen Charakter der empirischen Anschauung Recht geben; für ihn aber ist die intellektuelle Anschauung, wie gezeigt, unbewußt. Nimmt man demnach eine transzendente Causalität an, so führt dies zu folgenden Konsequenzen:

Man muß in diesem Fall mit Schopenhauer eine unbewußte Erkenntnisleistung im Aufbau der Vorstellung annehmen. Dadurch ist man aber Hartmann zufolge gezwungen, den Unterschied zwischen Anschauungsobjekt und Ding an sich aufrecht zu erhalten. Das Anschauungsobjekt kann nur mittelbar über den Begriff der transzendenten Kausalität auf das Ding an sich als Ursache der Empfindung bezogen werden (D 71). Hartmann betont, daß diese Hypothese dieselbe Gewißheit habe, wie die Annahme einer transzendenten Kausalität, auf die sie sich stütze (D 72).

Die Doppelheit von Ding an sich und Anschauungsobjekt zieht einen strikten Dualismus nach sich, der auch für das Erkenntnissubjekt gilt. Hartmanns zweite wichtige Konsequenz: Ausgehend vom Satz des Bewußtseins gelange man niemals zu einem Ich an sich. Auf dem Wege des Affizierens soll aber ein Positives gefunden werden. Dabei erhebe sich folgende Schwierigkeit: Entweder sei das Positive ein Gedanke, dann verbleibe man innerhalb des Bewußtseins und es ist kein Positives im Sinne der transzendenten Kausalität. Oder es sei Nicht-Gedanke, dann sei es nicht faßbar (D 74f.). Der aus der Annahme der transzendentalen Kausalität folgende Dualismus drohe, die Beweisführung an dieser

Klippe scheitern zu lassen. Der einzige Ausweg, der sich Hartmann bietet, ist der Begriff des Unbewußten.

Mit dem Rückgriff auf das Unbewußte löst Hartmann die entscheidende Schwierigkeit auf folgende Art und Weise: Obiges Dilemma entfiele, wenn man die Problematik des Satzes vom Bewußtsein beseitige. In einem ersten Schritt entlarvt Hartmann die strenge Disjunktion als Trug. Mindestens hypothetisch sei ein Gedanke denkbar, der nicht mein Gedanke sei, ein Ideales, welches aber als solches nicht in meinem aktualen Bewußtsein sei, dessen Inhalt aber in meinem Gedanken sein könne. Hartmann zielt auf einen Gedanken, der seinem Inhalte nach in mir und außer mir identisch ist, dessen Form aber eine Unterschiedlichkeit zwischen innen und außen verbürgt. Dann wäre aufgrund der inhaltlichen Identität die Möglichkeit der Erkenntnis gegeben, aufgrund der formalen Differenz die Möglichkeit der Objektivität geschaffen (D 75).[50]

Da kein Inhalt ohne Form existiere, fährt Hartmann fort, müsse nach der Form dieses Idealen gefragt werden:

> "Ein idealer Inhalt kann in zwei Formen existiren, als *bewusster* Gedanke oder als *unbewusste* Idee." (D 75)

Entscheidet man sich für das erste, bleibt man im Subjekt befangen. Im zweiten Falle zeichnet sich eine Lösung des Erkenntnisproblems ab:

> "Ist hingegen der nachzudenkende Inhalt [...] in Form der intuitiven unbewussten Idee gegeben, so ist weiter zu beachten, dass eine solche nur existiren kann als Inhalt eines Willens, der sie realisirt, da [eine, HS] unbewusste Idee nicht vom Willen losgelöst in's Dasein treten kann. Als Inhalt des sie *realisirenden* Willens ist die Idee *unbewusst-ideales Geschehen.* Ein solches ist die reale oder *transcendente Causalität.*" (D 75 f.)

Damit schließt sich der Kreis. An die Stelle der subjektiven Vorstellung tritt die transzendente Kausalität, die in dem mit Schopenhauer betrachteten Vorgang die Brücke zwischen Ding an sich und Vorstellungsobjekt errichtet. Dadurch wird ein reales transzendentes Objekt gewonnen, zu welchem anstelle eines Ich an sich das unbewußte Ideale tritt. Im Unbewußten verbinden sich die drei Bereiche zu einem: dem ideal-unbewußt wirkenden Willen.

---

[50] "Die Antwort ist, es muss *Gedanke* sein, und doch nicht *mein* Gedanke, nicht immanent, es muss ein *Ideales* sein, und doch *nicht* ein Ideales *in meinem actuellen (gegenwärtigen) Bewusstsein*, es muss *inhaltlich identisch* sein mit meinem Gedanken, und doch *nicht er selbst* sein. Die *inhaltliche Identität* mit meinem Gedanken verbürgt ihm die *Denkbarkeit* meinerseits, die *formelle Verschiedenheit* von meinem Gedanken verbürgt ihm die *Transcendenz* für mein Bewusstsein" (D 75).

Die dritte Möglichkeit

Nicht nur Bücher haben ihre Schicksale, sondern auch Kontroversen. Zu den eigentümlichsten Verläufen in dieser Hinsicht gehört sicherlich der Streit zwischen Friedrich Adolf Trendelenburg und Kuno Fischer.

Trendelenburg veröffentlichte 1840 seine *Logischen Untersuchungen*, mit denen er die Vorherrschaft des Hegelianismus brach. Eigentlich war dies aber ein Nebeneffekt, da Trendelenburg mit seinem Hauptwerke, der ersten Wissenschaftstheorie im modernen Sinne, seinen Neuaristotelismus systematisch zu entwickeln gedachte.[51] Dabei geriet er in Konflikt mit der Kantischen Anschauung. Er verstand, wie oben bereits gezeigt, das Kantische Apriori als subjektiv. Infolge dieser Interpretation glaubte er, Kant habe übersehen, daß zwischen der Alternative subjektiv - objektiv für die Kategorien und Anschauungsformen auch eine dritte Möglichkeit bestehe: die, daß diese zugleich subjektiv *und* objektiv seien.

Hieraus entstand eine Kontroverse zwischen ihm und seinem ehemaligen Schüler Kuno Fischer, die sich bald ausbreitete und u.a. Anlaß für Cohens *Kants Theorie der Erfahrung* wurde.[52] Bis zum Jahrhundertende kam man immer wieder darauf zurück.[53] Dieser Streit beförderte sicherlich mehr als alles andere das Entstehen des Neukantianismus und der Kant-Philologie.[54]

Zu Anfang war allerdings von methodischem Vorgehen nicht die Rede. Systematisches und Philologisches, Kantisches und Prinzipielles wogte wild durcheinander. Von entscheidendem Interesse ist für den vorliegenden Zusammenhang, daß weder Trendelenburg noch Fischer eine Stelle in der Kritik der reinen Vernunft namhaft machen konnten, an der Kant jene dritte Lösung bedacht haben

---

[51] Vgl. dazu ausführlich Schwaetzer (im Druck a). Zum Streit Köhnke (1986, 257 ff.).

[52] Die Kontroverse zwischen Fischer und Trendelenburg gestaltete sich von beiden Seiten sehr unerfreulich und polemisch (Trendelenburg 1869; Fischer 1870). Eine Versachlichung der Debatte zwischen den beiden versuchte Cohen - ohne die systematische Hauptfrage zu berühren - in einem Aufsatz, den er vor dem Erscheinen seines Kant-Buches im 7. Band der Zeitschrift für Völkerpsychologie und Sprachwissenschaft publizierte (wiederabgedruckt als Cohen 1928).

[53] Vgl. dazu z.B. Spicker (1898, 87). Ferner den Exkurs in Vaihingers Kant-Kommentar (1922); anhand der aufgeführten Literatur wird deutlich, wie intensiv die Frage über lange Zeit diskutiert wurde.

[54] Vgl. das Aperçu Köhnkes (1986, 261): "Wie in Berlin-Charlottenburg zwei Parallelstraßen, eine Kuno-Fischer- und eine Trendelenburgstraße, auf die Neue Kantstraße führen, so führten die Wege zum Neukantianismus auch entweder durch die Schule Fischers oder durch die Trendelenburgs."

sollte. Trendelenburg behauptete, eine solche gebe es nicht, und Fischer bleibt noch in der Streitbroschüre (1870) diesbezüglich eine Antwort schuldig.

Angesichts dieser Situation ist es ein historisch bemerkenswertes Ereignis, wenn Hartmann a) ohne Kenntnis des Streites[55] b) auf die Trendelenburgsche Lösung verfällt und c) auf eine entsprechende Erörterung bei Kant verweist, in der dieser die Lösung verworfen hat.

Im sechsten Kapitel will Hartmann zeigen, daß nicht nur einzelne Kategorien wie Kausalität und Substanz auf das Ding an sich zu beziehen sind, sondern konsequenterweise *alle* auch transzendente Gültigkeit besitzen.[56] Bei Kant findet Hartmann wiederum eine Stelle, die auf das Richtige hindeutet, aber aufgrund des Bewußtseinsansatzes nach seiner Ansicht auf Abwege gerät. Kant schreibt in der transzendentalen Analytik gleich im Eingang zur transzendentalen Deduktion der Kategorien:

> "Es sind nur zwei Fälle möglich, unter denen synthetische Vorstellung und ihre Gegenstände zusammentreffen [...] Entweder wenn der Gegenstand die Vorstellung, oder diese den Gegenstand allein möglich macht." (KrV A 92 / B 124 f.)

---

[55] Es scheint auf den ersten Blick unglaubwürdig, daß Hartmann die Kontroverse nicht kannte. Dieser Unglauben verstärkt sich noch, wenn man bedenkt, daß er Trendelenburgs *Logische Untersuchungen* durchaus kannte. Hartmann verweist in PhU 24 auf den Zweck-Begriff des achten Kapitels der *Logischen Untersuchungen* der *ersten* Auflage. Dabei ist zu bedenken, daß ab der zweiten Auflage ein neues Eingangskapitel zugefügt ist, so daß das achte Kapitel jetzt dem neunten entspricht. Trendelenburg zitiert also nicht den ersten Band, sondern den zweiten Band der *Logischen Untersuchungen.* Es ist durchaus wahrscheinlich, daß Hartmann den ersten Band nicht zur Kenntnis genommen hat, was der damaligen Rezeptionshaltung gegenüber den *Logischen Untersuchungen* entsprach. Im Vorwort zur zweiten Auflage vermerkt Trendelenburg, die meisten Leser hätten sich "an den Pluralis des Titels" gehalten und nicht bemerkt, daß ein Ganzes intendiert gewesen sei (1870, VI). Hätte Hartmann die Diskussion gekannt, so hätte er es sich sicher nicht versagt, seine Version, die durchaus Neues und Originelles zum damaligen Diskussionsstand hätte beitragen können, zu präsentieren. Er hätte sich damit an wirkmächtigster Stelle in die aktuelle Kant-Diskussion einschalten können. Daß er es nicht tut, kann als sicherer Beleg für seine Unkenntnis der Diskussion gewertet werden.

[56] Hartmann selbst vertritt natürlich andere Kategorien als Kant. Für ihn ergeben sich drei Bereiche: das subjektiv Ideale im Menschen, das objektiv Reale in der Natur und die metaphysische Sphäre des Unbewussten. Die Kategorien gestalten sich in ihnen je anders, da der erste Bereich metaphysisch und erkenntnistheoretisch immanent ist, der zweite metaphysisch immanent und erkenntnistheoretisch transzendent und der dritte in beiden Hinsichten transzendent, vgl. KL. Eine zusammenfassende Darstellung der Kategorienlehre Hartmanns hat Hessen (1924) vorgelegt.

Nachdem Kant sich so für die zweite Lösung entschieden hat[57], verweist er auf eine dritte Möglichkeit:

> "Wollte jemand zwischen den zwei genannten einzigen Wegen noch einen Mittelweg vorschlagen, nämlich, daß sie weder *selbstgedachte* erste Prinzipien a priori unserer Erkenntnis, noch auch aus der Erfahrung geschöpft, sondern subjektive, uns mit unserer Existenz zugleich eingepflanzte Anlagen zum Denken wären [...]" (KrV B 167)

Auf diese Stelle verweist Hartmann (D 84 ff.). Trendelenburg wäre die Stelle sehr entgegenkommen, wenngleich er seine Behauptung hätte revidieren müssen, daß Kant an die dritte Stelle nicht gedacht habe.[58] Wie Hartmann hätte er wahrscheinlich eingewendet:

> "Zunächst beruht die *ganze* Begründung für die Behauptung, dass die Kategorien die Erfahrung und dadurch indirekt die empirischen Naturgesetze bestimmen, ausschliesslich auf der *Elimination* der *anderen* Seite der Alternative. Ergiebt sich nun aber, dass die Alternative als solche falsch ist, dass es nicht nur eine dritte Möglichkeit giebt, sondern dass diese sogenannte dritte Möglichkeit überhaupt die *einzige* ist, dann fällt das Bindende jener Begründung fort." (D 86)

Die Begründung für die dritte Möglichkeit läßt sich aus dem oben entwickelten Ansatz ableiten. Die Alternative Kants mit der Verwerfung der dritten Möglichkeit beruht auf der Prämisse einer auf das Bewußtsein gestützten Erkenntnistheorie. Ist diese Prämisse falsch, vermag sich der Gedanke des Unbewussten mit der dritten Möglichkeit zu verbinden. Hieraus entsteht die Lösung:

> "[...] er [sc. Kant, HS] hat *Unrecht*, dass wir neben dieser a posteriori aus der fertigen Erfahrung gewonnenen abstracten Kenntniss der Katgorien [...] noch eine reine apriorische Kenntniss derselben haben, oder dieselben als reinen Bewusstseinsinhalt a priori besitzen, oder durch reines Denken erzeugen können. Als *unbewusste* logische Formen sind sie *a priori* (sowohl im Denken wie im Sein), als *bewusste* logische Formen sind sie *a posteriori*." (D 89 f.)

An dem Zitat wird deutlich, daß die gesamte Argumentation Hartmanns immer wieder auf den einen Einwand zurückkommt, daß nur das *unbewußt Ideale* eine - freilich mittelbare - Objektivität gewährleistet.

Was Hartmann und Trendelenburg verbindet, ist ihr Versuch, Kategorien und Anschauungformen als zugleich objektiv und subjektiv zu erweisen. Was sie

---

[57] "[...] entweder die Erfahrung macht diese Begriffe, oder diese Begriffe machen die Erfahrung möglich. Das erstere findet nicht in Ansehung der Kategorien [...] statt. [...] *Folglich* bleibt nur das zweite übrig" (KrV B 166 f.).

[58] Nach dem Erscheinen von Cohen (1871) mußte er seine diesbezügliche Behauptung ohnehin revidieren.

weiter verbindet, ist der Dualismus. Beide konstruieren eine Art prästabilierte oder präfigurierte Harmonie. Was sie indes trennt, ist der Ansatz, aus dem heraus sie das Bindeglied bestimmen. Für Trendelenburg ist eine Metaphysik der Bewegung das Grundelement, für Hartmann das Unbewußte. Trendelenburg betreibt Wissenschaftstheorie auf neuaristotelischer Grundlage, Hartmann geht eher von der "weltanschaulichen" Seite aus.[59]

Hartmann, Lange und der Neukantianismus

Die zeitgenössische Auseinandersetzung in der Erkenntnistheorie hatte Hartmann mit dem Marburger Neukantianismus zu führen: Die *Philosophie des Unbewußten* und Langes *Geschichte des Materialismus* stritten sich um den Rang des meistgelesenen Buches.[60] Dementsprechend gereizt ist Langes Ton:

> "Um so plumper und handgreiflicher ist dagegen die falsche Teleologie [...] in *Hartmanns* 'Philosophie des Unbewußten' vertreten." (Lange 1974, II, 721)

Hartmann stelle "mit großer Seelenruhe" Widersprüche auf in der Erklärung des Verhältnisses von Kausalität und Teleologie. Die Schwierigkeiten, materielle Ursachen zu benennen, "macht Hartmann keinen Kummer".

> "Der Australneger aber und der Philosoph des Unbewußten machen da Halt, wo ihr Vermögen natürlicher Erklärung aufhört und schieben den ganzen Rest auf ein neues Prinzip [...] Die Grenze, bei welcher die physische Erklärung aufhört und der Spuk dafür eintritt, ist bei beiden verschieden; die wissenschaftliche Methode aber ist dieselbe. Dem Australneger z.B. ist der Funke der Leydener Flasche wahrscheinlich devil-devil, während Hartmann ihn noch natürlich erklären kann. [...] Das Blatt, welches sich zur Sonne wendet, ist für Hartmann, was die Leydener Flasche für den Australneger. Während die Unermüdlichkeit der Forscher gerade auf diesem Gebiet täglich neue Entdeckungen hervorbringt, welche alle darauf hinweisen, daß auch diese Erscheinungen ihre mechanische Ursache haben, hat der Philosoph des Unbewußten mit seinen botanischen Studien hier zufällig an einem Punkte Halt gemacht [...]

---

[59] In den späteren Auflagen unter dem Titel KGR hat Hartmann Trendelenburg gewürdigt; in seinem späteren Kant-Buch (K 89) schwächt er Trendelenburgs Bedeutung wieder ab; zudem will er jetzt nicht nur drei, sondern vier Möglichkeiten des Streits erkennen. Eine Aufarbeitung dieser Position hätte im Rahmen einer umfassenden Darstellung des Fischer-Trendelenburgschen-Streites zu geschehen.

[60] Ein weiteres Beispiel für das Konkurrenzverhältnis ist die Besetzung des Kieler Lehrstuhls. Lotze schrieb 1871, man könne Hartmann dafür in Betracht ziehen, aber besser sei vielleicht doch Lange, vgl. Pester (1997, 289 f.).

Daß Hartmanns geistige Ursachen identisch sind mit dem devil-devil der Australneger, bedarf kaum eines Beweises." (ebd. 722 f.)[61]

Die Polemik deutet drei existentielle Streitfragen an:

a) Kausalität versus Teleologie. Lange verficht im Anschluß an Kant die Ansicht, daß Teleologie zum einen ein erkenntnisaxiomatischer Begriff sei, der die Begreifbarkeit der Welt sichere, zum anderen aber in den Naturwissenschaften nur heuristisch gebraucht werden dürfe (ebd. 720f.). Die *Philosophie des Unbewußten* aber fußt auf dem Zweckbegriff, wie eingangs dargelegt.[62]

b) Naturwissenschaft versus Metaphysik. Für Lange ist die Metaphysik ein Ideal voll schönen Scheins; wie das Gewebe der Penelope löse die Wissenschaft auf, was die Metaphysik gesponnen. Für Hartmann hingegen ist das Unbewußte die entscheidende Realität, zu der es über die transzendente Kausalität auch einen mittelbaren Zugang gebe. In diesen Zusammenhang gehört die Debatte um das Ding an sich als Grenzbegriff.[63]

c) Logizismus versus Unbewußtes. Der Ausdruck "Logizismus" an dieser Stelle ist für Lange etwas unscharf; er ist eher aus der Schulperspektive gedacht. Dahinter steht aber bereits bei Lange der Ansatz empirisch-kausaler Erklärbarkeit und die Berufung auf das bewußte Denken in der Rezeption der kantischen Erkenntnistheorie.

Schärfer konnten die Gegensätze kaum ausfallen. Entsprechend ist es auch zu keiner sachlichen Debatte gekommen.[64] Der Streit zwischen beiden vollzieht sich

---

[61] Man vgl. auch die Schlußwürdigung: "Wenn die 'Philosophie des Unbewußten' jemals so viel Einfluß auf die Kunst und Literatur der Zeitgenossen gewinnen und so zum Ausdruck der vorherrschenden Zeitströmung werden sollte, wie das einst mit Schelling und Hegel der Fall war, so würde sie damit bei noch so schadhafter Grundlage als eine Nationalphilosophie ersten Ranges legitimiert sein. Die Periode, welche damit bezeichnet würde, wäre eine Periode des geistigen Verfalls, aber auch der Verfall hat seine großen Philosophen, wie *Plotin* am Schlusse der griechischen Philosophie" (ebd. 727).

[62] Und in dieser Hinsicht konnte sich und hat sich Hartmann auf Trendelenburg berufen, gegen den Lange mit seiner *Geschichte des Materialismus* ebenfalls zu Felde zieht, vgl. dazu Schwaetzer (im Druck a). Um so heftiger mußte die Invektive Langes an dieser Stelle ausfallen.

[63] Diese Lesart machte bekanntlich Cohen (1871) stark, und Lange übernahm sie in der zweiten Auflage seines Werkes.

[64] Hartmann geht erstaunlich sachlich auf Langes Kritik ein; vgl. PhU10 III, 440ff. Daß auch er eine spitze Feder führt, wird allerdings an seiner Auseinandersetzung mit Vaihinger deutlich, vgl. das "platonische Gespräch", welches er zwischen Vaihinger und einer jungen Dame imaginiert, welches mit der Flucht der Dame endet, nachdem Vaihinger seinen Heiratsantrag mit der Bitte verknüpft, seine Kolloquien zu besuchen, NSchH 116-118. Von Hartmann gibt es im übrigen einen Aufsatz zum Gegenstand: "Über wissen-

unter Einbezug zweier weiterer Denker: Spickers und Vaihingers.[65] Spicker hatte 1874 eine Schrift gegen Langes *Geschichte des Materialismus* gerichtet und zugleich 1875 eine Erkenntnistheorie veröffentlicht (Spicker 1874, 1875). In der Erkenntnistheorie vermerkt Spicker nach einem Verweis auf Hartmanns Schrift über das Ding an sich:

> "Ueberhaupt sei diese sehr eingehende und scharfsinnige Abhandlung zur Vergleichung und Ergänzung unseres Trac<ta>tes aufs wärmste empfohlen." (Spicker 1875, 71)

Zugleich ist Spicker dezidierter Anhänger der Trendelenburgschen dritten Möglichkeit und läßt aus dieser Perspektive kein gutes Haar an Lange sowie der Grenzbegriff-Hypothese. Für die Marburger kommt die Invektive Spickers überraschend; die zweite Auflage der *Geschichte des Materialismus* hatte noch lobende Worte für ihn.[66] Am 2. April 1875 schreibt Cohen an Lange:

> "Recht leid thut es mir um Spicker, der braver angefangen hat; nach einer Buchhändler-Anzeige, die er zu seinem neuesten Opus verübt hat, entzieht er sich der Besprechung in guter Gesellschaft." (Lange 1968, 378)[67]

Der Lange-Verehrer Vaihinger führt den Streit für die Marburger weiter. In seiner Schrift *Hartmann, Düring und Lange* von 1876 entzieht er sich der Auseinandersetzung, indem er Spickers Lange-Buch auf eine Stufe mit einer anderen, von Lange mit einer vernichtenden Rezension bedachten Schrift stellt und hinzufügt, sie seien ohnehin "nur Recensionen des Langeschen Werkes" "mit einem auf Reclame berechneten Titel" (Vaihinger 1876, 226).[68] Hartmann seinerseits gibt das Kompliment an Spicker zurück und übernimmt - jetzt im positiven Sinne - die Technik Vaihingers. Er enthebt sich der Auseinandersetzung mit Lange und richtet sich sofort gegen Vaihinger.

> "[Langes, HS] Standpunkt [kann man, HS] nur noch als *Confusionismus* bezeichnen [...]. Den Nachweis hierfür im Einzelnen zu liefern, hiesse der philosophischen Bedeutung Lange's schon zu viel Ehre anthun; übrigens ist

---

schaftliche Polemik" (GSTA 42-67).

[65] Die Darstellung kann sich an dieser Stelle kurz fassen, da die sachliche Problematik in der Einleitung zu Spickers Werk gegen Lange im vierten Band der vorliegenden Reihe verhandelt wird.

[66] Die diesbezüglichen Bemerkungen finden sich bei Lange (1974, I, 325. 428).

[67] In der Tat haben die Marburger, so weit ich sehe, von dieser Zeit an geschwiegen und kein weiteres Werk Spickers besprochen, obwohl Spickers Bände nicht wenig rezensiert worden sind; vgl. den Nachweis einiger Besprechungen in Spicker (1998, 131 ff.).

[68] Man vgl. damit etwa die Stellungnahme Meinongs (1876) zu Spickers Erkenntnistheorie. Auch wenn Meinong kein Freund der Spickerschen Position ist, fällt das Urteil doch angesichts des gemeinsamen Gegners Kant ganz anders aus.

derselbe in ausreichender Weise von Professor Gideon Spicker geführt worden." (NSchH 5)[69]

Über den erkenntnistheoretischen Erwägungen tritt freilich die eigentliche Stoßrichtung einer Erkenntnistheorie des Unbewußten in den Hintergrund: es geht entweder um Kant oder um allgemein weltanschauliche Fragen.

Dasselbe Phänomen zeigt sich auch bei weiteren Rezipienten der Erkenntnistheorie Hartmanns.[70] Als Beispiel sei hier Johannes Volkelt genannt, mit dem Hartmann eine erkenntnistheoretische Diskussion führte (vgl. KWPhG 182-200). Volkelt stand aber zugleich Liebmann nahe; mit ihm verband ihn, um dessen Begriff zu wählen, die Idee der Interpolationsmaximen, oder in Volkelts Ausdruck der Gedanke des transsubjektiven Minimums.[71] Für Volkelt liegt dieses aber im Denken als einem Bereich der weder bewußt noch unbewußt zu nennen ist; Volkelt übernimmt Hartmanns Grundansatz; er stimmt sowohl seiner Kant-Kritik (1879, 20 und 123) wie der "dritten Möglichkeit" (ebd. 60) zu.[72] Aber er weicht im entscheidenden Punkte von ihm ab; zwar spricht auch er von unbewußten Vorstellungen, doch merkt er an:

> "Auf den Ausdruck 'unbewusste Vorstellung' lege ich kein Gewicht. Es sollen damit nur kurz die beim Verschwinden meiner bewussten Vorstellungen *innerhalb meines Selbstes zurückbleibenden* x bezeichnet sein." (Volkelt 1879, 167 Anm.)

Volkelt distanziert sich damit von der *induktiven* Metaphysik des Unbewußten, die Hartmann als Basis seiner Erkenntnistheorie formuliert. Die Haltung Volkelts gilt *cum grano salis* auch für andere Rezipienten. Wenn Hartmann positiv rezipiert wird, dann ist es seine Kant-Kritik, die Beifall findet. Daß sich darunter eine

---

[69] Zum *Confusionismus* vgl. ausführlicher NSchH 65 ff.

[70] Die folgenden Ausführungen sind als Ausblick gedacht; die notwendige inhaltliche Diskussion hierzu wird in der Einleitung zu dem folgenden Band der Reihe, Volkelts *Erfahrung und Denken* (1886), gegeben.

[71] Vgl. zur Verwandtschaft beider Schwaetzer (1999); die Nähe Volkelts und Spickers habe ich in der Einleitung zu Spicker (1998, XLVff.) gezeigt.
Eine weitere Rezeptionsspur führt in ein ganz anderes Gebiet. Rudolf Steiner hat seine Dissertation *Wahrheit und Wissenschaft* Eduard von Hartmann, den er persönlich kannte und mit dem er auch im Briefwechsel stand, gewidmet. Darüber hinaus bemerkt er in der Einleitung, "daß ohne die grundlegenden Vorarbeiten Volkelts mit ihren gründlichen Untersuchungen über den Erfahrungsbegriff die präzise Fassung des Begriffs des 'Gegebenen', wie wir sie versuchen, sehr erschwert worden wäre" (Steiner 1980, 15).

[72] Obwohl Volkelt die Kontroverse Fischer-Trendelenburg behandelt, verweist er ausdrücklich darauf, daß auch Hartmann für die "dritte Möglichkeit" votiert habe.

originelle und originäre *Erkenntnistheorie des Unbewußten* verbirgt, ist den Zeitgenossen entgangen oder wurde von ihnen ignoriert.

Typisch in dieser Hinsicht ist Moritz Brasch, ein Trendelenburg-Schüler. In seiner Darstellung der "Philosophie der Gegenwart" erkennt er, daß die Schrift über das Ding an sich als Grundlegung der Philosophie des Unbewußten und als Auseinandersetzung mit dem entstehenden Neukantianismus zu deuten ist. Brasch hält die Schrift für so wichtig, daß er über mehrere Seiten Auszüge aus ihr gibt; in diesen Auszügen sind auch wesentliche Stellen zum Unbewußten erfaßt; Brasch kommentiert die Stellen jedoch in keiner Weise, sondern leitet direkt zur Metaphysik über (Brasch 1888, 687 ff.).

Seine allgemeine Würdigung mag den Schluß dieser Einleitung bilden:

> "[Es gibt, HS] solche Versuche von Neubildungen, die eine Kombination beider genannten Momente [Spekulation und Empirie, HS] darstellen und welche daher die spekulative Höhe, die Universalität und die systematische Geschlossenheit der frühern großen Denker mit der Fülle der gegenwärtigen Erfahrung in Natur und Geschichte und mit der Strenge der heutigen Forschungsmethode zu verschmelzen bemüht sind. In dieser dritten Kategorie von Philosophen müssen wir *Ed. v. Hartmann* unzweifelhaft als den hervorragendsten anerkennen." (Brasch 1888, 683).[73]

Literatur

Zitierte Werke Eduard von Hartmanns:

ChNT Das Christentum des neuen Testaments. Zweite, umgearbeitete Aufl. der Briefe über die christliche Religion. Sachsa 1905.

D Das Ding an sich und seine Beschaffenheit. Kantische Studien zur Erkenntnistheorie und Metaphysik. Berlin 1871. Ab der zweiten Auflage als KGR.

GBP Zur Geschichte und Begründung des Pessimismus. Berlin (Leipzig) 1880.

GE Das Grundproblem der Erkenntnisstheorie. Eine phänomenologische Durchwanderung der möglichen erkenntnisstheoretischen Standpunkte. Leipzig 1889.

GSTA Gesammelte Studien und Aufsätze gemeinverständlichen Inhalts. Berlin 1876.

---

[73] Danken darf ich allen, die das Erscheinen der Neuausgabe unterstützt haben: Prof. Dr. Klaus Reinhardt (Trier), Herrn Prof. Dr. Ulrich Hoyer (Münster) und Henrieke Stahl-Schwaetzer (Trier) für Anregungen, Frau Maria Merz (Trier) für die Erstellung der Register sowie Herrn Dr. Peter Guyot für die gute Zusammenarbeit.

K Kants Erkenntnistheorie und Metaphysik in den vier Perioden ihrer Entwicklung. 1. Aufl. 1893, 2. Aufl. Leipzig 1894.

KGR Kritische Grundlegung des transzendentalen Realismus (= 2. und weitere Aufl. von D). 2. Aufl.: 1875; 3. Aufl. 1886; 4. Aufl.: Ausgewählte Werke I,4 Leipzig 1914.

KL Kategorienlehre. Leipzig 1896.

KR J. H. v. Kirchmanns erkenntnisstheoretischer Realismus. Ein kritischer Beitrag zur Begründung des transcendentalen Realismus. Berlin 1875.

KWPhG Kritische Wanderungen durch die Philosophie der Gegenwart. Leipzig 1889.

LPh Lotzes Philosophie. Leipzig 1888.

ME Mein Entwicklungsgang. In: GSTA 11-41.

NPh Naturwissenschaft und Philosophie (1867). In: GSTA 421-444.

NSchH Neukantianismus, Schopenhauerianismus und Hegelianismus in ihrer Stellung zu den philosophischen Aufgaben der Gegenwart. 2. erw. Aufl. der Erläuterungen zur Metaphysik des Unbewussten. Berlin 1877.

PhD Das philosophische Dreigestirn des 19. Jahrhunderts. Eine historisch-kritische Einleitung in die Philosophie des Unbewußten. In: GSTA 547-729.

PhU Philosophie des Unbewußten. Versuch einer Weltanschauung. Berlin 1869. Nachdruck hg. v. H. Lütkehaus. Hildesheim 1989.

PhU 10 Philosophie des Unbewußten. Versuch einer Weltanschauung. Zehnte erw. Aufl. in drei Teilen. Ausgewählte Werke. 2. Aufl. Band VII. Leipzig o. J.

SCh Die Selbstzersetzung des Christentums und die Religion der Zukunft. Berlin 1874.

US Das Unbewusste vom Standpunkt der Physiologie und Descendenztheorie. Eine kritische Beleuchtung des naturphilosophischen Theils der Philosophie des Unbewussten aus naturwissenschaftlichen Gesichtspunkten. 1. Aufl.: anonym. Berlin 1872. 2. Aufl. unter E.v. Hartmann und erw. Berlin 1877 (zitiert nach PhU 10, 3)

WG Das Wesen des Gesammtgeistes (Eine kritische Betrachtung des Grundbegriffs der Völkerpsychologie) (1869). In: GSTA 504-519.

Weitere Literatur

Brasch, Moritz: Die Philosophie der Gegenwart. Ihre Richtungen und ihre Hauptvertreter. Für die Gebildeten dargestellt. Leipzig 1888.

Cohen (1871), Hermann: Kants Theorie der Erfahrung. 1. Aufl. Berlin 1871 (= Cohen Werke. Hg. v. H. Holzhey. Band 1,3. Hildesheim 1987)

Cohen (1928), Hermann: Zur Kontroverse zwischen Trendelenburg und Kuno Fischer. In: Ders.: Schriften zur Philosophie und Zeitgeschichte. Band 1. Berlin 1928. 229-275. (urspr.: Zeitschrift für Völkerpsychologie und Sprachwissenschaft 7 (1871) 249-296).

Carrière, Moritz: Die Lage der Gegenwart und die Religion der Zukunft. In: Im neuen Reich. Wochenschrift für das Leben des deutschen Volkes in Staat, Wissenschaft und Kunst. Hg. v. Konrad Reichard. 5 (1875) 161-176.

Fischer, Kuno: Anti-Trendelenburg, Eine Gegenschrift. Jena 1870.

Grün, Klaus-Jürgen: Vom unbewegten Beweger zur bewegenden Kraft. Der pantheistische Charakter der Impetustheorie im Mittelalter. Paderborn 1999.

Herbst, August: Erscheinung oder Schein? Anmerkungen zu Spickers Kritik an Kant und Lange. In: Hoyer, Ulrich / Schwaetzer, Harald (Hgg.): "Kampf zweier Weltanschauungen". Metaphysik zwischen Naturwissenschaft und Religion im Werk Gideon Spickers. Hildesheim u.a. 1999. 63-90.

Hessen, Johannes: Die Kategorienlehre Eduard von Hartmanns und ihre Bedeutung für die Philosophie der Gegenwart. Leipzig 1924.

Hoyer, Ulrich: Der transzendentale Realismus Eduard von Hartmanns. In: Eduard von Hartmann: Das Ding an sich und seine Beschaffenheit. Kantische Studien zur Erkenntnistheorie und Metaphysik. Berlin 1871. Neu hg. u. eingel. v. H. Schwaetzer. M. e. Vorw. v. U. Hoyer. Texte zum frühen Neukantianismus Bd. 2. Hildesheim u.a. 2000.

Huber, Johannes: Die religiöse Frage. Wider Eduard von Hartmann. München 1874.

Kant, Immanuel: Werke. Hg. v. W. Weischedel. Darmstadt 1983.

Köhnke, Klaus Christian: Entstehung und Aufstieg des Neukantianismus. Die deutsche Universitätsphilosophie zwischen Idealismus und Positivismus. Ffm 1986.

Lange (1968), Friedrich Albert: Über Politik und Philosophie. Briefe und Leitartikel 1862 bis 1875. Hg. v. G. Eckert. Duisburg 1968.

Lange (1974), Friedrich Albert: Geschichte des Materialismus und Kritik seiner Bedeutung in der Gegenwart. 2 Bde. 2. Aufl. Nachdruck. Hg. v. A. Schmidt. Ffm 1974.

Liebmann, Otto: Kant und die Epigonen. Eine kritische Abhandlung [Wiederabdruck hg. v. B. Bauch. Berlin 1912].

Lütkehaus, Ludger: Vorwort zur Neuausgabe. In: PhU I*-VI*.

Meinong, Alexius: Rez. zu Spicker 1875. In: Philosophische Monatshefte 12 (1876) 337-347.

Mittman, Jörg-Peter: Das Prinzip der Selbstgewißheit. Fichte und die Entwicklung der nachkantischen Grundsatzphilosophie. Bodenheim 1993.

Pester, Reinhardt: Hermann Lotze. Wege seines Denkens und Forschens. Ein Kapitel deutscher Philosophie- und Wissenschaftsgeschichte im 19. Jahrhundert. Würzburg 1997.

Schnehen, Wilhelm von: Eduard von Hartmann. Suttgart 1929.

Schopenhauer, Arthur: Werke. Hg. v. L. Lütkehaus. Zürich 1991.

Schwaetzer (1997), Harald: *Phantasia naturalis*. Die Neugestaltung des Naturbegriffs durch die Idee der Bildsamkeit. Ansichten und Einsichten von Anders und Goethe. In: System & Struktur V/2 (1997) 125-156.

Schwaetzer (1998), Harald: Anthropologie im Zeichen der Bombe. Eine Skizze zur Anthropologie im 20. Jahrhundert bei Spicker, Anders, Buber und Heisterkamp. In: Schwaetzer, Harald / Stahl-Schwaetzer, Henrieke. L'homme - machine? Anthropologie im Umbruch. Ein interdisziplinäres Symposion. Hildesheim u.a. 1998. 185-215.

Schwaetzer (1998a), Harald: Weltanschauung und Symbolphilosophie. Gideon Spickers "Kampf zweier Weltanschauungen" (1898). Eine Säkularbetrachtung. In System & Struktur VI (1998) 229-248.

Schwaetzer (1999), Harald: Interpolation und Aisthesis. Die Wiedergewinnung eines allgemeinen Menschenrechts. Zum Satz des Bewußtseins bei Liebmann, Volkelt und

Goethe. In: Schwaetzer, Harald / Stahl-Schwaetzer, Henrieke (Hgg.): Aisthesis. Die Wahrnehmung des Menschen. Gottessinn. Menschensinn. Kunstsinn. Regensburg 1999. 231-246.

Schwaetzer (im Druck), Harald: Homine mediante. Die Grundlegung einer christologischen Erkenntnistheorie in *De aequalitate*. In: Mitteilungen und Forschungsbeiträge der Cusanus-Gesellschaft. (im Druck)

Schwaetzer (im Druck a), Harald: Metaphysik der Naturwissenschaften. Die Aristoteles-Rezeption in Trendelenburgs 'Logischen Untersuchungen'. In: Arbeitskreis für antike Naturwissenschaften. Band 10. Hg. v. J. Althoff, B. Herzhoff, G. Wöhrle. Trier 2000 (im Druck a)

Spicker (1874), Gideon: Über das Verhältniss der Naturwissenschaft zur Philosophie. Mit besonderer Berücksichtigung der Kantischen Kritik der reinen Vernunft und der Geschichte des Materialismus von Albert Lange. Berlin 1874.

Spicker (1875), Gideon: Kant, Hume, Berkeley. Eine Kritik der Erkenntnisstheorie. Berlin 1875.

Spicker (1898), Gideon: Der Kampf zweier Weltanschauungen. Eine Kritik der alten und neuesten Philosophie mit Einschluß der christlichen Offenbarung. Stuttgart 1898.

Spicker (1999), Gideon: Die Freiburger Briefe an Moriz Carrière. Hg. v. H. Schwaetzer in Zusammenarbeit mit A. Niedermeier. In: Hoyer, Ulrich / Schwaetzer, Harald (Hgg.): "Kampf zweier Weltanschauungen". Metaphysik zwischen Naturwissenschaft und Religion im Werk Gideon Spickers. Hildesheim u. a. 1999. 109-113.

Spicker (1999a), Gideon: Vom Kloster ins akademische Lehramt. Schicksale eines ehemaligen Kapuziners. Hg. u. m. e. Nachw. vers. v. H. Schwaetzer u. H. Stahl-Schwaetzer. Regensburg 1999.

Solov'ev, Vladimir: Der Sinn der Liebe. Übers. v. E. Kirsten. Eingel. v. L. Wenzler. Hamburg 1985.

Steiner, Rudolf: Wahrheit und Wissenschaft. Weimar 1892. Dornach 1980.

Trendelenburg (1869), Friedrich Adolf: Kuno Fischer und sein Kant. Eine Entgegnung. Leipzig 1869.

Trendelenburg (1870), Friedrich Adolf: Logische Untersuchungen. 3. Aufl. Leipzig 1870 (= Hildesheim 1964).

Vaihinger (1876); Hans: Hartmann, Dühring und Lange. Zur Geschichte der deutschen Philosophie im 19. Jahrhundert. Iserlohn 1876.

Vaihinger (1922), Hans: Kommentar zu Kants Kritik der reinen Vernunft. 2. Bd. Stuttgart u.a. 1922.

Volkelt (1879), Johannes: Immanuel Kants Erkenntnistheorie nach ihren Grundprincipien analysiert. Ein Beitrag zur Grundlegung der Erkenntnistheorie. Leipzig 1879.

Volkelt (1886), Johannes: Erfahrung und Denken. Kritische Grundlegung der Erkenntnistheorie. Hamburg / Leipzig 1886.

Weismüller, Christoph R.: Das Unbewußte und die Krankheit. Eine kritisch kommentierte Darstellung der 'Philosophie des Unbewußten' Eduard von Hartmanns im Hinblick auf den Krankheitsbegriff. Essen 1985.

Windelband, Wilhelm: Präludien. 2 Bde. 9. Auflage. Tübingen 1924.

Das Ding an sich

und

seine Beschaffenheit.

Kantische Studien

zur Erkenntnisstheorie und Metaphysik

von

E. v. Hartmann.

Berlin,
Carl Duncker's Verlag
(C. Heymons).
1871.

I.

Die subjektive Erscheinung.

Kant lehrt, dass alles, was wir wahrnehmen und denken, unter den Formen der Räumlichkeit, der Zeitlichkeit und der Kategorien steht, welche nur subjektive Anschauungs- und Denkformen, aber nicht Formen der Dinge an sich seien. Hiernach ist alles Wahrgenommene Erscheinung, und es ist der Fehler des vorkantischen Realismus, diese äusseren Erscheinungen zu Dingen an sich zu hypostasiren, oder dasjenige, was nur Modificationen unserer Sinnlichkeit ist, zugleich als „ausser uns für sich bestehende Dinge anzusehen" (Kant's Werke ed. Rosenkranz Bd. II. S. 308, 388). Schon Berkeley hatte dargethan, dass alles Wahrnehmen ganz ebenso subjektive Affection sei wie das Empfinden von Lust und Schmerz. Dies hält Kant fest. Er schärft immer von Neuem ein, dass die Erscheinungen, auch die, welche wir in Folge ihrer Räumlichkeit „äussere Gegenstände" nennen, nur Vorstellungen, nichts als Vorstellungen, blosse Vorstellungen sind (II. 207, 297—8, 301—2, 389—90), und als solche „gar nicht ausser unserm Gemüth existiren können" (389), sondern nur in uns (298, 300), nur in unserm Wahrnehmungsact, oder sonst nirgends angetroffen werden (390). Ebenso ist die Materie, welche sonst als das eigentlich Reale an den hypostasirten äusseren Gegenständen gilt, „lediglich ein Gedanke in uns" (307), blosse Vorstellung (309), da auch sie nur Erscheinung in der subjektiven Anschauungsform der Räumlichkeit ist. Es versteht sich von selbst, „dass, wenn ich das denkende Subjekt wegnehme, die ganze Körperwelt wegfallen muss, als die nichts ist, als die Erscheinung in der Sinnlichkeit unseres Subjekts und eine Art Vorstellungen desselben" (306).

Es geht hieraus unmittelbar hervor, dass alle Wirklichkeit oder Realität der Erscheinung auf der Wirklichkeit des subjektiven Vorstellungsaktes beruht, dessen Inhalt sie ist, dass also die Erscheinung nur subjektive Realität hat. So spricht Kant von der subjektiven Realität der Zeit (45), der Kategorien (273) und überhaupt der Vorstellungen in uns (167), und stellt an letzterem Orte selbst das Problem auf: „Wie kommen wir nun dazu: dass wir diesen Vorstellungen ein Objekt setzen, oder über ihre subjektive Realität, als Modificationen" (unserer Sinnlichkeit), „ihnen noch, ich weiss nicht was für eine, objektive beilegen?" Es ist dies die Kardinalfrage jeder Erkenntnisstheorie. Es ist höchst lehrreich, die Bemühungen Kant's zu ihrer Lösung eingehend zu betrachten; denn wenn schon die neueste deutsche Philosophie alle ihre grossen Wahrheiten und grossen Irrthümer auf Ideenkeime bei Kant zurückführen kann, so ist dies in erhöhtem Maasse hinsichtlich der Erkenntnisstheorie der Fall, auf welche ja Kant's theoretische Philosophie sich im Wesentlichen beschränkt hat. Niemand hat die Probleme mehr in ihrer Tiefe aufgewühlt; niemand ist deshalb ferner von jener glatten Widerspruchslosigkeit der Form, hinter welcher meistens nur die Oberflächlichkeit eine unbedeutende Weisheit in Paragraphen ordnet; — mehr als irgend ein bahnbrechendes Genie hat er die hohe Selbstverläugnung besessen, die Widersprüche in seiner Lehre stehen zu lassen, die er noch nicht anders als auf Kosten wohlberechtigter Gedankenelemente zu beseitigen gewusst hätte.

Kant sagt einmal, dass die Wirklichkeit der Erscheinungen (Materie und körperlicher Dinge) „auf dem unmittelbaren Bewusstsein ebenso wie das Bewusstsein meiner eigenen Gedanken beruht" (398). Man könnte zunächst denken, dass es sich hier nur um die oben erwähnte subjektive Realität der Erscheinungen als unserer Vorstellungen, handelt. Aber diese Realität interessirt keinen Menschen, da sie den Phantasiegebilden ganz in derselben Weise zukommt. Der Zusammenhang zeigt, dass es sich in der That darum handelt, die mehr als subjektive Realität aus der Pistole zu schiessen. Das „unmittelbare Bewusstsein" wäre in diesem Falle das instinctive Bewusstsein, welches in naiv-realistischer Weise seine Vorstellungen zu Dingen hypostasirt. Aber dieses unmittelbare Bewusstsein ist ja durch Kant hinsichtlich seiner Unmittelbarkeit ad absurdum geführt, und ob der Instinct ein mittelbares Recht zu seinem Real-setzen der Vorstellungen hat, das ist eben die Frage, die nicht mehr durch Berufung auf das unmittelbare Bewusstsein entschieden werden kann. In diesem Sinne ist also die folgende Behauptung falsch: „Alle äussere Wahrnehmung also beweist unmittelbar etwas Wirkliches im Raume oder ist vielmehr das Wirkliche selbst“ (300); denn es ist eine Selbsttäuschung, zu meinen, dass die subjektive Wirklichkeit, welche unmittelbar genommen allein und ausschliesslich der Erscheinung und Wahrnehmung zukommt, irgend etwas mit derjenigen Wirklichkeit zu thun habe, für die der Mensch sich allein interessirt, und welche die Wahrnehmung von der Erdichtung unterscheiden soll. Nun und nimmermehr ist die Wahrnehmung das Wirkliche selbst, sondern doch höchstens „die Vorstellung einer Wirklichkeit“ (299). Kein Mensch fragt nach einer Wirklichkeit der körperlichen Dinge, welche rein subjektiv ist und mit dem Gedanken, dessen Inhalt sie ist, steht und fällt. Die „Subreption“ einer mehr als subjektiven Wirklichkeit für diese rein subjektive, welche Kant sich hier zu Schulden kommen lässt, ist der eigentliche Grundfehler Berkeley's, nur mit dem Unterschiede, dass Kant diesen Fehler, der in sein ganzes System gar nicht hineinpasst und vielfach an anderen Stellen seine Widerlegung findet, nur einmal gelegentlich und nebenbei sich zu Schulden kommen lässt, ohne aus ihm irgend welche Consequenzen zu ziehen, während er bei Berkeley die Grundlage des ganzen Systems bildet. Kant hat überdies diesen Fehler in der zweiten Auflage ausgemerzt, ohne dadurch den streng idealistischen Charakter seines Systems zu beeinträchtigen, wie Schopenhauer, der in diesen Fehler zurückfällt, irrthümlich behauptet (denn die idealistische Doctrin ist unabhängig von der secundären Frage, ob und in welchem Sinne die subjektive Wahrnehmung an und für sich das Prädicat der Realität verdiene).

Der Grund für den instinctiven Glauben an eine mehr als bloss subjektive Realität der Wahrnehmungen ist offenbar ihr Unterschied von den erdichteten Darstellungen der Einbildungskraft, welche bei manchen Menschen an Lebhaftigkeit jenen nicht sehr nachzustehen brauchen. „Die Einbildungskraft ist das Vermögen, einen Gegenstand auch ohne dessen Gegenwart in der Anschauung vorzustellen“ (746). Nun bin ich mir häufig bewusst, dass die Produktion der Einbildungskraft von meinem Willen ausgeht, oft aber auch nicht, z. B. in Träumen und Hallucinationen. Diess erkennt Kant an und giebt zu (775), dass es solche anschauliche Vorstellungen äusserer Dinge durch die Einbilbungskraft gebe, welche doch nicht die Existenz derselben einschliessen (obwohl sie dieselbe ebenso wie bei der Wahrnehmung einzuschliessen scheinen). Es hilft nichts, dagegen einzuwenden, dass dies doch nur Reproduktionen (oder Combinationen und Umgestaltungen) ehemaliger Wahrnehmungen seien; die Möglichkeit einer Täuschung des unmittelbaren Bewusstseins über die Existenz des äusseren Gegenstandes bleibt durch die unbewussten Produktionen der Einbildungskraft erwiesen. Dieser Mangel einer Unterscheidung zwischen bewusster und unbewusster Produktion der Einbildungskraft macht Kant's Bemerkung in der Anmerkung zu S. 774 hinfällig. Und doch nennt Kant selbst die Einbildungskraft eine blinde Function der Seele (77), und lässt es an anderer Stelle dahingestellt sein, ob unsere Vorstellungen durch den Einfluss äusserer Dinge entspringen, oder durch innere Ursachen gewirkt sind (93), ja er räumt sogar die Möglichkeit ein, dass es das Subjekt der Gedanken selbst sei, welches durch Vorstellungs- und Willensacte den äusseren Sinn so afficire, dass er die Vorstellungen von Raum, Materie, Gestalt u. s. w. bekommt (288). Wer auch in den bewussten und anscheinend willkürlichen Produktionen der Einbildungskraft das nothwendige Walten psychologischer Gesetze anerkennt, für den verschwindet jede Schwierigkeit für die Anerkennung, dass auch in den nicht mit dem Schein der Willkür behafteten und deshalb wie mit äusserem Zwange sich geltend machenden Produktionen der Seele nicht nur die Form, sondern auch die Materie der Anschauung oder Empfindung durch gesetzmässige Produktion von innen erzeugt sei. Dieser nothwendige Schritt über Kant hinaus war freilich erst Fichte vorbehalten, der aber wieder den Fehler beging, die Ursachen ununtersucht zu lassen, welche die Seele zur unbewussten Produktion der Materie der Anschauung veranlassen.

Für verunglückt muss demnach der Versuch Kant's gelten, für die Wahrnehmung eine unmittelbare Realität durch ihren Unterschied von den Phantasiegebilden erweisen zu wollen (300 oben). In der zweiten Auflage hat Kant die allzuunvermittelte

Gestalt dieser Subreption fallen lassen, aber dafür klammert er sich daselbst einen Augenblick an ein etwas künstlicheres Argument an, das er doch ebenfalls bald dahinter Lügen strafen muss. S. 736 sagt er nämlich, dass „die Einheit des Bewusstseins dasjenige sei, was allein die Beziehung der Vorstellungen auf einen Gegenstand, mithin ihre objektive Gültigkeit, folglich dass sie Erkenntnisse werden, ausmacht“, — eine grobe Verwechselung der objektiven Einheit des Gegenstandes und der subjektiven Einheit des Bewusstseins, welche letztere gar nichts mit der ersteren zu thun hat, und selbst ganz disparate Gegenstände in sich vereinigen kann. Er erklärt sich noch näher auf S. 739, wo er sagt, dass das Urtheil (im Gegensatz zu der nur subjektiven Gültigkeit der reproduktiven Einbildungskraft) gegebene Erkenntnisse zur objektiven Einheit der Apperception bringt. Auf S. 754 aber lehrt er uns: „Es ist ein und dieselbe Spontaneität, welche dort unter dem Namen der Einbildungskraft, hier unter dem Namen des Verstandes, Verbindung in das Mannigfache der Anschauung bringt“, und zwar in beiden Fällen den Kategorien gemäss (746). Da ist nun wiederum nicht ersichtlich, weshalb dieselbe spontane Synthesis in denselben Gedankenformen hier ein Produkt von nur subjektiver, dort eins von objektiver Gültigkeit zu Stande bringen soll.

Wir kommen zu Kant's drittem Lösungsversuch der Frage: „Wie geht diese Vorstellung wiederum aus sich selbst heraus, und bekommt objektive Bedeutung noch über die subjektive, welche ihr, als Bestimmung des Gemüthszustandes, eigen ist?“ (168). Antwort: durch die Nothwendigkeit einer bestimmten und einer Regel unterstellten Art, die Vorstellungen zu verbinden. „Nur dadurch, dass eine gewisse Ordnung in dem Zeitverhältnisse unserer Vorstellungen nothwendig ist“, wird ihnen objektive Bedeutung ertheilt (168). Wunderlich über die Maassen fürwahr! Aus zwei Subjektiven (Vorstellungen) wird durch den Hinzutritt eines dritten Subjektiven (Gesetzes, Regel der Verknüpfung) stracks etwas Objektives, mehr als Subjektives! Die Regel der Verknüpfung kann nur subjektiv sein, denn es ist nichts als Subjektives da, worauf sie sich beziehen könnte, und doch soll sie objektiv machen! Kant selbst sagt: „denn Gesetze existiren ebensowenig in den Erscheinungen, — sondern nur relativ auf das Subjekt, dem die Erscheinungen inhäriren, so ferne es Verstand hat, — als die Erscheinungen nicht an sich existiren, sondern nur relativ auf dasselbe Wesen, soferne es Sinne hat" (755). „Die Grundsätze der Modalität sind aber nicht objektiv synthetisch, weil die Prädikate der Möglichkeit, Wirklichkeit und Nothwendigkeit den Begriff, von dem sie gesagt werden, nicht im Mindesten vermehren .... Da sie aber gleichwohl doch immer synthetisch sind, so sind sie es nur subjektiv" (794). Man sieht also, dass sich hier Kant von Neuem der schon oben besprochenen Täuschung hingiebt, wenn er die Erscheinungen darum für mehr als subjektiv hält, weil sie mit dem Gefühl des Zwanges nach einer nothwendigen Regel auf einander folgen, statt scheinbar willkürlich und regellos wie in dem subjektiven Spiel meiner Einbildungen (171). Diese Nothwendigkeit ist eben bei Kant nur eine subjektive, und kann nicht über den Standpunkt der Subjektivität hinausführen.

Der vierte Lösungsversuch Kant's stützt sich auf die Kategorie der Substantialität, wie der vorige auf die der Causalität. „Alle Zeitbestimmung setzt etwas Beharrliches voraus. Dieses Beharrliche kann nicht etwas in mir sein, weil eben mein Dasein in der Zeit durch dieses Beharrliche erst bestimmt werden kann. Also ist die Wahrnehmung dieses Beharrlichen nur durch ein Ding ausser mir und nicht durch die blosse Vorstellung eines Dinges ausser mir möglich" (773). Nun lehrt aber Kant, dass die Kategorie der Substantialität durchaus nur eine subjektive Denkform ohne jede über den Inhalt des Bewusstseins übergreifende Bedeutung ist, woraus hervorgeht, dass wir zwar vermöge der Einrichtung unseres Intellekts gezwungen sind, etwas Beharrliches dem Zeitlauf zu Grunde zu legen, dass aber damit durchaus nichts darüber ausgemacht werden könne, ob jenseits unseres Bewusstseinsinhalts thatsächlich so etwas Beharrliches existire. Gesetzt aber, dem wäre so, so würde doch die Möglichkeit offen stehen, dass dieses meinen Zeitlauf bestimmende Beharrliche ausschliesslich in mir sei; denn nichts hindert, dass dieses mein intelligibles Ich das zeitliche Dasein meines empirischen Ich bestimme, wie Kant auch anderwärts einräumt. Der Nachweis eines in der Wahrnehmung enthaltenen äusseren Beharrlichen ist also gänzlich verfehlt, was Kant auch zu fühlen scheint, da er ihn in der Vorrede (685—6) noch einmal umformt, ohne ihn zu verbessern oder etwas Neues hinzuzufügen. Kein Wunder, dass dieser ganze Versuch verunglücken musste, denn er hatte sich, wie der vorige, auf einen Begriff gestützt, auf eine Kategorie; aber Kategorien sind nach Kant selbst nur logische Functionen (60, 729), subjektive Gedankenformen (782), oder Denkformen (I. 503), welche sich aus Keimen und Anlagen des Verstandes entwickeln, in denen sie vorbereitet liegen (II. 67). Sie sind also einerseits selbst subjektiv, so dass ihre Hinzufügung zur Empfindung diese unmöglich objektiv machen kann; andererseits aber sind sie auch als reine Verstandesbegriffe so zu sagen nur leere Hülsen, die selbst erst der Erfüllung harren (781), also viel zu unreal sind, um etwas an sich nicht Reales real machen zu können. „In dem blossen Begriffe eines Dinges kann gar kein Charakter seines Daseins angetroffen werden", da das Dasein mit allen begrifflichen Bestimmungen gar nichts zu thun hat (188). „So kann die Nothwendigkeit der Existenz niemals aus Begriffen", sondern nur aus Erfahrung erkannt werden (189). „Wenn eine Erkenntniss objektive Realität haben .... soll, so muss der Gegenstand auf irgend eine Art gegeben werden können. Ohne das sind die Begriffe leer, und man hat dadurch zwar gedacht, in der That aber durch dieses Denken nichts erkannt, sondern bloss mit Vorstellungen gespielt. Einen Gegenstand geben, wenn dieses nicht wiederum nur mittelbar gemeint sein soll, sondern unmittelbar in der Anschauung darstellen, ist nichts Anderes, als dessen Vorstellung auf Erfahrungen .... beziehen" (137). „Da keine Vorstellung unmittelbar auf den Gegenstand geht, als bloss die Anschauung, so wird ein Begriff niemals auf einen Gegenstand unmittelbar, sondern auf irgend eine andere Vorstellung von demselben (sie sei Anschauung oder selbst schon Begriff) bezogen" (69). „Also beziehen sich alle Begriffe und mit ihnen alle Grundsätze, so sehr sie auch a priori möglich sein mögen, dennoch auf empirische Anschauungen, d. i. auf *data* zur möglichen Erfahrung. Ohne dieses haben sie gar keine objektive Gültigkeit, sondern sind ein blosses Spiel, es sei der Einbildungskraft oder des Verstandes, respective mit ihren Vorstellungen." Selbst die reine Anschauung a priori kann doch ihre „objektive Gültigkeit nur durch die empirische Anschauung bekommen, wovon sie die blosse Form ist" (199). So sehen wir uns wiederum auf den allerersten Standpunkt zurückgeworfen, in der Empfindung und Wahrnehmung die objektive Wirklichkeit zu suchen; denn erst wenn sie hier gefunden wäre, könnten die Begriffe an ihr und durch sie objektive Gültigkeit gewinnen. Aber wie wir auch die unmittelhare Anschauung drehen und wenden, sie bleibt doch Modification unseres Anschauungsvermögens, „die sogar bei verschiedenen Menschen verschieden sein kann" (39); wie tief wir in dieselbe eindringen mögen, wir kommen doch über eine immer vollständigere Erkenntniss der Gesetze unserer Sinnlichkeit (49 unten) und unseres Verstandes nicht hinaus, und niemals zu der gesuchten, über die subjektive hinausgehenden (objektiven) Realität.

Dieses Resultat war vorauszusehen; da die anschaulichen wie die begrifflichen Elemente der Erscheinung ebenso subjektiv sind wie die Gesetze ihrer Verknüpfung, so ist und bleibt das ganze Gebiet der Erscheinung subjektiv, und jede Bemühung, ihm unmittelbar eine darüber hinausgehende Realität zu sichern, ist ein stehen gebliebener Rest von jenem Hypostasiren der Erscheinungen, das für den naiven Realismus deshalb verzeihlich war, weil ihm die Subjektivität der Wahrnehmung noch gar nicht, oder doch nicht hinreichend zum Bewusstsein gelangt war. Trotz seiner völlig misslungenen Versuche, eine mehr als subjektive Realität für die Erscheinung und ihre Formen nachzuweisen, thut Kant aber doch immer so, als wenn dieselbe bewiesen wäre, oder aber sich von selbst verstände; denn die empirische Realität, welche er von Zeit und Raum behauptet, will entschieden mehr sein als subjektive Realität (im Vorstellungsakt), was so lange ganz unzulässig ist, als nicht die Möglichkeit eines nicht subjektiven, d. h. vom Subjekt unabhängigen Gegenstandes (Dinges) und einer nothwendigen, zugleich real seienden und bewussten, Beziehung der Vorstellung auf denselben nachgewiesen ist, durch welche allein die Vorstellung wenigstens mittelbar eine mehr als subjektive Realität erlangen und damit zugleich allererst Erkenntniss werden kann (137).

II.

Das transcendentale Objekt.

Nachdem sich die Bemühungen, in der Wahrnehmung unmittelbar eine objektive Realität aufzufinden, als vergeblich erwiesen haben, treten wir dem am Schluss des vorigen Abschnitts angedeuteten Problem näher, ob vielleicht mittelbar, durch Beziehung der Wahrnehmung auf ein an und für sich Nichtsubjektives (vom Subjekt Unabhängiges), der an und für sich subjektiven Erscheinung ein Abglanz des unabhängig Realen zu Theil werden könne, eine Art indirekter objektiver Realität aus zweiter Hand. „Man kann allen Schein darin setzen, dass die subjektive Bedingung des Denkens für die Erkenntniss des Objekts gehalten wird“ (315). Gesetzt also, es gäbe kein „Objekt an sich“ (718) hinter dem „Objekt als subjektive Erscheinung“, so wäre dieses letztere reiner Schein, falls man sich nicht von dem instinctiven Glauben an ein Objekt völlig losreissen und dadurch die Erscheinung zu einem wahren Traum herabzusetzen vermöchte, der dann aber, weil er als Traum gewusst wäre, „weniger als ein Traum“ sein würde (103). Man würde die sogenannte „Erscheinung“ in abstracto als Traum erkennen, in concreto aber würde sie fortfahren, nothwendiger unzerstörbarer Schein zu sein (wie man z. B. in abstracto dem Mond am Horizont dieselbe Winkelgrösse wie im Zenith zuerkennt, in concreto aber der Schein unzerstörbar ist, dass er am Horizont grösser sei). Der Begriff der Erscheinung setzt ein „Objekt an sich selbst“ voraus, zu welchem die qualitative Bestimmtheit der Erscheinung in einer nothwendigen und unzertrennlichen Beziehung stehen muss (208, 718); ohne eine solche Beziehung auf ein objektives Sein verliert der Begriff der Erscheinung seine Bedeutung und geht in den des Scheins über. Es zeigt sich jetzt, dass es ein und dieselbe Frage ist: „Was kann die Erscheinung davor schützen, in blossen Schein zu zerrinnen?“ oder: „Wie kann die Erkenntniss eine mittelbare objektive Realität erlangen?“ Die Antwort lautet: Durch nothwendige Verknüpfung resp. Beziehung auf ein Objekt an sich (718 Anm.); wir müssen eben den Erscheinungen in Gedanken einen transcendentalen Gegenstand zu Grunde legen (424), die Beziehung auf welchen der Erkenntniss die gesuchte (mittelbare) objektive Realität verleiht (137, vgl. 735). „Alle unsere Vorstellungen werden in der That durch den Verstand auf ein Objekt bezogen, und da Erscheinungen nichts als Vorstellungen sind, so bezieht sie der Verstand auf ein Etwas, als den Gegenstand der sinnlichen Anschauung: aber dieses Etwas ist insofern nur das transcendentale Objekt“ (207). „Alle Vorstellungen haben, als Vorstellungen, ihren Gegenstand, und können selbst wiederum Gegenstände anderer Vorstellungen sein. Erscheinungen sind die einzigen Vorstellungen, die uns unmittelbar gegeben werden können, und das, was sich darin unmittelbar auf den Gegenstand bezieht, heisst Anschauung. Nun sind aber diese Erscheinungen nicht Dinge an sich selbst, sondern selbst nur Vorstellungen, die wiederum ihren Gegenstand haben, der also“ (da nämlich die Anschauung in der Erscheinung für uns das erste und unmittelbarste ist) „von uns nicht mehr angeschaut werden kann, und daher der nichtempirische Gegenstand = X genannt werden mag. Der reine Begriff von diesem transcendentalen Gegenstande (der wirklich bei allen unseren Erkenntnissen immer einerlei = X ist) ist das, was in allen unsern empirischen Begriffen überhaupt Beziehung auf einen Gegenstand, d. i. objektive Realität verschaffen kann“ (100—101). Kann das transcendentale Objekt von uns nicht mehr angeschaut werden, weil es eben jenseits der Anschauung liegen soll (als der Gegenstand, worauf diese sich bezieht), so bleibt nichts übrig, als dass es von uns gedacht werde; kann das, was hinter der Erscheinung angenommen wird, nicht wiederum Erscheinung (Phänomenon) sein, so muss es ein Gedankending (Noumenon) sein (443), wenn es überhaupt noch etwas für uns sein soll. Aber was ist dieses Noumenon, wie ist es näher bestimmt? Keinenfalls durch eine der Kategorien (745). Denn diese sind durchaus nur von empirischem, nicht von transcendentalem Gebrauch (204); sie haben zwar an und für sich eine abstract logische Bedeutung nach Maassgabe der Art von synthetischer Function, welche ihnen zukommt, aber sie haben dieselbe immer nur in Erwartung einer empirischen Anschauung, auf welche sie ihre Function in Anwendung bringen können (128—129, 782). Gesetzt auch, es gäbe eine andere als eine sinnliche Anschauung, z. B. eine intellektuelle, so würden doch auf diese die Kategorien keine Anwendung finden (I. 438, II. 742, 744, 784). Beim Noumenon „hört der ganze Gebrauch, ja selbst alle Bedeutung der Kategorien völlig auf" (784). Wendet man die Kategorien auf die sinnliche Anschauung an, so fügt man nur der Modification der Sinnlichkeit eine subjektive Gedankenform hinzu, kommt also über die Subjektivität nicht hinaus; wollte man die Kategorien auf eine nicht sinnliche Anschauung anwenden, so fehlt nicht nur dem Menschen eine solche Anschauung, sondern auch solcher nichtsinnlichen Anschauung die Anwendbarkeit der Kategorien; wendet man die Kategorien gar nicht an, so sind sie leere Gedankenhülsen von einer bloss logischen, aber keinenfalls objektiven Bedeutung. Die Kategorien sind also ganz unfähig, Bestimmungen des transcendentalen Objekts zu sein. Es kann also „weder als Grösse, noch als Realität, noch als Substanz" (234), noch als Ursache, noch als daseiend, noch als möglich gedacht werden, denn alles dies sind nach Kant Kategorien. Nun leuchtet aber ein, dass ein solches unbekanntes Etwas, von dem ich gar nichts Positives aussagen kann, eben nur ein grammatikalisches Subjekt ohne Prädikate, die Aufgabe zu einem Begriff mit Ausschluss jedes Inhalts ist. Eine solche Aufgabe muss jeder Mensch als sinnlos, das Postulat eines solchen Unbegriffs als falsch gestellt erkennen; denn in sich widerspruchsvoll ist die Forderung, ein Etwas zu denken, das seiner Natur nach allen uns zu Gebote stehenden Gedankenformen sich entzieht. Die Erfüllung dieser unerfüllbaren Forderung aber ist es, welche der subjektiven Erscheinung erst die objektive Realität verleihen soll.

Kant räumt von dem Begriff des Noumenon ausdrücklich ein, dass es die Vorstellung eines Dinges sei, „von dem wir weder sagen können, dass es möglich, noch dass es unmöglich sei" (233); er nimmt als bewiesen an, dass die Vorstellung eines Gegenstandes, als Dinges überhaupt, nicht etwa bloss unzureichend, sondern ohne sinnliche Bestimmung derselben", (die nach dem Obigen unmöglich ist) „und, unabhängig von empirischer Bedingung, in sich selbst widerstreitend" und also „für uns nichts sei" (228), dass die Noumona „in Ermangelung eines bestimmten Begriffs (da keine Kategorie dazu tauglich ist) auch nicht als Gegenstände für unseren Verstand behauptet werden können" (234), dass wir weder Gründe der Möglichkeit ... noch die mindeste Rechtfertigung, einen solchen Gegenstand" (hier ist von den transcendentalen Objekten der Vernunftideen die Rede) „anzunehmen, auf unserer Seite haben" (442); — trotz alledem und alledem giebt Kant die „in sich widerstreitende" Vorstellung eines „weder möglichen noch unmöglichen" Dinges nicht als sinnlos auf, sondern sucht sie als „negativen Grenzbegriff" unseres Denkens aufrecht zu erhalten. Aber doch scheint Kant zuzugestehen, dass ein solcher rein negativer Grenzbegriff unhaltbar sei; denn an der einzigen Stelle, wo er die Behauptung wagt, dass der Begriff des Noumenon nicht widersprechend sei, begründet er dies durch den Hinweis auf eine positive Bedeutung, mit den Worten: „denn man kann doch von der Sinnlichkeit nicht behaupten, dass sie die einzige mögliche Art der Anschauung sei" (210). Denken wir uns ein Objekt einer nichtsinnlichen, intellektuellen Anschauungsart, „die aber nicht die unsrige ist, von welcher wir auch die Möglichkeit nicht einsehen können, und das wäre das Noumenon in positiver Bedeutung" (783). Aber was geht es uns denn an, frage ich, ob für eine intellekte Anschauung im Himmel ein transcendentales Objekt im positiven Sinne möglich ist oder nicht, so lange wir bloss von dem transcendentalen Objekt der menschlichen Erkenntniss sprechen!? Das transcendentale Objekt des lieben Gottes kann doch meiner subjektiven Erscheinung keine objektive Realität verleihen, sondern nur ein solches, das transcendentales Objekt für mich, für mein Bewusstsein, und als solches positiv ist. Das Geständniss, dass es ein solches nicht giebt, genügt, um den Begriff des transcendentalen Objekts zu einem in Bezug auf mein Bewusstsein sich widersprechenden zu machen, und ihm jeden Werth für die objektive Realität der Erscheinung zu rauben. „Was von uns Noumenon genannt wird, muss als ein solches nur in negativer Bedeutung verstanden werden" (784). „Der Begriff eines Noumenon ist also bloss ein Grenzbegriff, um die Anmaassung der Sinnlichkeit einzuschränken, und also nur von negativem Gebrauche" (211). Oho! Ich dächte denn doch, die Verleihung von objektiver Realität an die subjektive Erscheinung wäre ein sehr positiver Gebrauch! Weit entfernt, dass dieser Begriff nothwendig ist, „um die objektive Gültigkeit der sinnlichen Erkenntniss einzuschränken“ (210), braucht vielmehr die sinnliche Erkenntniss gar keine Einschränkung einer „objektiven Gültigkeit“, die sie noch gar nicht hat, sondern behufs deren Erwerbung gerade erst der Versuch gemacht wurde, den Begriff des transcendentalen Objekts zu concipiren. Kant fährt an dieser Stelle also fort: „Am Ende aber ist doch die Möglichkeit solcher Noumenorum gar nicht einzusehen, und der Umfang ausser der Sphäre der Erscheinungen ist (für uns) leer, d. i. wir haben einen Verstand, der sich problematisch weiter erstreckt als jene, aber keine Anschauung, ja, auch nicht einmal den Begriff von einer möglichen Anschauung, wodurch uns ausser dem Felde der Sinnlichkeit Gegenstände gegeben, und der Verstand über dieselbe hinaus assertorisch gebraucht werden könne“ (210 bis 211).

Es ist eine ganz wunderliche Behauptung, dass unser Verstand sich problematisch weiter erstrecken solle, als das mögliche Gebiet unserer Anschauung, da doch Kant selbst zugiebt, dass die Functionen des Verstandes (die Kategorien) auf keine andere Anschauung, als auf sinnliche passen würden (I. 438, II. 742, 744, 784). Da es sich übrigens hier nur um den Begriff des reinen Gegenstandes, des unbestimmten Etwas, des seiner Prädikate harrenden grammatikalischen Subjekts handelt, so bleibt Kant nur die Wahl: entweder diesen Begriff nicht als Produkt unseres Verstandes anzusehen, wo dann die Bemerkung über die problematisch weitere Erstreckung des Verstandes sinnlos wird, — oder aber ihn für eine Function des Verstandes, d. h. für eine subjektive Gedankenform, zu erklären, dann aber auch einzugestehen, dsss er ebenso wenig wie die andern subjektiven Gedankenformen einen transcendentalen Gebrauch gestattet, der ihm doch hier im höchsten Maasse zugemuthet wurde. Abgesehen davon also, dass das, was beabsichtigt wurde, die Gewinnung einer objektiven Realität, nicht erreicht wurde, ist diese ganze Theorie von dem „negativen Grenzbegriff“ völlig verfehlt. Der Verstandesgebrauch braucht keinen draussen lauernden Unbegriff als Grenzwächter, sondern ist durch den empirischen Gebrauch nur innerhalb der Anschauung hinlänglich von innen begrenzt. Wenn man die Ueberzeugung gewinnt, dass es gar keine Dinge an sich und transcendentale Gegenstände giebt, so ist man vor Verwechselung der Erscheinungen mit Dingen an sich jedenfalls noch weit besser geschützt, als durch den schönsten negativen Grenzbegriff. Man sieht also, dass Kant mit dieser Art, die Nothwendigkeit eines Unbegriffes für uns zu erweisen, Fiasco macht.

Betrachten wir indessen noch weiter die Stellen, wo er seine Eintheilung in Phänomena und Noumena zu rechtfertigen sucht. S. 206—7 heisst es: „Nun sollte man denken, dass der durch die transcendentale Aesthetik eingeschränkte Begriff der Erscheinungen von selbst die objektive Realität der Noumenorum an die Hand gebe . . . . Denn wenn uns die Sinne etwas bloss vorstellen, wie es erscheint, so muss dieses Etwas doch auch an sich selbst ein Ding, und ein Gegenstand einer nicht sinnlichen Anschauung, d. i. des Verstandes sein, darin keine Sinnlichkeit angetroffen wird, und welche allein schlechthin objektive Realität hat, dadurch uns nämlich Gegenstände vorgestellt werden, wie sie sind, da hingegen im empirischen Gebrauche unseres Verstandes Dinge nur erkannt werden, wie sie erscheinen.“ Und S. 208: „Es folgt auch natürlicher Weise aus dem Begriffe einer Erscheinung überhaupt: dass ihr etwas entsprechen müsse, was an sich nicht Erscheinung ist . . . . was aber an sich selbst, auch ohne die Beschaffenheit unserer Sinnlichkeit (worauf sich die Form unserer Anschauung gründet), Etwas, d. i. ein von der Sinnlichkeit unabhängiger Gegenstand, sein muss.“

Es ist klar, dass hier eine petitio principii vorliegt. Denn die Einschränkung, welche die transcendentale Aesthetik für den Begriff äusserer Gegenstände herbeigeführt hat, bezieht sich eben auf den unwahren naiven Realismus, der das Wahrgenommene für Dinge an sich hält; die transcendentale Logik hat aber diese Einschränkung so weit fortgesetzt, dass, wie wir sahen, gar nichts Reales ausser dem Subjektiven mehr übrig geblieben ist, d. h. sie hat den Begriff der Erscheinung ebenso vernichtet, wie die transcendentale Aesthetik den Begriff des unmittelbar realen Objekts. Hiernach ist es eine Inconsequenz Kant's und ein logischer Fehler, in einem Abschnitt, der auf die transcendentale Analytik folgt, den Begriff der Erscheinung als einen noch bestehenden zu behandeln, und aus diesem Begriff weittragende Folgerungen abzuleiten. Wenn die empirischen Vorstellungen Erscheinungen sind, so müssen sie freilich auf ein unabhängiges Etwas bezogen werden; aber wer sagt denn im Voraus, dass sie Erscheinungen und nicht Schein sind? Auch ohne die transcendentale Analytik läge in diesem Argument eine petitio principii; nach derselben ist es ein crasser Selbstwiderspruch. Die angeführte Stelle (206—7) beweist, dass Kant hier unter dem Einfluss einer Reminiscenz der Leibnizischen Erkenntnisstheorie stand, nach welcher der Verstand die Dinge erkennt, wie sie an sich sind, (die Sinnlichkeit aber nur eine verworrene und verzerrte Verstandeserkenntniss ist). Diese Annahme aber, dass der Verstand die Dinge erkennt, wie sie an sich sind, hat im Kant'schen System, wo das Ding an sich schlechthin unerkennbar sein soll, gar keinen Sinn, und Kant hatte ganz Recht, diese Anachronismen in der zweiten Auflage zu beseitigen, wodurch die Reinheit seines Idealismus offenbar gewinnen musste.

Vergegenwärtigen wir uns das Resultat der bisherigen Betrachtung, so ist es Folgendes: Alles Wahrgenommene oder Reproducirte ist Modification der Sinnlichkeit plus Verstandesfunction, ist subjektiver Zustand; aller Bewusstseinsinhalt ist bewusst-ideal, d. h. in der Sphäre der Subjektivität eingeschlossen; all seine Realität ist eine subjektive Realität, welche auf der Realität des Vorstellungsaktes ruht und mit dieser steht und fällt. Jeder Versuch, dem Bewusstseinsinhalt aus ihm selbst heraus eine mehr als subjektive Realität zuzuschreiben, verurtheilt sich von selbst. Entweder ist hiernach alles Wahrnehmen nicht mehr als ein subjektiver Traum und aller Glaube an objektive Realität des Wahrgenommenen ein trügerischer Schein, oder es muss ein vom Bewusstsein unabhängiges positives Jenseits des Bewusstseins geben, die Beziehung auf welches dem Bewusstseinsinhalt mittelbar eine objektive Realität verleihen kann. Die Annahme der transcendentalen Aesthetik und Analytik Kant's machen jede Positivität dieses Jenseits unmöglich, und den Begriff eines solchen zu einem in sich widersprechenden. Wie dem aber auch sei, gleichviel ob diese Annahmen begründet sind oder nicht, steht soviel unwiderruflich fest, dass es ein durchaus verfehlter Versuch ist, dieses Jenseits durch den reinen Begriff der Objektivität oder Gegenständlichkeit zu erreichen, da dieser Begriff durchaus nur in einer bewussten Relation zwischen Inhalt und Form des Bewusstseins besteht, und für ein Jenseits des Bewusstseins jeden Sinn verliert, so dass der Versuch seiner Anwendung auf dasselbe an innerem Selbstwiderspruch zu Grunde geht. Diesen Schritt zu thun, wurde Kant durch die Unfreiheit unmöglich gemacht, in welcher er sich in Bezug auf die erwähnte Reminiscenz der Leibnizischen Ansicht, oder vielmehr ihres Ausdrucks in der Leibnizischen Schule befand.

Dagegen hat Schopenhauer diesen wichtigen Schritt gethan, indem er mit voller Entschiedenheit die Behauptung aufstellte, „dass *schon das Objektsein* überhaupt zur *Form der Erscheinung* gehört, und durch das Subjektsein überhaupt ebensowohl bedingt ist, als die Erscheinungs*weise* des Objekts durch die Erkenntniss*formen* des Subjekts, dass also, wenn ein Ding an sich angenommen werden soll, *es durchaus auch nicht Objekt sein kann*, als welches er (Kant) es jedoch *immer* voraussetzt, sondern ein solches Ding an sich in einem von der" (bewussten) „Vorstellung (dem Erkennen und Erkanntwerden) *toto genere* verschiedenen Gebiet liegen müsste, und es daher auch am wenigsten nach den Gesetzen der Verknüpfung der *Objekte unter einander* erschlossen werden könnte" (Welt als Wille und Vorst. 3. Aufl. I. 596—7). Es hat nichts zu sagen, dass Schopenhauer hier nur von Objekt überhaupt und nicht vom transcendentalen Objekt insbesondere spricht, denn was generell vom Objekt überhaupt gilt, gilt auch speciell vom transcendentalen, — man darf nur nicht, wie dies leider häufig genug geschieht, transcendent und transcendental verwechseln. Immanent ist nämlich das im Bewusstsein, im Bereich der Subjektivität Gelegene, — transcendent das jenseits des Bewusstseins und der Subjektivität Gelegene, — *transcendental* aber ist *dasjenige Immanente*, was als auf ein Transcendentes *bezogen* gedacht wird, daher Kant „transcendental" auch durch „subjektiv" erläutert (273). Aber schon Kant selbst verwechselt das transcendentale Objekt mit dem Transcendenten (312, 391), oder Ding an sich, weil er eben den principiellen Unterschied zwischen beiden nicht kennt oder beachtet. Das Objekt überhaupt ist der Bewusstseinsinhalt, insofern er von der Form des Bewusstseins oder von dem Acte des Bewusstwerdens unterschieden wird; es ist daher ein Widerderspruch, dass das Jenseits des Bewusstseins Objekt sein könne (Kant's „Objekt an sich", II. 718). Es ist ein Widerspruch, dass ich etwas soll denken können, was nicht mein Gedachtes, d. h. Gedanke wäre. Der Gedanke kann nicht aus der Haut des Gedankens fahren. Kurz, der reine Begriff der Objektivität ist völlig unfähig, die Fesseln der Subjektivität (der Immanenz im Bewusstsein) zu sprengen, mit denen er wie der Südpol des Magneten mit seinem Nordpol, wie der Inhalt mit der Form verwachsen ist. Diese einfache Wahrheit, dass Alles, was ich vorzustellen vermag, durchaus nichts Anderes als meine Vorstellung, was ich zu denken vermag, nichts Anderes als mein Gedanke sein kann, — diese einfache Wahrheit ist der Urquell alles subjektiven Idealismus; alle Begründungen für denselben sind Firlefanzerei, ausser in soweit dieses Argument offener oder versteckter in ihnen durchspielt und sie aus ihm ihre Kraft saugen. Letzteres ist auch bei Kant's Begründung der Idealität von Raum, Zeit und Kategorien der Fall; aber er ist fern davon, die ganze Tragweite und die unerbittliche Consequenz dieses Princips einzusehen, die ja noch heute viele seiner Anhänger nicht begreifen. Muss er sich auch gestehen, dass unsere Anschauung, weil sie sinnlich ist, und unser Verstand, weil er discursiv ist, ausser Stande seien, die Dinge an sich zu erkennen, so glaubt er doch, dass eine nichtsinnliche (intellektuelle) Anschauung, oder was dasselbe ist, ein nicht-discursiver (intuitiver) Verstand, wohl im Stande wäre, das Ding an sich, den intelligibeln Gegenstand oder das transcendentale Objekt zu erkennen (211). Allerdings bemerkt er selbst, dass eine solche intellektuelle Anschauung „allein dem Urwesen, niemals aber einem, seinem Dasein sowohl als seiner Anschauung nach (die sein Dasein in Beziehung auf gegebene Objekte bestimmt) abhängigen Wesen zuzukommen scheint" (420), dass aber ein solcher göttlicher Verstand nicht mehr gegebene Gegenstände sich vorstellen, sondern durch seine Vorstellung die Gegenstände selbst zugleich geben oder hervorbringen würde (741—2). Der Kant'sche Genius kann sich mithin dem Aperçu nicht entziehen, dass nur derjenige Verstand Dinge an sich erkennen kann, dessen Vorstellungen die Dinge an sich machen oder sind. Er hat nur vergessen, dieser schönen Bemerkung den Zusatz zu geben, dass ein solcher Verstand nicht bewusst vorstellen, also weder Subjektivität besitzen, noch Objekte produciren kann, sondern nur Ideen, respective Dinge. Wäre der göttliche Verstand ein bewusster, der also Objekte hätte, so wären auch für ihn die Objekte nur die Bilder oder subjektiven Repräsentanten der wirklichen Dinge und nicht die Dinge selbst; dann könnte auch er nur Dinge hervorbringen nach dem Ebenbilde seiner Vorstellungsobjekte, nicht durch sein Vorstellen selbst. Nur als erhaben über die erst durch das Bewusstsein geschaffenen Gegensätze von Subjekt und Objekt kann er das absolute Denken sein.

So sehen wir auch diesen Anlauf Kant's verunglückt, um den Wahrnehmungen eine mehr als subjektive Realität zu erwirken. So vielversprechend der Gedanke war, die gewünschte Realität indirekt zu erlangen, so unzulänglich erwies sich der Begriff der Objektivität zur Ueberschreitung der Sphäre des Subjektiven. Ein Transcendentes von positivem Gehalt auf anderem Wege zu erlangen, auf welches das immanente Objekt (als transcendentales) bezogen gedacht werden könnte, das hatte sich Kant durch seine transcendentale Analytik versperrt. Wir werden später sehen, wie er im Widerspruch mit den in derselben dargelegten Grundsätzen sich doch dazu getrieben sieht, diesen anderen Weg einzuschlagen; vorläufig aber haben wir zu constatiren, dass Kant nichts Anderes als die Unmöglichkeit eines Transsubjektiven aus seinen (so vielseitig acceptirten) Grundprincipien folgern konnte, und dies mit einigen übel angebrachten und werthlosen Vorbehalten wirklich gethan hat. Ehe wir zu einer anderen Ableitung des Dinges an sich übergehen, wollen wir nun noch die Anwendung der bisher entwickelten Ansichten Kant's auf das eigne Ich betrachten.

III.

Das transcendentale Subjekt.

Das „denkende Ich“ oder die „Seele“ ist das „transcendentale Subjekt“ (286, 379 Anm.), d. h. das transcendentale Objekt, das der inneren Anschauung zu Grunde liegt (303), oder „ein Name für den transcendentalen Gegenstand des inneren Sinnes“ (290). „Innere Anschauung“ ist alle diejenige, welche nicht die

Form der Räumlichkeit, sondern nur die der Zeitlichkeit hat; das Vermögen der inneren Anschauung heisst der „innere Sinn." Das transcendentale Subjekt ist also nur ein besonderer Fall des transcendentalen Objekts; was für letzteres gilt, gilt auch für ersteres, nämlich dass es „gänzlich nichtig und leer sei", da „keine der Kategorien Bedingungen ihrer Anwendung antreffen" (379 Anm.). Wie das transcendentale Objekt etwas hinter dem Erscheinungsobjekt Steckendes sein sollte, das letzterem erst die objektive Realität verleihen sollte, so soll nun das transcendentale Subjekt ein hinter dem Erscheinungssubjekt steckendes X sein, das doch letzterem erst seine Realität verleihen soll. Das transcendentale Subjekt ist daher eben so wenig wie irgend ein anderes transcendentales Objekt „als Gegenstand gegeben", weil gegeben nur eine Anschauung oder Erscheinung sein kann (379 Anm.). Es ist nach dem über das transcendentale Objekt im Allgemeinen Gesagten schon hier zu übersehen, dass das transcendentale Subjekt im Besonderen an ganz demselben inneren Widerspruch zu Grunde gehen muss, wie jenes; doch wollen wir zur Erhärtung dieser Thassache Kant's Darlegungen noch genauer verfolgen.

Wir gehen zu diesem Zweck von dem Ich als empirischen Objekt, dem Ich als Erscheinung, aus. Indem ich das Ich nur percipire, insofern ich die empirischen Bestimmungen desselben durch innere Anschauung (durch den inneren Sinn) auffasse, ist es der Anschauungsform des inneren Sinnes, sowie den die Materie dieser Anschauung synthetisch verarbeitenden Denkformen des Verstandes unterworfen, ist also Erscheinungsobjekt in demselben Sinne, wie alle anderen empirischen Objekte. „Das Dasein dieser inneren Erscheinung als eines so an sich existirenden Dinges kann nicht eingeräumt werden, weil ihre Bedingung die Zeit ist, welche keine Bestimmung irgend eines Dinges an sich selbst sein kann" (389). „Alles, was durch einen inneren Sinn vorgestellt wird, ist soferne jederzeit Erscheinung"; „das Subjekt, welches der Gegenstand derselben ist", kann „durch denselben nur als Erscheinung vorgestellt werden" (717). „Ich, als Intelligenz und denkendes Subjekt, erkenne mich selbst als gedachtes Objekt, soferne ich mir noch über das in der Anschauung gegeben bin, nur gleich anderen Phänomenen, nicht wie ich für den Verstand" (? — müsste heissen: „an mir") „bin, sondern nur, wie ich mir erscheine" (749). „Was die innere Anschauung betrifft", so erkennen wir „unser eigenes Subjekt nur als Erscheinung, nicht aber nach dem, was es an sich selbst ist" (750, vgl. III. 106). Es finden natürlich auf dieses Erscheinungsich alle Kategorien wie auf eine andere Erscheinung Anwendung, z. B. die der Substanzialität; aber wenn ich das Erscheinungsich als Substanz denke, so ist es ebenso wie ein anderes empirisches Objekt nur *substantia phänomenon* (II. 158), oder Substanz in der Erscheinung (161, 303), keineswegs Substanz an sich oder im transcendenten Sinne. Wir erfahren nur, dass das Erscheinungsich „Substanz im Begriffe, einfach im Begriffe u. s. w." ist, aber keineswegs, was es an sich ist (318). Dieser Begriff bezeichnet also „nur eine Substanz in der Idee, nicht in der Realität" (282). Es taucht also hier dieselbe Frage wie beim Objekt auf: „Was beweist, dass der Begriff des Subjekts überhaupt mehr als blosser Schein, dass er Erscheinung ist, welche das Recht hat auf ein transcendentales, an sich seiendes Correlat bezogen zu werden?" Es liegt auf der Hand, dass der innere Sinn uns hier nicht weiter bringen kann. Kant versucht es daher von einer anderen Seite her mit der „transcendentalen Synthesis der Apperception", d. h. mit der formalen Einheit des Bewusstseins.

Nach Kant ist die „Vorstellung mit Bewusstsein (perceptio)" eine Unterart der „Vorstellung überhaupt (repraesentatio)" (258). „Wir haben Vorstellungen in uns, deren wir uns auch bewusst werden können" (167); wir haben aber auch welche in uns, deren wir uns nicht unmittelbar bewusst sind (VII., 2. Abth. S. 21). Das Bewusstsein, welches das specielle Merkmal der bewussten Vorstellung bildet, ist also „an sich nicht sowohl eine Vorstellung, die ein besonderes Objekt unterscheidet, sondern eine **Form** derselben überhaupt, soferne sie Erkenntniss genannt werden soll" (II. 279). Die actuelle Einheit des Bewusstseins mehrerer Vorstellungen besteht in der Umfassung derselben durch ein und denselben Act des Bewusstwerdens, die potentielle Einheit des Bewusstseins in der Möglichkeit einer solchen Umfassung vermittelst der Reproduction der einen oder mehrerer von diesen Vorstellungen. Das Bewusstsein der Möglichkeit dieser Umfassung oder Vereinigung macht jede Vorstellung, auf die es sich erstreckt, zu der meinigen. Bei allen zu meiner Bewusstseinssphäre gehörigen Vorstellungen steht es mir frei, jederzeit auf diese potenzielle Einheit des Bewusstseins zu reflectiren, und die beständige Möglichkeit dieses Gedankens, dass die jedesmalige Vorstellung ebenfalls die meinige sei oder zu der (mir allein bekannten) Bewusstseinssphäre gehöre (275), drückt Kant durch den Satz aus: Das „Ich denke" muss alle meine Vorstellungen begleiten können. Dieses Ich scheint nun allerdings etwas Anderes zu sein, als die empirische innere Anschauung, in welcher „Alles im continuirlichen Flusse und nichts Bleibendes ist" (305). Dieses sich selbst identische einfache Ich nun „ist so wenig Anschauung als Begriff von einem Gegenstande, sondern die blosse **Form** des Bewusstseins, welches beiderlei Vorstellungen begleiten kann" (305). „Die Einheit des Bewusstseins, welche den Kategorien zum Grunde liegt, wird hier (durch Missverstand) für Anschauung des Subjekts als Objekts genommen, und darauf die Kategorie der Substanz angewandt" (798). Es kann daher nichts verkehrter sein, als die einheitliche Form des Bewusstseins auf diese Weise zu hypostasiren; denn diese Form hat ja gar keine Subsistenz für sich, sondern ist nur an und durch ihren Inhalt, die Objekte. Dass wir die Form des Bewusstseins losgelöst von ihrem Inhalt denken können, ist eben nur möglich durch unsere Fähigkeit der Abstraction. „Folglich verwechsle ich die mögliche Abstraction von meiner empirisch bestimmten Existenz mit dem vermeinten Bewusstsein einer abgesonderten möglichen Existenz meines denkenden Selbst, und glaube das Substantiale in mir als das transcendentale Subjekt zu bestimmen, indem ich bloss die Einheit des Bewusstseins, welche allem Bestimmen, als der blossen Form der Erkenntniss, zum Grunde liegt, in Gedanken habe" (801). „Gleichwohl ist nichts natürlicher und verführerischer*), als der Schein, die Einheit in der Synthesis der Gedanken für eine wahrgenommene Einheit im Subjekte dieser Gedanken zu halten. Man könnte ihn die Subreption des hypostasirten Be-

*) Besonders verführerisch war dies für Kant, der die höchst merkwürdige Verwechselung der numerischen Identität und objektiven Einheit des Gegenstandes mit der numerischen Identität und subjektiven formalen Einheit des Bewusstseins hartnäckig festhält (98, 104).

wusstseins nennen“ (320). So unstatthaft es ist, den Begriff der Substanz auf diese formale Einheit des Bewusstseins, die ja gar keine Anschauung ist, anzuwenden (798), so begründet muss man die Anwendung des Prädicats der Einfachheit auf dieselbe erachten, obwohl darin gar keine Erkenntniss befasst ist. „Ich bin einfach“ ist nämlich ein tautologischer Satz. „Ich bin einfach bedeutet aber nicht mehr, als dass diese Vorstellung: Ich, nicht die mindeste Mannigfaltigkeit in sich fasse, und dass sie absolute (obzwar bloss logische) Einheit sei“ (285). Da es eine Subreption ist, diese logische Einheit als real subsistirendes Subjekt zu nehmen, so ist die Uebertragung des Prädicats der Einfachheit auf letzteres natürlich eine doppelt unstatthafte Subreption (286). Wenn Kant an anderer Stelle zu Gunsten der Annahme des Ich als eines Vernunftwesens spricht (527—528), weil aus solcher psychologischen Idee nichts Anderes als Vortheil (!) entspringen könne (529), so fügt er doch hinzu: „wenn man sich nur hütet, sie für etwas mehr als blosse Idee .... gelten zu lassen“ (529). „Man verkennt sogleich die Bedeutung dieser Idee, wenn man sie für die Behauptung, oder auch nur die Voraussetzung einer wirklichen Sache hält“ (518). Wir können getrost eine Idee unbeachtet lassen, bei der man sich stets vergegenwärtigen muss, dass man sich mit ihr belügt. Das Resultat ist also das, was Kant selbst ausspricht, dass es unmöglich ist, sich als Noumenon zu erkennen (804), wodurch das Erscheinungsich zum blossen Scheinich herabsinkt (802 unten), und die formale Einheit des Bewusstseins nur die Bedeutung einer Abstraction von dem Erscheinungsich hat.

Man sollte nun glauben, nach diesen Darlegungen Kant's voll lichtvoller Evidenz sei das Ich als real existirendes transcendentales Subjekt ein für allemal beseitigt; indessen macht Kant dennoch den Versuch, dasselbe doch noch wenigstens als unbestimmtes Etwas zu halten, sowie er früher versuchte, das transcendentale Objekt als negativen Grenzbegriff eines unbestimmten Etwas zu halten. Wir dürfen nicht unterlassen, die seinen eigenen Auseinandersetzungen widersprechenden Sophismen aufzudecken, durch welche Kant diesen Versuch zu stützen bemüht ist.

„Nicht wie ich mir erscheine, noch wie ich an mir selbst bin, sondern nur dass ich bin“ bin ich mir durch die formale Einheit des Bewusstseins bewusst (750). Hier vergisst Kant seinen eigenen Satz, dass diese Einheit des Bewusstseins weder der Begriff, noch die Anschauung eines Gegenstandes ist, dass also das „Ich“, dessen ich mir bewusst werden kann, nicht einen Gegenstand, sondern nur eine Form aller empirischen Gegenstände (als Vorstellungsobjekte in meinem Bewusstsein) ist. Unzweifelhaft wird mich die Ausübung dieser Form der Vorstellung dessen vergewissern, dass diese Form der Vorstellung ist, oder dass Ich bin, wenn ich mich bescheide, mit diesem „Ich“ keinen anderen Begriff als den dieser Bewusstseinsform zu verbinden; dagegen kann es mich nicht darüber belehren, dass ein transcendentales Subjekt hinter meinem mir in der Form der Einheit des Bewusstseins gegebenen Erscheinungsich existirt, und darum handelt es sich doch ganz allein. Es bleibt mithin immer bei dem Kantischen Satze: „Das Subjekt der Kategorien“ (wenn es nämlich eines giebt) „kann also dadurch, dass es diese denkt, nicht von sich selbst als einem Objekte der Kategorien einen Begriff bekommen; denn um diese zu denken, muss es sein reines Selbstbewusstsein, welches doch hat erklärt werden sollen, zum Grunde legen“ (798). Vergeblich bemüht sich Kant, diesen Satz dadurch zu umgehen, dass er prätendirt: „wenn ich mich als Subjekt der Gedanken oder als Grund des Denkens vorstelle, so bedeuten diese Vorstellungsarten nicht die Kategorien der Substanz oder der Ursache“ (803), sondern vielmehr „logische Functionen“, welche die Spontaneität meiner Synthesis bestimmen, und allerdings „den Kategorien der Ursache gemäss erklärt werden können, ob sie gleich aus ganz anderem Princip entspringen“ (805). Dieses verzweifelte Herumwürgen erweckt fast Mitleid, wenn man sich daran erinnert, dass Kant die Kategorien ebenfalls nur als „logische Functionen“ (des Gemüths) definirt (69, 101, 729). Das „ganz andere Princip“ ist also entweder in der Kritik vergessen, und es giebt doppelte Kategorien für den Verstand, die sich zum Verwechseln ähnlich sehen, oder es geht den Verstand gar nichts an, oder es ist Wind. Wenn Kant sagt: „im Bewusstsein meiner selbst beim blossen Denken bin ich das Wesen selbst, von dem mir aber freilich noch nichts zum Denken gegeben ist" (803), so begeht er damit die von ihm verurtheilte „Subreption des hypostasirten Bewusstseins" *in optima forma.* Zwei Punkte sind es, die Kant stets von Neuem zu dieser Subreption verlockten. Der erste ist, dass er die formale Einheit des Bewusstseins für eine apriorische Function erklärt. Diess zugegeben, so beweist es doch gar nichts für die Zulässigkeit eines transcendentalen Gebrauchs derselben, so wenig wie die Apriorität der Kategorien einen transcendentalen Gebrauch derselben statthaft macht. Will also Kant alle apriorischen, „vor einer besonderen Erfahrung vorhergehenden" Functionen (106 Anm.), im Widerspruch mit der etymologischen Ableitung des Wortes, transcendentale Functionen nennen, so mag er immerhin auch von einer transcendentalen Synthesis der Apperception statt von einer apriorischen sprechen; wenn er aber dieses „transcendentale Bewusstsein" zu einer Subreption des transcendentalen Subjekts benutzen will, so ist diese transcendentale Synthesis der Apperception gleich den anderen Kategorien in die Schranken des ausschliesslich empirischen Gebrauchs zurückzuweisen. Dass diese apriorische Function nur an empirischem Stoff sich bethätigt, und für die Erkenntniss nur durch Abstraction von demselben losgelöst werden kann, hat Kant auf S. 801 dargethan. Insofern sie aber das Prius des bestimmten empirischen Bewusstseins ist, mit welchem für uns die Welt erst anfängt, so liegt sie eben jenseits des Bewusstseins als potentielle Präformation desselben, und ist in dieser Gestalt unserm Bewusstsein unzugänglich, kann also keinenfalls in Folge ihrer Apriorität etwas vom Ich an sich verrathen, und sei es auch nur, dass dasselbe existirt. — Der zweite Punkt, welcher Kant irre macht, ist die Annahme, dass die transcendentale Synthesis der Apperception eine intellectuelle Function, also das durch dieselbe definirte Ich eine rein intellectuelle Vorstellung sei (799 Anm.), welches ihn mit dem falschen Nimbus der intellectuellen Anschauung berückt, von der er irrthümlicher Weise glaubt, dass sie das Ich, wie es an sich ist, zu erkennen vermöchte. Zunächst ist, wie gesagt, die Vorstellung dieser reinen Bewusstseinsform eine durchaus abstracte, die von den empirischen Bewusstseinsacten durch Fortlassung alles Bewusstseinsinhalts abstrahirt ist. Sie ist also für mein Bewusstsein so weit anschaulich, als der empirische Rest der gegebenen Bewusstseinsacte darin enthalten ist, welcher an denselben Form war; sie ist für mein Bewusstsein soweit intellectuell, als sie abstract und negirend gegen die Besonderheit jener anschaulich gegebenen Bewusstseinsacte auftritt. Hier ist nirgend etwas, das an jene „intellectuelle Anschauung" erinnert, von der Kant selbst einräumt, dass der (bewusste) menschliche Intellect ihrer entbehrt. In soweit sie hingegen apriorische Präformation des empirischen Bewusstseinsactes ist, möchte jene Bezeichnung zwar eher passen, doch wendet sie sich als solche ausschliesslich auf den empirischen Bewüsstseinsinhalt, nie auf sich selbst als Form.

Ueberhaupt kann es nichts Verkehrteres geben, als Kant's Meinung, dass eine intellectuelle Anschauung sich das Ich an sich *con amore* betrachten könnte. Denn nehmen wir an, es gäbe ein solches intellectuell anschauendes Subjekt, so würde doch allemal dasjenige, als was es sich denkt, sein Gedachtes, d. h. Produkt seiner intellectuellen Anschauungsfunction sein, welches also immer dem Subjekt oder dem Producenten dieser Anschauungsfunction so incongruent sein müsste, wie das Product dem Producenten, folglich niemals das Ich vorstellen würde, wie es an sich ist, sondern höchstens ein ihm vielleicht in gewisser Hinsicht ähnliches, in der Hauptsache aber von ihm verschiedenes Vorstellungsbild. Mit Kant's Worten zu sprechen: „Ich, der ich denke und anschaue, ist die Person, das Ich aber des Objekts, das von mir angeschaut wird, ist, gleich anderen Gegenständen ausser mir, die Sache" (I. 501); d. h. kein Subjekt, mag es eine Art Anschauung habeu, welche es will, kann sich als Subjekt, sondern immer nur als Objekt anschauen, freilich als ein Objekt, welches sich dadurch von anderen Objekten unterscheidet, dass es Bild des anschauenden Subjekts ist (und zwar immer nur des Subjekts vergangener Anschauung, nie des Subjekts der gegenwärtigen Anschauung, da dies unmöglich ist). Selbst eine intellectuelle Anschauung, welche die Dinge hervorbringt, die sie denkt, kann hier nicht aushelfen, denn diese müsste ihren eigenen Producenten hervorbringen, also früher da sein, als das, von dem sie producirt werden soll. Es ist ein Widerspruch, von einem Denken oder Anschauen zu sprechen, welches das hervorbringt, was schon da ist, denn das kann es gar nicht mehr hervorbringen, vielmehr nur das, was noch nicht da ist. — Haben wir aber gesehen, dass Kant's intellectuelle Anschauung nur als unbewusste zu verstehen ist, so ist klar, dass eine solche sich gar nicht anschaut, weder wie sie ist, noch anders als sie ist, weder im Ansich, noch im Bilde.

Wir können übrigens die Kant'schen Irrthümer noch weit drastischer mit seinen eigenen Worten schlagen. Das „Ich denke" bleibt auch dann, wenn es von allem empirischen Beiwerk (durch Abstraction) befreit ist, eine Vorstellung, in welcher die Zeit enthalten ist; denn niemand vermag, das bewusste Denken anders denn als zeitlichen Act sich vorzustellen. Aber auch, wenn man in diesem abstracten Satz „Ich denke" nicht mehr auf das Prädikat, sondern nur noch auf das Subjekt „Ich" reflectirt, so ist doch dieses, als die transcendentale Synthesis der Apperception, auch wiederum eine synthetische Function, d. h. Handlung (II. 69), oder Thätigkeit (775), — der Begriff der Function oder Handlung schliesst aber den Begriff der Zeit ein. Das Bewusstsein ist eben auch formell kein ruhender Zustand, sondern Function, stetiges Bewusstwerden, und darin liegt es, dass auch die reine Form des Bewusstseins nicht über das Gebiet der zeitlichen Function hinausführen kann (ausser wenn man sich die Subreption des hypostasirten Bewusstseins zu Schulden kommen lässt), — dass die Form der Zeit „Bedingung alles Selbstbewusstseins" ist (I. 500), und dass alles Bewusstsein auf Zeitbedingungen beruht (I. 448). In einem Etwas, so ferne es Noumenon ist, geschieht nichts, es kann in ihm keine Veränderung angetroffen werden, als welche dynamische Zeitbestimmung erheischt (II. 525); es kann also die reine synthetische Form des Bewusstseins oder das reine Ich keinenfalls für ein Noumenon angesehen werden, da sie zeitliche Function ist, sondern sie gehört ebenso wie der empirische Bewusstseinsinhalt zur blossen Erscheinung. Mit grosser Entschiedenheit und Präcision wendet sich Kant (45—46) gegen diejenigen, welche aus der subjektiven Realität der Zeit, aus der Wirklichkeit einer zeitlichen Function als Vorstellung im Bewusstsein, eine an sich seiende Realität derselben Function, abgesehen davon, dass sie subjektive Vorstellung ist, ableiten wollen. Indem er zugiebt, dass wir durch die Anschauungsform des inneren Sinnes verhindert sind, andere als zeitliche innere Anschauungen oder Selbstwahrnehmungen des Erscheinungsich's zu haben, bestreitet er doch auf das Bestimmteste, dass dies irgend ein Präjudiz für die Beschaffenheit des eventuell hinter dieser Erscheinung stehenden an sich Seienden sein könne. Alle Function ist hiernach nur der Erscheinung nach Function; eine an und für sich reale Function ist nach Kant nicht möglich, weil die Form der Function in ihrer Zeitlichkeit (ohne welche keine Veränderung möglich ist) nur in der Bewusstseinsauffassung und nicht ausserhalb derselben vorhanden ist. Somit kann auch die reine Form des Bewusstseins, da sie Function ist, nur zur phänomenalen Seite des Ich gezählt werden, und dieser anscheinend letzte Weg, zu einem transcendentalen Ich zu kommen, hat auch versagt.

Nun deutet Kant an einigen Stellen darauf hin (wenn auch in unzureichender Weise), dass hinter der Function ein Vermögen der Function zu denken sei, welches dann erst das wahre Ich wäre (107 unten; 775 Mitte). Es liegt vor allen Dingen auf der Hand, dass die Vermuthung zurückgewiesen werden muss, als könnte die Intelligenz sich dieses ihres synthetischen Vermögens unmittelbar bewusst werden (775); denn das Bewusstwerden reicht offenbar nicht weiter als bis zur Function, und das Vermögen bleibt jedenfalls Hypothese. Aber es kommt hinzu, dass, wenn bei diesem Vermögen etwas gedacht werden soll, dies nothwendig Kategorien wie Ursache (der Function), Substanz, Dasein, Wirklichkeit u. s. w. sein müssen, deren Gebrauch aber hierfür verboten ist. Ohne diese ist das Wort „Vermögen" sinnlos. Aber auch abgesehen hiervon kann das Vermögen nimmermehr eine andere als eine reale Function erklären, die doch nicht existiren soll. Eine bloss eingebildete Function kann keine Erklärung als Function haben, sondern höchstens kann man nach einer Erklärung fragen, woher die Einbildung von einer Function kommt, die doch weder existirt noch existiren kann.

Muss somit Kannt anerkennen, dass weder die Form, noch der Inhalt des Bewusstseins einen Weg darbieten, um hinter der phänomenalen Seite des Erscheinungsich noch eine an sich seiende (46) annehmbar zu machen, so fällt die Berechtigung zur Annahme eines transcendentalen Subjekts ebenso, wie wir die zur Annahme eines transcendentalen Objekts hatten fallen sehen, —

so sinkt die innere Erscheinung ebenso zum blossen Schein herab, wie vorher die äussere. Der äusseren Erscheinung hatten wir eine „subjektive Realität“ zuerkannt, in der naiven Voraussetzung, dass der Vorstellungsinhalt an der Realität des Vorstellungsactes theilnimmt, welche letztere wieder an der Realität des Subjekts hängen sollte. Nun aber haben wir erkannt, dass das Subjekt gar keine Realität hat, wenigstens nicht mehr als jedes Objekt, also auch nur eine, die es von dem Vorstellungsact, als dem einzigen Realen empfangen kann, anstatt, wie vorher angenommen wurde, sie diesem zu verleihen. Objekt wie Subjekt haben also nicht mehr subjektive Realität, sondern nur noch Realität als Vorstellungen, und insofern der Vorstellungsact eine solche hat, an der sie Theil nehmen können. Aber, o Schrecken, die Vorstellung, d. h. der Vorstellungsact hat ja nun auch seine Realität verloren, und ist zu blosser Erscheinung, hinter der nichts ist, d. h. aber zu blossem Traum, oder falls der Traum seine trügerischen instinctiven Ansprüche auf Realität nicht fahren lässt, zu blossem falschen Schein herabgesunken. Die Realität des Vorstellungsactes als einer an und für sich realen Function war der letzte Hoffnungsanker auf einen Schimmer von Realität. Auch mit diesem wäre der Vorstellungsinhalt blosser Schein, aber, wenn auch wesenloser, so doch wirklicher, d. h. wirklich als Act oder Function des Scheinens; jetzt aber, wo die unerbittliche Consequenz der Kant'schen Principien auch die Realität der Function des Scheinens hinweggerafft und mit zu dem bloss scheinbaren Inhalt des Scheins gethan hat, jetzt scheint der Schein nicht einmal mehr wirklich, sondern er scheint bloss noch zu scheinen. Ein Traum ohne Träumer, ein Traum, der sich selbst träumt, ein Traum, der nicht einmal als Traum existirt, sondern sein Traumdasein nur träumt, — dass ist die strenge letzte Consequenz der Kantischen Principien.

Die Unhaltbarkeit des transcendentalen Objekts machte den transcendentalen Idealismus zum subjektiven Idealismus, Subjektivismus oder Solipsismus, die Unhaltbarkeit des transcendentalen Subjekts machte diesen zum Bewusstseinsidealismus, die Unhaltbarkeit der Realität des Vorstellungsactes vollendet diesen zum absoluten Illusionismus. Mit dem ersten Schritt büssten wir die Welt der materiellen und geistigen Dinge an sich (mit alleiniger Ausnahme des Ich an sich) ein, und sahen das Universum zur subjektiven Bestimmung des einzigen, einsamen Ich herabgesetzt; mit dem zweiten Schritt kam uns das Ich an sich abhanden, und das Weltall wurde zu einer sich selbst tragenden Perlenschnur bewusster Vorstellungen; mit dem dritten Schritte zerreisst auch dieser dünne Faden, und der Wahnsinn des eine Welt scheinenden Nichts gähnt uns an.

Wenn wir am Schluss des vorigen Abschnittes darauf hinwiesen, dass erst Schopenhauer in voller Reinheit die von Kant verkannte Wahrheit erfasste, dass jedes Objekt als solches Erscheinung, d. h. Vorstellung sei (W. a. W. u. V. I. 17, 182), so dürfte es lohnen, auch am Schlusse dieses Abschnittes einen Blick auf Schopenhauer zu werfen, wo sich das Wunderliche ergeben wird, dass er verkennt, dass jede Erscheinung als solche Objekt ist. Zunächst ist zu constatiren, dass Schopenhauer die Correlativität und Unzertrennlichkeit von Subjekt und Objekt, als der constituirenden Hälften der Vorstellung, in welche diese zerfällbar ist, zwar zugesteht, dass er auch das Subjekt mit dem idealen oder imaginären Brennpunkt eines Hohlspiegels vergleicht, dass er aber nicht mit gleicher Klarheit wie Kant das Verhältniss beider als das Verhältniss zwischen Form und Inhalt des Bewusstseins anerkennt, obwohl er an einer Stelle das Subjekt ohne Objekt deshalb zurückweist, weil „ein Bewusstsein ohne Gegenstand“ (d. h. doch die blosse Form des Bewusstseins) kein Bewusstsein sei (II. 17). Aber er ist weit entfernt von der Einsicht Kant's, dass das Subjekt, insofern wir auf dasselbe als auf die abstracte Form des Bewusstseins reflectiren, und es uns als solche zum Bewusstsein bringen, selbst als Objekt angeschaut wird. Er wendet ferner im Widerspruch mit seinen Grundsätzen die Kategorie der Substanz auf das Subjekt an, indem er das Erkennen als ihr Accidenz ansieht, und begeht so die Subreption des hypostasirten Bewusstseins. Dieses transcendentale Subjekt des Erkennens nun ist nach ihm „nicht in der Zeit“, es ist „unerkennbar, weil es das Erkennende ist“ (II. 18). Aber hiermit nicht genug, hat er neben diesem transcendentalen Subjekt des Erkennens noch ein zweites Subjekt des Wollens; beide sollen Eins sein, obwohl das erstere vom Objekt bedingt ist, das letztere nicht. Die Einheit beider ist das Wunder κατ' ἐξοχήν. Das Subjekt des Wollens ist der Wille, natürlich ebenfalls ausserzeitlich. Was dieser an sich sei, ist unerkennbar (II. 221), wir kennen ihn nur, wie er bei der „inneren Perception" (II. 221), „inneren Wahrnehmung" (II. 220) erscheint, oder wie ich mir desselben „bewusst bin" (I. 122). Es ist dies keineswegs eine adäquate Kenntniss des Subjekts an sich, da „die Form der Zeit, wie auch die des Erkennens und Erkanntwerdens überhaupt" nicht wegzubringen ist (II. 220), so dass wir auch im unmittelbaren Bewusstsein nur eine Erscheinung von dem Willen, wie er an sich ist, besitze, und zwar eine Erscheinung, die ganz und gar a posteriori ist (II. 219). Nun sollte man doch hieraus folgern, dass wir den Willen oder das Subjekt des Wollens nur als Vorstellung (Gehirnphänomen nach Sch.) kennen, denn was ist „Erscheinung in der Form des zeitlichen Erkanntwerdens" anders als Vorstellung, Objekt? Dies sagt aber Schopenhauer nicht, denn er erklärt: das Ding an sich „objektiv erkennen wollen heisst etwas Widersprechendes verlangen. Alles Objektive ist Vorstellung, mithin Erscheinung, ja, blosses Gehirnphänomen" (II. 19). Also: ist die einzige Weise, in der wir den Willen erkennen können, eine sich widersprechende, — so muss Schopenhauer zu Ende schliessen. Das Wahre an der Sache ist, dass die „ganz verschiedene, keiner anderen zu vergleichende Weise", in welcher wir uns des Willens bewusst sein sollen, nur von Sch. zu dem Zwecke erfunden ist, um durch einen unterirdischen Gang, eine geheime Verbindung, mit Einem Male in die Festung zu gelangen, in die er keinen Weg von Aussen zu finden weiss (II. 219). In der That aber hat die Erscheinung des Willens in unserem Bewusstsein vor anderen Erscheinungen nicht das Geringste voraus, und ist einfach Bewusstseins-Objekt wie diese, also auch in demselben Sinne wie alle anderen von dem Subjekt des Erkennens abhängig, während die Frage, ob dieser Erscheinung eine mehr als subjektive Vorstellungs-Realität zukommt, oder ob sie etwa blosser Schein sei, durchaus nur ebenso wie dieselbe Frage in Bezug auf jede andere Erscheinung gelöst werden kann, nach den von Schopenhauer adoptirten Kantischen Principien aber nothwendig im letzteren Sinne entschieden werden muss, — ein Resultat, mit dem freilich der Grundstein des Schopenhauer'schen Systems in Illusion zerrinnt. Aber nehmen wir auch einmal an, dem wäre anders, so stände doch der Wille an sich ausser der Zeit, unfähig, jemals in dieselbe einzugehen, unfähig jeder realen Veränderung, jeder Function, unfähig also auch der Function des Wollens, — denn die Zeit soll ja bloss zur subjektiven Anschauung gehören. Was, frage ich, kann ein solches Princip der Metaphysik nützen, was kann es in seiner starren todten Unveränderlichkeit und Regungslosigkeit erklären? Nichts von alledem, was um uns vorgeht, rein gar nichts! Alle scheinbaren Erklärungen durch die Functionen des Willens wären ja doch in Wahrheit bloss Erklärungen mit Hülfe der Erscheinungsobjekte, welche wir Functionen des Willens *nennen* gegen unser besseres Wissen, dass der Wille gar nicht functioniren kann!

Die Vereinigung des Willens mit dem Erkenntnisssubjekt könnte hiernach nur eine *vorgestellte Einheit der Erscheinungen* beider bedeuten, da das Subjekt nur in der Sphäre der Vorstellung als abhängig vom Objekt existirt, also das, was sich mit ihm vereinigen will, auch erst zu diesem Zweck in die Sphäre der Erscheinung oder Vorstellung herabsteigen muss, wo dann mit der Unmöglichkeit auch das „Wunder“ aufhört. Gesetzt endlich, ich hätte durch unmittelbares Bewusstsein den Willen in mir als mein Ding an sich, und als in bestimmten Beziehungen zu demjenigen unter meinen Vorstellungs-Objekten stehend erkannt, welches ich meinen Leib nenne, so bliebe zwar die Möglichkeit offen, dass in anderen, gleich mir beschaffenen, aber mir gänzlich unerkennbaren Individuen das Beispiel dieses Verhältnisses zwischen ihrem Willen und ihrer Leibesvorstellung sich wiederholte, aber schlechterdings unerfindlich bliebe auch dann noch, wie es möglich sein sollte, dass der Wille, welcher das Ding an sich *des einen* Individuums bildet, irgend welche Beziehungen haben könnte zu einem bestimmten Vorstellungsobjekt in der Vorstellungswelt eines *anderen* Individuums. Da alle möglichen und denkbaren Beziehungsweisen auf die Beziehungen zwischen den Objekten in der Vorstellungswelt eines und desselben Individuums eingeschränkt sind, so bleibt nichts übrig als eine *prästabilirte Harmonie* zwischen den Functionen meines Willens (z. B. den Arm zu heben) und der Veränderung eines bestimmten Objekts in der Vorstellungswelt meines anwesenden Freundes (welcher eine menschliche Gestalt den Arm erheben sieht). Denn selbst eine jedesmalige mystische Vermittelung des All-Einen Willens ist deshalb unmöglich, weil zur Vermittelung doch Action, mithin reale Zeit gehört, während der Wille zeitlos und deshalb functionslos gedacht werden soll; auch die Gleichzeitigkeit des Vorgangs in den beiden Vorstellungswelten hat keine reale Bedeutung, so dass eine Uebereinstimmung in den Geschwindigkeiten der subjektiven Zeitläufe und eine reale Coincidenz selbst bei Annahme einer prästabilirten Harmonie unbegreiflich bleibt, weil jedes gemeinsame reale Zeitmaass für gleichmässige Normirung der Geschwindigkeiten der subjektiven Zeitläufe unmöglich ist. Schopenhauer hat diese Frage nach der Art der Vermittelung zwischen correspondirenden Objekten verschiedener Vorstellungswelten stets geflissentlich umgangen, auch da, wo sie ihm nahe genug gelegen hätte (z. B. I. 124). Diese Frage ist deshalb so wichtig, weil bei der Unmöglichkeit ihrer Lösung jede Berechtigung verschwindet, mit einem bestimmten Objekt meiner Vorstellungswelt, z. B. meinem Pudel, den Begriff einer Beziehung mit einem aus Willen bestehenden Ding an sich (einem Pudelwillen) willkürlich zu verknüpfen, welches doch eingestandenermaassen erstens für mich gar nichts ist, zweitens mit diesem bestimmten Objekt gar keine reale Beziehung hat und haben kann, und drittens ihm auch in keiner Weise ähnlich sein soll. Wie bei einer so absoluten Beziehungslosigkeit zwischen Objekt und Ding an sich eine genaue Uebereinstimmung zwischen den concreten Bestimmungen des Vorstellungsobjekts und gewissen entsprechenden Modificationen des Willens als Dinges an sich möglich sein soll (Parerga 2. Aufl. §. 103 b), ist völlig unbegreiflich. Als reiner Machtspruch aus Verlegenheit erscheint hiernach folgender Ausspruch (II. 216): „Das angeschaute Objekt aber muss etwas an sich selbst sein, und nicht bloss etwas für Andere: denn sonst wäre es schlechthin nur Vorstellung, und wir hätten einen absoluten Idealismus, der am Ende theoretischer Egoismus würde, bei welchem alle Realität wegfällt und die Welt zum blossen Phantasma wird.“ Die reductio ad absurdum ist wohl als Consequenz erkannt, aber nicht die Möglichkeit, ihr zu entgehen, begriffen; denn das Objekt ist bloss und durch und durch Vorstellungs- oder Bewusstseinsinhalt und weiter gar nichts, so dass es ein Widerspruch ist, dass es ausserdem noch etwas an sich selbst sein soll; es kann aber auch bei Schopenhauer's Prämissen nicht einmal ein reales Correlat zu demselben gedacht werden.

Man sieht also aus diesen Darlegungen, dass Schopenhauer's Versuch, unter Beibehaltung der Kantischen Prämissen auf einem anderen Wege als Kant zum Ding an sich zu gelangen, als durchaus gescheitert betrachtet werden muss, so dass wir ohne die Besorgniss, durch die Beschränkung auf Kant etwas versäumt zu haben, zu diesem zurückkehren können, um so mehr, als selbst Fichte in Bezug auf die Existenz des Ich in starrer Dogmatik befangen, in Bezug auf dessen Essenz aber einer unproductiven Dialektik ergeben ist.

IV.

Die transcendente Ursache.

Kant war von dem Bedürfniss, die Erfahrung zu erklären, ausgegangen; „die höchste Aufgabe der Transcendentalphilosophie" war ihm: „wie ist Erfahrung möglich?" (I. 507). Er hatte, um diesem in der Natur wurzelnden Erklärungsbedürfniss Genüge zu thun, Annahmen oder Unterstellungen (Suppositionen, Hypothesen) gemacht, welche unter der Voraussetzung, dass es Erfahrung gebe, die Aufgabe hatten, die Möglichkeit dieser Thatsache begreiflich zu machen. Diese Hypothesen sind die transcendentale Idealität von Raum, Zeit und Kategorien. Indem nun aber ferner Kant durch seine indirekten Beweise dargethan zu haben glaubt, dass unter jeder anderen Annahme Erfahrung unmöglich, hält er die seinige für unzweifelhaft gewiss, nicht bloss für wahrscheinlich oder möglich (II. 52, 54), — immer unter seiner dogmatischen Voraussetzung, dass es Erfahrung giebt. Wir haben nun in dem Vorhergehenden an der Hand Kant's die Consequenzen seiner Hypothese Schritt für Schritt verfolgt, wobei wir nur an wenigen Punkten genöthigt waren, eine Correctur eintreten zu lassen, wo nämlich Kant inconsequenter Weise seinen bereits dargelegten consequenten Ansichten selbst widersprach. Diese Betrachtung hat das Resultat ergeben, dass die Annahme, welche den Zweck hatte, die Möglichkeit der Erfahrung zu erklären, die Unmöglichkeit derselben demonstrirt hat, da sie alle anscheinende Erfahrung als absolute Illusion erwiesen hat. Wir stehen hiernach vor der Alternative: entweder die Annahmen Kant's behufs der Erklärung sind richtig, dann ist das zu Erklärende falsch und nichtig, oder aber das zu Erklärende ist, dann sind die Kant'schen Annahmen falsch. Im ersteren Falle hört jeder Erklärungsversuch auf, einen Sinn zu haben, und das Erklärungsbedürfniss in der menschlichen Natur wird zur Chicane, wie das ganze Dasein zur Prellerei; im letzteren Falle bleibt die Möglichkeit offen, auf einem anderen Wege zur Erklärung der Erfahrung zu gelangen, vielleicht auf einem Wege, der nur in einer Modification des Kantischen besteht. Ob dann Erfahrung ist, oder ob dies bloss so scheint, das kann nur durch das Gelingen des Erklärungsversuchs entschieden werden, und es ist nur ein Rest des alten metaphysischen Dogmatismus, dass Kant das erstere als selbstverständlich annimmt.

Es wird die Aufgabe dieses Abschnittes sein, zu zeigen, wie Kant selbst diejenige Modification an seiner Annahme vorgenommen hat, welche allein im Stande ist, die Erklärung zu ermöglichen, dass er aber über den Widerspruch, in den er sich durch das stricte Festhaltenwollen seines oben dargelegten Standpunktes einerseits und die Anerkennung der Nothwendigkeit einer Modification desselben andererseits versetzt, mit sich selbst nicht in's Reine gekommen ist. Der nächste Abschnitt wird dann zu zeigen haben, dass Kant versäumt hat, die bei einem Theil seiner Principien als nothwendig anerkannte Modification auf die ganze Ausdehnung derselben durchzuführen. Durch die Darlegung dieses von Kant selbst unausgeglichenen Widerspruches in seinen Ansichten und theoretischen Absichten werden wir den Schlüssel gewinnen zum Verständniss der Thatsache, dass die entgegengesetztesten Auffassungen des Erkenntnissproblems sich auf Kant zu stützen vermögen in dem guten Glauben, nur das vorzutragen, was Kant eigentlich im Grunde seiner Seele hat sagen wollen.

Wir haben gesehen, dass das Problem sich dahin zuspitzt, wie die Wahrnehmung (im Unterschiede von der Einbildung oder Phantasievorstellung) mittelbar eine mehr als subjektive Realität erhalten, und dadurch die Würde der Erscheinung bewahren könne, statt zum blossen Schein herabzusinken. Wir hatten die mögliche Lösung des Problems näher dahin präcisirt gesehen, dass es sich darum handele, ein Transcendentes positiv bestimmen zu können, um die transcendentale Beziehung, welche jede Wahrnehmung instinctiv vor der Phantasievorstellung voraushat, zu einer durch die Wirklichkeit und Correlativität des Transcendenten berechtigten zu machen. Das Vorstellungsobjekt ist und bleibt mithin bewusstseinsimmanent, gleichviel ob ihm transcendentale Beziehung zugeschrieben wird oder nicht, gleichviel ob die ihm zugeschriebene transcendentale Beziehung an der positiven Existenz eines transcendenten Correlats eine Berechtigung findet oder nicht. Der Versuch, dem Vorstellungsobjekt eine transcendentale Beziehung zuzuschreiben, bleibt unberechtigt, so lange nicht die Existenz des transcendenten Correlats anderweitig positiv als möglich und wahrscheinlich nachgewiesen ist, — sie bleibt in sich selbst widersprechend, so lange die Unmöglichkeit behauptet wird, die Existenz eines transcendenten Correlats als positiv wahrscheinlich zu erkennen, und so lange jede Möglichkeit einer Relation zwischen dem Immanenten und dem (eventuellen) Transcendenten geleugnet wird, in Folge welcher überhaupt erst von einem transcendenten Correlat des Objekts die Rede sein kann. Dies alles haben wir in den vorigen Abschnitten gründlich eingesehen. Es handelt sich jetzt darum, die positive Bestimmung des Transcendenten, die Wahrscheinlichkeit seiner Existenz, und die Möglichkeit seiner Relation zum Immanenten zur versuchsweisen Aufgabe zu machen.

Da wir bei diesem Versuche keinen anderen Ausgangspunkt haben, als den immanenten Standpunkt, so kann in erster Reihe alle Erkenntniss des Transcendenten nur die Erkenntniss der Relation des Transcendenten zum Immanenten sein, denn nur diese allein kann die Brücke sein, auf welcher wir mit dem Gebiete des Transcendenten einen Verkehr unterhalten können, der uns von der Beschaffenheit desselben indirekt unterrichtet. Die reale Relation zwischen beiden Gebieten allein ist der Berührungspunkt, in dem ein Connex zwischen ihnen stattfinden kann; gäbe es keine solche, so wäre jede Möglichkeit abgeschnitten, dass wir von einer Welt der Dinge an sich irgend eine Kunde erlangen könnten, oder dass sie uns irgend etwas anginge. Selbst wenn wir (was unmöglich ist) in diesem Falle noch Kunde von ihr erlangen könnten, so wäre jeder Versuch, eine gedankliche (transcendentale) Beziehung zwischen Objekten und solchen Dingen an sich zu statuiren, ein unberechtigter, willkürlicher und verkehrter, da ihm jede reale Basis fehlte. Es ist also klar, dass, wenn es ein transcendentes Gebiet giebt, dasselbe von uns nur dann erkannt werden kann, und nur dann uns irgend etwas angeht, wenn reale Beziehungen zwischen ihm und unserem Bewusstseinsinhalt stattfinden; ebenso klar ist es, dass die Erkenntniss dieser realen Beziehungen die einzige Kenntniss ist, die wir an und durch sich selbst von den Dingen an sich erlangen können (716), da sie gleichsam Fäden bilden, deren eines Ende wir in der Hand haben, — dass hingegen alle etwaige fernere Erkenntniss von der Welt der Dinge an sich nur durch diese realen Beziehungen zu uns vermittelt sein kann, dass sie stets an diese anknüpfen und nur mit ihrer Hülfe sich erbauen kann. — Es liegt nahe, dass wir den Anknüpfungspunkt für eine solche reale Beziehung mit dem Transcendenten nicht in den vom Verstande zu dem gegebenen Anschauungsstoff spontan hinzugefügten Denkformen zu suchen haben, also auch nicht in den Resultaten dieser logischen Synthesen, den fertig construirten Vorstellungsobjekten, sondern in dem allerursprünglichsten Bewusstseinsinhalt, in demjenigen, was, wenn irgend etwas, instinctiv den Eindruck des G e g e b e n e n macht, also in der M a t e r i e d e r A n s c h a u u n g, d. h. in der sinnlichen E m p f i n d u n g. Die Empfindung aber ist nach Kant eine Beschaffenheit oder ein Zustand oder eine Modification des Gemüths, welche auf einer Function der Sinnlichkeit beruht, die ihrerseits wiederum nicht spontaner Natur ist (wie die Verstandesfunctionen), sondern als eine Reaction der Seele auf gewisse empfangene Eindrücke zu betrachten ist, von welchen die Receptivität der Seele afficirt wurde (vgl. I. 380 unten; II. 31, 55, 56, 124, 390 unten). Unter „afficiren" kann man nichts anderes verstehen, als eine H a n d l u n g auf die zu afficirende Receptivität ausüben (748). Dass der Sinn oder die Sinnlichkeit durch Eindrücke „afficirt“ werde, ist eine stehende Wendung Kant's. Durch die Art und Weise des Afficirtseins ist die Modification, mit welcher die Sinnlichkeit reagirt, d. h. die Art und Stärke (Qualität und Intensität) der Empfindung bestimmt, und da die Empfindung die Materie der Anschauung ist, so ist durch die Art des Afficirtseins die Materie der Anschauung gegeben. — Fragen wir nun: Wer oder was afficirt uns? Wer oder was übt die Handlung auf unsere Receptivität aus, durch welche die Modification unserer Sinnlichkeit bestimmt wird? Die Antwort lautet zunächst nur negativ: es kann nicht das Vorstellungsobjekt sein; denn das Vorstellungsobjekt ist erst aus der zu erklärenden Materie der Anschauung durch die Synthesis des Verstandes entwickelt oder aufgebaut worden; es kann also das Abgeleitete nicht dem zu erklärenden Ursprünglichen vorhergegangen sein und dieses hervorgerufen haben. Es würde „sinnenleer“ sein, sich noch besonders dagegen verwahren zu wollen, „dass die Vorstellungen äusserer Gegenstände (die Erscheinungen) nicht äussere Ursachen der Vorstellungen in unserem Gemüthe sein können“, „weil es Niemandem einfallen wird, das, was er einmal als blosse Vorstellung anerkannt hat, für eine äussere Ursache zu halten“ (311). Wäre dasjenige, was die Sinnlichkeit afficirt, wieder nur Vorstellung, immanenter Bewusstseinsinhalt, so unterschiede sich die Wahrnehmung nicht von der Ideenassociation, wo eine Vorstellung immer die andere hervorruft, und die Entstehung der ersten Wahrnehmung bliebe unerklärbar (Fichte's räthselhafter „Anstoss“).

Es bleibt also, wenn man ein Afficirtwerden der Sinnlichkeit annimmt, nichts übrig, als das Handelnde dieses Afficirens in einem Transcendenten zu suchen. Hiermit hätten wir also in dem „Afficiren“ die gewünschte Brücke zwischen Transcendentem und Immanentem gefunden (wobei vorläufig dahingestellt bleibt, ob das afficirende Transcendente als Ding an sich oder als Ich an sich zu betrachten sei). Es ist nun aber offenbar, dass diese Handlung des Afficirens, welche einen Eindruck in der Receptivität hervorbringt, und durch diesen eine Empfindung als Modification der Sinnlichkeit hervorruft, nicht füglich anders genannt werden kann, als Causalität. Freilich nicht, wenn man das Wort Causalität auf die Regel einer Verknüpfung von Vorstellungen unter einander beschränkt, wohl aber dann, wenn man unter Causalität das Gesetz einer Verknüpfung von Seiendem überhaupt versteht, wonach, wenn eines gesetzt ist, ein anderes nothwendig mitgesetzt ist (I. 449). Fasst man den Begriff in dieser erweiterten Gestalt, so hindert nichts mehr, denselben auf die nothwendige und gesetzmässige Verknüpfung einer gewissen Handlung eines Transcendenten mit einer gewissen Modification meiner Sinnlichkeit anzuwenden (423). Eine solche Verknüpfung müsste also (da nur ihr eines Ende im Immanenten, sie selbst aber als Verknüpfung schon jenseits des Immanenten liegt) transcendente Causalität heissen im Gegensatz zur immanenten Causalität, welche nur Verknüpfung von Vorstellungen (Erscheinungen) unter einander ist. Das afficirende Transcendente würde hiernach die transcendente Ursache der Empfindung sein. Kant braucht hier ganz falsch transcendentale Ursache, welches ja wiederum nur eine immanente Ursache, d. h. eine Vorstellung sein würde, an welcher Immanenz die dem Inhalt anhaftende transcendentale Beziehung nichts ändern kann. Ebenso unpassend ist der Ausdruck intelligible Ursache, welcher mit Kant's altem Leibnizischen Irrthum zusammenhängt, als ob das Gebiet der reinen Vernunft oder die intelligible Welt zugleich die an sich seiende oder transcendente Welt wäre, während doch Kant selbst nachweist, dass das Noumenon inintelligibel ist, weil es jenseits des Bewusstseins überhaupt liegt, also gleich transcendent für Sinne wie Verstand ist. Wollte nun jemand bestreiten, dass das Transcendente Ursache sein könne, so wäre dies ganz grundlos, da doch niemand von etwas ihm ganz Unbekannten behaupten kann, dass ihm ein ihm nicht widersprechendes Attribut nicht zukomme, da niemand von dem, was er nicht kennt, ausmachen kann, was dieses Unbekannte thun oder nicht thun könne (311—312).

Wir haben nunmehr die gesuchte positive Bestimmung für das Transcendente gefunden: es ist die (transcendente) Ursache der Empfindung (also indirekt aller Erscheinung). Indem wir die Vorstellung dieser transcendenten Ursache der Empfindung vor unserem Bewusstsein entwickeln, gewinnen wir ein Vorstellungsobjekt, welches ein Recht hat, transcendental zu heissen, da es sich auf ein positiv-Transcendentes bezieht. Die transcendente Ursache und dasjenige transcendentale Objekt, welches ihr Vorstellungsrepräsentant im Bewusstsein ist, sind mithin Correlate;

aber sie sind nicht identisch, denn das eine liegt jenseits alles Bewusstseins, das andere in demselben. Kant vergisst dies häufig, und verwirrt beide, indem er behauptet, das transcendentale Objekt sei selbst die Ursache der Erscheinung (234 unten, 318, 391), während er doch, wie oben dargethan, selbst nachweist, dass niemals ein Objekt Ursache der Empfindung sein könne, weil jedes Objekt (auch das transcendentale) nur Vorstellung ist, welche Empfindung schon voraussetzt. Kant wird zu dieser Verwechselung durch den Irrthum getrieben, als ob dem empirischen Objekt ein transcendentales Objekt zum Grunde läge (also eine Vorstellung der anderen), was eine ganz schiefe Auffassung ist, da jedem empirischen Objekte im Wahrnehmungsact instinctiv die transcendentale Beziehung ertheilt wird, also das empirische Objekt selbst das transcendentale Objekt ist, ohne von ihm noch unterscheidbar zu sein.*) Dem Objekt der Einbildungskraft allein fehlt die transcendentale Beziehung; ihm liegt nichts zu Grunde. Dem empirischen oder transcendentalen Objekt liegt eben etwas Transcendentes zu Grunde, und nichts anderes besagt das Beiwort transcendental. Das zu Grunde liegende Transcendente bedeutet aber nichts anderes als den Grund der Erscheinungen (303), d. h. die transcendente Ursache derselben. Aehnlich bezeichnet auch Kant die intelligible (transcendente) Welt als das Substrat der (phänomenalen) Körperwelt (I. 479).

Wir können von der transcendenten Ursache oder dem Grund der Erscheinung jedenfalls einige weitere negative Behauptungen aufstellen, durch die wir dieselbe von den uns unmittelbar bekannten Erscheinungen unterschieden. Zunächst muss dasjenige,

*) So bedeutet auch empirische Realität nichts anderes, als transcendentale (d. h. eine durch instinctive Beziehung auf ein Transcendentes vermittelte) Realität, nur dass die transcendentale Beziehung hier nicht immer explicite im Bewusstsein vorhanden zu sein braucht. Aehnlich wird auch „objektiv" häufig für „transcendental" gebraucht, indem man bei ersterem Adjectiv nur an empirisch gegebene Objekte denkt, denen die transcendentale Beziehung eo ipso implicite innewohnt. In diesem Sinne ist es zu verstehen, wenn man das Objektive dem Subjektiven gegenüberstellt, und von „objektiver Realität" (von Kant als Wechselbegriff von „empirischer Realität" behandelt) oder von objektiver Wahrheit spricht, — eine Thatsache, die sich freilich für Kant's Blick wegen ihrer unmittelbaren Unbewusstheit häufig verdunkelt.

was Ursache der Empfindung und durch diese mittelbar des Vorstellungsobjektes sein soll, in seinem Dasein unabhängig sein von der Sinnlichkeit und dem Verstande (II. 208), während die Vorstellungen von beiden abhängig sind. Das Transcendente kann die Function der Causalität oder seine Einwirkung auf die Sinnlichkeit nur dann ausüben, wenn es eine von den subjektiven Functionen unabhängige, „für sich bestehende Wirklichkeit" besitzt (443), wenn es „vor aller Erfahrung an sich selbst gegeben ist" (391), während alle Vorstellungen nur in und mit dem Bewusstseinsact gegeben sind, und höchstens eine in diesem (nicht für sich) bestehende Wirklichkeit haben. So zeigt sich das der Erscheinung zu Grunde liegende als ein Ding an sich selbst (802). Dem verfehlten Beweisversuch auf S. 773 und 686 liegt das richtige Gefühl zu Grunde, dass „die Vorstellung von etwas Beharrlichen im Dasein nicht einerlei ist mit der beharrlichen Vorstellung", dass unsere transcendentalen Vorstellungsobjekte wandelbar und wechselnd, d. h. discontinuirlich und intermittirend sind, während die Dinge an sich, worauf wir sie beziehen, als ununterbrochen seiend gedacht werden, also als stetig und beharrlich, wenn sie zeitlich gedacht würden. Endlich hindert nichts, dass ein und dasselbe Ding an sich als transcendente Ursache verschiedene Bewusstseine auf gleiche Weise afficire, also, gleiche Sinnlichkeiten voraussetzt, in ihnen die gleichen Empfindungen hervorrufe, welche durch gleiche synthetische Verstandesfunctionen zu gleichen Vorstellungsobjekten verarbeitet werden. Auf diese Weise würde sich die qualitative Gleichheit numerisch verschiedener Vorstellungsobjekte in verschiedenen Bewusstseinen bei bewusster transcendentaler Beziehung auf ein und dasselbe (für alle Bewusstseine als numerisch identisch geltende) Ding an sich erklären; „denn es wäre kein Grund, warum Anderer Urtheile nothwendig mit dem meinigen übereinstimmen müssten, wenn es nicht die Einheit des Gegenstandes" (bedeutet hier „Dinges an sich") „wäre, auf den sie sich alle beziehen, mit dem sie alle übereinstimmen" (worin ihre Wahrheit besteht) „und daher auch alle unter einander zusammenstimmen müssen" (III. 58). Nur dann, können wir hinzufügen, wenn das numerisch identische Ding an sich die Bewusstseine analog afficirt, nur dann ist eine Correspondenz der Bewusstseine mit einander vermittelst des numerisch identischen, von ihnen allen unabhängigen, beharrlichen Dinges an sich möglich, falls ausserdem noch die zweite Voraussetzung erfüllt ist, dass die Dinge an sich von dem Bewusstsein aus vermittelst des Willens afficirt oder verändert werden können. Nur unter diesen Voraussetzungen ist es möglich, dass mein Bewusstsein überhaupt von der Existenz anderer ihm ähnlicher Bewusstseine etwas erfährt, oder zu deren Annahme eine Berechtigung gewinnt; denn ein unmittelbarer Verkehr zwischen Bewusstseinen kann für diesen Zweck nicht angenommen werden, und der immanente Bewusstseinsinhalt als solcher ohne berechtigte Beziehung auf ein für alle Bewusstseine identisches Transcendentes vermag natürlich keine Vermittelung herzustellen, da er ohne diese transcendentale Beziehung ganz in die subjektive individuelle Sphäre gebannt bleibt. Wir dürfen aus den angeführten Stellen schliessen, dass Kant durch eiuen ähnlichen Gedankengang, und durch das instinctive Bedürfniss, die Isolirung des Solipsismus aufzuheben, dazu bewogen wurde, das unabhängige, stetige, numerisch identische Ding an sich nicht fallen zu lassen, und deshalb denjenigen so energisch entgegenzutreten, welche seine Lehre mit dem das Ding an sich verwerfenden Berkeley'schen Idealismus in einen Topf werfen wollten, — ein Standpunkt, dessen volle Consequenzen sich oben enthüllt haben.

Aus diesem Gesichtspunkte hatte Kant schon in der ersten Auflage unumwunden davon gesprochen, dass es die Dinge an sich seien, welche uns durch Vorstellungen afficiren (162, vgl. 288), und hatte ebendaselbst (311—313; 391, 418—423; vgl. 93) die Lehre von der transcendenten Causalität in einer keinen Zweifel übrig lassenden Deutlichkeit vorgetragen. Es ist demnach ein grosser Irrthum, wenn man behauptet, dass Kant diese realistische Seite erst in der zweiten Auflage mehr hervorgekehrt habe; im Gegentheil hat er die Hauptstellen über die transcendente Ursache (311—13 und 391) in der zweiten Auflage unterdrückt, offenbar um den Widerspruch gegen die transcendentale Analytik nicht länger gar zu grell hervortreten zu lassen. Dass er sich in der zweiten Auflage gegen die Identificirung seiner Lehre mit der Berkeley's verwahrt, darin ist er entschieden im Recht, wenn auch die Form seiner Verwahrung verunglückt ist, und er der letzteren im Einzelnen nicht einmal gerecht wird. Im Ganzen scheint mir deshalb die zweite Auflage einen mehr idealistischen Anstrich zu haben, als die erste, besonders weil die Fassung des Abschnitts von der Eintheilung in Phänomena und Noumena schärfer geworden ist in Bezug auf Darlegung der Nichtigkeit des transcendentalen Objekts. Freilich ist dieser Unterschied sehr gering, und der Hauptcharakter der zweiten Auflage besteht in dem Versuch, durch Weglassungen nach beiden Seiten die in der ersten Auflage allzu offen liegenden Widersprüche etwas mehr zu verstecken, ohne doch principiell irgend etwas an ihnen zu ändern.

Erst drei Jahre nach der zweiten Auflage lässt sich Kant durch eine den Idealismus tadelnde Kritik Eberhard's zu einer Erklärung provociren, welche zwar nichts anderes, als die erste Auflage, aber dasselbe in noch unzweideutigerer Form sagt. Die Stelle (I. 436) lautet, wie folgt:

„Nachdem er (Eberhard) S. 275 (seiner Polemik) gefragt hat: „Wer (was) giebt der Sinnlichkeit ihren Stoff, nämlich die Empfindungen?“ so glaubt er wider die Kritik abgesprochen zu haben, indem er S. 276 sagt: „wir mögen wählen, welches wir wollen, so kommen wir auf Dinge an sich.“ Nun ist ja das eben die beständige Behauptung der Kritik; nur dass sie diesen Grund des Stoffes sinnlicher Vorstellungen nicht selbst wiederum in Dingen, als Gegenständen der Sinne, sondern in etwas Uebersinnlichem setzt, was jenen zum Grunde liegt, und wovon wir keine Erkenntniss haben können. Sie sagt: die Gegenstände, als Dinge an sich, geben den Stoff zu empirischen Anschauungen (sie enthalten den Grund, das Vorstellungsvermögen, seiner Sinnlichkeit gemäss, zu bestimmen), aber sie sind nicht der Stoff derselben.“ — Wir haben aus dieser Stelle die Erläuterung zu entnehmen, dass überall, wo in der Kritik gesagt ist, dass es der Gegenstand oder das Objekt sei, durch welchen der Stoff der Anschauung gegeben werde (742), oder welcher das Gemüth afficirt (31), hierunter nicht das Vorstellungsobjekt zu verstehen ist (was Kant, wie oben dargethan, selbst für unmöglich erklärt), sondern das Ding an sich. Es hängt dies mit dem durchgehenden Doppelsinn des Kant'schen Sprachgebrauchs zusammen, wonach sowohl Gegenstand und Objekt, als auch Ding, Körper, real, ausser uns, objektiv, objektive Realität bald im immanenten, bald im transcendenten Sinne gebraucht werden*), was das Verständniss der Kritik ohne jeden Nutzen oder Nothwendigkeit natürlich ungemein erschwert.

Dass das Ding an sich die transcendente Ursache der Empfindung ist, diese Annahme Kant's haben wir bisher als die einzig denkbare und anscheinend zweckdienliche Hypothese erkannt, um die Erfahrung erklärlich zu machen und durch Gewinnung eines transcendentalen Hintergrundes für den Vorstellungsinhalt uns vor dem absoluten Illusionismus (als der unvermeidlichen Consequenz der gegentheiligen Ansicht) zu retten. Wir führten, wohlgemerkt, diese Untersuchung von jenem Standpunkte aus, wo Objekt und Subjekt in gleicher Weise nur Erscheinungen sind, hatten also bis jetzt gar keine Veranlassung, die transcendente Ursache für unsere Vorstellungen entweder zu dem Objekt (Ding) oder zu dem Subjekt (Ich) in nähere Beziehung zu setzen.

Es bleibt die Frage offen, ob denn überhaupt mehr als Eine transcendente Ursache für alle unsere Vorstellungen existirt. (Doch ist hier nur von der unmittelbaren und nächsten Ursache der Modification der Sinnlichkeit die Rede, und deshalb die Frage nicht zu verwechseln mit der ganz heterogenen nach der substantiellen Einheit oder Vielheit des den Dingen an sich zu Grunde liegenden Wesens). Giebt es überhaupt nur Eine Ursache, dann ist es gleichgültig, ob wir dieselbe „Ding an sich", oder „Ich an sich" nennen, da sie dem Objekt wie dem Subjekt in gleicher Weise Ursache ist. Diese Eventualität ist es, welche

*) Kant selbst erläutert den Doppelsinn von „Gegenstand" und „ausser uns" auf S. 298—9, den von „Gegenstand" ausserdem auf S. 718 und 783. Der Ausdruck „objektive Realität", den er meistens (z. B. 301, 776, 778) immanent versteht, braucht er in transcendentem Sinne auf S. 310, 443, 446, 719, I. 444. Das Wort „objektiv" (ohne Verbindung mit „Realität") steht ausserdem noch einigemal für „transcendent", z. B. auf S. 43, 715, I. 441. „Ding" und „Körper" nimmt er für gewöhnlich immanent, bisweilen aber auch transcendent, so dass „Ding" für „Ding an sich" (201, 203, 773), und „Körper" für „Körper an sich" steht (I. 480). Der natürliche Sprachgebrauch versteht unter „Ding" immer ein vom Bewusstsein Unabhängiges, d. h. ein „Ding an sich." Die ihre Relation auf das Subjekt in sich tragenden Ausdrücke „Objekt" und „Gegenstand" können hingegen ohne Widerspruch nicht von dieser Beziehung losgerissen werden. Es dürfte sich mithin empfehlen, künftig „Objekt" und „Ding" sich als das Immanente und Transcendente einander gegenüberzustellen.

Kant auf S. 287—288 andeutet, und welche Fichte weiter ausgeführt hat. Da indessen die transcendente Ursache ein für allemal ausserhalb des reinen formalen Idealismus liegt (da sie den Principien der transcendentalen Analytik widerspricht), so scheint es nicht viel Unterschied für den strengen Idealisten zu machen, ob diese Inconsequenz so oder so näher bestimmt wird; daher kann auch die Weglassung dieser Andeutung in der zweiten Auflage nicht für eine Beeinträchtigung des idealistischen Charakters angesehen werden. Wer aber so wie so mit dem formalen Idealismus so weit gebrochen hat, dass er eine transcendente Ursache zu supponiren sich genöthigt bekennt, für den wird die Frage von entscheidender Wichtigkeit, ob „unsere Vorstellungen durch den Einfluss äusserer Dinge entspringen, oder durch innere Ursachen gewirkt seien“ (93), oder ob erst eine Combination beider Bedingungen die vollständige oder zureichende Ursache derselben bilde. Das „innere“ und „äussere“ ist hier natürlich nur bildlich zu verstehen; die Frage ist, ob unser (bewusster oder unbewusster) Wille allein die Anschauungen producirt (Fichte), oder ob die Receptivität des Bewusstseins eine absolut passive sei, welche schlechthin unthätig die Anschauungen über sich ergehen lässt, wie sie ihr gegeben werden, und ohne irgendwie an ihrer Erzeugung mitzuwirken, oder an den gegebenen etwas zu modificiren (Berkeley), — oder ob Production von der einen Seite und Bestimmung der Art und Richtung dieser Production von der anderen Seite zum Zustandekommen der Vorstellungen cooperiren. Kant's gesunder Sinn, der ihn fast überall vor den Extremen schützt, lässt ihn auch hier die rechte Mittelstrasse erwählen, und deshalb musste er das geistreiche, aber irreleitende Aperçu der ersten Auflage in der zweiten unterdrücken. Schon in seiner Habilitationsschrift vom Jahre 1755 hatte er mit vollster Entschiedenheit erklärt: „Anima nempe internis mutationibus est obnoxia (per sensum internum), quae cum e natura ipsius solitario et extra nexum cum aliis spectata oriri non possint, p. demonstrata: plura extra animam adesse necesse est, quibus mutuo nexu complexa sit“ (I. 38). Dieser Ansicht ist Kant in allen Phasen seines Lebens unwandelbar treu geblieben.

Dass der Wille bei der Vorstellungsproduction betheiligt ist dies beweist die Selbstaffection des Gemüths, d. h. die Affection der Sinnlichkeit durch die Einbildungskraft (747), sei es vermittelst bewusster Willkür wie in den Phantasiespielen, sei es vermittelst unbewussten Willens wie in den Träumen und Hallucinationen. Die Unmöglichkeit, letztere von der Sinneswahrnehmung nach subjektiven Kriterien zu unterscheiden, beweist, dass beide in ihrer Entstehung erhebliche Verwandtschaft haben müssen, und keinenfalls toto genere verschieden sein können, so dass, etwa wie Berkeley will, die ersteren vom Ich producirt und percipirt, die letzteren aber von einer ganz fremden transcendenten Ursache producirt, dann in fix und fertigem Zustande der Seele imprägnirt und von dieser rein receptiv percipirt würden. Ein so himmelweiter Unterschied ist offenbar unstatthaft. Die Seele muss in beiden Fällen die Anschauung vermöge ihrer Sinnlichkeit selbstthätig produciren, wenn auch diese Productionsfunction nur eine Reaction in Folge der Afficirung ist, die nun allerdings das einemal von innen, das anderemal von aussen kommen kann (750). So werden wir jedenfalls zur Annahme einer inneren Ursache getrieben, welche bei unseren nunmehrigen Auffassungen von Ursache, Substanz u. s. w. sehr wohl das Vermögen der productiven Functionen genannt werden kann. Wollte man man aber das Bestehen äusserer Ursachen neben dieser inneren, das Bestehen von Dingen an sich neben dem Ich an sich leugnen, so würde man dadurch von Neuem auf den Solipsismus zurückgeworfen, da die Möglichkeit einer Kunde von anderen Bewusstseinen aufgehoben wäre. Der Solipsismus aber ist offenbar eine weit schlechtere Hypothese behufs Erklärung der Erfahrung, als die Annahme einer Mehrheit von Bewusstseinen und des Verkehrs derselben durch Dinge an sich. Berkeley hat nun zwar auch eine innere Ursache (Ich an sich) und eine zweite transcendente Ursache, welche nicht Ich ist; aber dies ist eben jener Eine, für alle Wahrnehmungen identische Producent der Anschauungen, welche das Subjekt passiv percipirt, welcher also in keiner Correlativität zu den Vorstellungsobjekten in dem Sinne steht, dass diese durch die Beziehung auf jene transcendente Ursache eine mittelbare (transcendentale) Realität erhalten, wie es bei correlativen Dingen an sich geschieht. Durch diese Auffassung, die wir nur als Deus ex machina bezeichnen können, wird aber der ganze Nutzen, den man durch die Hypothese einer äusseren Ursache neben der inneren gewinnen wollte, wieder eingebüsst, so dass diese Hypothese als ganz überflüssig, mithin unberechtigt, erscheint, da dann der Fichte'sche Standpunkt von bloss einer inneren Ursache viel einfacher ist und dasselbe leistet. Ich sagte: der Nutzen für die Erklärung wird eingebüsst; denn indem die Correlativität der einzelnen Dinge an sich mit den einzelnen Vorstellungsobjekten verloren geht, hört wiederum die Möglichkeit des Verkehrs zwischen verschiedenen Bewusstseinen auf, da dem Individuum die Möglichkeit benommen ist, durch sein Handeln auf ein ganz bestimmtes Ding an sich in der Weise einzuwirken, dass ein anderes Individuum sich von dem nunmehr veränderten Ding an sich in veränderter Weise afficirt empfindet. Wenn ich im Stande bin, ein meinem Vorstellungsobjekt eines Apfels correspondirendes Ding an sich (durch Zerschneiden) derart zu verändern, dass es nunmehr jeden, der in die Lage kommt, von ihm afficirt zu werden, so afficirt, dass derselbe das Vorstellungsobjekt von zwei Apfelhälften gewinnt, dann ist die Communication zwischen getrennten Bewusstseinen erklärlich. Wenn hingegen die transcendente Ursache meines Vorstellungsobjekts von einem Apfel ein göttliches Wesen ist, so ist die Art meiner Einwirkung auf dasselbe, während ich den Apfel zu zerschneiden glaube, völlig unverständlich, und mein Wille kann höchstens die Gelegenheitsursache für Gott werden, sowohl in mir, als in anderen Bewusstseinen ein aus zwei Apfelhälften bestehendes Vorstellungsobjekt an Stelle des vorgestellten ganzen Apfels zu produciren. So kommt Berkeley zu einem Occasionalismus zwischen den getrennten Bewusstseinen, der um nichts besser ist, als des Malebranche Occasionalismus zwischen Geist und Materie, aus dessen Negirung ersterer hervorging, indem die überflüssig gewordene Materie beseitigt wurde. Man kann nicht leugnen, dass Leibniz's prästabilirte Harmonie der Vorstellungsabläufe in verschiedenen Bewusstseinen eine nahe liegende Verbesserung des Berkeley'schen Occasionalismus ist, durch welche das geistlose und wunderliche Geschäft des beständigen correspondirenden Zeigerschiebens innerhalb der vielen Bewusstseine, zu welchem Gott durch Berkeley verurtheilt wird, in den kunstvoll vorgeordneten

Gang harmonirender Uhrwerke verwandelt wird. Aber in beiden Fällen, mag nun der Deus ex machina in jedem Moment die Vorstellungen der verschiedenen Bewusstseine in einer gewissen Uebereinstimmung produciren, oder mag er bei Erschaffung derselben ein für allemal die individuellen Vorstellungsvermögen so geregelt haben, dass die Vorstellungen in harmonirender Weise verlaufen, — in beiden Fällen ist doch die in den Bewusstseinen liegende Vorstellung des Verkehrs der verschiedenen Bewusstseine ein blosser Schein, eine durch Gott gewirkte Illusion, da die Kunde, die sie von einander erhalten, nicht aus natürlicher Vermittelung, sondern aus wunderbarer göttlicher Eingebung herstammt.

Es ist also klar, dass eine wirkliche Vermittelung zwischen den verschiedenen Bewusstseinen nur durch Dinge an sich stattfinden kann, welche durch ihre passive und active Causalität (durch ihr Leiden und Wirken) den Verkehr von einem zum anderen vermitteln, wobei angenommen wird, dass der zu dem einen Bewusstsein gehörige Leib als Ding an sich, vom Willen gelenkt, entweder direkt oder durch Vermittelung anderer Dinge an sich, auf den zum anderen Bewusstsein gehörigen Leib als Ding an sich wirkt, wodurch nun erst letzteres Bewusstsein afficirt wird. Ohne diese nähere Ausführung ist die Hypothese von äusseren transcendenten Ursachen werthlos, also berechtigungslos; nur so vermag sie mehr zur Erklärung der Erfahrung zu leisten, als die Hypothese von bloss inneren Ursachen (Fichte); nur so vermag sie die Erfahrungsthatsache auf natürlichem Wege zu erklären, dass in unserem Bewusstseinsinhalt sich Vorstellungen finden von, den unsrigen ähnlichen, Bewusstseinen und Charakteren, mit einem Worte Vorstellungen von Personen ausser uns. Wir haben gesehen, dass auch Kant als transcendentes Correlat eines jeden auf mehr als subjektive Realität Anspruch machenden Vorstellungsobjektes (also auch der Vorstellung des eigenen Leibes) ein unabhängiges, an sich seiendes, stetiges und numerisch identisches Ding supponirt, welches im Stande ist, seinerseits eine Causalität auszuüben auf die innere Ursache unserer Vorstellungen. Weiter jedoch ist er in seinen Erklärungsversuchen nicht gegangen; die naheliegende Consequenz hat er nicht gezogen, dass, wenn das Ding an sich auf das Ich an sich wirken kann, dieses auch auf jenes wird wirken können, obgleich sie als

seine Ansicht vorausgesetzt werden muss, wenn man bedenkt, dass diese letztere Causalität nur die Umschreibung von „handeln“ ist, während alle in Vorstellungsobjekten hervorgerufene Veränderung ohne correspondirende Veränderung im Ding an sich nur ein Spiel mit Vorstellungen ist, das niemals die Sphäre der Subjektivität überschreitet, also nicht Handlung heissen kann. Noch ferner hat jedenfalls Kant der Gedanke gelegen, dass, wenn die Dinge an sich auf das Ich an sich wirken können, sie wohl auch auf einander werden wirken können, und dass ohne diese Annahme, dass die Dinge an sich auf einander wirken können, der durch mehr Mittelglieder als den blossen Leib vermittelte Verkehr zwischen Bewusstseinen (z. B. durch elektrische Telegraphie) unmöglich wird. Indessen räumt Kant doch so viel ein, dass das in immanenter Hinsicht Unbedingte doch wiederum ein in transcendenter Hinsicht Bedingtes und „von fremder Ursache Abhängiges“ (174) sein könne, und jedenfalls durch das (auch in transcendenter Hinsicht und somit) absolut Unbedingte bedingt sei, insofern nämlich die Welt der Dinge an sich von Gott geschaffen sei (VIII. 234).

Das Resultat dieses Abschnittes ist Folgendes: Wir hatten gesehen, dass die Principien des formalen Idealismus, speciell das Verbot, von den Kategorien einen transcendentalen Gebrauch zu machen, folgerichtig zum absoluten Illusionismus führte, wodurch rückwärts die Geltung dieser Principien mehr als zweifelhaft wurde; jetzt aber haben wir gesehen, dass wir, von dem Zwange dieser Grundsätze befreit, in der transcendentalen Ursache der Empfindung eine Hypothese gewonnen haben, welche sich zur Erklärung der Erfahrung höchst fruchtbar erweist, und immer mehr erweisen wird. Bis jetzt wissen wir zwar von dem Dinge an sich noch nicht viel, ausser dass es wirklich existirt, und wirkt (Wirklichkeit, Dasein, Causalität), und sich von dem Vorstellungsobjekt unterscheidet durch die Ununterbrochenheit seines Daseins, durch seine Unabhängigkeit vom Bewusstsein, und durch seine numerische Identität den vielen Bewusstseinen gegenüber. Von einer Aehnlichkeit des Dinges mit dem Objekt ist vorläufig noch keine Rede.

Ehe wir zur weiteren Untersuchung der Beschaffenheit des Dinges an sich übergehen, wollen wir im nächsten Abschnitt betrachten, wie und mit welchem Erfolge Kant versucht hat, den

Widerspruch seiner transcendenten und immanenten Causalität zu beseitigen, — denn an die Kategorien der Wirklichkeit und des Daseins hat er gar nicht einmal gedacht, ebenso wenig daran, dass der Begriff des Afficirens und der Ursache nothwendig „auf den Begriff der Handlung, diese auf den Begriff der Kraft, und dadurch auf den Begriff der Substanz“ führt (172), was, wenn Kant es gar für die immanente Causalität behauptet, doch gewiss für die transcendente erst recht gilt.

V.

Transcendente und immanente Causalität.

In der Kritik der reinen Vernunft zeigt sich keine Stelle als durchdrungen von dem Bewusstsein, dass die Hypothese der transcendenten Ursache im Widerspruch steht mit dem Verbot des transcendentalen Gebrauchs der Kategorien, vielmehr begnügt sich Kant in diesem Werke mit der schon erwähnten Bemerkung, dass erstere Hypothese offenbar in sich widerspruchslos sei, da niemand sagen könne, welche Attribute einem schlechthin Unbekannten zukommen oder nicht zukommen (311—12). Wohl aber hatte sich Kant diesen Widerspruch bereits zum Bewusstsein gebracht, als er die Kritik der praktischen Vernunft schrieb. Er bricht hier definitiv mit dem Standpunkt der transcendentalen Analytik, indem er an deren Eintheilung der Kategorien in mathematische und dynamische anknüpft, und nur für erstere das Verbot des transcendentalen Gebrauchs bestehen lässt, für letztere aber dasselbe umstösst, und in sein Gegentheil verkehrt. Die mathematischen Kategorien (der Grösse und Qualität) gehen „bloss auf die Einheit der Synthesis in der Vorstellung der Objekte“ (als Erscheinungen), die dynamischen Kategorien (Causalität und Nothwendigkeit) „auf die in der Vorstellung der Existenz der Objekte“ (d. h. ihrer realen Correlate, der Dinge an sich). Die ersteren enthalten jederzeit eine Synthesis des Gleichartigen, welche deshalb aus der immanenten Erscheinung in Raum und Zeit niemals heraustreten kann; die letzteren „erfordern diese Gleichartigkeit (des Bedingten und der Bedingung in der Synthesis) gar nicht, weil hier nicht die Anschauung, wie sie aus einem Mannigfaltigen in ihr zusammengesetzt, sondern nur wie die Existenz des ihr correspodirenden bedingten Gegenstandes" (soll heissen: Dinges) „zu der Existenz der Bedingung (im Verstande als damit verknüpft) hinzukomme, vorgestellt werden solle, und da war es erlaubt, zu dem durchgängig Bedingten in der Sinnenwelt (sowohl in Ansehung der Causalität, als des zufälligen Daseins der Dinge selbst) das Unbedingte" (d. h. das in immanenter Beziehung Unbedingte) „obzwar übrigens unbestimmt, in der intelligiblen Welt zu setzen, und die Synthesis **transcendent** zu machen" (VIII. 236—237). Die Möglichkeit und Erlaubtheit dieser transcendenten Synthesis setzt Kant hier als in der Kritik der reinen Vernunft nachgewiesen voraus; es komme nun bloss darauf an, ob man Grund habe, eine solche Hypothese als positiv gerechtfertigt zu betrachten (VIII. 237). Dies betraf aber zunächst nur die Kategorie der Causalität. Kant hat aber auch die der Nothwendigkeit als einer transcendenten Synthesis fähig bezeichnet, aber mit dem Unterschiede, dass unmittelbar nur die Causalität uns gestattet, das Transcendente zu erreichen, während die andere Kategorie selbst erst vermittelst der Brücke der Causalität sich zu einem Gebrauch im Gebiete des Transcendenten hinüberschwingen könne (VIII. 238). Die Causalität allein erreicht also die Existenz des Transcendenten vermittelst der Bestimmung der transcendenten Ursache; erst auf dieser Basis tritt eine andere Kategorie, die an und für sich unfähig ist, das Transcendente zu erreichen, als nähere Bestimmung hinzu. Nun sollte man aber meinen: wenn eine Kategorie der Modalität durch ihre Unfähigkeit, das Transcendente von selbst zu erreichen, nicht gehindert wird, der transcendenten Ursache als nähere Bestimmung zu dienen, so müssten in derselben Weise auch die Kategorien der Quantität und Qualität durch ihre Unfähigkeit, das Transcendente von selbst zu erreichen, nicht gehindert werden, der transcendenten Ursache als Bestimmung zu dienen. Und mehr als die Unfähigkeit, das Transcendente von sich selbst aus zu erreichen, kann ihnen ja Kant auch nicht vorwerfen, um sie (im Unterschiede von der Nothwendigkeit) auf immanenten Gebrauch zu beschränken. Dieser naheliegende Gedanke von der Hinfälligkeit seiner Unterscheidung ist jedoch Kant nicht beigefallen, noch weniger seine eigene Ansicht, nach welcher gerade und ausschliesslich die Kategorien der Modalität das Besondere an sich haben, „dass sie den Begriff, dem sie als Prädicate beigefügt werden, als Bestimmung des Objekts nicht im Mindesten vermehren, sondern nur das Verhältniss zum Erkenntnissvermögen ausdrücken“ (II. 183—184), — eine Eigenthümlichkeit, welche gewiss den Kategorien der Quantität und Qualität weit mehr Aussicht verleiht, zur Bestimmung des „An sich Seienden“ verwendbar zu sein, als denen der Modalität. Hiernach müssen wir annehmen, dass hinsichtlich aller Kategorien der Widerspruch zwischen dem Verbot transcendentalen Gebrauchs und der Praxis Kant's zu Gunsten der letzteren entschieden ist und mit thatsächlicher Umstossung des Verbots geendet hat.

Nach Erledigung dieses ersten Punktes kommen wir zu der zweiten schwierigen Frage, wie die immanente Causalität Kant's mit seiner transcendenten ohne Widerspruch vereinbar sei. Nach dem „Grundsatz der Erzeugung“, oder, wie die 2. Aufl. sagt, nach dem „Grundsatz der Zeitfolge nach dem Gesetz der Causalität“ ist jede Wahrnehmung oder Erscheinung durch die vorhergehende bedingt nach einer allgemeinen und nothwendigen Regel der Verknüpfung; wenn die Erscheinung, die als Ursache genommen wird, vorhergeht, so folgt unausbleiblich und nothwendig die andere Erscheinung, welche Wirkung genannt wird (II. 159). Ihr Ausbleiben ist unmöglich, sobald nur die erstere Erscheinung gesetzt ist; die vorhergehende Erscheinung ist also die zureichende oder vollständige Ursache der nachfolgenden; d. h. „alle Requisite zu einer vollkommenen und nothwendigen Bestimmung derselben müssten in einer möglichen Erfahrung“ (Anschauung) „angetroffen werden“ (424), oder anders gesagt: alle Erscheinungen, auch dann, wenn sie Wirkungen der reinen praktischen Vernunft sein sollen, „müssen doch nichts desto minder aus ihrer Ursache in der Erscheinung nach Naturgesetzen vollkommen“ (d. h. ohne Rest) „erklärt werden können“ (428). Dieses Gesetz der immanenten Causalität, nach welchem der zureichende Grund jeder Erscheinung in der *Erscheinung* liegt, darf durch *keine Ausnahme* geschwächt werden, so dass etwa bei gewissen Erscheinungen die immanente Causalität aufhörte und die transcendente au ihrer Statt einträte (427). Aber neben und unbeschadet dieser immanenten Causalität soll doch *jede* Erscheinung ohne Ausnahme zugleich auch die Wirkung „der ursprünglichen Handlung" einer transcendenten Ursache sein (427). Diese transcendente Causalität steht ganz ausserhalb der Kette der immanenten Bedingungen (424), und zwar wird sie nicht als eine *Concurrenz* der immanenten Causalität angesehen, welche durch Cooperation oder durch Conflict mit dieser die Wirkung als combinirtes Produkt zu Stande bringt, sondern sie wird ebenfalls *an sich selbst als vollständig* betrachtet (435). Auch die transcendente Ursache ist *zureichender* Grund der Erscheinung. Wir haben also nun statt einer *zwei* zureichende Ursachen für jede Erscheinung, deren eine innerhalb, die andere ausserhalb des Bewusstseins liegt, deren eine mit ihren Vorgängern und Nachfolgern eine stetige Kette bildet, die andere nicht. Eine und dieselbe Erscheinung wird durch ihre immanente Ursache vollkommen und ohne Rest als A bestimmt, und durch ihre transcendente Ursache vollkommen und ohne Rest als B bestimmt; soll dies kein Widerspruch sein, so muss, da die Erscheinung nur Eine mit sich identische ist, $A = B$ sein. Da sich dies bei *jeder* Erscheinung unaufhörlich wiederholt, so kann die Gleichheit von A und B nicht *Zufall*, sondern nur *prästabilirte Harmonie* sein. Dann ist es aber auch nur scheinbar, dass die transcendente Ursache ein absoluter *Anfang* ist, denn sie als Ursache, d. h. nach der nothwendigen Art ihres Wirkens, ist ja so präformirt, dass sie mit der nothwendigen Wirkung der immanenten Ursache übereinstimmen *muss*, weil sonst der Widerspruch entstände; also ist die Freiheit der Initiative trügerischer Schein, da die einzig mögliche Art des Wirkens der transcendenten Ursache an der nothwendigen Wirkung der vorhergehenden immanenten Ursache abgelesen werden kann, wie die Zeit, welche eine verdeckte Uhr zeigt, an einer offen stehenden abgelesen werden kann, wenn man weiss, dass beide übereinstimmend gehen.

Indem die Freiheit der transcendenten Ursache sich als Illusion erweist, verschwindet für Kant das *praktische* Interesse, welches er an dieselbe knüpfte, und es bleibt nur das theoretische übrig, welches ihn dazu geführt hat, eine transcendente Ursache für das Gegebensein der Empfindung zu supponiren. Räthselhaft erscheint der Werth, den Kant auf die praktische Seite seiner irrthümlichen Hypothese legte, dabei in sofern, als er selbst auf S. 432 anerkennt, dass bei der absoluten Verborgenheit des intelligibeln Wesens unserer selbst doch „unsere Zurechnungen nur auf den empirischen Charakter bezogen werden können", wo dann in der That der praktische Nutzen der Hypothese eines intelligibeln Charakters hinter dem empirischen unerfindlich wird, da doch das praktische Interesse mit der Zurechnungsfrage wesentlich erschöpft ist. Die Lösung des Räthsels liegt darin, dass Kant auch hier seinem alten Leibnizischen Fehler treu bleibt, das Transcendente mit dem Intelligibeln zu verwechseln und praktische Impulse der vernünftigen Reflexion, die doch auch nur Bewusstseinsinhalt, d. h. immanent sind, für Hineinragungen des Transcendenten in das Immanente zu halten. Kant geht darin so weit, zu leugnen, dass die Aeusserungen unserer reinen Vernunft der Zeitfolge unterworfen seien (433), — als ob wir nach Kant eine andere Vernunft hätten, als eine discursive, d. h. zeitlich auseinandergezogene!

Wir kommen hierbei auf den ungeheuerlichsten Punkt in Kant's Theorie der transcendenten Causalität, nämlich auf seine Behauptung, dass dieselbe zeitlos sei (425, 433). Wo keine Zeit ist, ist kein Geschehen, keine Veränderung, also auch keine Verknüpfung einer Veränderung mit einem Prius derselben als ihrer Ursache möglich (425). Mit dem Worte Causalität ist schlechterdings kein Begriff zu verbinden, wenn man die Zeit eliminirt. Was Kant von der Gemeinschaft als einer Form der Causalität des Zugleichseins gesagt hat, ist in seiner unlogischen Beschaffenheit von Schopenhauer hinreichend blossgelegt (W. a. W. u. V. I. 544—549), und würde ausserdem ein solches Zugleichsein doch nicht die Zeitlichkeit des ganzen Vorganges ausschliessen. Aber auch Kant selbst würde keineswegs seine Kategorie der Gemeinschaft auf das Verhältniss der transcendenten Ursache zu dem von ihr Bewirkten anwenden wollen, da ja alsdann das Transcendente rückwärts auch ein immanent Bedingtes wäre, was Kant bestreitet. Was die Hypothese der transcendenten Causalität mit der einen Hand bieten will, zerstört mit der anderen Hand die Forderung der Zeitlosigkeit. Wir brauchen die transcendente Ursache, um überhaupt ein Transcendentes zu gewinnen, um dem absoluten Illusionismus zu entgehen. Diese transcendente Ursache kann unmittelbar nur die Ursache der Sinnesempfindung sein, und mag nun Kant's Ausdruck: „Afficiren" wohl oder übel gewählt sein, so steht so viel fest, dass das Bewirken der Empfindung von Seiten des Transcendenten nur als Function, d. i. Handlung, Thätigkeit (173), Actus, gedacht werden kann, alles Begriffe, die die Zeit bereits in sich schliessen. So spricht denn Kant auch beständig von der transcendenten Causalität als von einer „Handlung", aber er möchte die Zeit dadurch aus dem Transcendenten eliminiren, dass er diese Handlung wohl von ihm, aber nicht in ihm anfangen lässt (425). Dabei kann man nichts anderes verstehen, als dass die ganze zeitliche Handlung der Causalität schon in's Immanente hereingezogen werden soll. Dies ist aber thatsächlich falsch. Denn alles Bewusstwerden beginnt erst mit dem ersten Stoff der Empfindung, welchen es als einen ihm fertig Gegebenen vorfindet, woraus unmittelbar erhellt, dass die Thätigkeit, welcher derselbe entspringt, nicht zum Bewusstseinsinhalt, also nicht zum Immanenten gehört. Was aber jenseits des Immanenten liegt, das ist eben das Transcendente, also gehört der Act des Bewirkens der Empfindung bereits zum Transcendenten. Hält man dies fest, so ist der Unterschied des „Anfangens von ihm oder in ihm" bedeutungslos, denn man nennt eben ein Ding zeitlich, insofern seine Thätigkeit zeitlich ist, ohne damit bestreiten zu wollen, dass das handelnde Wesen in demselben, abstrahirt von seiner Thätigkeit und betrachtet in seinem reinen Sein, ein nicht selbst in den Strudel der Zeit eingehendes sein könne.

Wir stehen hiernach vor der Alternative: entweder die transcendente Causalität ist zeitliches Geschehen ebensogut wie die immanente, oder wir haben in der Hypothese der transcendenten Ursache einen undenkbaren Begriff concipirt, der keinenfalls etwas erklären kann, und uns mithin auf den absoluten Illusionismus zurückwirft. Die Wahl kann nicht zweifelhaft sein. Man erinnere sich hierbei dessen, was wir (s. o. S. 26—27) bei Betrachtung des transcendentalen Subjekts dargethan haben, dass jeder

Versuch einer Erhebung über den wesenlosen und in sich unwirklichen Schein des Bewusstseinsinhaltes unmöglich ist, so lange man an der Kant'schen Theorie (an der auch Schopenhauer scheiterte) festhält, dass Function (Veränderung u. s. w.) nur zu sein scheint, aber nicht ist.

Schon dadurch wird die transcendente Causalität (auch abgesehen davon, dass sie als Geschehen eine gewisse Zeit erfüllt) zur Zeitlichkeit verurtheilt, dass sie, um diese bestimmte Empfindung bewirken zu können, in einem ganz bestimmten Zeitpunkte (der Zeitreihe der im Bewusstseinsinhalt vorgehenden Veränderungen) einsetzen, d. h. ihre Thätigkeit anheben muss. Gesetzt nämlich, alles Transcendente, auch die transcendente Causalität, wäre unzeitlich, so würde ihr Eingreifen sich zu jedem Punkte der subjektiven Zeitreihe gleich verhalten, und es wäre unmöglich, eine bestimmte Beziehung zwischen einem gewissen Zeitpunkte der nur subjektiven Zeitreihe (die nach Kant für das Transcendente nicht existirt — 45) und einem bestimmten Act des transcendenten Eingreifens herzustellen.

Indem wir die Nothwendigkeit anerkennen müssen, die transcendente Ursache ebenfalls als zeitlich aufzufassen, wie die immanente, wird die oben erwähnte prästabilirte Harmonie zwischen beiden Ursachen nur noch wunderlicher. Da wir der transcendenten Ursache behufs Erklärung der Empfindung nicht entbehren können, dürfte es sich wohl lohnen, doch einmal Kant's immanente Ursache auf ihre Berechtigung zu prüfen. Bekanntlich hat schon Schopenhauer die Beweisführung Kant's angegriffen (4fache Wurz. d. Satzes v. zur. Gr. §. 23); ich werde nicht nur die Einwendungen desselben zu wiederholen, sondern auch noch weitere hinzuzufügen haben.

In erster Reihe ist zu bemerken, dass bei der rein immanenten Succession von Erscheinungen von dem Unterschiede einer subjektiven oder objektiven Folge (164—165) gar nicht die Rede sein kann, weil hier alles in ganz gleichem Sinne subjektiv und objektiv ist. Nicht nur ist es für mich ganz ebenso wohl eine objektive Begebenheit, wenn ich die Wahrnehmung empfange, dass mein Auge die Contouren eines Hauses entlanggleitet, oder dass ein Kahn den Strom hinabgleitet, es ist sogar eine objektive Begebenheit, wenn ich durch den inneren Sinn constatire, dass bei fixirter Augenstellung meine Aufmerksamkeit die Contouren des unverrückten Bildes von dem Hause entlangläuft. Das Vermögen meiner Willkür, die Reihenfolge zu ändern, hat mit der Auffassung der einmaligen Begebenheit als einer in dieser Reihenfolge gegebenen unmittelbar gar nichts zu thun. Dass die subjektive Zuthat einer gewissen Verknüpfungsart der Vorstellungen diesem nimmermehr eine objektive Realität verleihen könne, wie Kant will, haben wir schon im ersten Abschnitt gesehen.

Das Causalitätsgesetz soll nach Kant die Reihenfolge der Vorstellungen der Willkür entziehen und zu einer zwangsweisen machen, d. h. es ist nun nicht mehr meiner Willkür überlassen, ob ich erst A und dann B vorstelle, oder erst B und dann A; ob ich aber gezwungen sein werde, diese beiden concreten Vorstellungen in dem gegebenen Falle in der Ordnung: A, B oder in der: B, A zu verknüpfen, davon sagt das abstracte allgemeine Gesetz nichts, davon kann es nichts sagen, weil es in seiner Allgemeinheit mit der concreten Bestimmtheit des Falles gar nichts zu thun hat. Welche Ordnung ich gezwungen bin vorzustellen, werde ich erfahren, wenn ich es probire; das Gesetz sagt nur, dass diese Ordnung eine nothwendige sein wird. Aber doch soll die Kategorie der Causalität, als im Verstande parat liegende Denkform hinreichen, um die Reihenfolge durch ihr Hinzutreten zu den gegebenen sinnlichen Anschauungen zu bestimmen; sie, und nur sie allein soll entscheiden, ob A, B, oder ob B, A; denn dazu ist sie ja als Erklärung herangezogen (164). Die Aufgabe, die die reine Denkform des Verstandes lösen soll, geht offenbar über ihren Bereich; die Erklärung aus der Subjektivität der reinen Verstandesform muss sich sofort als unzulänglich erweisen, sowie man auf die concrete Bestimmtheit eines gegebenen Falles Rücksicht nimmt, wo das Wie des gefühlten Zwanges immer nur empirisch zu begründen ist. Wäre aber Kant's Auffassung richtig, so wäre doch bei der nothwendigen Folge A, B nicht mehr A als Ursache, als das Bedingende oder Bewirkende von B zu bezeichnen, denn Kant stellt ja die Sache so dar, als ob A und B beide schon da wären, und der Vorrang des einen oder des anderen in der Zeit nur durch das Verknüpfungsgesetz festgestellt würde, so dass also A und B ihrem Dasein nach keinenfalls Folgen von einander, ihrer Ordnung nach aber auch bloss coordinirte Folgen aus der sie gemeinsam bedingenden Regel wären. Es wäre bewusste Selbsttäuschung, hier noch von Ursache und Wirkung, statt von Prius und Posterius zu sprechen, — was sie auch erst durch die Denkform geworden sind, nicht von selbst sind. Wie man es sich vorstellen soll, dass erst das Causalitätsgesetz dem vorhandenen Anschauungsstoff seine Ordnung in der Zeit anweist, wird völlig unverständlich, sobald man auf die gesammte Vorstellungsreihe eines ganzen Menschenlebens reflectirt; es würde die Kant'sche Annahme alsdann mindestens die Hülfshypothese involviren, dass das Causalitätsgesetz es sei, welches den beständig vorhandenen (aber nicht im Bewusstsein liegenden) Stoff sämmtlicher das Leben erfüllenden Anschauungen in einer von ihm bestimmten Ordnung nach und nach in's Bewusstsein ruft.

Sahen wir aber, dass die reine Verstandesform der Causalität nur bewirken kann, dass die Vorstellungen in irgend einer nothwendigen Ordnung sich folgen, nicht aber in was für einer Ordnung sie sich nothwendig folgen müssen, so bleibt die Art und Weise dieser Ordnung eine in Bezug auf das immanente Causalitätsgesetz zufällige, wie sehr sie auch als Ordnung überhaupt nothwendig sein mag. Dann fehlt mir offenbar jede immanente Garantie, dass die nothwendige Ordnung A, B, welche ich in diesem gegebenen Falle erfahren habe, sich nicht im Wiederholungsfalle umkehrt, da sie ja dabei als Ordnung immer nothwendig bleiben, also beidemal in gleicher Weise als Vorstellungszwang empfunden werden kann. Es ist klar, dass Kant's Ansicht, welche nur das Dass, nicht das Was der Nothwendigkeit erklärt, in keiner Weise für die Allgemeinheit einer bestimmten Art der Aufeinanderfolge zwischen bestimmten Erscheinungen bürgen kann, worauf es ihr doch wesentlich ankommt.

Wir sahen schon oben, dass die auf einander folgenden Vorstellungen A und B weder ihrem Dasein und Inhalt nach, noch ihrer Ordnung nach von einander abhängig sind; denn in ersterer Beziehung ist der Stoff der Anschauung von aussen, d. h. nicht von einer anderen Anschauung, gegeben, in letzterer Beziehung sind sie gleichmässig vom Causalitätsgesetz, also nicht von einander abhängig. Wir mussten hiernach anerkennen, dass es falsch ist, ein Abhängigkeitsverhältniss von einander in diese nach nothwendiger Ordnung sich folgenden Vorstellungen hineinzutragen, mag man dasselbe durch „Bedingung und Bedingtes“ oder durch „Ursache und Wirkung“ oder irgend sonst wie bezeichnen wollen. Diese Consequenz der Kant'schen Theorie ist ganz evident. Nach Kant fühlt der Mensch den Zwang der Vorstellungsordnung, der durch eine in ihm selbst liegende Regel der Verknüpfung bedingt ist, und nur durch eine offenbare Unüberlegtheit trägt er die Vorstellung einer Abhängigkeit oder Bedingtheit durch einander in die sich folgenden Vorstellungen hinein.

Aber halt! Thut denn nicht etwa Kant dem Menschen mit letzterer Behauptung Unrecht? Nennt der Mensch wirklich je zwei sich in einer durch seine Willkür nicht zu ändernden Ordnung folgenden Vorstellungen Ursache und Wirkung, so dass der Philosoph hieraus ein anscheinendes Recht schöpfen könnte, einen solchen allgemein üblichen Missbrauch der Sprache fortzusetzen? Nein er denkt gar nicht daran! Es ist eine Einbildung von Kant! Kein Mensch nennt seine Erscheinung eines Schiffes hier an dieser Stelle die Ursache von der Erscheinung desselben im nächsten Augenblick ein wenig mehr stromabwärts! Alle Wahrnehmungen folgen sich in einer nicht willkürlich umzukehrenden Reihenfolge (mit Ausnahme derer von den wenigen Dingen, auf welche die Macht unseres Willens sich unmittelbar erstreckt), und wie wenige unter unmittelbar auf einander folgenden Wahrnehmungen bezeichnet der Mensch als Ursache und Wirkung! Von wie vielen gestehen wir nicht, die Ursachen gar nicht zu kennen, von wie vielen entziehen sie sich für immer unserer direkten Wahrnehmung, und sind uns nur durch complicirte Schlüsse zugänglich, vermittelst deren sie uns zu einer ganz anderen Zeit, wie ihre Wirkung, und nur in abstracter Form in's Bewusstsein treten!

Kant hätte vorher ein wenig überlegen sollen, was der Sprachgebrauch Ursache und Wirkung nennt, ehe er diese Ausdrücke in bewusster Missbräuchlichkeit auf die von unserer Willkür unabhängige Aufeinanderfolge von Wahrnehmungen übertrug, die mit Causalität gar nichts direkt zu thun hat.

Das Resultat dieser Kritik der Kant'schen Ansicht lautet der immanenten Causalität nicht günstig; wir wollen aber die Sache noch eingehender betrachten, ehe wir den Stab über einen Irrthum brechen, der so weit verbreitet in einer sich fast unbestritten wähnenden Geltung besteht.

Unzweifelhaft zeigt uns unsere Erfahrung eine theilweise Abhängigkeit bewusster Vorstellungen von den ihnen vorhergehenden; suchen wir aber solche Fälle von den anderen zu unterscheiden, wo die auf einander folgenden Vorstellungen von einander unabhängig sind, so zeigt sich bei kurzem Ueberlegen, dass ersteres die Vorstellungen der Phantasie, der Einbildungskraft oder des abstracten Denkens, letzteres die Wahrnehmungen sind. Die Regeln der Verknüpfung einer nicht durch neue Sinneseindrücke gestörten Kette von Gedanken oder Phantasiebildern nimmt man die Gesetze der Ideenassociation. Jede Vorstellung, auch jede Wahrnehmung, hat die Tendenz, neue Vorstellungen in's Bewusstsein zu rufen, welche also dann von ihr bedingt sind. Falls diese ihre Causalität freies Spiel hat, so wird der Erfolg nothwendig, und bei gleicher Stimmung und Interessen, bei gleicher körperlicher Disposition und Willensbetheiligung, auch allgemein sein. Falls aber diese Causalität durch eine andere stärkere überboten wird, so erscheint sie paralysirt, weil die beschränkte Totalsumme der Aufmerksamkeit von der anderen intensiveren Vorstellung so absorbirt wird, dass die nach den Gesetzen der Ideenassociation in's Bewusstsein treten wollende Vorstellung verdrängt wird. Eine solche intensivere Vorstellung kann aber z. B. eine neue Sinneswahrnehmung sein, welche, wenn das Interesse, das sie bietet, stark genug ist, die innere Causalitätsreihe der Ideenassociation unterbricht; andernfalls hingegen, wenn die innere Gedankenreihe das Interesse lebhafter beschäftigt als die zuströmenden Sinneswahrnehmungen, so wird sie letztere vom deutlichen Bewusstsein ausschliessen. Da die Sinneswahrnehmungen ununterbrochen auf uns einströmen, und zugleich jedes Glied der inneren Gedankenreihe, wie jede Wahrnehmung die Tendenz hat, neue Vorstellungen nach den Gesetzen der Ideenassociation auszulösen, so findet im Bewusstsein in jedem Augenblick ein Kampf statt zwischen der augenblicklichen Wahrnehmung, der von der Wahrnehmung des vorigen Moments bedingten Vorstellung, und der von dem letzten Gliede der inneren Gedankenreihe bedingten Vorstellung. Hört eine den Geist bis jetzt präoccupirende Wahrnehmung (z. B. ein Schauspiel) auf, so streiten sich nur noch die beiden letzteren Elemente; war hingegen die äussere Wahrnehmung bis jetzt durch eine innere Gedankenreihe aus dem Bewusstsein verdrängt, so fällt das zweite Element fort. Man sieht, dass man es wirklich mit einer Causalität zu thun hat, die, wie alle Causalität, den Charakter der Allgemeinheit und Nothwendigkeit trägt, — nur dass sich ihre Gesetze wegen der Complication mit Stimmungen und Willensbetheiligungen schwer klarlegen und noch schwerer anwenden lassen. Man sieht aber auch zugleich, dass die vorhergehende Vorstellung hier eben deshalb nicht vollständige, sondern unvollständige Ursache (Bedingung) der nachfolgenden ist, und erst das Zusammenwirken von dieser Vorstellung, der körperlichen Disposition, den allgemeinen dominirenden Gefühlen, und der augenblicklichen Willensrichtung als vollständige Ursache das Resultat allgemein und nothwendig bestimmt. Aber selbst als unvollständige (Theil-) Ursache oder Bedingung kann die Vorstellung nicht in rein immanenter Beziehung (als blosses Objekt des Bewusstseins) angesehen werden. So sehr auch der Inhalt der Vorstellung innerhalb des Causalitätsacts das ideell Bestimmende für den Inhalt der von ihr bedingten Vorstellung ist, so ist doch der reale Process des Bewirkens nur möglich, insofern die Vorstellung als reale Function, d. h. als realer Zustand eines an sich seienden (transcendenten) Wesens, in Action tritt. Als reale Function der an sich seienden Seele ist aber die Vorstellung Form und Inhalt zugleich, ist das Bewusstsein (als ihre Form) an und in ihr, nicht sie (als Objekt) im Bewusstsein. Versteht man mithin, wie man muss, unter dem Immanenten das im Bewusstsein Seiende, so kann dieses überhaupt in keiner Weise wirken (es ist blosse Erscheinung); nur dasjenige kann wirken, in welchem das Immanente sammt dem Bewusstsein ist, die reale Vorstellungsfunction, an der Form und Inhalt zum untrennbaren Ganzen verbunden sind. Als solche reale Function aber ist die Vorstellung für das Bewusstsein (für den Standpunkt der Immanenz) offenbar transcendent. Wir haben also gefunden, dass selbst in der rein innerlichen Causalität der Ideenassociation die Vorstellung nur als transcendente Function (nicht als immanentes Objekt des Bewusstseins) wirken kann, und auch so noch nicht vollständige Ursache (wie Kant will), sondern nur mitwirkende Bedingung der Gesammtwirkung ist.

Dieses Resultat dürfte geeignet sein, etwaige Hoffnungen für Aufrechterhaltung einer immanenten Causalität hinsichtlich der Wahrnehmung von vorn herein herabzustimmen.

Durch die Wahrnehmung erhalten wir Objekte; sollte also eine immanente Causalität hinsichtlich der Wahrnehmungen bestehen, so müsste das jetzt wahrgenommene Objekt die Wirkung des unmittelbar vorher wahrgenommenen Objektes sein. Dies muss jedoch zunächst dahin modificirt werden, dass wir an jedem Objekte das sondern, was roher Stoff der Empfindung und was formale Zuthat der Sinnlichkeit und des Verstandes ist. Denn diese formale Zuthat fügt die Seele spontan hinzu, sobald ihr der Stoff der Empfindung gegeben ist; sie fügt sie in gleicher Weise hinzu, mag diese oder jene Vorstellung, mag Vorstellung oder Vorstellungsleere (z. B. traumloser Schlaf) vorhergegangen sein. Es ist also klar, dass nach Kant's eigener Lehre die vorhergehende Vorstellung die folgende keinenfalls hinsichtlich ihrer Anschauungs- und Denkformen bedingen oder beeinflussen kann. Soll sie dieselbe dennoch bedingen, so bleibt nur der Stoff der Anschauung, die Empfindung, übrig, worunter die einfachen Sinnesqualitäten (specifischen Energien der Sinnesnerven) zu verstehen sind. Man muss hier nämlich von der Farbe die Flächenhaftigkeit absondern (eine für das Bewusstsein unerfüllbare Aufgabe), man muss die Druckempfindung des Tastsinns losgelöst denken von dem Gefühl des Bewegungswiderstandes, den Muskelsinn losgelöst von der Wahrnehmung eines mit der Muskelbewegung durchmessenen Raumes, — denn alles dies sind ja schon Zuthaten der Anschauungsform der Räumlichkeit zu der an und für sich rein intensiven und qualitativen Empfindung. Es liegt auf der Hand, dass diese Empfindung für uns stets eine künstliche Abstraction bleiben muss, da wir sie gar nicht anders als in den sinnlichen Anschauungsformen kennen. Streng genommen ist also schon diese reine Empfindung (als reale Basis der auf ihr erbauten Anschauung genommen) etwas Transcendentes, weil jenseits des Bewusstseins Gelegenes, und die Causalität zwischen solchen reinen Empfindungen wäre demnach nicht mehr immanente Causalität. Doch das nur nebenbei.

Nun spricht Kant zwar, wie wir im vierten Abschnitt gesehen haben, beständig davon, dass uns diese stoffliche Empfindung gegeben sei, aber niemals behauptet er, dass sie uns von innen (immanent), sondern stets, dass sie uns von aussen, von Seiten des Transcendenten (sprachlich unrichtig „transcendentalen Gegenstandes"), des Dinges an sich gegeben sei, vermittelst einer transcendenten Causalität, durch welche das Ding an sich uns afficirt oder einen Eindruck auf uns hervorbringt. Niemals behauptet Kant, dass die Materie der Anschauung, welche die stoffliche Basis einer Wahrnehmung bildet, durch die vorhergehende Wahrnehmung gegeben sei, was seine immanente Causalität verlangt. Es zeigt sich also, dass Kant seinen Grundsatz der immanenten Causalität unbeachtet bei Seite lässt und ihm thatsächlich widerspricht, wo es sich um seine allereigentlichste Anwendung handelt. Er folgt darin einem richtigen Instinct, in welchem er sich überhaupt seinen meisten Schülern und Nachfolgern jederzeit überlegen erweist. — Die Empfindungsgrundlage einer Wahrnehmung hat unmittelbar gar nichts mit der vorhergehenden Wahrnehmung zu thun.

Bei den nach den Gesetzen der Ideenassociation auf einander folgenden Vorstellungen einer Gedankenreihe findet ein ersichtlicher Zusammenhang, ein organisches Auseinanderhervorwachsen statt, dass sich durch Aehnlichkeit und Contrast, so wie durch Zweckdienlichkeit für bestimmte Gedanken- oder Gefühlsinteressen kundgiebt. Ganz anders die Folge der Wahrnehmungen, die in der Regel kraus und wirr durcheinanderläuft, wie meine Vorstellungen der fremden Menschen, die an meinem Fenster in stetiger Reihenfolge vorübergehen, und deren keine mit der vorhergehenden zusammenhängt. Die Nothwendigkeit der Ideenassociation ist eine innerliche, die der Wahrnehmungen eine äusserliche; die erstere lässt die Nothwendigkeit des Zusammenhanges empfinden, und lässt fühlen, dass der Wille wohl im Stande ist, die Richtung der zusammenhängenden Entwickelung zu beeinflussen, aber nicht, das Gesetz der Abhängigkeit überhaupt zu alteriren; die letztere hingegen stellt jedes Glied der Wahrnehmungsreihe isolirt vor uns hin, und lässt uns fühlen, dass wir an diesen Wahrnehmungen unmittelbar durch unseren Willen nichts ändern können (sondern höchstens mittelbar durch

Handeln auf die Dinge an sich, welche die Wahrnehmungen in uns hervorbringen). Wo aber ausnahmsweise ein inhaltlicher Zusammenhang zwischen unmittelbar auf einander folgenden Wahrnehmungen stattfindet, da bezieht der natürliche Verstand diesen niemals auf die Wahrnehmungen als solche, sondern auf einen transcendenten Zusammenhang der Dinge an sich, welche die Wahrnehmungen in uns hervorbringen, und in ihren subjektiven Bildern nun auch ihren Zusammenhang mit abbilden. Wenn ich z. B. zwei Menschen sich mit einander streiten höre, und sehe sie schliesslich handgemein werden, so besteht zwischen meinen Gehörswahrnehmungen der Streitreden und meinen darauf folgenden Gesichtswahrnehmungen der Schlägerei allerdings ein inhaltlicher Zusammenhang; aber kein Mensch, der seinen gesunden Verstand nicht durch philosophische Vorurtheile zu Grunde gerichtet hat, wird behaupten wollen, dass meine Gehörswahrnehmungen der Streitenden als solche die Ursache meiner darauf folgenden Gesichtswahrnehmungen der Prügelei seien, sondern er wird voraussetzen, dass die Personen (als transcendente Correlate meiner Vorstellungen von ihnen) wirklich existiren und handeln, dass die wirklich zwischen ihnen geführten (also für mich transcendenten) Streitreden die Ursache ihrer wirklich ausserhalb meines Bewusstseins statthabenden (also für mich transcendenten) Prügelei geworden sind, und dass diese Vorgänge zwischen den Dingen an sich, welche meinen Vorstellungen von ihren Leibern correspondiren, durch transcendente Causalität mich der Art afficirt haben, dass ich aus dem vermittelst dieser Eindrücke erhaltenen Empfindungsstoff mit Hülfe meiner Anschauungs- und Denkformen mir eine Reihe von Wahrnehmungen aufgebaut habe, welche in ihrem Inhalt, also auch in ihrem inhaltlichen Zusammenhange, jenen realen (also für mich transcendenten) Vorkommnissen correspondirt. Es ist dies nicht nur eine keinem Bedenken unterliegende Erklärungsweise meiner Bewusstseinsvorgänge, es ist auch die einzig mögliche, ohne welche sie schlechthin unerklärlich bleiben; und dabei setzt diese Erklärung keine weitere Hypothese voraus als die nunmehr einzige Causalität, die transcendente, selbstverständlich als zeitliche Function.

Ich will behufs grösserer Deutlichkeit dieser für jeden unphilosophischen Leser so einfachen Sache noch ein anderes Beispiel vorführen. Ich sitze im Zimmer und lasse eine Reihe von Wahrnehmungen an mir vorüberziehen, indem ich die Bilder eines photographischen Albums der Reihe nach betrachte. Plötzlich fällt die Wahrnehmung eines unter meinem Fenster abgefeuerten Schusses in mein Bewusstsein, so dass ich erschrecke. Offenbar war die letztbetrachtete Photographie, welche als Wahrnehmung dem Schusse unmittelbar vorherging, eben so wenig die Ursache meiner Wahrnehmung des Schusses, wie irgend eine andere der gleichzeitig mit der Photographie schwächer und nebenbei in meinem Bewusstsein enthaltenen Wahrnehmungen. Der Schuss ruft aber nach den Gesetzen der Ideenassociation die Erinnerungsvorstellung in mir wach, dass ich gestern Abend dem Jäger befohlen habe, den alten blinden Hofhund zu erschiessen. Ist nun etwa mein gestriger Befehl die Ursache meiner jetzigen Wahrnehmung des Schusses? Aber dazwischen liegen 12 Stunden, innerhalb deren nicht die geringste Vorstellung in mein Bewusstsein getreten ist, welche diese beiden durch die Zeit getrennten Vorstellungen verknüpfen könnte. Oder ist etwa meine jetzige Erinnerungsvorstellung die Ursache meiner Wahrnehmung des Schusses? Unmöglich, denn wir sahen eben, dass sie zeitlich später als diese, und sogar erst ihre Wirkung ist, und es ist ein Widerspruch, dass die Wirkung die Ursache ihrer Ursache, dass das Spätere Ursache des Früheren sein sollte. Ich habe also nur die Alternative: entweder wirkt die immanente Causalität mit beliebigem zeitlichen Zwischenraum zwischen Ursache und Wirkuug, oder eine immanente Causalität ist in diesem Falle unmöglich. Zu ersterer Annahme wird sich wohl Niemand verstehen wollen, es bleibt also nur die letztere. Dann haben wir einen Fall, wo eine höchst intensive Wahrnehmung ohne immanente Ursache gegeben ist. Der Satz, dass *jede* Vorstellung ihre immanente Ursache haben müsse, ist durch ein einziges solches Beispiel entkräftet. Es zeigt aber der Fall auch, dass der Zusammenhang zwischen meiner Wahrnehmung des von mir gegebenen Befehls und meiner Wahrnehmung der späteren Ausführung, da er *im* Bewusstsein nicht zu finden ist, nur *ausserhalb* desselben gesucht werden kann. Nur wenn eine transcendente Causalität meinen Befehl in's Bewusstsein des Jägers hinübergetragen hat, nur wenn die Person an sich des Jäger's das Ding an sich der Flinte auf den Hund an sich abgefeuert hat, und die Schallwellen der Luft an sich das Ding an sich meines Gehörorgans erschüttert und die Molecularschwingungen meines Gehirns an sich meine Seele afficirt haben, nur dann, und anders gar nicht ist eine Erklärung des Vorganges in meinem Bewusstsein möglich.*)

Sehr merkwürdig und lehrreich ist Schopenhauer's Verhalten in Bezug auf das Causalitätsproblem; man lese zu dem Zweck hinter einander erst den §. 23 und dann §. 21 der „4fachen Wurzel des Satzes vom zureichenden Grunde.“ In §. 23 deckt er die Haltlosigkeit des Kant'schen Beweises für die immanente Causalität auf, und belehrt ihn, „dass wir empirisch bloss Wirklichkeit der Succession erkennen“ (S. 86), was Kant leugne, indem er die Objektivität der Succession bloss durch Causalität erkannt wissen wolle, also beide identificire (ebenda). Diese Identification aber sei ganz falsch; denn allerdings nähmen wir a priori an, dass „jede mögliche Begebenheit“ in irgend einer Causalreihe überhaupt ihren nothwendigen Platz haben müsse (ebenda), aber diese Causalreihen fielen keinesweges immer mit den Successionsreihen unserer Wahrnehmungen zusammen, da wir im Gegentheil nur von sehr wenigen Vorstellungen die Stelle erkännten, die ihnen das Causalgesetz in der Reihe der Ursachen und Wirkungen giebt (S. 83); vielmehr seien es nur „gewisse Reihen der Begebenheiten“, in denen wir „die Nothwendigkeit der Succession“ unmittelbar erkennen (S. 86). Schopenhauer stösst mithin nicht bloss Kant's Beweis, sondern auch seine Behauptung um, dass die Succession unserer Wahrnehmungen immanente Causalität sei, dass jede Vorstellung immanent vollständig bedingt sei. Das, was er an die Stelle des Zerstörten zu setzen verspricht, erklärt er für den einzig möglichen Beweis der Apriorität der Verstandesform des Causali-

*) Nach Berkeley hat Gott meine Vorstellung von dem ertheilten Befehl in Gestalt der Vorstellung eines empfangenen Befehls in das Bewusstsein des Jägers übertragen, und die Vorstellung des Jägers von dem Losschiessen des Gewehrs in Gestalt der Gehörswahrnehmung des Schusses in mein Bewusstsein übertragen. Das ist doch wenigstens ein kindlicher Anlauf zu einer Erklärung, während die neuere deutsche idealistische Philosophie sich nicht einmal zu einem solchen Anlauf ermannen konnte, bis schliesslich die Identitätsphilosophie alles confundirte.

tätsgebrauchs in uns, und wir werden ihm darin unbedingt Recht geben müssen; jedoch thut sein Beweis gar nichts dafür, den zerstörten Kant'schen Satz wiederherzustellen, dass die Ursache der Vorstellung wiederum Vorstellung sein müsse, und nicht ganz etwas anderes sein könne. Dieses Problem hat sich Schopenhauer gar nicht zum Bewusstsein gebracht, vielmehr hält er in seinem subjektivistischen Vorurtheile die Entscheidung der Frage im Sinne der Immanenz für selbstverständlich, während sein eigener Beweis für die Apriorität der Causalität das Gegentheil beweist; da nun dieser Beweis der einzig mögliche ist, so ist auch nicht die immanente, sondern die transcendente Causalität die einzig mögliche. Hätte Schopenhauer sich bei seiner klaren Unterscheidung von Successionsreihe der Wahrnehmungen und Causalreihe der Begebenheiten mit dem Doppelsinn des Wortes Begebenheit nicht selbst hinter das Licht geführt, so hätte er schon bei dieser Gelegenheit zu der Einsicht gelangen müssen, dass die Causalreihe der Begebenheiten nur dann von der immanenten Successionsreihe der Wahrnehmungen unterschieden werden kann, wenn sie transcendent gefasst wird, da im Immanenten in Folge dieser Unterscheidung kein Platz mehr für sie als stetige Reihe übrig bleibt.

Schopenhauer führt im §. 21 S. 53 ff. sehr gut die Grundideen Kant's über den rohen Stoff der Anschauung, der selbst noch nicht Anschauung ist, sondern es erst durch Hinzuthun der Verstandesfunctionen wird, an verschiedenen Beispielen der Sinneswahrnehmung durch. „Etwas Objektives liegt in keiner Empfindung" (S. 51), weil sie nämlich gar nicht als Empfindung, sondern immer schon als Anschauung im Bewusstsein anzutreffen ist, oder in Schopenhauer's Sprache: weil sie niemals Objekt für's Subjekt werden kann, ausser insofern sie zur Anschauung wird. „Was Gesicht und Getast liefern, ist noch keineswegs die Anschauung, sondern bloss der rohe Stoff dazu: denn in den Empfindungen dieser Sinne liegt so wenig die Anschauung, dass dieselben vielmehr noch gar keine Aehnlichkeit haben mit den Eigenschaften der Dinge" (Objekte), „die mittelst ihrer sich uns darstellen. Nur muss man hierbei das, was wirklich der Empfindung angehört, deutlich aussondern von dem, was in der Anschauung der Intellekt hinzugethan hat" (53—54). „Diese

Verstandesoperation" (die Formirung der Anschauung aus der Empfindung durch den Intellekt) „ist jedoch keine discursive, reflective, in abstracto mittelst Begriffen und Worten vor sich gehende, sondern eine instinctive und ganz unmittelbare" (52). Nach Kant sind diese die Anschauung aus der Empfindung construirenden Synthesen die Wirkungen unentbehrlicher blinder Seelenfunctionen. Bedenken wir, dass die Anschauung als fertig in's Bewusstsein tritt, so muss sowohl die blosse stoffliche Empfindung, als auch die Function des Bekleidens derselben mit Verstandesformen jenseits des Bewusstseins liegen, wenngleich unter besonderen pathologischen Verhältnissen (Staaroperationen p. p.) es uns vergönnt ist, einige dieser Processe sich noch innerhalb des Bewusstseins verlegen zu sehen, was jedoch niemals bei den ursprünglichsten derselben (z. B. der Ausbreitung der Farbenempfindung zur Fläche) vorkommt. Auch Kant erklärt die Kategorie der Causalität für eine der wichtigsten unter diesen Verstandesfunctionen, und hat Schopenhauer gegenüber Recht, dass es keineswegs die einzige hierbei in's Spiel kommende ist. Aber Kant hat überhaupt den Entstehungsprocess der Sinneswahrnehmung, in dessen Erkenntniss die moderne Physiologie so bedeutende Fortschrite gemacht hat (vgl. Wundt, Beiträge zur Theorie der Sinneswahrnehmung), noch nicht einer näheren Untersuchung unterzogen, und Schopenhauer thut dies wesentlich nur in Bezug auf die Causalität, aber hier auch mit einer für seine Zeit bewunderungswürdigen Schärfe des Einblicks.

Da die Erfahrung, d. h. das Vorfinden eines Gegebenen im Bewusstsein, bei den räumlichen Sinnen gleich mit der Anschauung beginnt, so versteht sich von selbst, dass die Function, welche die Anschauung und damit die Erfahrung erst erzeugt, das Prius derselben sein muss. D. h. die Verstandesfunction der causalen Synthese ist nicht empirisch, sondern a priori (S. 52 oben). Wäre es unrichtig, dass diese Function jenseits des Bewusstseins liegt, so wäre es auch unrichtig, ihre Apriorität zu behaupten; träte sie erst als begriffliche discursive Reflexion an die fertige Erfahrung heran, um sich nachträglich mit derselben verstandesmässig (rationell) zu beschäftigen, so wäre sie, auch als ursprüngliche Verstandesform, doch nur ein Posterius, kein bedingendes Prius der Erfahrung, so wäre sie nicht a priori in dem durch Kant eingeführten erkenntnisstheoretischen Sinne. Schopenhauer's (einzig möglicher) Beweis für die Apriorität der Kategorie der Causalität beruht also ausschliesslich auf dem Nachweis der Unbewusstheit ihrer typischen Function, womit der einzig richtige Weg für die Behandlung des a priori eingeschlagen ist.

Die vor aller Erfahrung stattfindende Leistung des Intellekts besteht nun nach Schopenhauer darin, dass derselbe die gegebene Empfindung als Wirkung auffasst, die als solche nothwendig eine Ursache haben muss (S. 52). Der Verstand macht sich aus der Empfindung ein reales Objekt (welches aber immer Vorstellung bleibt), indem er die Empfindung auf ihre Ursache bezieht (W. a. W. u. V. I. 527). Die Cardinalfrage ist nun: soll diese Ursache immanent oder transcendent sein? Die eben genannte Stelle klingt ganz, als wenn das Objekt durch Beziehung auf eine äussere transcendente Ursache zum transcendentalen werden, d. h. seine mittelbare Realität erhalten sollte. Aber Schopenhauer tadelt Kant auf das Entschiedenste, dass er die Causalität transcendent gebraucht habe (ebenda 516, 529, 581, 595—596), um auf diesem Wege zum Ding an sich zu gelangen; er hält dieser getadelten Inconsequenz Kant's gegenüber an der exclusiv subjektiven oder immanenten Bedeutung des Causalprincips fest, als welche niemals den subjektiven Grund und Boden überschreiten könne (ebd. 516), und belehrt uns, dass die wahre Ursache, welche die Empfindung in der Anschauung bedingt, die Materie (in ihrer concreten Beschaffenheit) sei, und zwar vermittelst ihrer Einwirkung auf das unmittelbare Objekt (den Leib), das selbst Materie ist (ebd. 10). Der Verstand construirt nämlich die supponirte Ursache der Empfindung mit Hülfe der Anschauungsform des äusseren Sinnes als äusseres materielles Objekt in den Raum hinaus (4. f. Wurz. 52), und dieses materielle Objekt ist demnach die concrete Gestalt der Materie, welche die Empfindung als Ursache bewirkt. So bleiben wir ganz auf subjektivem Grund und Boden; der Causalnexus, um den es sich handelt, besteht nur zwischen der Empfindung und dem materiellen Objekt der Anschauung, und das letztere ist ebenso immanent, ebensowohl Vorstellung wie die erstere; denn selbst die Materie existirt ja nicht anders als in der Anschauung (W. a. W. u. V. I. 10).

Wohl selten haben stärkere Widersprüche auf engerem Raume zusammengedrängt in eines Menschen Hirn friedlich neben einander gelegen. Der Verstand construirt aus der Empfindung das materielle Objekt, und diese seine mit Hülfe der Empfindung zu Stande gekommene Vorstellung soll die Ursache der Empfindung sein? Das Posterius, das erst aus der Empfindung erwachsen kann, soll er zugleich für das Prius der Empfindung halten müssen, welches dieselbe bewirkt? Hätten wir wirklich einen so eingerichteten Verstand, so müsste man annehmen, der „blinde Wille“ hätte sich einen schlechten Witz erlaubt, als er uns diesen Intellekt verlieh, dessen „nothwendige Formen“ uns offenbar zum Narren haben. Dem Philosophen bliebe nichts übrig, als wenigstens in abstracto diesen nothwendigen apriorischen Unsinn seines Intellekts a posteriori als solchen zu brandmarken, und zu erklären, dass eine solche apriorische Verstandesfunction eine Prellerei ist, deren instinctive Unaufhebbarkeit das Verdict ihrer logischen Selbstannullirung nicht alteriren kann. Schopenhauer wurde hauptsächlich durch zwei Motive zu diesem absonderlichen Standpunkt gedrängt: erstens sah er ein, dass eine unzeitliche Causalität ein sich selbst aufhebender Begriff sei (was aus seiner Umgestaltung der Kant'schen Freiheitslehre hervorgeht), also eine transcendente Causalität sinnlos sei ohne transcendente Zeit, diese aber wollte er schlechterdings nicht einräumen, und verwarf deshalb consequenter Weise auch die transcendente Causalität. Zweitens aber schien ihm dieser Vorstellungssubjektivismus deshalb unbedenklich, weil er im Besitz einer Ableitung des Dinges an sich auf dem Wege des Willens zu sein wähnte, und sich so doch wieder durch ein Ding an sich vor dem absoluten Illusionismus geschützt glaubte. Wir haben aber die Unhaltbarkeit der Schopenhauer'schen Ableitung des Dinges an sich, sowie die Nothwendigkeit gesehen, das Ding an sich durch transcendente Causalität zu erringen; ebenso haben wir uns schon mehrfach überzeugt, dass ohne transcendente Realität zeitlicher Function, also transcendente Geltung der Zeit dem absoluten Illusionismus überhaupt auf keine Weise zu entrinnen ist. Also sind beide für Schopenhauer die Wunderlichkeit seines Standpunktes verhüllenden Motive beseitigt, und wir werden unbefangener die Sachlage beurtheilen können.

Sehr gut hatte Schopenhauer dargethan, dass der Verstand vor der Erfahrung unbewusster Weise zu der ihm unwillkürlich gegebenen Empfindung eine Ursache supponirt, und auf diese die Empfindung bezieht. Es ist ferner zuzugeben, dass der naive Realist seine Anschauungsobjekte für die Ursachen seiner Empfindungen hält, aber eben nur in so weit, als er dieselben mit diesen Ursachen confundirt, d. h. wegen Mangel an Bewusstsein von der Subjektivität seiner Anschauungen noch nicht dazu gelangt ist, auf den Unterschied an sich seiender Dinge und im Bewusstsein seiender Anschauungen zu reflectiren. In dem Augenblick, wo man ihm diesen Unterschied klar gemacht hat, wird der bisherige naive Realist sofort zugestehen, dass er nicht seine Anschauungsobjekte, sondern die realen Correlate derselben, d. h. die von seiner Anschauung unabhängigen Dinge (an sich) für die Ursachen seiner Sinnesempfindungen hält. Kann man ihm beweisen, dass diese Dinge (an sich) nicht räumlich, sondern blosse individualisirte Willen sind, so wird er diese individualisirten Willen für die Ursachen seiner Empfindungen halten. Schopenhauer hat dadurch dazu beigetragen, sich selbst irre zu machen, dass er nach Kant's Vorgang die Anschauungsobjekte Dinge nannte; auch schwebte ihm die richtige Ahnung vor, dass Ursachesetzung und Gestaltsetzung zwei gleich instinctive, von einander untrennbare, mit gleichem Anspruch auf reale Geltung auftretende Vorgänge seien, so dass es ihm durch seinen Widerwillen gegen die Einräumung einer transcendentalen Bedeutung der Raumsetzung erschwert wurde, eine transcendentale Bedeutung der Ursachesetzung einzuräumen. In seinem höheren Lebensalter aber scheint auch er ein wenig zu der natürlichen und vernünftigen Auffassung hingeneigt zu haben, dass die Dinge an sich (d. h. die individualisirten Willen) die Ursachen unserer Empfindungen seien; denn nur so ist es zu verstehen, wenn er sagt, dass in den mannigfaltigen Bestimmungen des Anschauungsobjekts die correspondirenden Modificationen des in diesem Anschauungsobjekte sich darstellenden Willens als Dinges an sich genau abgebildet sein müssen (Parerga 2. Aufl. §. 103 b, und „Arthur Schopenhauer, von ihm, über ihn“, S. 594).

Die Frage würde gar keine Schwierigkeiten haben, wenn nicht die Function, um die es sich handelt, jenseits des Bewusstseins sich vollzöge. Nur hierdurch wird überhaupt der (praktisch ausreichende) Standpunkt des naiven Realismus möglich, der seine räumlich vorgestellten Objekte mit den Dingen an sich verwechselt, nur hierdurch der partielle Rückschlag des Philosophen in den uns allen praktisch gewohnten naiven Realismus, der ihn zur Verwechselung des Anschauungsobjektes mit der Ursache der Empfindung bringt, während doch jenes eine Folge dieser ist.

Ist nun aber dieser Irrthum erkannt, so bleibt uns nichts übrig, als die Sonderung zwischen „Ursache der Empfindung“ und „Anschauungsobjekt“ streng aufrecht zu erhalten. Das Anschauungsobjekt ist die räumlich angeschaute, auf ihre transcendente Ursache bezogene Empfindung, eine Beziehung, durch welche sie zugleich mit einer (mittelbaren) Realität ausgestattet wird, die sie als blosse Vorstellung nicht hat. Die Anschauung ist die räumliche Empfindung, das Wahrnehmungsobjekt ist die transcendental gewordene (d. h. auf ihre transcendente Ursache bezogene) Anschauung. Jene objektive oder transcendentale Realität, welche die Wahrnehmungen instinctiv für uns besitzen, welche selbst dann, wenn sie nur Schein wäre, ein unzerstörbarer Schein wäre, und welche doch, wie wir in den drei ersten Abschnitten sahen, auf keine Weise aus dem Standpunkt der reinen Immanenz erklärt werden konnte, sie ist das in seiner Entstehung uns unbewusste, aber im Bewusstsein als gegeben vorgefundene Resultat des vorempirischen (apriorischen) Processes der Annahme einer transcendenten Ursache der Empfindung und der transcendentalen Beziehung der Anschauung auf dieselbe. Der Instinct hält diesen transcendentalen Charakter der Wahrnehmung fest, mag eine einseitige Philosophie ihm die illusorische Beschaffenheit desselben durch den Nachweis der Unmöglichkeit des Transcendenten oder der Unmöglichkeit der Beziehung zwischen Transcendentem und Immanenten, oder von beiden auf einmal, in abstracto noch so plausibel zu machen wissen. Sträubt sich aber eine Philosophie, welche die unumgänglichen Voraussetzungen des transcendentalen Charakters der Wahrnehmung aufgehoben hat, die durch diese Aufhebung herbeigeführte Discrepanz zwischen abstracter Theorie und instinctivem Glauben anzuerkennen, weil ein solches Zugeständniss instinctiv als ein allemal höchst verdächtigendes für die Theorie empfunden wird, dann gelangt eine solche Philosophie zu dem ihrer eigenen Kritik widersprechenden Hülfsmittel, gestützt auf den untilgbaren und praktisch über den Verstand dominirenden Anspruch des instinctiven Glaubens, die Realität der Wahrnehmung (in einem die rein subjektive Realität überragenden Sinne) unmittelbar zu postuliren, wie wir dies im ersten Abschnitt von Berkeley, und theilweise auch von Kant und Schopenhauer gesehen haben. Die Aufgabe einer philosophischen Erkenntnisstheorie kann aber nicht darin bestehen, das Resultat des instinctiven Glaubens kritiklos anzunehmen und es der Kritik seiner Voraussetzungen gegenüber als mundtodtmachenden Trumpf auszuspielen, sondern darin, mit Hülfe aller Mittel der Selbstbeobachtung, der Analogie und Induction, und der Methode der Elimination der übrigen Möglichkeiten, eben denjenigen Process für das Bewusstsein zu reconstruiren, durch welchen im Bereiche vorbewusster Functionen jenes nicht wegzuleugnende Resultat eines transcendentalen Charakters der Anschauung erzeugt wird. Indem wir diesen Process in der Supposition einer transcendenten Ursache für die der Seele äusserlich aufgenöthigte Empfindung und in der transcendentalen Beziehung der Anschauung auf diese ihre transcendente Ursache erkannt haben, haben wir eine wissenschaftliche Hypothese gewonnen, welche alle Schwierigkeiten löst, und sich in dem beständigen und ausgedehnten Gebrauch, welchen die neuere Naturwissenschaft, namentlich die physiologische Psychologie von derselben macht, auf das Trefflichste bewährt hat. Diese Hypothese hat genau dieselbe Gewissheit wie das Gesetz der Causalität; denn da eine immanente Causalität unmöglich ist, kann sich das Gesetz: „Alles hat seine Ursache" nur auf transcendente Causalität beziehen. Wer diesem Gesetz apodiktische Gewissheit a priori zuschreibt, der muss auch der transcendenten Ursache der Empfindung (auf welche die Anschauung transcendental bezogen wird) apodiktische Gewissheit a priori zuschreiben; wer hingegen nur die Kategorie der Causalität als unbewusste Function für apriorisch hält, und unser Wissen von dem Causalitätsgesetz als eine in Folge ihrer Allgemeinheit vorzugsweise sichere Induction von immerhin nur beschränkter Geltung betrachtet, der wird auch die Hypothese von der transcendenten Ursache der Empfindung nur als eine Annahme von einer an Gewissheit grenzenden Wahrscheinlichkeit betrachten. Denn die apriorische Ausübung dieser Function beweist dem Letzteren keineswegs die allgemeine nothwendige Geltung, sondern nur die nothwendige Geltung für den jedesmal vorliegenden Fall, und auch diese nur unter der immerhin nur wahrscheinlichen Voraussetzung, dass die unbewusste logische Function nicht irren kann.

Wenn Schopenhauer (4f. Wurz. S. 74) bestreitet, dass unsere Auffassung der Causalität ebensowohl an der Wirkung des Willens auf die Glieder des Leibes wie an der Wirkung der transcendenten Ursache auf die Empfindung sich bethätigt, — und zwar deshalb bestreitet, weil er die Identität von Willensact und Leibesaction behauptet, so kann ich ihm darin nicht beipflichten. Zunächst ist nämlich dabei die lange materielle Causalreihe zwischen den anregenden Hirnmolecularschwingungen und der Bewegung der Extremität übersehen, reale Processe in Nerven, Muskeln und Sehnen, welche eine ganz erhebliche Zeit beanspruchen. Es könnte also die Identität höchstens zwischen Wille und Hirnschwingungen, nicht zwischen Wille und Bewegung des Gliedes bestehen. Die Hirnschwingungen sind nun allerdings auch Wille, aber doch eine ganz andere Art Wille. Denn das Hirn hat in seinen Atomen nur solche individualisirte Willensacte, welche sich als Molecularkräfte der Materie darstellen, und diese haben in noch so complicirten Combinationen von Attraction und Repulsion keine Aehnlichkeit mit dem geistigen Wollen einer bestimmten Leibesbewegung. Dass diese Kräfte vorhanden sind und sich zu äussern bestrebt sind, das ist ihre eigene Willensnatur; dass sie aber gerade in diesem Momente ausgelöst werden, um gerade auf diese Weise zu spielen, das ist die Wirkung des ihnen fremden geistigen Willens, der als Endziel dieser Bewegungen eine bestimmte Bewegung eines bestimmten Körpertheils erstrebt. Der Wille übt also in der That transcendente Causalität auf das Ding an sich des Leibes, aber diese Causalität ist noch complicirter für uns zu verstehen, als die die Empfindung verursachende; denn wir haben weder den Willen an sich, noch das Ding an sich des Leibes, auf welchen er wirkt, im Bewusstsein, sondern von beiden nur subjektive Vorstellungsrepräsentanten, die auf Empfindungen erbaut sind, und sich auf deren transcendente Ursachen transcendental beziehen.

Das Verständniss der Causalität des Willens setzt mithin das Verständniss der Causalität, welche die Empfindung erzeugt, voraus, und supponirt eine causale Verknüpfung zwischen zwei so erkannten transcendenten Ursachen, von denen überdies die eine das reale Correlat des Subjekts (nicht des Objekts) ist. In der Hauptsache hat demnach Schopenhauer Recht, dass das Verständniss der Causalität des Willens nicht dazu dienen kann, die Supposition der transcendenten Ursache der Empfindung zu erleichtern, da es diese vielmehr selbst schon voraussetzt.

Ich habe oben gesagt, dass alle idealistischen Argumente die Wurzeln ihrer Kraft in dem Einen Satze haben: was ich denken kann, ist mein Gedanke, also ist mir undenkbar, was nicht mein Gedanke ist. Wer dieses Argument anerkennt, der kann nur durch die gröbste Inconsequenz irgend ein Transcendentes, gleichviel ob Ding an sich oder Ich an sich, zulassen, — er ist rettungslos dem absoluten Illusionismus verfallen. Deshalb, weil es sich selbst ad absurdum führt, muss dieses Argument in dieser uneingeschränkten Gestalt fehlerhaft sein, so bestechend es auch klingt. Wir haben oben dem Argument seine volle Berechtigung in Bezug auf den Begriff des Objektes zugestanden; das an sich Seiende kann nicht unmittelbar für mich sein, kann nicht Objekt sein; es kann als nicht für mich Seiendes mir gar nichts sein. Aber wenn das Argument Recht hat in Bezug auf den Begriff des Objekts, so hat es darum noch nicht Recht in Bezug auf den Begriff des Transcendentalen, sobald sich nur für das Transcendente, auf welches dasselbe bezogen werden soll, eine positive, reale Anknüpfung finden lässt; denn als rein Negatives wäre es freilich ein blosses Nichts für den Gedanken, das nicht Träger einer transcendenten Beziehung werden könnte. Auch diesen offen stehenden Ausweg hatten wir oben angedeutet. In der Fähigkeit der Negation besitzt der Gedanke die Fähigkeit, auch das Negative seiner selbst zu setzen, aber es ist ein positiv Undenkbares, ein willkürliches Spiel, eine ohne Recht errichtete Schranke, so lange das Positive nicht gefunden ist, welches diesen Unbegriff erfüllt. Hier erhebt sich nun scheinbar dieselbe Schwierigkeit von Neuem: entweder ist das Positive, das den Begriff des Nicht-Immanenten erfüllen soll, selbst Gedanke, dann bleiben wir wiederum in der Sphäre des Gedankens stehen, oder es ist Nichtgedanke, dann ist es nicht denkbar. An diesem Punkte sind bisher alle Denker gescheitert, wenn sie sich dazu aufgeschwungen haben, bis zu ihm zu gelangen. Die Antwort ist, es muss Gedanke sein, und doch nicht mein Gedanke, nicht immanent, es muss ein Ideales sein, und doch nicht ein Ideales in meinem actuellen (gegenwärtigen) Bewusstsein, es muss inhaltlich identisch sein mit meinem Gedanken, und doch nicht er selbst sein. Die inhaltliche Identität mit meinem Gedanken verbürgt ihm die Denkbarkeit meinerseits, die formelle Verschiedenheit von meinem Gedanken verbürgt ihm die Transcendenz für mein Bewusstsein. Der identische Gedankeninhalt ist das, was in meinem Gedanken das Positive ausmacht, die verschiedene Form mit der aus ihr folgenden numerischen Zweiheit ist das, was in meinem Gedanken das Negative verlangt, die Negation der Immanenz im actuellen Bewusstsein. Das Bewusstsein reproducirt durch Nach-Denken ein Vorgedachtes, sich sagend, dass dieses Vorgedachte nicht sein gegenwärtiger Gedanke sei.

Nun kann bekanntlich kein Inhalt ohne Form existiren; es entsteht also die Frage, in welcher Form der identische gedankliche oder ideale Inhalt des Vorgedachten bestanden habe. Ein idealer Inhalt kann in zwei Formen existiren, als bewusster Gedanke oder als unbewusste Idee. Beide Formen sind möglich. Ist das Vorgedachte bewusster Gedanke, so muss es, um unmittelbar nachgedacht werden zu können, Gedanke desselben Bewusstseins gewesen sein. Die Erinnerungsvorstellung ist das Nachdenken eines positiven Gedanken-Inhalts mit dem begleitenden Bewusstsein, dass die gegenwärtige Vorstellung ihre specifische Bedeutung nur durch die Beziehung auf eine andere Vorstellung erhalte, welche nicht dem gegenwärtigen Bewusstsein angehört, also für dieses im strengsten Sinne des Wortes transcendent ist. Ist hingegen der nachzudenkende Inhalt in dem Vorgedachten in Form der intuitiven unbewussten Idee gegeben, so ist weiter zu beachten, dass eine solche nur existiren kann als Inhalt eines Willens, der sie realisirt, da unbewusste Idee nicht vom Willen losgelöst in's Dasein treten kann. Als Inhalt des sie realisirenden Willens ist die Idee unbewusst-ideales Geschehen. Ein solches ist die reale oder transcendente Causalität, deren rein logische Natur ich anderwärts dargethan habe (Phil. d. Unbew. 2. Aufl. S. 709—711). Wäre dem nicht so, so wäre die einzige Bedingung unerfüllt, welche es möglich macht, dass der Bewusstseinsinhalt transcendentale Beziehungen zu einem ausserhalb der Vorstellungsreihe dieses Bewusstseins gelegenen Transcendenten gewinne. Das Bewusstsein denkt in seiner subjektiven Kategorie der Ursache dasjenige discursiv nach, was in dem unbewussten idealrealen Causalprocess intuitiv vorgedacht ist; damit es dies aber kann (und selbst das niedrigste Thier muss dies können — 4f. Wurzel S. 71), damit es dazu gelangt, seine Empfindung zum ersten Mal nicht bloss als das zu nehmen, was sie an sich, d. h. subjektiv, ist, sondern sie als Wirkung einer transcendenten Ursache aufzufassen und sie auf diese zu beziehen, dazu braucht es vor und jenseits seiner selbst einen Instinct, der ihm die Anschauung bereits fix und fertig mit dieser transcendentalen Beziehung auf die transcendente Ursache bekleidet überliefert. Dieser subjektiv-instinctive Ursprung der transcendentalen Beziehung hindert aber keineswegs die Wahrheit der transcendentalen Beziehung (wie Schopenhauer glaubt — W. a. W. u. V. I. 516); er bürgt vielmehr dafür, dass sie keine uns zum Narren habende Illusion ist, sobald wir überhaupt zu der Erkenntniss gelangt sind, dass die Instincte mit ihren unbewussten Functionen specielle Darstellungen der absolut logischen Natur des Unbewussten sind.

Ich habe oben die transcendente Causalität die einzige Brücke zwischen dem Transcendenten und dem Immanenten genannt, weil sie die einzige reale Beziehung zwischen beiden ist, der einzige Fall, wo das Transcendente, wenn auch nicht mit seinem Sein (denn das ist unmöglich), so doch mit dem Endpunkte seines Functionirens in den Bewusstseinsinhalt gleichsam hineinragt, und das Gebiet des Immanenten berührt. Es wird nach dem jetzt Gesagten dieser Ausspruch noch deutlicher geworden sein. Vermittelst dieser Brücke liegt uns das ganze Gebiet des Transcendenten offen.

Wir haben also als Resultat dieses Abschnittes estzuhalten dass es eine immanente Causalität, d. h. eine Causalität zwischen verschiedenen Objekten des Bewusstseins, nicht giebt, sondern dass die apriorische Kategorie der Causalität nur die Vorstellung (Gedankenreproduktion) der transcendenten oder realen Causalität ist. Unsere Supposition der transcendenten Ursache der Empfindung ist also nicht die transcendente Ursache selbst, welche niemals Objekt werden kann, sondern eine Vorstellung (Repräsentation) derselben im Bewusstsein für das Bewusstsein, ein subjektiver oder immanenter Repräsentant der an sich seienden Ursache, aber eben darum transcendental. Wo der naive Realismus übereinstimmend mit dem subjektiven Idealismus in gewissen Verknüpfungen der Vorstellungsobjekte als solcher Causalität zu erblicken glaubt, da sieht der besonnene Kriticismus nur eine nachbildliche Verknüpfung von Objekten, welche diejenige transcendente Causalität für das Bewusstsein repräsentirt, die zwischen den von den Objekten repräsentirten Dingen an sich realiter obwaltet, und durch Afficirung der Sinne von Seiten der Dinge an sich in den verschiedenen Phasen ihrer Actionen sich im Bewusstsein abspiegelt. Auch da, wo (wie in der Ideenassociation) der Bewusstseinsinhalt jedes Augenblicks unmittelbar durch den des vorhergehenden bedingt erscheint, ist dies nur möglich durch eine reale Causalität zwischen den ganzen Vorstellungsfunctionen, die für den Bewusstseinsinhalt schon transcendent sind.

So löst sich der Zwiespalt der Kantischen Erkenntnisstheorie in einer höchst natürlichen und mit der naturwissenschaftlichen Denkweise vollkommen übereinstimmenden Art dadurch, dass man einfach in der bereits von Kant eingeschlagenen Richtung einer schärferen Kritik und Einschränkung der Behauptungen der transcendentalen Analytik weiter geht, als Kant selbst gethan hat, während seine unmittelbaren Nachfolger den entgegengesetzten Weg weiter verfolgt haben, wobei sie stets durch irgend welche sophistische Hülfsmittel der Selbsttäuschung der nothwendigen Consequenz ihrer Voraussetzungen, dem absoluten Illusionismus, ausbiegen zu können vermeinten.

VI.

Die Kategorien als Formen des Dinges an sich.

Wir haben in den beiden letzten Abschnitten das Ding an sich auf dem einzig möglichen und nothwendig einzuschlagenden Wege restituirt; es bleibt nun übrig, die Beschaffenheit desselben, soweit wir sie schon beiläufig erkannt haben, zu recapituliren, und die übrigen Formen seines Wirkens und Daseins genauer zu untersuchen.

Was wirken können soll, muss zunächst existiren oder dasein, das ist ausser allem Zweifel; mag sein Dasein nun bloss in seinem Wirken bestehen, oder sonst noch mehr umfassen, auf jeden Fall ist das Wirkende oder die Ursache ein Daseiendes. Da nun das Ding an sich, um zwischen verschiedenen Bewusstseinen vermitteln zu können, auch auf dieselben wirken können muss, so steht ausserdem für mich fest, dass das Dasein des Dinges sich nicht in seinem (mir allein unmittelbar bekannten) Wirken auf mich erschöpft. Wäre die Existenz des Dinges an sich eine rein ideale (blosse Idee), so würde der eventuelle Conflict derselben mit anderen sich friedlich auf rein logischem Wege schlichten; der Zwang, den das Wirken des Dinges meiner Willkür auferlegt, beweist mir aber, dass ich es nicht bloss mit einem solchen logischen, idealen Bestimmtwerden zu thun habe, sondern mit einer durch einen Willen realisirten Idee, dessen Energie sich häufig grösser ausweist als die des meinigen. Das Ding an sich hat also neben der Causalität auch Dasein und Realität. Ferner ist sein Wirken ein zeitliches, und ist der Moment seines Eintretens in die zeitliche transcendente Causalreihe, sowie in die zeitliche Vorstellungsreihe meines Bewusstseins (welche auch ein integrirender Theil der ersteren ist) der Zeit nach bestimmt. Sein Wirken ist veränderlich, wie ich daraus schliessen muss, dass es mich öfters in mehreren auf einander folgenden Zeitpunkten verschieden afficirt, ohne dass der Grund der veränderten Empfindung in mir zu suchen wäre. Aus einem veränderten Wirken unter sonst gleichgebliebenen Verhältnissen folgt aber eine Veränderung im Dasein. Demnach ist das Ding an sich veränderlich, also sein so und so bestimmtes Dasein selbst zeitlich. In Folge dessen fordert auch am Dinge an sich (dies freilich nur unter der Voraussetzung, dass es unter der Herrschaft logischer Gesetze steht) die Veränderung ein Beharrliches, das Existirende ein ihm Subsistirendes, das Dasein eine daseiende Substanz, welche selber als Substanz nicht mehr veränderlich, nicht mehr zeitlich ist. (Ob jedem daseienden Ding an sich eine besondere und getrennte Substanz zukomme, oder ob für alles Existirende das Subsistirende ein gemeinsames sei, diese Frage wird hierbei noch nicht berührt.) Die Veränderungen an dem Dinge an sich erfolgen aber nicht zufällig oder willkürlich, sondern gesetzmässig, je nach den causalen Einwirkungen, die das Ding betreffen. Nur unter dieser Voraussetzung, dass eine unmittelbar oder mittelbar von meinem Willen ausgehende Einwirkung (durch Handeln) das Ding an sich in unabänderlich gesetzmässiger Weise verändert, ist eine Communication der Bewusstseine vermittelst der Dinge an sich möglich. Die Veränderungen der Dinge sind also nach rückwärts ebensowohl Wirkungen, als sie nach vorwärts Ursachen sind; mithin ist der Daseinszustand des Dinges an sich ein durch und durch causal bedingter, d. h. nothwendiger.

Endlich sind der Dinge an sich nicht Eines, sondern viele. Denn zunächst unterscheide ich dasjenige Ding an sich, auf welches das transcendentale Subjekt bezogen wird, von denjenigen Dingen an sich, auf welche die anderen transcendentalen Objekte bezogen werden. Das erste wird als Ich an sich den Dingen an sich, oder als innere (transcendente) Ursache den äusseren (transcendenten) Ursachen gegenübergestellt. Als Vermögen, auf das Afficirtwerden von transcendenten Ursachen mit Sinnesempfindungen zu reagiren, diese synthetisch zu Objekten zu verarbeiten, über diese zu denken, auf deren reale Correlate zu handeln u. s. w., heisst das Ich an sich kurzweg Seele. Nun erhalte ich durch die Dinge an sich Kunde von der Existenz noch anderer Seelen ausser der meinigen, und niemand zweifelt im Ernste daran, dass er selbst, sein Weib und sein Kind nicht Eine, sondern drei Seelen sind. Aber doch erfährt er nur dadurch etwas von der Existenz der beiden letzteren, dass unter seinen Vorstellungsobjekten zwei von bestimmten menschlichen Körpern vorkommen, die er auf Dinge an sich bezieht, dass ferner diese seine Vorstellungsobjekte Veränderungen zeigen, die er auf Veränderungen in den entsprechenden Dingen an sich zu beziehen genöthigt ist, und dass die Art dieser Veränderungen in diesen Dingen an sich so beschaffen ist, dass er nicht umhin kann, auf das Verknüpftsein von (der seinigen ähnlichen) Seelen mit diesen Dingen an sich von Körpern zu schliessen. Hätte er nun keinen Grund, die Dinge an sich seiner Vorstellungen der Körper von Weib und Kind für zwei Dinge an sich statt für Eines zu halten, so würde ihm jeder Grund fehlen, zwei mit denselben verknüpfte Seelen statt Einer anzunehmen; denn einen direkten Schluss von vorgestellten menschlichen Körpern in meinem Bewusstsein auf entsprechende Seelen ausserhalb desselben kann ich auf keine Weise machen, da erstens Seelen nicht direkt mein Bewusstsein afficiren können, und zweitens selbst wenn dies möglich wäre, es doch unerklärlich bliebe, wie eine solche direkte Affection einer Seele durch die andere auf die Vorstellung von Körpern und körperlichen Bewegungen führen sollte, wenn es nicht ausser den Seelen noch Dinge an sich der Körper gäbe. Nehmen wir aber einmal für die Wahrnehmung eines Steines ein Ding an sich des Steines, für die Wahrnehmung der Bildsäule oder der Leiche ein Ding an sich der Bildsäule oder der Leiche als transcendente Ursache der Sinnesempfindung an, so liegt es auf der Hand, dass wir für die Wahrnehmung eines menschlichen Körpers ein Ding an sich des menschlichen Körpers als Ursache der Empfindung annehmen müssen, gleichviel ob dasselbe beseelt ist oder nicht. Ob dieses Ding an sich des menschlichen Körpers beseelt sei oder nicht, kann nur aus den Veränderungen, die an demselben vorgehen, und welche sich in den Veränderungen unserer Wahrnehmungen abspiegeln, erschlossen werden. — Nun erscheint aber in der That die Berechtigung zur Annahme mehrerer Dinge an sich für die Vorstellungen mehrerer menschlicher Körper völlig hinreichend. Denn beide afficiren uns verschieden, und verschiedene Wirkungen setzen verschiedene Ursachen voraus. Zwar kann ein und dasselbe Ding an sich verschiedene Wirkungen auf uns üben, aber nur zu verschiedenen Zeiten, indem es sich verändert; hier aber handelt es sich um gleichzeitige und doch verschiedene Wirkungen. Auch kann ein und dasselbe Ding an sich gleichzeitig verschiedene Wirkungen auf uns üben durch die verschiedenen Sinne; hier aber handelt es sich um dieselben Sinne und verschiedene Wahrnehmungen. Ferner lässt sich in unserem Beispiel nachweisen, dass es nicht Ein Ding ist, welches gleichsam mit verschiedenen Polen auf uns wirkt, sondern zwei wirklich verschiedene Dinge: denn erstens sind die Wahrnehmungen numerisch verschieden, obwohl sie inhaltlich sehr ähnlich sein können; zweitens sind die transcendenten Ursachen beider Wahrnehmungen in ihren Veränderungen von einander unabhängig; drittens sind sie trennbar, da ich lange Zeit hindurch nur von der einen ohne die andere afficirt werden kann; viertens endlich sind sie einzeln und getrennt von einander für immer zu vernichten. Aus alle dem schliesse ich mit Grund, dass der Dinge an sich viele sind, und dass ich völlig im Rechte bin, wenn ich von der Vielheit solcher Dinge an sich, bei denen ich annehmen muss, dass mit jedem derselben eine Seele verknüpft sei, auf die Vielheit dieser Seelen schliesse. In der Mannigfaltigkeit seiner Wirkungen aber kommt jedem dieser Dinge an sich den anderen gegenüber Einheit zu.

Messen wir nun diese Resultate an der Kant'schen Kategorientafel, so zeigen sich alle vier Arten von Kategorien als Bestimmungen des Dinges an sich vertreten. Von den Kategorien der Quantität: Einheit (in sich) und Vielheit (entsprechend der Vielheit der Vorstellungsobjekte); von den Kategorien der Qualität: Realität; von denen der Relation: Subsistenz und Causalität; von denen der Modalität: Dasein (Existenz) und Nothwendigkeit (causale Bedingtheit). Die nicht auf das Ding an sich in Anwendung kommenden Kategorien Kant's sind oder enthalten blosse Beziehungsbegriffe des bewussten Denkens (Allheit; Negation, Limitation, Nichtsein; Möglichkeit, Unmöglichkeit, Zufälligkeit*)) oder sind in sich verfehlte Conceptionen

*) Möglichkeit, Unmöglichkeit und Zufälligkeit drücken nur das Verhältniss eines gedachten Ereignisses (das nicht wirklich ist, oder von dessen Wirklichkeit doch abstrahirt wird) zu dem Stande unserer Erkenntniss aus. (Die Nothwendigkeit thut dies zwar auch, aber sie drückt ausserdem auch das Verhältniss eines wirklich eingetretenen Ereignisses zu seiner Ursache aus, welches, abgesehen von seiner causalen Bedingtheit, freilich nur wirklich heissen kann). Negation, Limitation und Nichtsein beruhen auf der gedanklichen Möglichkeit des Verneinens, ein Beziehungsbegriff, der dem discursiven,

(Gemeinschaft oder Wechselwirkung). Schon im vorigen Abschnitt hatten wir gesehen, dass sich Kant in der Kritik der praktischen Vernunft ohne Grund gegen die Heranziehung der Kategorien der Qualität und Quantität zu Bestimmungen des Dinges an sich sträubt, nachdem er die der Kategorien der Relation und Modalität im Wesentlichen sanctionirt hat. Und in der That, sobald man annimmt, dass in der Welt der Dinge an sich die Gesetze der Logik ebenso streng und ausnahmslos walten, wie in der Welt des Bewusstseins, dass jene nicht minder eine Selbstdarstellung der Einen absoluten Vernunft ist, wie diese, so fällt jedes Bedenken gegen diese Anwendung der Kategorien fort. Dies wird noch deutlicher werden, wenn wir kurz betrachten, was denn die Kategorien bei Kant bedeuten.

Für unser Bewusstsein als Gegenstände der Betrachtung isolirt, sind sie nichts anderes, als abstracte Begriffe. Wenn wir „von dem Empirischen in dem Erfahrungsgebrauche des Verstandes abstrahiren“, so bleibt das Intellectuelle, d. i. die Kategorie, übrig (I. 437). Als anatomisches Präparat der Abstraction unterscheidet sich die Kategorie von keinem anderen Begriffe; wohl aber unterscheidet sie sich von den bloss empirischen Abstractis dadurch (III. 273), dass dasjenige, was das Bewusstsein als Kategorie aus der empirischen Gesammtanschauung heraussecirt, vor der fertigen Erfahrung bei der Genesis derselben vom Verstande selbst (unbewusster Weise) hineingelegt worden ist (I. 437, II. 167), während die empirischen Begriffe nur allgemeine Merkmale der Wahrnehmungen sind, die allein durch die Materie der Anschauung specifisch bedingt sind. So erweisen sich die Kategorien als Denkformen, mit welchen der Stoff der Anschauung gleichsam umkleidet wird (I. 503). Dieses Formen der Anschauung in die Kategorien hinein ist eine blinde (unbewusste) Function (II. 77) des Verstandes,

bewussten, irrthumsfähigen Denken ausschliesslich eigen ist, da das irrthumslose intuitive Denken innerhalb des Logischen niemals in die Lage kommen kann, zu verneinen, sondern immer nur, zu setzen oder zu bejahen. Die Allheit entsteht für uns aus der Vielheit durch doppelte Negation, durch Ausschluss eines Fehlenden; sie ist ein Beziehungsbegriff, dessen Berechtigung nur in unserer partiellen und stückweisen Auffassung und der ausdrücklichen Verwahrung gegen dieselbe liegt. Auch das seiende Absolute ist uns deshalb ein All, was für das intuitive Denken zwar keine Unwahrheit, aber eine leere Tautologie ist.

welche, psychologisch betrachtet, Keime oder Anlagen voraussetzt, in welcher sie vorbereitet liegt, und aus denen sie sich bei Gelegenheit der Erfahrung entwickelt (II. 67, *connoissances virtuelles* des Leibniz). Metaphysisch betrachtet aber stehen diese Denkformen vermöge ihres absolut logischen Charakters erhaben über jeder schöpferischen Willkür da; sie sind nicht bloss beliebig eingepflanzt, nicht subjektiv im Sinne des bloss Individuellen, nicht zufällige Einrichtungen meiner individuellen Natur, sondern nothwendige logische Formen (II. 758), die sich in jedem discursiven Verstande und für jede Art von Sinnlichkeit, mag sie der unsrigen ähnlich sein oder nicht, kraft der immanenten Nothwendigkeit der souveränen Vernunft entwickeln müssen (II. 744), und deshalb stets spontane Functionen, selbstgedachte Principien (II. 757) sind. (Die subjektiven Anlagen sind also nicht als Mechanismen zu mechanischer Leistung zu verstehen, sondern als das Vermögen, selbst zu denken nach den Gesetzen der allgemeinen Vernunft — II. 757). Die Anschauungsformen könnten auch anders sein als die unsrigen (II. 37, 720), die Denkformen nicht; sie sind wie sie sind, oder sie sind gar nicht. Bedeutungslos sind die Kategorien nach Kant für die intellectuelle (göttliche, unbewusste) Anschauung, welche ihre Gegenstände durch ihre Intuition hervorbringt (742). Es ist klar, dass für eine solche Anschauung die Kategorie niemals in abstracter begrifflicher Gestalt vorkommen wird, und dass sie nicht wie bei der sinnlichen Anschauung die Aufgabe haben wird, die von aussen aufgenöthigte formlose Empfindung erst zu formen; sondern Anschauung und logische Form sind hier aus einem Gusse der Spontaneität, und deshalb in untrennbarer Einheit; die Kategorie ist hier nicht anders als implicirt. Da die Dinge an sich nichts anderes sind, als die vom Willen realisirten intellectuellen Intuitionen der reinen (göttlichen) Vernunft (wie auch Kant die Schöpfung der „Noumena“ auffasst — VIII. 234), so müssen in denselben die Kategorien ganz ebenso implicite enthalten sein, wie in der göttlichen intellectuellen Anschauung.

Es ist dies nicht etwa eine ein für allemal vorausbestimmte Harmonie zwischen Transcendentem und Immanentem (eine Art von Präformationssystem der reinen Vernunft — II. 757), sondern eine sich unaufhörlich aus der allgemeinen Herrschaft der nämlichen logischen Gesetze der schöpferischen Vernunft auf allen Gebieten des Daseins von selbst ergebende Harmonie, eine Art Conformitätssystem der reinen Vernunft, an welcher allgemeinen vernünftigen Harmonie aller Schöpfungssphären Kant gewiss am wenigsten zweifelte (VIII. 239—240), wenn man dieselbe nur nicht wie Leibniz als den geistlosen Mechanismus prästabilirter Uhrwerke auffasst. Aber Leibniz war hierzu nur deshalb genöthigt, weil er die transcendente Causalität verdammte, und kein Afficirtwerden der fensterlosen Monaden zuliess, wogegen Kant dieses mechanische Präformationssystem dadurch überwand und zu einem Conformitätssystem der reinen Vernunft den Grundstein legte, dass er die transcendente Causalität wieder einführte. Fichte springt über den Punkt hinweg, aber Schelling sieht sich in seinem transcendentalen Idealismus von Neuem genöthigt, zur Leibnizischen prästabilirten Harmonie seine Zuflucht zu nehmen, weil er und Fichte die transcendente Causalität wieder beseitigt hatten. Erst in Hegel gelangt das Conformitätssystem der reinen Vernunft zu seiner vollen Blüthe, was ihm aber nur dadurch möglich wird, dass jede Schranke des Processes für die Bewusstseine unter einander hinweggerissen wird. Anstatt den trennenden Strom zu überbrücken und die fruchtbaren Fluren jenseits des Flussbettes fleissig zu beackern, durchsticht Hegel die Deiche und schwimmt lustig auf der allgemeinen Ueberschwemmung herum.

Wir haben gesehen, wie der tiefere Geist der Kantischen Philosophie auf ein Conformitätssystem der reinen Vernunft hinweist, und wie das Streben nach diesem Ziele sich in verschiedenen Andeutungen verräth. Aber gerade da, wo diese tiefe Auffassung des Erkenntnissproblems seinen bewussten und nachdrücklichsten Ausdruck finden sollte, in der Lehre von den Kategorien in der transcendentalen Analytik, gerade da fehlt dieses Bewusstsein (besonders in der ersten Auflage) und giebt vielmehr entgegengesetzten Behauptungen Raum. Es entspricht dies Verhalten zu den Kategorien im Allgemeinen ganz dem Verhalten Kant's zur Causalität im Besonderen.

„Es sind nur zwei Fälle möglich, unter denen synthetische Vorstellung und ihre Gegenstände zusammentreffen, sich auf einander nothwendiger Weise beziehen und gleichsam einander begegnen können. Entweder, wenn der Gegenstand die Vorstellung, oder diese den Gegenstand allein möglich macht.*) Ist das Erstere, so ist diese Beziehung nur empirisch, und die Vorstellung ist niemals a priori möglich Und dies ist der Fall mit Erscheinungen, in Ansehung dessen, was an ihnen zur Empfindung gehört" (88). Dahingegen findet es „nicht in Ansehung der Kategorien (auch nicht der reinen sinnlichen Anschauung) statt; denn sie sind Begriffe a priori, mithin unabhängig von der Erfahrung... **Folglich** bleibt **nur** das zweite übrig" (757), d. h. die Kategorien bestimmen die Art unserer Auffassung des Gegenstandes, da sie das Ding selbst seinem Dasein nach nicht bestimmen können (88). „So übertrieben, so widersinnig es also auch lautet, zu sagen: der Verstand ist selbst der Quell der Gesetze der Natur, und mithin der formalen Einheit der Natur, so richtig, und dem Gegenstande, nämlich der Erfahrung angemessen, ist gleichwohl eine solche Behauptung. Zwar können empirische Gesetze, als solche, ihren Ursprung keineswegs vom reinen Verstande herleiten, so wenig als die unermessliche Mannigfaltigkeit der Erscheinungen aus der reinen Form der sinnlichen Anschauung hinlänglich begriffen werden kann. Aber alle empirischen Gesetze sind nur besondere Bestimmungen der reinen Gesetze des Verstandes, unter welchen und nach deren Norm jene allererst möglich sind" (124). So lichtvoll und schön diese letztere Stelle erscheint, sobald man in derselben unter „Natur" die Gesammtheit der Dinge an sich in ihrem causalen Zusammenhange, und unter „Verstand" den unbewussten intuitiven Verstand versteht, welcher die Dinge an sich durch sein sie Denken hervorbringt, — so schwierig in sich und unhaltbar erscheint dieselbe im immanenten Sinne gefasst, wie Kant es meint, daher denn auch dieser in einer späteren Schrift selbst eingesteht, dass dieses treffliche, wie absichtlich eingerichtete Zusammenstimmen der a priori nicht ableitbaren empirischen Naturgesetze mit unserer Fassungskraft weder von ihm, noch von sonst jemandem (?) weiter erklärt werden könne (I. 481).

*) Die Parallelstelle der zweiten Auflage lautet: „Nun sind nur zwei Wege, auf welchen eine nothwendige Uebereinstimmung der Erfahrung mit den Begriffen von ihren Gegenständen gedacht werden kann: entweder die Erfahrung macht diese Begriffe, oder diese Begriffe machen die Erfahrung möglich" (757).

Zunächst beruht die ganze Begründung für die Behauptung, dass die Kategorien die Erfahrung und dadurch indirekt die empirischen Naturgesetze bestimmen, ausschliesslich auf der Elimination der anderen Seite der Alternative. Ergiebt sich nun aber, dass die Alternative als solche falsch ist, dass es nicht nur eine dritte Möglichkeit giebt, sondern dass diese sogenannte dritte Möglichkeit überhaupt die einzige ist, dann fällt das Bindende jener Begründung fort. Eine solche dritte Möglichkeit ist aber eben die Conformität des Immanenten und Transcendenten hinsichtlich der logischen Formen des Denkens und Daseins. Diese dritte Möglichkeit besteht also in der Annahme, dass zwar die Objekte durch Denkformen a priori aus der Empfindung formirt werden, dass aber die Uebereinstimmung dieser so construirten Objekte mit den Dingen an sich, welche die Empfindung für die Anschauung geben, also mit anderen Worten die Wahrheit (61, 163) der Vorstellungsobjekte hinsichtlich ihrer synthetischen Formen, nur dadurch möglich wird, dass die Dinge an sich in denselben logischen Formen existiren, wie die Objekte gedacht werden. — Aber die Sache ist noch viel schlagender darzuthun, wenn man von der Frage nach der Uebereinstimmung überhaupt zu der Frage übergeht, wie die Uebereinstimmung in diesem concreten Falle möglich sei. Denn die Behauptung der Uebereinstimmung überhaupt bedeutet nur, dass Denken und Dinge unter logischen Gesetzen der Existenz stehen, aber sie klärt uns nicht darüber auf, ob und wie es möglich sei, dass in jedem gegebenen Falle concrete Wahrheit der Vorstellung erzielt werde, d. h. gleiche logische Formen auf beiden Seiten zur Anwendung kommen. Wäre es wahr, was Kant behauptet, dass die Denkformen vom Verstande völlig spontan der Anschauung übergezogen werden, so wäre es vollkommen dem Belieben des Verstandes überlassen, welche und wie viele der apriorischen Denkformen er einer gegebenen Anschauung überziehen wollte; er würde mithin bei dieser Operation das Gefühl der Freiheit haben müssen, während die Selbstbeobachtung das Gegentheil lehrt, und Kant selbst das Gefühl der Nöthigung in Anwendung bestimmter Kategorien in Bezug auf die Causalität einräumt und für seine Deductionen benutzt. Es wäre ferner kein Grund abzusehen, warum im Wiederholungsfalle dieselbe Anschauung immer dieselben Kategorien erhalten sollte, da der Verstand sich ja an der Abwechselung ergötzen könnte, die Anschauungen die ihnen gleichgültigen Formen der Kategorien wechseln zu lassen, wie der Regisseur die Schauspieler ihre Kleider wechseln lässt. Natürlich könnte, bei aller Uebereinstimmung der Denkformen und Daseinsformen überhaupt, doch nur durch Zufall einmal eine Uebereinstimmung der Denkformen eines bestimmten Vorstellungsobjektes mit den Daseinsformen des an sich Seienden, auf das es sich transcendental bezieht, herauskommen, d. h. nur zufällig könnte einmal eine Vorstellung Wahrheit hinsichtlich der in enthaltenen Kategorien besitzen. Soll die Willkür des Verstandes in der Vertheilung seiner Kategorien an die gegebenen Anschauungen beschränkt werden, so ist dies nur dadurch möglich, dass die gegebenen Anschauungen in sich selbst bereits gewisse Merkmale tragen, welche die Anwendung gewisser Kategorien logisch erfordern, die anderer Kategorien als unlogisch erscheinen lassen. Soll zwischen den Daseinsformen und den auf eine bestimmte gegebene Anschauung anzuwendenden Denkformen Uebereinstimmung zu Stande kommen, so müssen die in der Anschauung gegebenen Merkmale vermittelst des Empfindung erzeugenden Causalprocesses abhängig sein von den Daseinsformen der transcendenten Ursache. Nur unter der ersten Voraussetzung ist das empirisch gegebene Gefühl der Nöthigung bei Anwendung bestimmter Kategorien auf bestimmte Anschauungen erklärlich; nur unter der letzten Voraussetzung ist Wahrheit der Vorstellung, ist überhaupt Erkenntniss möglich. Die Erklärbarkeit der inneren Erfahrung und die Möglichkeit der Erkenntniss sind aber nach Kant die Bedingungen jeder Erkenntnisstheorie. (Nur Uebereinstimmung der Vorstellung mit einem vom Subjekt unabhängigen, d. h. an sich seienden Dinge kann Wahrheit sein, denn nur durch Uebereinstimmung mit einem solchen kann ein vom Subjekt unabhängiger Erkenntnissinhalt entstehen, und nur ein solcher kann gleichmässig bindend für alle Subjekte, kann objektive Wahrheit sein. Dies weiss auch Kant sehr wohl — III. 58 unten —, daher ist bei der Kant'schen Formaldefinition der Wahrheit — „Uebereinstimmung der Erkenntniss mit ihrem Gegenstande“ — unter Gegenstand stets dasjenige vom Subjekt unabhängige, d. h. transcendente, Etwas zu verstehen, auf welches das Vorstellungsobjekt bezogen wird — II. 61; vgl. oben S. 42 unten).

Obwohl wir auf die erkenntnisstheoretische Untersuchung desjenigen in den Anschauungen, was die Anwendung einer jeden einzelnen Kategorie logisch bedingt, hier nicht näher eingehen können, so diene doch noch einmal die Kategorie der Causalität zur Erläuterung des Gesagten. Nach Kant wenden wir die Kategorie der Cauaalität auf alle uns gegebenen Objekte an. Dies wäre schon richtig, wenn damit nur die abstracte Annahme des Satzes vom zureichenden Grunde gemeint sein sollte, aber Kant meint es, wie wir wissen, im Sinne einer in allen ihren Gliedern gegebenen, durchweg bewusstseinsimmanenten Causalreihe, die er mit der Successionsreihe der Vorstellungen confundirt. Während nun also in Wahrheit blosse Succession und Causalität (der den Objekten correspondirenden Dinge) wohl zu unterscheiden sind, und es oftmals eine der schwierigsten Fragen ist, im gegebenen Falle zu entscheiden, ob die Annahme der Causalität durch die eigenthümliche Beschaffenheit des Wahrnehmungsinhalts gerechtfertigt und logisch gefordert sei oder nicht, macht Kant sich die Sache sehr bequem, indem er die Kategorie der Causalität einer jeden nicht durch blosse subjektive Willkür herbeigeführten Succession von Wahrnehmungen ohne Unterschied vom Verstande überziehen lässt. Würde man Kant zum Eingeständniss des Unterschiedes zwischen Causalität und Succession nöthigen können, so würde er sich auf die souveräne Spontanität des Verstandes reducirt sehen für die Entscheidung, ob in einem gegebenen Falle von Succession die Kategorie anzuwenden sei oder nicht, womit ihm freilich auch wieder der Unterschied von Willkür und Nothwendigkeit zwischen den als bloss subjektiv gewussten und den für objektiv genommenen Successionen verloren ginge. Gesetzt aber es wäre nun für Anwendung der Kategorie der Causalität entschieden, so entsteht die neue Frage, ob die Vorstellung A (respective das ihr entsprechende Ding) Ursache oder Wirkung sei, und ob B Wirkung oder Ursache sei. Kant geht so weit, auch diese Entscheidung der souveränen Spontaneität des Verstandes anheimzustellen; erst dadurch, dass der Verstand sich darüber entscheidet, welches von beiden Ursache und welches Wirkung sei, erst dadurch bestimmt er nach Kant das Frühere und das Spätere in der Successionsreihe. In Wahrheit aber ist das Frühere und das Spätere in der Successionsreihe der Empfindungen empirisch gegeben, und bildet zugleich das Merkmal für den Verstand, das ihn logisch zwingt, das Frühere zur Ursache, das Spätere zur Wirkung zu erklären, weil das Gegentheil unlogisch wäre. (Auch Schopenhauer nimmt zwar an, dass die concret bestimmte Succession auch ohne Causalität empirisch gegeben sei — 4f. Wurzel S. 82—83 —, aber es scheint mir die Möglichkeit eines solchen Gegebenseins unerklärlich, so lange man, wie Schopenhauer thut, die transcendente Geltung der Zeit bestreitet, da nur unter dieser Bedingung die Empfindungen als reale Fuuctionen eine transcendent bestimmte Aufeinanderfolge in der Zeit haben können, welche vom Bewusstsein mit percipirt wird. Es erscheint daher der Kant'sche Standpunkt consequenter für den formalen Idealismus).

Das Resultat dieses Abschnittes ist Folgendes: Kant hat Recht, dass der Verstand selbstthätig die Kategorien aus sich erzeugt und nach Maassgabe dieser allgemeinen logischen Denkformen die Anschauung synthetisch formirt; aber er hat Unrecht, dass er den transcendentalen Gebrauch der Kategorien verbietet, denn er hat (mit Ausnahme einiger bewusster Beziehungsbegriffe) Unrecht, zu leugnen, dass dieselben ebensowohl Daseinsformen des an sich Seienden seien, wie Denkformen des Gedachten. Er hat Recht, dass die Sinnesempfindung uns zunächst ohne die Kategorien empirisch gegeben sei, und dass mithin die Kategorien nicht durch die gegebene Materie der Anschauung von aussen in's Denken hineinkommen können; er hat Unrecht, dass die Anschauung gleichgültig und gleich fügsam allen Kategorien gegenüberstehe und die Anwendung derselbeu (nach Art und Zahl) ausschliesslich von der Spontaneität des Verstandes abhänge. Er hat Recht, dass die Kategorien apriorische Denkformen sind, welche a priori (d. h. vor Fertigstellung der Erfahrung) functioniren, und dass wir uns derselben durch Abstraction aus der vollendeten Erfahrung isolirt bewusst werden können; er hat Unrecht, dass wir neben dieser a posteriori aus der fertigen Erfahrung gewonnenen abstracten Kenntniss der Kategorien (vgl. II. 71) noch eine reine apriorische Kenntniss derselben haben, oder dieselben als reinen Bewusstseinsinhalt a priori besitzen, oder durch reines Denken erzeugen können. Als unbewusste logische Formen sind sie a priori (sowohl im Denken wie im Sein), als bewusste logische Formen sind sie a posteriori. In ihrer Anwendung unterscheiden sich die Kategorien noch dadurch von einander, dass allein und ausschliesslich die Kategorie der Ursache unmittelbar auf das Ding an sich leitet, alle anderen auf dasselbe anwendbaren Kategorien erst in zweiter Reihe auf das Ding an sich, als auf die transcendente Ursache der Empfindung, anwendbar sind. Je vermittelter solche Formirung ist, um so leichter lässt das für gewöhnlich unbewusste Geschehen sich im Bewusstsein reproduciren; daher ist die Anwendung der übrigen Kategorien leicht vom Bewusstsein in ihre Elemente aufzulösen und durch bewusste Synthesis wiederherzustellen; bei der ursprünglichen Anwendung der Kategorie der Causalität auf die transcendente Ursache der Empfindung ist es schon bedeutend schwerer (hiermit steht die Bildung der räumlichen Tiefendimension in nahem Zusammenhang); ganz unmöglich hingegen ist es, in die ursprünglichste aller unbewussten synthetischen Functionen mit dem Lichte des Bewusstseins einzudringen, in die extensive (flächenhafte) Entfaltung der zunächst rein intensiv und qualitativ gegebenen Gesichts- und Tast-Empfindungen.

VII.

Räumlichkeit und Zeitlichkeit als Formen des Dinges an sich.

Wir haben oben (S. 26—27, 53—55, 78—79) gesehen, dass das Ding an sich seiner Existenz nach zeitlich, seiner Subsistenz nach unzeitlich, ausserzeitlich oder überzeitlich ist; es entsteht die Frage, ob etwa dasselbe auch von der Räumlichkeit gelte, oder ob die Räumlichkeit im Unterschiede von der Zeitlichkeit gar keine Anwendung als Daseinsform auf das Ding an sich finde. Da die primitive Empfindung auch der räumlich anschauenden Sinne durchaus nur intensiv und qualitativ, aber auf keine Weise extensiv differenzirt sein kann, so liegt es ausser allem Zweifel, dass die Seele die Extension zu der Empfindung behufs Herstellung der räumlichen Anschauung ganz ebenso selbstthätig hinzuproduciren muss, wie sie die Kategorien als selbsterzeugte zu der kategorienlosen Anschauung hinzufügt. Hiernach ist es ganz unmöglich, dass der Raum durch den gegebenen Stoff der Empfindung in die Seele von aussen hinein komme, wenn auch diese gegebene Empfindung in ihren intensiven und qualitativen Elementen Merkmale bei sich führen muss, welche die Seele zur Hinzufügung der Extension gleichsam auffordern; denn nur so ist es erklärlich, dass die Seele bei einigen Gattungen von Empfindungen (denen des Gesichts, Tastsinns und Muskelsinns) sich zur Entfaltung dieser synthetischen Thätigkeit genöthigt fühlt, bei anderen aber (denen des Gehörs, Geruchs, Geschmacks und Gefühls) diese Thätigkeit unterlässt, und jeden Versuch des Bewusstseins hoffnungslos erscheinen lässt, diese Extension nachträglich zu bewerkstelligen; nur so ist es ferner möglich, dass die concrete räumliche Gestalt jeder apriorischen Willkür entzogen ist, und eine gegebene Empfindung zugleich die Nöthigung in sich enthält, sie in nur einer einzigen ganz bestimmten Gestalt räumlich zu entfalten, wenn sie einmal räumlich angeschaut wird. Aber diese Merkmale der Empfindung, welche die Anwendung überhaupt und die besondere Art der Anwendung der raumbildenden Function der Seele beeinflussen, sind doch selbst vor Eintritt der Raumanschauung in der ausschliesslich intensiv und quantitativ bestimmten Empfindung gelegen, und daher unräumlicher Natur, so dass sie nur die Seele zur Ausübung ihrer Function der Raumsetzung in einer gewissen Art anregen, aber keinenfalls die Räumlichkeit in das Bewusstsein hineintragen können. Sobald man aber dies anerkennt, dass die Räumlichkeit auf keine Weise durch die primitive Empfindung in die Seele hineingelangen kann, so hört auch jedes Recht auf, die Räumlichkeit des Wirkens der transcendenten Ursache (nach Analogie der Zeitlichkeit) unmittelbar zu erschliessen.

Wenn nun auch dieser unmittelbare Weg versperrt ist, so nöthigen doch anderweitige Erwägungen, dem Ding an sich hinsichtlich seines Daseins und Wirkens auch Räumlichkeit zuzuschreiben. — Wir haben im vorigen Abschnitt gesehen, dass der Dinge an sich viele sein müssen, weil nur diese Annahme die Erklärung der Erfahrung mit Hülfe transcendenter Ursachen ermöglicht. Und zwar sind in demselben Zeitpunkte viele Dinge an sich. Diese gleichzeitige Vielheit setzt ein medium oder principium individuationis voraus, welches macht, dass die gleichzeitigen Vielen doch nicht Eins, sondern viele sind. Dies ist nur möglich, wenn sie als getrennte neben einander sind, und die Form dieses (vorläufig noch abstract = praeter verstandenen) „Neben" muss dem Raum in der subjektiven Erscheinung correspondiren. In der Erscheinung sind die Objekte dadurch viele, dass sie räumlich getrennt, räumlich neben einander vorgestellt werden; Raum und Zeit sind die correspondirenden Formen der Anschauung, welche als principium individuationis die Vielheit der Objekte bedingen. In dem Dasein der Dinge an sich ist ebenfalls die eine Seite des principium individuationis die Zeitlichkeit (denn zwei zeitlich getrennte, im Uebrigen gleiche Dinge sind nicht Eins, sondern zwei Dinge, z. B. der heutige Chinese und der vor tausend Jahren). Es fragt sich nun, ob die analoge andere Seite des principium individuationis im Dasein eine andere ist als im Anschauen, während die eine Seite in beiden gleich ist. Der Möglichkeit dieser Annahme steht nichts im Wege; nur wäre noch zu bemerken, dass die der subjektiven Form des Raumes correspondirende Daseinsform der Dinge an sich ebenso wie erstere drei Dimensionen (Dimension noch nicht im räumlichen, sondern zunächst nur im mathematischen Sinne genommen) haben müsste, weil nur unter dieser Voraussetzung die Veränderungen, welche unter den vielen Dingen an sich vorgehen, so zu deuten (und mathematisch zu behandeln) sind, dass sie die Erklärung unserer Wahrnehmungen ermöglichen (man denke an die auf dem Gravitationsgesetz und den Kepler'schen Gesetzen beruhenden Ansichten der Astronomie, wobei diese Gesetze in ihrem mathematischen Ausdruck zu nehmen und statt der Entfernung die entsprechende Daseinsform einzusetzen wäre). Gewiss ist eine solche anderweitige, dem Raum correspondirende Daseinsform von ebenfalls drei Dimensionen möglich, um in Verbindung mit der realen Zeit das reale principium individuationis auszumachen, so wie Zeit und Raum zusammen das bewusst-ideale principium individuationis ausmachen, und man kann Schopenhauer (der selber doch auch reale Individuen vor Entstehung der bewussten Vorstellung annimmt) nicht Recht geben, dass Raum und Zeit das einzig mögliche principium individuationis seien.

Anders stellt sich die Sache, wenn wir fragen, wie gross die Wahrscheinlichkeit sei, dass in der realen Individuation der Raum durch eine anderweitige Form des gleichzeitigen Nebeneinander mit drei Dimensionen ersetzt sei. Diese Wahrscheinlichkeit ist äusserst klein, denn es ist auch nicht das Allergeringste ausfindig zu machen, was dafür spräche, — und nicht das Allergeringste, was dagegen spräche, dass es die Form der Räumlichkeit selbst sei, welche die Zeit zum realen principium individuationis ergänzt. Principia non sunt multiplicanda praeter necessitatem. Da gar keine Nothwendigkeit vorliegt, die nach Analogie der Zeit als zweite Daseinsform sich darbietende Form des Raumes durch eine andere Hypothese zu ersetzen, so bleibe man bei dieser nächstliegenden Hypothese, welche die Vielheit der Dinge an sich und die Art ihrer Beziehungen zu uns hinreichend erklärt, und zugleich auf anschauliche Weise erklärt, was eine dafür untergeschobene andere Hypothese nicht vermöchte. Einen positiven Unterschied einer anderen Hypothese von der des Raumes vermag man überhaupt auf keine Weise anzugeben; man kann zur Bestimmung einer anderen Hypothese eben nur die mit dem Raum übereinstimmenden Merkmale angeben, und dann die Negation hinzufügen, dass es trotzdem der Raum nicht sei. Erwägt man nun, dass die Dinge an sich doch nur realisirte Intuitionen der unbewussten Vernunft sind, und dass es ebenfalls die unbewusste Vernunft ist, welche in unbewusster intuitiver Weise die Sinnesempfindung nach Maassgabe der in ihr gegebenen Merkmale zur räumlichen Anschauung formirt (die nun erst bewusst wird), dann liegt der Gedanke sehr nahe, dass die unbewusste Vernunft in beiden Fällen sich ein und derselben Intuitionsform bedienen werde. Es wäre nicht abzusehen, was sie hindern sollte, die unbewusste schöpferische Intuitionsform des Dinges an sich in der unbewussten nachschaffenden Intuitionsform der zu bildenden Anschauung zu wiederholen, oder was sie hindern sollte, die für unsere Sinnlichkeit intendirte Form des Raumes auch vorweg zur schöpferischen Intuition zu verwenden. Simplex sigillum veri; die Natur braucht nicht das Vielfältige und Complicirte, wo sie mit dem Einfachen ausreicht. Die Analogie der Kategorien kann uns ebenfalls auf die rechte Fährte weisen; wie dort Denkformen und Anschauungsformen (unbeschadet ihrer Apriorität, vielmehr gerade wegen derselben) dieselben waren, so werden hier die Daseinsformen und die Anschauungsformen (unbeschadet und gerade wegen ihrer Apriorität) dieselben sein; denn in beiden Fällen ist die Entstehung der Dinge an sich und die Entstehung des Vorstellungsobjekts respektive der sinnlichen Anschauung dieselbe, nämlich durch unbewusste logische Intuition. In beiden Fällen macht erst die Uebereinstimmung der Formen des Vorstellens und des Daseins die Uebereinstimmung der Vorstellung mit dem Daseienden (dem Ding an sich), d. h. Wahrheit und Erkenntniss möglich. Jede vorgebliche Erkenntniss, welche den Dingen an sich instinctiv Formen beilegt, die sie nicht haben, ist eine trügerische Erkenntniss. Nun haben wir gesehen, dass wir instinctiv Dinge an sich supponiren, und instinctiv unseren Objekten transcendentale Beziehung auf dieselben geben; ebenso instinctiv halten wir unsere Vorstellung für ein (im stereometrischen Sinne) ähnliches Ebenbild des Dinges an sich, auf welches wir sie beziehen, das heisst: wir halten die Dinge an sich instinctiv für räumlich und können nicht anders; es ist ein und derselbe Act, in welchem wir die Anschauung transcendental setzen, und als solche in den Raum hinausversetzen. Jeder unphilosophische Mensch wird dies bestätigen, sobald man ihn über den Unterschied des Dinges und seiner Vorstellung aufgeklärt hat. Wären also die Dinge an sich nicht räumlich so wäre unser Fürräumlichhalten derselben eine nothwendige und unvermeidliche Illusion; es hülfe uns gar nichts, uns diese Illusion in abstracto klar zu machen, sie würde doch immer in concreto ihr Recht behaupten. Diese Prellerei der Natur erreicht sofort ihr Ende, so wie man den Dingen an sich die Räumlichkeit zugesteht; dann behält der Instinct Recht, dass die Vorstellungsobjekte in räumlicher Hinsicht ähnliche Abbilder der Dinge an sich sind. Hätte Kant mit der Unräumlichkeit der Dinge an sich Recht, so wäre der äussere Sinn auf keinen Fall eine Erkenntnissquelle (II. 46); denn entweder bezöge man die Räumlichkeit der Vorstellungsobjekte auf die Dinge an sich, dann wäre der falsche Schein da (II. 718); oder man bezöge sie nicht auf die Dinge an sich, dann könnte alles aus dieser rein subjektiven Form Abgeleitette uns nur tiefer in die Erkenntniss der Einrichtung unserer eigenen Natur einführen (II. 49), aber niemals Erkenntniss von etwas anderem als unserer Subjektivität gewähren, und nur um solches andere ist es uns praktisch zu thun. Die Kant'sche Annahme macht also die objektive Erkenntniss entweder zum falschen Schein, oder sie hebt sie gänzlich auf, indem sie dieselbe in eine blosse Einsicht in die Natur der Subjektivität verwandelt. Wahre Erkenntniss ist nur möglich, wenn unsere Vorstellungsformen mit den Daseinsformen des (unabhängig von allem Bewusstsein) an sich Seienden übereinstimmen, also auch nur, wenn die Räumlichkeit Form der Dinge an sich ist; sie ist Bedingung der Möglichkeit der Erkenntniss. — Man könnte hier vielleicht einwenden, dass doch nicht alle Dinge an sich räumlich sein können, z. B. nicht die Ich's an sich oder Seelen. Zunächst ist die Seele, isolirt von dem Ding an sich des Leibes gedacht, eine blosse Abstraction, wenn es sich um ihr reales Dasein handelt; noch niemand hat das Dasein einer individuellen Seele anders als an ihrem Leibe nachgewiesen; nur an und in diesem räumlichen Dinge an sich hat sie ein individuelles Dasein, und der gemeine Menschenverstand, so weit er nicht durch theologische Vorurtheile corrumpirt ist, fasst sein Ich an sich niemals leiblos, sondern als organische Einheit von Seele und Leib. Sehen wir aber von dem Dasein der individuellen Seele ab, und reflectiren wir nur auf ihr Wesen und ihre Substanz, so ist diese freilich unräumlich, aber sie hat an dieser Unräumlichkeit vor dem Wesen oder der Substanz anderer Dinge an sich nichts voraus; das Wesen des Steines ist ebenso unräumlich wie das Wesen der Seele.

Ein anderer Einwand könnte folgender sein: Es ist naturwissenschaftlich constatirt, dass die Dinge weder farbig noch tönend, noch sauer, bitter u. s. w. sind, sondern dass die Beschaffenheiten der Dinge, welche als transcendente Ursachen diese Empfindungen in uns hervorrufen, mit diesen Empfindungen keine Aehnlichkeit haben. Es hat so z. B. die Molecularbeschaffenheit des Zinnobers, welche von allen Lichtstrahlen nur die die Empfindung des Rothen hervorrufenden reflectirt, alle anderen aber absorbirt, keine Aehnlichkeit mit der Empfindung des Rothen, welche mit dem räumlichen Vorstellungsobjekt eines Stückes Zinnober verknüpft ist. Wenn nun so auf den Gebieten aller Sinne die specifischen Empfindungsqualitäten, welche instinctiv mit den Vorstellungsobjekten verknüpft werden, keine Aehnlichkeit mit den correspondirenden ursächlichen Beschaffenheiten der Dinge an sich haben, so sind wir überall der Illusion unterworfen, warum also nicht auch in Bezug auf die Räumlichkeit des Objekts? Wenn wir in allen Sinnesqualitäten die Prädicate wie süss, roth u. s. w. in ihrer Anwendung auf die Dinge nur als die ursächliche Beschaffenheit verstehen dürfen, welche die Empfindung des Süssen, Rothen u. s. w. hervorruft, warum nicht auch in Bezug auf die Räumlichkeit? Wenn wir uns dort nicht über die unvermeidliche Illusion der instinctiven Anschauung des Objekts beklagen, warum denn hier? — Auch dieser Einwand fällt bei näherer Prüfung in sich zusammen. Denn neben der instinctiven Anschauung des rothen Zinnobers haben wir nicht nur die unbestimmte Vorstellung von der correspondirenden ursächlichen Beschaffenheit in dem Ding an sich des Zinnobers, sondern wir haben die ganz bestimmte Vorstellung, worin diese ursprüngliche Beschaffenheit besteht, nämlich in einer solchen molecularen Schichtung, dass nur Aetherwellen von etwa 0,0007 ^{mm} Wellenlänge reflectirt werden. Hierin ganz allein besteht unsere Erkenntniss von dem Dinge, nicht darin, dass wir wissen, dass es uns roth erscheint, ohne dabei etwas von den Ursachen dieser Wirkung zu ahnen. Aber unsere Erkenntniss ist nur unter der Voraussetzung Erkenntniss, dass Räumlichkeit und Zeitlichkeit Daseinsformen der Dinge an sich sind; ist diese Voraussetzung falsch, so ist die angebliche bestimmte Erkenntniss falsch, was man wenigstens von der unbestimmten Annahme einer ursächlichen Beschaffenheit für das Rothe nicht behaupten kann, weil sie keinen Anspruch auf Erkenntniss macht. Sind Räumlichkeit und Zeitlichkeit nicht Daseinsformen der Dinge an sich, so wird jede Erkenntniss der Dinge an sich unmöglich, sowohl was die ursächlichen Beschaffenheiten desselben in Bezug auf die Empfindungsqualitäten, als auch was die in Bezug auf die Anschauungsformen anbetrifft. Denn die Hypothese der Räumlichkeit der Dinge an sich dient nicht nur zur Erklärung der Möglichkeit einer Erkenntniss der Dinge, in soweit sie Ursachen unserer Empfindungen sind, sondern auch zur Erklärung der Möglichkeit einer Erkenntniss der Dinge, in soweit sie Ursachen der concreten Bestimmtheit unserer Anschauungsformen sind, so dass wir mit ihr allen Boden unter den Füssen verlieren. Während also die Incongruenz der Empfindungsqualität mit der correspondirenden ursachlichen Beschaffenheit des Dinges an sich die Erlangung einer wahren Erkenntniss von den Dingen an sich keineswegs hindert, sondern materiell erst ermöglicht und indirekt unterstützt, würde eine Incongruenz zwischen den Anschauungs- und Daseinsformen jede Erkenntniss von vorn herein unmöglich machen.

Diesen Unterschied übersehen diejenigen, welche da glauben, Analogieschlüsse von dem einen auf das andere machen zu können. Kant selbst hält übrigens beides energisch, wenn auch etwas unklar, auseinander (II. 38—39).

Soweit spricht Alles für die Räumlichkeit als reales principium individuationis, nichts gegen dieselbe — wenn nicht Kant's transcendentale Aesthetik und seine Antinomien. Was die Antinomien betrifft, so verdienen diese haltlosen dialektischen Spiegelfechtereien endlich einmal mit der gebührenden Nichtachtung behandelt zu werden; ich habe das Nöthige über dieselben schon anderwärts gesagt („Ueber die dialektische Methode“ S. 20—21). Ueber die transcendentale Aesthetik aber werden wir nicht so leichten Kaufs hinwegkommen, wenn wir bedenken, was Schopenhauer über dieselbe sagt: „Die transcendentale Aesthetik ist ein so überaus verdienstvolles Werk, dass es allein hinreichen könnte, Kant's Namen zu verewigen. Ihre Beweise haben so volle Ueberzeugungskraft, dass ich die Lehrsätze derselben den unumstösslichen Wahrheiten beizähle“ (W. a. W. u. V. I. 518). Ich bin so ketzerisch, zu bemerken, dass ich bei wiederholtem Studium der transcendentalen Aesthetik in verschiedenen Perioden niemals das Geringste von der Ueberzeugungskraft dieser Beweise verspürt habe, dass ich vielmehr erst dann Nachsicht gegen diesen Theil der Kant-Schopenhauer'schen Philosophie üben lernte, als ich auf ganz anderartigem Wege zu jener Wahrheit gelangt war, welcher diese Beweise dienen sollen. Diese Wahrheit besteht in der schon erwähnten Apriorität der räumlichen Anschauungsform als unbewusster synthetischer Function, durch welche die Empfindung zur Anschauung formirt wird. Nun sagt aber Kant niemals, dass unter dem „A priori“ der Raumanschauungsform etwas jenseits des Bewusstseins Liegendes verstanden sei, während diesseits des Bewusstseins Gestalten, Ausdehnung, Räumlichkeit und Raum eben nur Abstractionen aus der Erfahrung sind (gerade wie die Kategorien); dadurch bleibt unklar, was eigentlich mit der Apriorität des Raumes bewiesen werden soll, und die vorgeblichen Beweise sind keine. Ferner aber überspringt Kant sein Ziel und glaubt wie bei den Kategorien vor der Alternative zu stehen: entweder subjektive Anschauungsform, oder Form der Dinge an sich; da er ersteres bewiesen zu haben meint, glaubt er gleich die Unmöglichkeit des letzteren bewiesen zu haben. Andererseits glaubt er, dass alle indirekten Argumente gegen die transcendente Geltung des Raumes der subjektiven Apriorität zu Gute kommen. So läuft denn bei der irrthümlichen Voraussetzung einer dogmatisch angenommenen Alternative ohne den geringsten Schein von Begründung das Beweisen für die verschiedensten Behauptungen, die gar nichts mit einander zu thun haben, kraus durcheinander, in dem Glauben, immer ein und dasselbe Ganze von Behauptungen zu beweisen. Hiernach erscheint es am natürlichsten, die transcendentale Aesthetik in der Reihenfolge ihrer Begründungsversuche der Kritik zu unterwerfen, und Abstand zu nehmen von dem Versuche, die Begründang dafür, dass die Räumlichkeit nicht Daseinsform der Dinge an sich sei (I. 469), von der Begründung der anderen Behauptung zu sondern, dass sie apriorische Form der Sinnlichkeit sei, da Kant sich das Verhältniss beider Behauptungen in keiner Weise klar gemacht hat; hätte er dies gethan, so hätte er sofort sehen müssen, dass sie nicht das Mindeste mit einander zu thun haben; denn offenbar ist es für die Dinge an sich und ihre Daseinsformen sehr gleichgültig, ob unsere Raumanschauung apriosischer oder empirischer Natur ist, und sicherlich kann diese oder jene Beschaffenheit unserer Anschauung kein Grund für uns sein, dem Ding an sich, das uns a priori unbekannt ist, eine bestimmte Beschaffenheit (sei es nun Räumlichkeit oder Ursachlichkeit — II. 311—312) a priori abzusprechen, wie Kant thut.

VIII.

Kritik der transcendentalen Aesthetik.

Die Gründe Kant's für die Apriorität der Raumanschauung lauten (in der Reihenfolge der 2. Auflage*)) kurzgefasst folgendermassen:

1.) Der Raum ist nicht eine Abstraction aus der Erfahrung, sondern

2.) eine nothwendige Vorstellung a priori.

3.) Der Raum ist nicht ein discursiver Begriff, sondern eine reine Anschauung.

4.) Der Raum wird als unendliche Grösse gegeben vorgestellt.

5.) Ohne Apriorität des Raumes ist keine Geometrie möglich, welche mit apodiktischer Gewissheit die mögliche Beschaffenheit des Seienden a priori bestimmt.

Daraus, dass der Raum nicht aus der Erfahrung abstrahirt ist, folgt, dass er vor der Erfahrung und unabhängig von derselben, d. h. a priori da sein muss, — aber die Prämisse ist falsch. Daraus, dass der Raum reine Anschauung ist, folgt, dass er nicht abstrahirt sein kann, sondern ursprüngliche Form der Sinnlichkeit ist, — aber die Prämisse ist falsch. Daraus, dass der Raum als einheitliche unendliche Grösse gegeben ist, folgt, dass er ursprüngliche reine Anschauung sein muss (da alle Erfahrung nur Endliches bietet), — aber die Prämisse ist falsch. Wenn es eine Geometrie giebt, welche die mögliche Beschaffenheit des Seienden a priori mit apodiktischer Gewissheit bestimmt, so folgt daraus nur, dass die Form des Seienden mit der Form des Denkens nothwendig übereinstimmt, aber gar nichts über die Natur dieser gemeinsamen Form des Raumes. Wenn die Geometrie eine Wissenschaft von apodiktischer Gewissheit für das Gebiet aller möglichen Vorstellungen ist, so folgt daraus nur die apriorische Nothwendigkeit ihrer logischen Synthesen, aber gar nichts über das gleichgültige

*) Den Inhalt des §. 3 der zweiten Auflage, welcher der Nummer 3.) der ersten Auflage entspricht, füge ich als 5.) den anderen 4 Punkten hinzu.

Material (die räumlichen Gestalten), an welchen sie diese logischen Synthesen a priori vollzieht.

Hiermit sind die Gesichtspunkte bezeichnet, aus denen mir sämmtliche Gründe Kant's hinfällig erscheinen. Wir haben nunmehr auf das Einzelne näher einzugehen.

Ad 1.) Kant behauptet: „Der Raum ist kein empirischer Begriff, der von äusseren Erfahrungen abgezogen worden. Denn damit ich gewisse Empfindungen .... als in verschiedenen Orten vorstellen könne, dazu muss die Vorstellung des Raumes schon zum Grunde liegen" (II. 34). Der Begründungssatz ist erstens in dieser Nacktheit hingestellt eine ganz unbewiesene Behauptung, der mit demselben Schein von Recht ihr Gegentheil gegenübergestellt werden kann, und zweitens hat er gar nichts mit der Behauptung zu thun, die er begründen soll. Mag der Raum schon vor der Erfahrung vorhanden sein oder nicht, so ist er doch vor der fertigen Erfahrung keinenfalls im Bewusstsein vorhanden; das Bewusstsein lernt den Raum nicht früher als die Erfahrung, sondern erst an und in dieser kennen; will es denselben isolirt von den empirischen Anschauungen, an welchen es ihn gegeben empfängt, vor sich hinstellen, so bleibt ihm gar nichts übrig, als „von diesen Gegenständen zu abstrahiren", wo ihm alsdann die von diesen und jenen Gegenständen gereinigte Raumanschauung als Abstraction von den gegebenen Erfahrungen übrig bleibt (37). „So wenn ich von der Vorstellung eines Körpers das, was der Verstand davon denkt, als Substanz, Kraft, Theilbarkeit, etc., ingleichen, was davon zur Empfindung gehört, als Undurchdringlichkeit, Härte, Farbe, etc. absondere, so bleibt mir aus dieser empirischen Anschauung noch etwas übrig, nämlich Ausdehnung und Gestalt" (32). Dass diese Abstracta sind, wird kein Mensch bezweifeln wollen. Aus diesen habe ich dann abermals das abzusondern, was die Ausdehnung von der Gestalt, und was die Gestalt von der Ausdehnung unterscheidet, so bleibt wiederum etwas übrig, was der Ausdehnung und Gestalt gemeinsam ist, die Räumlichkeit. Die Räumlichkeit ist also eine Abstraction aus Ausdehnung und Gestalt, d. h. eine Abstraction zweiter Ordnung. Diese Räumlichkeit aber ist es, was die Empfindung zur räumlichen Anschauung macht, keineswegs der einheitliche unendliche Raum, der niemals in die endliche Anschauung hineinkann (753 Anm). Es ist also klar, dass wir das Formale der Räumlichkeit uns isolirt nicht anders als durch einen Abstractionsprocess vermitteln können. Will Kant diese Abstraction deshalb eine reine Anschauung nennen, weil in ihr nichts mehr von der Materie der Anschauung, von der Empfindung (32, 37, 55), sondern nur noch das Formale derselben enthalten ist, so kann man nur sagen, dass jedem seine Verbaldefinitionen freistehen, wenn er nur nachher die Entstehung und Bedeutung seines Begriffs nicht vergisst. Dies thut er aber, sobald er vergisst, dass die reine Anschauung eben nur die abstracte Vorstellung des von aller Materie entleerten Formalen der Anschauung ist, eine Abstraction, die, wie alle Abstractionen, nur aus der Erfahrung gewonnen sein kann, und deren einziger positiver Rest eben nur jener beim Abstractionsprocesse stehen gebliebener Theil der Erfahrung ist. Nirgends hat Kant den Versuch gemacht, die reine Anschauung anders zu erklären und begreiflich zu machen als durch den Abstractionsprocess, ganz ebenso, wie wir gesehen haben, dass er die reinen Verstandesbegriffe uns nicht anders gegeben sein lässt als durch den Abstractionsprocess aus der Erfahrung. Wenn also Kant es behufs der Begründung der Apriorität in Abrede zu stellen wagt, dass die Räumlichkeit uns gar nicht anders als durch Abstraction aus der Erfahrung gegeben sein könne, so widerspricht er seinem eigenen besseren Wissen. Was diese formale Seite der räumlichen Anschauung vor der Entstehung der Erfahrung (und bei der Erzeugung derselben vor deren fertig in's Bewusstsein Treten) sei, und ob dieselbe durch den Stoff der Empfindung als solchen empirisch gegeben, oder im Gegensatz zu derselben subjektive Zuthat sei, darüber kann keine rein psychologische Speculation jemals Aufklärung bringen, sondern nur eine psychophysische Betrachtung. So viel steht fest, dass der von Kant angenommene Ggegensatz in der Entstehung der Materie und der Form der Anschauung grundfalsch und durch keinen Unterschied der inneren Wahrnehmung begründet ist; denn der concrete Empfindungsinhalt und die concrete Form der Anschauung drängen sich beide mit gleich unwiderstehlicher Gewalt dem Bewusstsein als fertig gegebene und nicht willkürlich zu ändernde auf; beide sind Produkte der Seele, also in ihrer specifischen Natur und Qualität (z. B. Farbe, Räumlichkeit) rein subjektiv, beide aber auch in ihrer concreten Bestimmtheit (diese Farbe, diese Gestalt) von aussen, d. h. transcendent, bedingt.

Ad 2.) „Der Raum ist eine nothwendige Vorstellung a priori“; denn man kann wohl die Dinge aus dem Raum, aber nicht den Raum selbst wegdenken, so dass der Raum als die nothwendige Bedingung der Möglichkeit der Erscheinungen, als ihre apriorische Grundlage angesehen wird (35, vgl. 40). — Gesetzt den Fall, man könnte den Raum nicht wegdenken, und sähe ihn als apriorische Bedingung der Möglichkeit der Erscheinungen an, so würde daraus nur folgen, dass wir nicht im Stande sind, eine andere Möglichkeit des Verhältnisses zwischen Objekten und Raum uns vorzustellen, keineswegs aber, dass es auch das Wahre sei, so wie wir die Sache ansehen. Vielmehr würde auf jeden Fall der Umstand, dass der Raum nur eine Abstraction von Erfahrungen ist, uns nöthigen, bei der entgegengesetzten Annahme stehen zu bleiben, dass unsere bewusste Raumvorstellung das Posterius der Erfahrungen ist, also sie auf diesen beruhen muss, nicht aber ihrerseits die Grundlage dessen sein kann, woraus sie selbst erst gewonnen wird. Man müsste also annehmen, dass eine solche Unmöglichkeit des Wegdenkens des Raumes, wenn sie bestände, einer anderen (nicht fern liegenden) Erklärung bedürfte, als der Kantischen, welche durch die psychologische Entstehung der bewussten Raumvorstellung logisch ausgeschlossen ist. Indessen ist diese Bemerkung überflüssig, da die von Kant behauptete Unmöglichkeit gar nicht besteht. Kant selbst liefert den besten Beweis davon, denn er behauptet, dass die reale Welt (d. h. die Welt der Dinge an sich und der Ich's an sich) unräumlich sei. Wäre es nun unmöglich, die Räumlichkeit und den Raum von den Dingen wegzudenken, so wäre die Behauptung Kant's eine der Einrichtung des menschlichen Vorstellungsvermögens widersprechende, also unvollziehbare, und damit wissenschaftlich gerichtete. Jeder, der seine Seele, sein Ich, unräumlich denkt, beweist dadurch die Möglichkeit, vom Raum zu abstrahiren, d. h. den Raum von den Dingen wegzudenken.

Kant erschwert die Beantwortung der Frage dadurch, dass er auch hier vom Raum, statt von der Form der Räumlichkeit spricht, wo ihm die Untriftigkeit seiner Behauptung weit leichter klar geworden wäre. Aber selbst auf den Raum bezogen, beruht seine Auffassung auf einem Irrthum, der folgendermaassen zu erklären ist: Er stellt sich die materielle Welt in ihrer subjektiven Erscheinung hauptsächlich vermittelst des Gesichtssinnes vor; indem er nun die Gegenstände aus dem Gesichtsfelde hinauswirft, bleibt ihm die Anschauung des leeren Gesichtsfeldes übrig. Diese Anschauung ist aber eine positive Empfindung; denn bekanntlich ist selbst das Schwarz eine positive Empfindung des Sehnerven, um wie viel mehr das gewöhnlich zu einem matten Grau oder auch zu einem gelbroth oder blau angehauchten Grau subjektiv erhellte leere Gesichtsfeld der Phantasie. Dieses Gesichtsfeld der Phantasie unterscheidet sich ferner noch dadurch von dem Wahrnehmungsgesichtsfeld, dass es nicht wie dieses ein blosser Kugelausschnitt von etwa 90° ist, sondern dass es, wenn auch in etwas unbestimmter Weise, zur vollen Sphäre erweitert werden kann, obwohl der vordere Theil immer positiver und deutlicher, gleichsam gesättigter von Empfindung ist wie der hintere. Dies ist nur eine besondere Anwendung des Vermögens unserer Phantasie, uns beliebige Gegenstände als hinter uns befindlich anschaulich vorzustellen. Es bleibt also diese Phantasievorstellung des leeren sphärischen Gesichtsfeldes immer beladen mit Materie der Anschauung, mit sinnlichem Empfindungsstoff (des Helligkeitsgrades und der Färbung), und ausserdem mit einer Ortsbeziehung des anschauenden Ich auf den Mittelpunkt des sphärischen Phantasieraums. Wir lernen daraus, dass es in aller Strenge eine unsere Fähigkeit übersteigende Aufgabe ist, eine von aller empirischen Empfindung gereinigte Anschauung des abstracten Raumes zu gewinnen. Ferner aber folgt aus der unvermeidlichen Ortsbeziehung des anschauenden Ich auf das Centrum der Sphäre, dass, wenn es uns einen Augenblick gelungen sein sollte, das ganze Phantasiebild des Raumes aus der Vorstellung zu löschen, dasselbe sofort wieder aus diesem räumlich festgehaltenen Centrum als aus dem productiven Organ der Gesichtsanschauung von Neuem ausstrahlt. Dies kommt daher, weil der positive empirische Empfindungsstoff des Auges, welcher immer vorhanden ist und unaufhörlich auch in absoluter Dunkelheit auf unsere Seele einstrahlt, sofort die Aufmerksamkeit in Beschlag nimmt, sobald die vorher dominirende Phantasievorstellung des Raumes durch abstracte (unräumliche) Begriffe aus der Aufmerksamkeit verdrängt ist, also diese für die schwachen Gesichtswahrnehmungen gleichsam wieder jungfräulicher Boden geworden ist. Dieses Eindringen der Empfindung wird aber von der Seele sofort auf die noch festgehaltene Ortsvorstellung des Sehorgans bezogen und so stellt sich das eben mühsam vernichtete Gesichtsfeld als scheinbar von dem örtlichen Ich ausstrahlend wieder her. Diese Selbstbeobachtung scheint mir die Grundlage des Kantischen Irrthums. Um aber den Raum ganz wegzudenken, hat man nur nöthig, gleichzeitig das sphärische Phantasiegesichtsfeld und das örtlich gefasste Sehorgan wegzudenken, d. h. von dem Gesichtssinn zu abstrahiren. (Der Tastsinn spielt für die Phantasievorstellungen sehender Menschen nur eine untergeordnete Rolle.) Wem dies zu schwer fällt, der denke sich einen Blindgeborenen, welchem zugleich wegen Anästhesie der Haut der Tastsinn fehlt. Unzweifelhaft würde dieser nicht glauben, dass seine Seele tönt, dass seine Seele das Geschmeckte oder Gerochene ist, sondern er würde eben so instinctiv wie wir seine sämmtlichen Sinneswahrnehmungen auf transcendente Ursachen beziehen. Es würde diesem Menschen keineswegs das fehlen, was Kant den äusseren Sinn nennt, d. h. die Fähigkeit, solche Empfindungen, welche dazu nöthigen, zu räumlichen Anschauungen zu gestalten, — wie sich sofort herausstellen würde, wenn seine Hautnervenanästhesie oder seine Blindheit gehoben würde. Dennoch würde dieser Mensch trotzdem, dass er im Besitze eines äusseren Sinnes ist, nicht zu einer Vorstellung des Raumes gelangen, da ihm die Gelegenheit fehlt, seine Fähigkeit anzuwenden, und deren Leistungen empirisch kennen zu lernen. Diese Darlegungen beweisen auf das Schlagendste, dass der Raum keine nothwendige (d. h. auf keine Weise fehlen könnende) Vorstellung a priori ist (vgl. I. 446), wenigstens nicht für das Bewusstsein, wovon an dieser Stelle allein die Rede ist.

Ad 3.) „Der Raum ist kein discursiver, oder wie man sagt, allgemeiner Begriff von Verhältnissen der Dinge überhaupt, sondern eine reine Anschauung" (35). Dieses: „Nicht — sondern" ist ganz verkehrt, und geht aus einer unrichtigen Ansicht Kant's über das Verhältniss von Begriff und Anschauung im Allgemeinen hervor, welche Irrthümer sich im Besonderen schon dadurch documentiren, dass die schroffe Entgegensetzung den oben dargelegten Stellen Kant's über Entstehung und Bedeutung der reinen Anschauung widerspricht. Was ein discursiver oder allgemeiner Begriff sei, darüber belehrt uns Kant in den ersten 6 Paragraphen des ersten Abschnitts seiner Logik („Von den Begriffen"). Es ist demnach ein Begriff eine Vorstellung, welche die Form der Allgemeinheit hat, d. h. bei welcher man sich bewusst ist, dass sie mehreren Anschauungen gemeinsam ist, ein Bewusstsein, welches durch Comparation der Einzelanschauungen, Reflexion und Abstraction (d. h. Absonderung des Nichtgemeinsamen) gewonnen wird. Dabei ist es nach §. 5 formell gleichgültig, und ohne Einfluss auf die Entstehung des Begriffs, ob der gegebene Inhalt der gemeinsamen Stücke der Anschauungen, aus denen die Abstraction gezogen wird, ein a posteriori oder a priori gegebener sei. So meint Kant sagen zu können: „der Begriff ist der Anschauung entgegengesetzt" (§. 1 Anm. 1), und behauptet: „dass Anschauung (dergleichen die Vorstellung des Raumes ist) und Begriff der Species nach ganz verschiedene Vorstellungsarten sind" (I. 513). Schopenhauer hat diese Ansicht bekanntlich bis in's Extrem ausgebeutet. — Dass der abstracte Begriff von der Einzelanschauung einen specifischen Unterschied besitzt erstens in der Negation der abgestossenen individuellen Reste, und zweitens in dem begleitenden Bewusstsein, eine vielen Einzelvorstellungen gemeinsame Vorstellung zu sein, das leidet keinen Zweifel; dass er aber etwas anderes sei, als eine mit diesen Nebenvorstellungen verknüpfte Einzelanschauung, das ist ein Irrthum. Alles Positive in unserem Bewusstseinsinhalt ist Anschauung, deshalb ist auch alles, was an einem Begriff positiver Inhalt ist, Anschauung, und selbst die Negation der individuellen Reste ist ein Begriff, an dem das einzige Positive die Anschauung des Aufhebens oder Wegnehmens ist. Der Begriff ist also in der That Anschauung, und wäre keine Anschauung mehr in ihm, so wäre er auch als Begriff aufgehoben. Selbst der Begriff des Nichts ist nur dadurch ein Begriff, dass er auf der Anschauung der Aufhebung des Etwas beruht. Der Begriff ist aber weiter auch Einzelanschauung; so lange ich das Positive des Begriffes noch mehrmals denke, so lange bin ich noch über das Stadium der Comparation nicht hinausgekommen zur Reflexion und Abstraction, so lange habe ich den Begriff noch gar nicht, sondern bin erst auf dem Wege zu demselben. Erst wenn ich die Vielheit der gleichen Trennstücke der Einzelanschauungen zur numerischen Identität, zur Einheit aufgehoben habe, also sie nun als singuläre Anschauung oder als Einzelanschauung besitze, erst dann habe ich den Begriff gewonnen. Die aufgehobene Vielheit reflectirt sich nur noch in der begleitenden Vorstellung, dass diese so gewonnene Einzelanschauung bei neuer Betrachtung in jeder der vielen Einzelanschauungen, von denen ich ausging, von Neuem aufzufinden sei. Nur dadurch, dass der Begriff Einzelanschauung ist, kann ich von ihm sagen, er (der Einzelne) sei allgemein (allen den Vielen gemeinsam).

Jede der Einzelanschauungen, von denen ich bei der Abstraction ausgehe, ist aber ebenfalls begrifflich; denn sie ist ebenso unganz und negativ wie der Begriff, ebenso blosses Trennstück einer umfassenderen Einzelanschauung wie jener, da sie stets nur ein von der willkürlichen Aufmerksamkeit herausgeschnittenes Stück des gesammten in diesem Augenblick auf das Bewusstsein eindringenden Empfindungsinhalts ist, und alles übrige abstossen und negiren muss. Dieses Trennstück ist keineswegs durch blosses räumliches Ausschneiden, sondern meistens zugleich durch begriffliches Ablösen entstanden. Ja sogar ausser der begrifflichen Analyse geht die begriffliche Synthese der Entstehung der Einzelanschauung voraus, da sie, wie wir wissen, erst mit Hülfe der reinen Verstandesbegriffe entsteht. Sie ist auch allgemein in demselben Sinne wie der Begriff, denn wie dieser kann sie unbeschadet ihrer Einerleiheit sich in verschiedenen räumlich oder zeitlich getrennten Vorstellungsacten nach Form und Inhalt wiederholen, nur dass bei ihr für gewöhnlich auf diese potentielle oder actuelle Allgemeinheit nicht reflectirt wird. Aber auch beim abstracten Begriff begnügt man sich meistens mit der Möglichkeit dieser Nebenvorstellung, und wirthschaftet übrigens mit dem begrifflichen Anschauungstrennstück, ohne auf die Allgemeinheit desselben anders als in besonderen Fällen ausdrücklicher zu reflectiren, während beim Combinationsbegriff sogar die Allgemeinheit ganz fehlen kann, wie wir später sehen werden.

Man sieht hieraus, dass ein specifischer Unterschied im

Kant'schen Sinne, oder gar Gegensatz nicht einmal zwischen *Einzel*anschauung und Begriff, geschweige denn zwischen Anschauung überhaupt und Begriff besteht. Der Begriff ist Anschauung, und beide stehen nur zu dem rohen Empfindungsstoff in einem Gegensatz, der jedoch als solcher von dem Bewusstsein auch wieder nur durch Abstraction ausgeschieden und isolirt werden kann. Die Anschauung im engeren Sinne ist nur ein Begriff von niedrigerer Abstractions- (und Combinations-) Stufe, der Begriff ist nur eine Anschauung von höherer Abstractions- (und Combinations-) Stufe; je mehr man von dem rohen Empfindungsstoff zum sublimsten Begriffe emporsteigt, desto grösser wird relativ der Antheil der logischen Bearbeitung, desto kleiner relativ der Antheil der „Materie der Anschauung." Ganz aufhören kann sie niemals; *es giebt für das Bewusstsein keine reinen*, d. h. *anschauungsfreien, Begriffe*. Nun ist aber die sogenannte *reine* Anschauung, wie wir sahen, eine Abstraction, in welcher aller empirische Empfindungsinhalt abgestreift und die leere Anschauungsform allein selbst als Inhalt einer Anschauung übrig geblieben sein soll. Wir haben nachher die der Möglichkeit der Erfüllung dieser Anforderung entgegenstehenden Zweifel dargelegt; aber so viel ist gewiss, mag die reine Anschauung in voller Strenge oder nur annähernd für das Bewusstsein zu gewinnen sein, *immer wird sie durch den Abstractiosprocess ihrer Gewinnung zum discursiven oder allgemeinen Begriff gestempelt, ohne dass dies ihrem Charakter als reine Anschauungsform den geringsten Eintrag thut*.

Hiernach ist zu ermessen, welcher Werth Argumenten zukommen kann, welche die Identität zwischen dem allgemeinen Begriff des Raumes und der reinen Anschauung des Raumes zum *Gegensatz* verdrehen. Komisch ist es, welche Mühe sich Kant giebt, zu beweisen, dass derselbe *Anschauung* sei, als ob dadurch irgend etwas gegen seine *begriffliche* Natur und gegen sein Abstrahirtsein aus Erfahrungen bewiesen wäre.

Dieser nun folgende Beweis lautet so: „Denn erstlich kann man sich nur einen einigen Raum vorstellen .... Er ist wesentlich *einig*; das *Mannigfaltige* in ihm, mithin auch der allgemeine Begriff von Räumen überhaupt, beruht lediglich auf Einschränkungen“ (35—36). Und in der Parallelstelle über die Zeit heisst es: „Verschiedene Zeiten sind nur Theile eben derselben Zeit. Die Vorstellung, die nur durch einen einzigen Gegenstand gegeben werden kann, ist aber Anschauung“ (41).

Der erste Satz, dass man nur einen einigen Raum vorstellen könne, ist richtig für den Standpunkt des transcendentalen Realismus, aber falsch für den Kantischen Standpunkt des transcendentalen Idealismus. Denn den transcendentale Realist bezieht seinen Vorstellungsraum auf ein transcendentes Correlat, welches letztere schlechthin nur Eines, und zwar für alle Bewusstseine numerisch Identisches, also objektiv Einziges ist; der transcendentale Idealist hingegen leugnet ein solches numerisch identisches Correlat aller subjektiven Vorstellungsräume, für ihn hat der Raum keine höhere als subjektive Realität, und da alle Subjekte gleiche Berechtigung haben, so haben auch alle subjektiven Vorstellungsräume gleiche Berechtigung; er ist also logisch gezwungen, so viel Räume vorzustellen, als er Subjekte vorstellt. Freilich stellt er von allen diesen nur Einen unmittelbar, die anderen aber nur mittelbar vor, aber dieser Unterschied ist nur von secundärer Bedeutung, denn es bleibt doch das Bewusstsein bestehen, dass dieser Raum ein vielen Raumvorstellungen gemeinsamer, dass das Wesen des von mir vorgestellten Raumes etwas Allgemeines, nicht etwas Singuläres sei. Beschränken wir aber auch die Betrachtung auf den Einen von jedem Bewusstsein unmittelbar vorgestellten Raum, so ist selbst hier noch die Behauptung der Singularität für den Standpunkt des transcendentalen Idealismus falsch. Wir haben nämlich zwei räumliche Sinnesorgane, Tast- und Gesichtssinn. Von jedem der beiden ordnen wir die Empfindungen in extensive Reihen nach drei Dimensionen; aber die Qualität der Empfindungen ist ganz verschieden, und niemals sind wir in der Lage, eine Tastempfindung und eine Gesichtsempfindung in eine stetige extensive Reihe einzuordnen, wie es mit zweien der gleichartigen Empfindungen stets der Fall ist. Rein subjektiv betrachtet besitzen wir daher zwei ganz getrennte Wahrnehmungsräume, den Gesichtsraum und den Tastraum, und ebenso zwei getrennte Räume der reproduktiven Einbildungskraft, den Phantasie-Gesichtsraum und den Phantasie-Tastraum. Die Behauptung scheint nur deshalb auf den ersten Blick auffallend, weil der Instinct sich um die subjektiven Räume als solche gar nicht bekümmert, sondern dieselben instinctiv sofort und immer auf ihr transcendentes Correlat bezieht, welches der Verstand als Eines weiss, so dass nun das Bewusstsein, welches sich der Zweiheit seiner subjektiven Räume wegen der identischen transcendentalen Beziehung derselben niemals bewusst geworden ist, zuerst über eine solche getrennte Zweiheit der subjektiven Räume als solcher höchlich erstaunt.

Kant's Prämisse von der Einzigkeit des Raumes ist also für seinen Standpunkt in jeder Hinsicht unhaltbar. Die Art der daraus gezogenen Schlüsse ist es nicht weniger.

Kant folgert erstens aus der Einzigkeit des Raumes, dass die vielen endlichen Räume nur Einschränkungen des Einen seien, dieser also jenen im Bewusstsein vorhergehen müsse; zweitens folgert er aus der Einzigkeit der Raumvorstellung, dass sie Anschauung, nicht Begriff sei.

Was die erste Folgerung betrifft, so haben wir uns hier auf den schon oben flüchtig berührten Unterschied zwischen der Räumlichkeit als einer Anschauungsform, und dem Raum als einer mit Hülfe dieser Anschauungsform construirten Anschauung zu besinnen. Kant selbst sagt über diesen Punkt (753 Anm.) Folgendes: „Der Raum als Gegenstand vorgestellt (wie man es wirklich in der Geometrie bedarf) enthält mehr als blosse Form der Anschauung, nämlich Zusammenfassung“ (Synthesis) „des Mannigfaltigen, nach Form der Sinnlichkeit“ (Räumlichkeit) „Gegebenen, in eine anschauliche Vorstellung, so dass die Form der Anschauung“ (reine Anschauungsform = Räumlichkeit) „bloss Mannigfaltiges, die formale Anschauung aber Einheit der Vorstellung giebt.“ Kant gesteht also zu, dass die reine Anschauungsform, die Räumlichkeit nur das Mannigfaltige, die endlichen in der Form der Sinnlichkeit gegebenen, d. h. räumlichen, Anschauungen liefert, dass hingegen der Raum als einheitliches Vorstellungsobjekt, als einiges Ganzes, mehr als blosse Anschauungsform enthält, d. h. aus dieser allein nicht hervorgehen kann, sondern dass seiner Construction eine Zusammenfassung, Combination oder Synthese des durch die reine Anschauungsform gegebenen Mannigfaltigen zur Einheit der Vorstellung vorhergehen muss. Kant entschuldigt sich gleichsam in dem Fortgang dieser Anmerkung, dass er in der transcendentalen Aesthetik diese Synthesis immer schlechtweg zu der Sinnlichkeit gezählt habe, obgleich doch eine solche Synthesis den Sinnen gar nicht möglich sei. Er habe aber damit nur andeuten wollen, dass diese Synthesis allen Verstandesbegriffen (Kategorien) als solchen vorhergehe, ohne damit zu bestreiten, dass der Verstand es sei, der hier die Sinnlichkeit bestimmt (ebenso wie bei jener anderen Synthesis im Gebiete der Sinnlichkeit, welche wir Bewegung nennen — 749). Diese Erklärungen genügen, um Kant's Schlussfolgerung in ihr Gegentheil zu verkehren. Wenn der einige Raum als gegebenes Ganzes erst Produkt einer vom Verstande ausgeführten Synthese des räumlichen Mannigfaltigen ist, so ist er später als diese, aber nicht früher; es müssen dann die durch die sinnliche Anschauungsform allein aus der Empfindung formirten endlichen Anschauungen (das räumliche Mannigfaltige) das Frühere sein, aus welchem erst der einige Raum sich bilden kann, und nimmermehr können sie ihrer Entstehung nach blosse Einschränkungen dessen sein, was erst vermittelst ihrer zu Stande kommen kann, indem der Verstand sich dieses ihm gegebenen Stoffes combinatorisch bemächtigt. Kant hat leider nicht bemerkt, dass er in dieser Anmerkung zur zweiten Auflage der transcendentalen Analytik selbst seine frühere verkehrte Auffassung überwunden und berichtigt hat. In der Eberhard'schen Kritik erntet er die Frucht seiner Verwirrung von Raum und Räumlichkeit, und in der Entgegnung auf dieselbe erklärt er ausdrücklich, Eberhard habe wissen müssen, dass es ihm (Kant) nie eingefallen sei, die Anschauungsformen des Raumes und der Zeit als der Seele innewohnende Bilder aufzufassen, da sie vielmehr nur innewohnende passive Beschaffenheiten (Receptivitäten) des Gemüths seien, auf gewisses Afficirtwerden hin Vorstellungen von einer gewissen Vorstellungsform zu bekommen. Nur der erste formale Grund der Möglichkeit einer Raumanschauung sei das Angeborene, nicht die Raumvorstellung selbst. Erst in den Anschauungen, welche aus diesem Grunde hervorquellen, seien Bilder möglich (I. 445—446). Es ist klar, dass Eberhard sich dadurch hat irremachen lassen, dass Kant in der transcendentalen Aesthetik das Wort „Raum" sehr gewöhnlich für die reine Anschauungsform des Raumes, d. h. für „Räumlichkeit" setzt. Unzweideutig aber ist die Erläuterung Kant's, welche das hieraus hervorgegangene Missverständniss widerlegt. Kant gesteht hier der Sache nach, wenn auch nicht den Worten nach, dasselbe zu, wie in der Anmerkung zu II. 753, dass nämlich nur die Räumlichkeit, nicht der Raum a priori genannt werden könne, und, füge ich hinzu, auch diese nicht als bewusster Begriff, sondern als unbewusste synthetische Function. Nach diesem Zugeständniss hätte aber Kant die Nummern 3 und 4 der Begründung der Apriorität des Raumes in der zweiten Auflage consequenter Weise streichen müssen, da in denselben von der synthetisch durch den Verstand construirten Anschauung des einigen Raumes, und gar nicht von der räumlichen Anschauungsform die Rede ist.

Was nun die anderen Folgerungen Kant's in dieser Nummer betrifft, die Ableitung der Anschauungsnatur des Raumes aus seiner Einzigkeit, so ist die Irrthümlichkeit dieser Bemühung schon dadurch angezeigt, dass Kant's Entgegensetzung von Anschauung und Begriff sich als in dieser Form unhaltbar erwies. Auch der Begriff als solcher ist eine Einzelanschauung, und wenn auch ein durch blosse Abstraction gewonnener Begriff immer wenigstens zwei Anschauungen voraussetzt, denen er gemeinsam ist, so kann doch ein durch Synthese oder Combination (aus Abstractionsbegriffen) gewonnener Begriff sehr wohl seine Allgemeinheit einbüssen, wenn nämlich sein Inhalt als solcher die Singularität der Existenz eo ipso einschliesst. Da nun der einige Raum eine Synthese aus mannigfaltigen räumlichen Abstractis ist, welche wesentlich mit Hülfe der Bewegung (d. h. durch Ueberschreiten der Schranken jeder gegebenen endlichen Gestalt) gewonnen wird, so stellt er sich, dem Mannigfaltigen gegenüber, woraus er gewonnen wird, als das Allumfassende dar, kann also (für jede Gattung des gleichartigen räumlich-Mannigfaltigen) nur Einer sein. Ganz ebenso gewinne ich den Begriff des Universums oder Weltalls, indem ich alles gegebene endliche Seiende synthetisch verknüpfe*),

*) Kant's Behauptung, dass ich alle endlichen Räume nur als Einschränkungen des einigen ganzen Raumes vorstelle, ist um nichts besser, als die Behauptung wäre, dass ich alle endlichen Dinge nur als Einschränkungen des Universums vorzustellen vermöge, und deshalb das letztere eine Anschauung a priori sei.

oder den Begriff Gottes oder des Absoluten, indem ich die gewonnene synthetische Einheit des Seienden als unbedingte (geistige) Substanz denke. Niemand wird bezweifeln, dass „Universum, Gott, das Absolute“ Begriffe (nicht Anschauungen) sind; niemand wird aber auch bezweifeln, dass der Inhalt dieser Begriffe unbeschadet der begrifflichen Natur Einzigkeit der Existenz fordert, und dies ist möglich, weil jene Beispiele nicht blosse Abstractionsbegriffe, sondern Combinationsbegriffe sind. Wenn ich den einigen Raum gewinne, indem ich alles mir zur Verfügung stehende räumlich-Mannigfaltige synthetisch verknüpfe, so ist die Möglichkeit der Construction eines zweiten Raumes einfach deshalb ausgeschlossen, weil ich mir bewusst bin, alles verfügbare Material schon in die erste Synthese hineingelegt zu haben, oder es doch wenigstens gethan haben zu sollen. — Die Räumlichkeit ist für das Bewusstsein ein blosser Abstractionsbegriff, der Raum ein Combinationsbegriff, und zwar, wie wir gesehen haben, nach Kant's eigener besserer Ueberzeugung.

Ad 4.) Wenn die vorige Nummer die Einheit und Einzigkeit des Raumes zum Stützpunkt nahm, so diese die Unendlichkeit. „Der Raum wird als eine unendliche gegebene Grösse vorgestellt. Nun muss man zwar jeden Begriff als eine Vorstellung denken, die in einer unendlichen Menge von verschiedenen möglichen Vorstellungen (als ihr gemeinschaftliches Merkmal) enthalten ist, mithin diese unter sich enthält; aber kein Begriff, als ein solcher, kann so gedacht werden, als ob er eine unendliche Menge von Vorstellungen in sich enthielte. Gleichwohl wird der Raum so gedacht (denn alle Theile des Raumes in's Unendliche sind zugleich). Also ist die ursprüngliche Vorstellung vom Raume Anschauung a priori, und nicht Begriff“ (712).

Kant's Behauptung, dass ein Begriff nicht eine unendliche Menge von Vorstellungen in sich enthalten könne, ist ebenso unrichtig wie seine Behauptung, dass eine Anschauung als unendliche Grösse gegeben vorgestellt werden könne. Eine mathematische unendliche Reihe ist offenbar ein Combinationsbegriff, nicht eine Anschauung, denn sie ist eine Summe von höchst abstracten Gliedern. Nichtsdestoweniger enthält ein solcher Begriff eine unendliche Menge von Vorstellungen in sich, nämlich die Glieder der Reihe. Allerdings kann nur ein endlicher Theil dieser unendlichen Menge von Vorstellungen actuell in's Bewusstsein treten, die übrigen sind nur potentiell (oder der Möglichkeit ihres Bildungsgesetzes nach) im Bewusstsein vorhanden, aber dies ist bei jeder unendlichen Anschauung ganz ebenso der Fall. Von dem Raume habe ich auch immer nur eine endliche Sphäre im Bewusstsein, die ich durch meinen positiven Empfindungsstoff begrenzt anschaue, etwa so wie ich auf dem Rücken liegend den Raum als durch das Blau des Himmels begrenzt anschaue, wenn auch in beiden Fällen die endliche Entfernung der begrenzenden Empfindung innerhalb ziemlich weiter Grenzen unbestimmt gelassen zu werden pflegt. Als gegebene Grösse ist demnach der Raum immer endlich, und es ist ein logischer Widerspruch, dass irgend etwas als unendliche Grösse gegeben sein oder vorgestellt werden könne, weil alsdann eine vollendete Unendlichkeit gegeben wäre. Nun habe ich allerdings für meinen subjektiven Vorstellungsraum volle Freiheit, die Grenze des unaustilgbaren Empfindungsstoffes immer weiter heraus zu verlegen, aber damit erlange ich nur den negativen Begriff, dass für meinen jederzeit endlich gegebenen subjektiven Vorstellungsraum keine Grenze der möglichen **Erweiterung** in mir zu finden ist, und dieser Begriff, als begleitende Vorstellung dem endlich gegebenen Raume hinzugefügt, macht die Unendlichkeit des Raumes aus, die demnach wie jede Unendlichkeit nur als potentielle zu fassen ist. „Wäre es nicht die Grenzenlosigkeit im Fortgange der Anschauung, so würde kein Begriff von Verhältnissen ein Principium der Unendlichkeit bei sich führen" (36). Die Unendlichkeit des Raumes ist also nicht reine concrete Anschauung, sondern Begriff, denn sie beruht erstens auf der Verstandessynthese des Fortganges, der Bewegung (748—749 Anm.) und zweitens auf der begleitenden Vorstellung der Negation der Grenze (Grenzenlosigkeit), d. h. auf einer Kantischen Kategorie. Also ist der „unendliche Raum" jedenfalls Begriff, und erhält als Begriff eine unendliche Menge (möglicher) Theilvorstellungen in sich, gerade so gut wie der Begriff der unendlichen Reihe eine unendliche Menge möglicher Glieder in sich enthält. Uebrigens hat, wie schon oben erwähnt, der „Eine unendliche Raum" noch viel weniger Anspruch auf Apriorität wie der „Eine Raum", da es ein noch viel abstracterer Begriff als dieser ist.

Ich will nicht unterlassen, zu bemerken, dass selbst diese subjektiv-potentielle Unendlichkeit nur von dem subjektiven Vorstellungsraum gilt, wo die Grenzenlosigkeit des räumlichen Fortgangs allerdings durch nichts als den zu früh eintretenden Tod des Individuums gestört wird. Anders bei dem realen Raum, welcher zwar noch eine potentielle Unendlichkeit als Grenzenlosigkeit möglicher realer Bewegung besitzt, welchen ich aber nicht nach subjektiver Willkür durch Bewegung des Gedankens erweitern kann, und den ich genöthigt bin (als transcendentes Correlat, auf das ich meinen subjektiven Vorstellungsraum transcendental beziehe), begrifflich als jederzeit endlich zu supponiren, da er nicht weiter reicht als die materiellen Dinge an sich, deren Daseinsform er ist, und die materielle Welt nothwendig endlich sein muss. Was die Behauptung der actuellen Endlichkeit des realen Raumes paradox erscheinen lässt, ist nur der Umstand, dass der Gedanke stets zur Ueberschreitung einer eventuellen Grenze sich gereizt fühlt, und dabei vergisst, dass er, als bewusster Gedanke, auf den realen Raum gar nicht influirt. Dasselbe gilt von der subjektiv-idealen und der realen Zeit, wo die Paradoxie des realen Zeitendes und Zeitanfanges übrigens leichter überwunden zu werden pflegt.

Es finden am besten an dieser Stelle die Betrachtungen Berücksichtigung, durch welche Kant (719) die Ungereimtheit der Annahme darzulegen sucht, dass Raum und Zeit Beschaffenheiten seien, „die ihrer Möglichkeit nach in Sachen an sich angetroffen werden müssten." Als diese Ungereimtheiten giebt Kant folgende an: Raum und Zeit wären alsdann „zwei unendliche Dinge, die nicht Substanzen, auch nicht etwas wirklich den Substanzen Inhärirendes, dennoch aber Existirendes, ja die nothwendige Bedingung der Existenz aller Dinge sein müssen, auch übrig bleiben, wenn gleich alle existirenden Dinge aufgehoben werden." Man braucht nur alles umzukehren, so hört es auf, ungereimt zu sein. Raum und Zeit als reale Daseinsformen sind erstens nicht actuell unendlich (sondern nur ebenso potentiell unendlich wie die Anschauungen von Raum und

Zeit), zweitens sind es keine Dinge, sondern nur Beschaffenheiten (Daseinsformen) an Dingen, sie sind also nur insofern etwas Existirendes, als sie, was Kant negirt, etwas wirklich den Substanzen Inhärirendes sind, das also fünftens keinenfalls übrig bleibt, wenn alle Dinge aufgehoben werden, und sechstens sind sie nicht Bedingungen der Dinge, welche den Dingen der Existenz nach vorhergehen, sondern sie sind nur Bedingungen, ohne deren Erfüllung die Dinge nicht das sein würden, was sie wirklich sind, also ideale Bedingungen der Schöpfung solcher Dinge. Wir haben aber auch schon im vorigen Abschnitt gesehen, dass Raum und Zeit keineswegs Beschaffenheiten der Substanz als solcher (Kraft), sondern nur ihres Daseins (Aeusserung) sind, welches erst in und mit ihrem concreten individualisirten Wirken gesetzt ist. Es sind eben nicht Subsistenzformen, sondern Existenzformen. Will man diesen Unterschied durch die deutschen Worte Wesen und Erscheinung wiedergeben, so ist dagegen nichts einzuwenden, wenn man nur diesen Begriff der an sich seienden, der nicht subjektiv, sondern objektiv gesetzten (Hegel), oder göttlich gesetzten (Schelling) Erscheinung nicht verwechselt mit dem in seiner transcendentalen Beziehung auf das Ding an sich ebenfalls Erscheinung (subjektive Erscheinung) genannten Bewusstseinsinhalt. Die erstere Erscheinung bleibt auf transcendentem (unbewusstem) Gebiet, und ist Correlat des Wesens, die letztere ist nur das bewusste Correlat des Dinges (an sich), als der an sich seienden Erscheinung des Wesens. Das Wesen selbst aber, welches in seiner allumfassenden Einheit identisch ist mit Kant's intellectuell anschauendem und dadurch die Dinge hervorbringendem Urwesen (720), ist unräumlich und unzeitlich, also Kant's Bedenken hinfällig, dass Gott zu einem räumlichen und zeitlichen Wesen gemacht werde, wenn man Raum und Zeit „vorher zu Formen der Dinge an sich selbst gemacht hat“ (719). Vielmehr prallt auch dieser Pfeil auf den Schützen zurück, denn gerade nach der Kantischen Auffassung wäre es schlechterdings unmöglich, anders als räumlich und zeitlich anzuschauen und zu denken, also von Gott eine andere als räumlich-zeitliche Ansicht zu gewinnen. Vom Dasein Gottes (insofern es sich im Dasein dieser Welt manifestirt) sind Räumlichkeit und Zeitlichkeit allerdings die Formen, da alles Dasein nur Dasein Gottes (des Urwesens, der Einen Substanz) ist; dies hat aber auch nichts Anstössiges. Also ist Kant's hierauf gebauter Schluss hinfällig: „Es bleibt nichts übrig, wenn man sie nicht zu objektiven Formen aller Dinge machen will, als dass man sie zu subjektiven Formen unserer äusseren sowohl als inneren Anschauungsart macht“ (719—720).

Ad 5.) Wenn wir es in den ersten vier Nummern wesentlich mit direkten Begründungsversuchen für die Apriorität des Raumes zu thun hatten, so kommen wir nun zu indirekten Begründungsversuchen. Theils beruhen diese, wozu die zuletzt gemachte Abschweifung als Beispiel dient, auf dem versuchten Nachweis, dass Raum und Zeit nicht Daseinsformen der Dinge an sich sein können, theils aber auch auf der Behauptung, dass die Mathematik, eine zugestandener Maassen apriorische synthetische Wissenschaft von apodictischer Gewissheit, unmöglich sei ohne die Annahme der Apriorität von Raum und Zeit. „Wie kann nun eine äussere Anschauung dem Gemüth beiwohnen, die vor den Objekten selbst vorhergeht, und in welcher der Begriff der letzteren a priori bestimmt werden kann? Offenbar nicht anders, als sofern sie bloss im Subjekte, als die formale Beschaffenheit desselben von Objekten afficirt zu werden, und dadurch unmittelbare Vorstellung derselben, das ist Anschauung zu bekommen, ihren Sitz hat, also nur als Form des äusseren Sinnes überhaupt“ (713).

Es handelt sich hier um zwei völlig von eiuander zu trennende Probleme, nämlich um das, was die Geometrie für Figuren unserer Einbildungskraft, und um das, was sie für Figuren der Wahrnehmung ist. In der ersteren folge ich ganz meiner Willkür im Stoff, meiner subjektiven Nothwendigkeit in der Form der Verknüpfung; in der letzteren hingegen ist jede Willkür meinerseits ausgeschlossen, und es spielt dafür eine äussere oder transcendente Nothwendigkeit mit einer inneren oder subjektiven durcheinander. Denn wenn ich an das Ding an sich einer Tafel herantrete, und fühle mich von derselben so afficirt, dass ich auf meiner Wahrnehmung der Tafel die Zeichnung eines Dreiecks vorfinde, so ist dabei keine Willkür meinerseits im Spiele; es hängt nicht von mir ab, ob ich ein Dreieck oder ein Viereck wahrnehme, sondern von der durch den Zeichner vorher bedingten Beschaffenheit des Dinges an sich der Tafel. Die geometrischen Gesetze meiner Wahrnehmung stimmen aber mit denen meiner Einbildungskraft völlig überein, obwohl die ersteren für mich a posteriori, die letzteren a priori bedingt sind. Man denke sich z. B. die Tafel verhüllt, so dass mir successive eine Ecke nach der anderen aufgedeckt wird, aber immer nur eine auf einmal. Obwohl ich hierbei niemals die Anschauung eines Dreiecks bekomme, ergiebt doch die successive empirische Messung der drei Winkel eine Summe von 180°. (Man denke als anderes Beispiel an die Aufnahme geodätischer Dreiecke, bei denen man auch niemals die Anschauung der Figuren bekommt.) Erst aus dieser Winkelsumme von 180° werde ich schliessen, dass die Schenkel der gemessenen drei Winkel nur drei gerade Linien waren (was ich gar nicht sehen konnte), weil ich voraussetze, dass die eigenthümliche Beschaffenheit des Dinges an sich der Zeichnung eine derartige sei, dass, wenn die durch Afficirtwerden von derselben in mir hervorgerufenen Figurenstücke sich zu einer Figur zusammensetzen lassen, welche meinen subjektiven geometrischen Gesetzen des Dreiecks entspricht, dass dann auch der Totaleindruck, den die Zeichnung an sich in mir hervorrufen würde, ein der Figur des Dreiecks entsprechender sein würde. Indem ich nun die Verhüllung von der Tafel ganz wegnehme und die Wahrnehmung des stückweise gemessenen Dreiecks als einheitliche Anschauung empfange, finde ich meinen Schluss, und damit die Voraussetzung, auf welche sich derselbe stützte, empirisch bestätigt. Diese Uebereinstimmung ist aber nur dann möglich, wenn in dem Ding an sich der Zeichnung zwischen den realen Correlaten dessen, was in der Anschauung die Seiten und Winkel sind, analoge gesetzmässige Verhältnisse bestehen, wie zwischen den Seiten und Winkeln der Anschauung, wenn also, allgemein gesprochen, in den Dingen an sich Gesetze walten, welche eine auffallende Analogie mit den Gesetzen der subjektiven Geometrie haben, und nur insofern von dieser sich unterscheiden können, als eine anderweitige (nicht räumliche) Daseinsform des Dinges an sich eine Modification in ihnen bedingt. Falls hingegen die Räumlichkeit und Zeitlichkeit selbst Daseinsformen der Dinge an sich sind, so sind die mathematischen Gesetze für das Dasein der Dinge und für das Denken identich; dann gewinnt die Erklärung der fraglichen Uebereinstimmung die höchste

Einfachheit. Dass eine solche Uebereinstimmung stattfindet, wissen wir nur aus Erfahrung, und hat diese Annahme den höchsten Grad von Wahrscheinlichkeit, den die Induction nur verleihen kann, da noch nie ein Fall constatirt ist, wo auf die Combination stückweiser Wahrnehmungen die Gesetze der subjektiven Mathematik nicht hätten passen wollen, wo also eine Incongruenz der formalen Daseinsgesetze und der formalen Denkgesetze entdeckt worden wäre.

Trotz dieser hohen Wahrscheinlichkeit, welche deductiv durch die Allgemeingültigkeit der logischen Gesetze überhaupt noch gesteigert wird, ist doch die Gültigkeit der mathematischen Gesetze für die Dinge an sich und die von denselben in uns hervorgerufenen Wahrnehmungen (insoweit letztere das mögliche Maass einheitlicher Totalanschauung überschreiten) nur Hypothese, keineswegs apodiktische Gewissheit. Die Ahnung dieser Einsicht scheint mir in dem Inhalt des folgenden Kantischen Satzes zu liegen: „Durch Bestimmung der ersteren“ (der reinen Anschauung) „können wir Erkenntnisse a priori von Gegenständen (in der Mathematik) bekommen, aber nur ihrer Form nach, als Erscheinungen; ob es Dinge gebe, die in dieser Form angeschaut werden müssen, bleibt doch dabei noch unausgemacht. Folglich sind alle mathematischen Begriffe für sich nicht Erkenntnisse; ausser so ferne man voraussetzt, dass es Dinge giebt, die sich nur der Form jener reinen sinnlichen Anschauung gemäss uns darstellen lassen. Dinge in Raum und Zeit werden aber nur gegeben, so ferne sie Wahrnehmungen (mit Empfindung begleitete Vorstellungen) sind, mithin durch empirische Vorstellung“ (743). Auch unser Beispiel vom Dreieck angewandt kann man dies so wiedergeben: Ich weiss zwar mit apodiktischer Gewissheit, dass es mir unmöglich ist, ein Dreieck, das ich mir denke, anders als mit der Winkelsumme von 180° zu denken; ob aber dieses gesetzmässige Verhältniss eine über die Subjektivität meines Gedankens hinausgehende Realität hat, davon kann ich a priori gar nichts wissen, sondern nur durch Erfahrung und Induction. Mithin ist zwar die subjektive Denknothwendigkeit der mathematischen Gesetze für mich apodiktisch gewiss, aber keineswegs ihre reale Gültigkeit, sondern diese ist nur höchst wahrscheinlich.

Wären nun, wie Kant in seiner gesammten Lehre ausser an dieser Einen Stelle es will, die mathematischen Gesetze nur von subjektiver Geltung, so hätten sie gar keine reale (also auch keine transcendentale) Bedeutung (53—54), und alle Mathematik wäre ein werthloses Spiel mit subjektiven Verhältnissen und Beziehungen, welchem gar kein reales Correlat an den Dingen an sich entspräche. Dann wäre es a priori unmöglich, dass mit Hülfe mathematischer Arbeit jemals etwas anderes als eine höchst schnurrige Einrichtung unseres Verstandes erkannt würde; die mathematische Erkenntniss hielte sich dann ganz und gar auf subjektivem Gebiete, und würde niemals zur Erkenntniss eines anderen Dinges als unseres eigenen Denkvermögens beitragen können. Soll die Mathematik in irgend welcher Weise eine über die reine Subjektivität hinausgehende Erkenntniss heissen können, so ist dies nur möglich, im Fall eine Identität der Denkformen und Daseinsformen und ihrer mathematischen Verhältnisse und Gesetze oder doch wenigstens eine nahe Analogie und Parallelität derselben besteht, aber keinenfalls, wenn die concrete Bestimmtheit der Anschauungsform eines Dinges, wie Kant bei dieser Gelegenheit (713) anzunehmen scheint, bloss vom Subjekte abhängt, und das Vorstellungsobjekt nur deshalb a priori bestimmt werden kann, weil der Stoff der Empfindung sich allen solchen Bestimmungen gleichgültig und gleich willig als passive träge Masse hingiebt. Kant hat also die Combination, welche er anderwärts ahnt, hier übersehen, die eine und einzige Combination, welche es möglich macht, dass „relative Bestimmungen vor dem Dasein der Dinge, welchen sie zukommen", d. h. a priori, angeschaut werden können (36), — nämlich die Identität der Daseinsformen und Denkformen, also auch der formalen logischen Relationen im Dasein und Denken, in Folge deren a priori bestimmte Relationen zutreffend werden für alles Daseiende, selbst für das Zukünftige. Weit entfernt demnach, dass die reale Geltung der Mathematik durch reale Geltung von Raum und Zeit als Daseinsformen aufgehoben würde, wird sie vielmehr erst durch diese ermöglicht, — weit entfernt, dass aus der apodiktischen Gewissheit einer mathematischen Erkenntniss von realer Geltung auf die Apriorität derselben geschlossen werden könnte (52), hat dieselbe als Induction aus der Erfahrung nur Wahrscheinlichkeit.

Wir kommen nun zu der anderen Seite des Problems, bei welcher wir es bloss noch mit dem Gebiete des subjektiven Gedankens zu thun haben. In der subjektiven Denknothwendigkeit, in der logischen Unmöglichkeit, anders zu denken, haben die mathematischen Gesetze allerdings eine apodiktische Gewissheit; aber sie haben dieselbe zunächst nur für mich, und sogar für mich nur unter der Voraussetzung der Fortdauer der logischen Beschaffenheit meines Denkvermögens. Ob für andere Bewusstseine dieselbe Denknothwendigkeit besteht, wie für das meinige, kann ich nicht a priori wissen, sondern nur durch Erfahrung, indem mir die Leute auf meine desfallsigen Fragen antworten, oder indem ich mich zweifelhaften Analogieschlüssen anvertraue. Jedenfalls ist das Bewusstsein dieser Denknothwendigkeit kein allgemeines, wie der gebildete Apotheker bewies, welcher die Wägung der aus Kartenpapier geschnittenen Katheten- und Hypothenusen-Quadrate für einen weit zufriedenstellenderen Beweis des Pythagoras erklärte, als alle geometrischen Constructionsbeweise zusammengenommen, — oder jener verrückt gewordene Professor der Mathematik, dessen einzige Beschäftigung darin bestand, jedem Zuhörer, dessen er habhaft werden konnte, mit allem Aufgebot mathematischen Scharfsinns vorzudemonstriren, dass die Winkelsumme im Dreieck nicht zwei Rechte betrage. Wenn ich für meine Person durch den Versuch empirisch constatire, dass ich mir der Denknothwendigkeit eines mathematischen Gesetzes bewusst bin, so gilt doch diese Behauptung streng genommen nur für diesen einen Fall des Versuchs, respective für so viele Versuchsfälle, als ich in meinem Leben vornehme; aber ich kann gar nicht wissen, ob ich nicht in der Zwischenzeit unbemerkt gebliebene Anfälle von Geistesstörung gehabt habe, in welchen der Versuch das entgegengesetzte Resultat geliefert hätte, oder ob mein Denken nach einer Stunde noch unter logischen Gesetzen stehen wird. Mit einem Wort, die mathematischen Gesetze haben für das Vorstellen nur so weit Gültigkeit, als die logischen. Vom psychologischen Standpunkte ist nun aber das Logische in meinem Denken nur eine thatsächliche, empirisch gegebene Naturanlage, die gerade so gut auch anders sein könnte. Erst für einen gewissen metaphysischen Standpunkt, wo die Welt realisirte logische Idee ist, wird die Herrschaft des logischen Gesetzes ein

Absolutes, Unumstössliches, das nur durch Kreuzung verchiedener thatsächlich logischer Strömungen im Gebiet des Realen eine Störung hinsichtlich seiner bewussten nachbildlichen Erscheinungsform erleiden kann (Erkrankung des Organs des Bewusstseins). Von diesem metaphysischen Standpunkt aus (der nothwendiger Weise die Dinge an sich ebenso wie das Denken in sich befasst) stellt sich allerdings das mathematische Gesetz als ein apodiktisch Gewisses dar, aber nur unter Voraussetzung dieses metaphysischen Standpunktes, der selbst keineswegs gewiss, sondern bloss eine durch Induction aus der Erfahrung gewonnene Hypothese ist.

Insoweit hiernach Kant allein aus der apodiktischen Gewissheit die Apriorität der mathematischen Erkenntniss ableiten will (weil Erkenntniss a posteriori nur Wahrscheinlichkeit geben könne), so hat er sich im Mittel vergriffen. Das, worin das mathematische (überhaupt das rein logische) Urtheil dem empirischen überlegen ist, besteht vielmehr darin, dass ich in der Mathematik nur über die formalen Verhältnisse eines an sich gleichgültigen Materials urtheile, das ich mir stets in derselben Weise reproduciren kann, wo dann also auch mein einmaliges Urtheil (bei unverändertem Denkvermögen) immer gültig bleibt, wohingegen, wenn ich in der Erfahrung über materiale Bestimmungen gegebener Objekte urtheile, meine Urtheile natürlich nur so lange gültig bleiben, als mir die Objekte in gleicher materialer Beschaffenheit gegeben werden. Während also die Fortdauer der Gültigkeit eines mathematischen Urtheils nur von der Fortdauer der logischen Beschaffenheit des Denkvermögens abhängt, hängt die Fortdauer der Gültigkeit eines empirischen Urtheils sowohl von der Fortdauer der logischen Beschaffenheit des Denkvermögens, als auch von der Fortdauer der Beschaffenheit der transcendenten Ursache der Wahrnehmung ab, welche letztere Fortdauer meistens ausserhalb des Bereichs meines Wissens liegt. Abgesehen von diesem Unterschiede ist das materielle empirische Urtheil und das formale logische oder mathematische Urtheil von einer ganz gleichen logischen Nothwendigkeit für den actuellen Fall. Bei dem empirischen Urtheil erweckt nur der Wechsel der materialen Bestimmtheit des Objekts und die hiermit wechselnde Nothwendigkeit für das mit dem Gesetz dieses Wechsels unbekannte Subjekt den

Schein der Zufälligkeit für die Dauer, während die Gleichgültigkeit des stets identisch zu reproducirenden Materials der Nothwendigkeit des rein formalen mathematischen Urtheils eine gewisse Beständigkeit und Unabhängigkeit von der Zeit auch für das Gefühl des Individuums verleiht. Ausserdem aber gilt das empirische Urtheil nur für das singuläre Objekt, während das formal-logische mathematische Urtheil für eine ganze Gattung von Objekten gilt, eine Allgemeinheit, deren Grund Kant in keiner Weise geahnt hat, den vielmehr meines Wissens erst v. Kirchmann nachgewiesen hat (in der Stetigkeit der die möglichen zu einem Begriff gehörigen Figuren durchlaufenden Gedankenbewegung).

A priori ist also das mathematische Urtheil nicht wegen seiner doch nur sehr cum grano salis zu verstehenden apodiktischen Gewissheit, sondern wegen seiner rein logischen Formalität. Da es gar kein materiales Prädicat irgend einem Objekte beilegt, sondern nur formale Verhältnisse, die sich innerhalb der concreten Bestimmungen der logischen Kategorie der Quantität bewegen, logisch bestimmt, so ist es seiner Entstehung nach allerdings a priori, weil eben jede formal logische Synthese eine apriorische Function des Verstandes ist. Trotzdem ist diese Apriorität des mathematischen Urtheils also solche nicht im Bewusstsein, sondern nur das Gefühl der Nothwendigkeit des Geurtheilten, welches a posteriori vom Bewusstsein percipirt und erkannt wird.

Räume ich Kant nun auch willig die Thatsache ein, dass das mathematische Urtheil ein synthetisches Urtheil a priori ist, so kann ich doch nicht zugeben, dass diese Synthesen nicht auf allen Gebieten der Mathematik so sehr in ihre Elemente zerlegt werden könnten, dass man zuletzt alle mathematischen Synthesen aus Minimalschritten wie z. B. wiederholten Anwendungen des Satzes vom Widerspruch erbauen könnte. (So um ein Kant'sches Beispiel zu nehmen, kann man sehr wohl aus der Definition der geraden Linie, — dass sie bei Drehung um zwei ihrer Punkte mit keinem ihrer Punkte ihre bisherige Lage verlässt, — den Satz nachweisen, dass sie der kürzeste Weg zwischen zwei Punkten sei, so wie umgekehrt aus diesem als Definition zu Grunde gelegten Satz jenen oberen, und man braucht diese Kluft nicht, wie Kant glaubt, mit einem einzigen Satze zu bewältigen). Es liegt nur ein solches Bedürfniss für die ersten Anfänge der Mathematik nicht vor, weil dort das Material einfach genug ist, um auch ungeübten Köpfen logische Synthesen von etwas grösserer Spurweite zumuthen zu können. Doch dies nur beiläufig.

Mit der Apriorität des mathematischen synthetischen Urtheils ist nun aber noch nicht das Allergeringste bewiesen für die Apriorität des gleichgültigen Materials, an welchem diese logischen Synthesen vollzogen werden. Ob dieses Material a posteriori oder a priori gegeben sei, erscheint hier als vollkommen gleichgültig, da nur von der logischen Synthese, in welcher Anschauung und Begriff verbunden werden, eine Apriorität nachgewiesen ist, insofern sie spontane logische Function des Verstandes an einem gegebenen Stoffe ist. Der Stoff ist so gleichgültig, dass man für die Beispiele der Logik gewöhnlich recht rohe empirische Begriffe oder Vorstellungen zu wählen pflegt (z. B. Eine Gans hat zwei Beine u. s. w.), Kant aber verwechselt die Apriorität der Synthesis als logischer Function der Verknüpfung von Anschauung und Begriff (oder Begriff und Begriff) mit der Apriorität des zu verknüpfenden Vorstellungsmaterials, während doch die Synthesis eine und dieselbe bleibt, wenn nur das Material gegeben ist, gleichviel, ob es a priori oder a posteriori gegeben ist. So schreibt er z. B. folgenden Satz, der seine Verwirrung recht klar hervortreten lässt: „Wäre nämlich diese Vorstellung des Raums ein a posteriori erworbener Begriff, der aus der allgemeinen Erfahrung geschöpft wäre, so würden die ersten Grundsätze der mathematischen Bestimmungen nichts als Wahrnehmungen sein.“ So gewiss die Apriorität der Raumvorstellung nicht hindern würde, dass die mathematischen Grundsätze a posteriori der Erfahrung entnommen wären, so gewiss könnte eine Aposteriorität der Raumvorstellung nicht hindern, dass die mathematischen Grundsätze dieselbe a priori mit den betreffenden Begriffen verknüpfen.

Wir sind mit unserer Kritik zu Ende. Von allen Gründen Kant's hat auch nicht Einer sich bewährt. Es ist nicht nöthig, nach Widerlegung der fünf Punkte noch auf die „Schlüsse aus diesen Begriffen“ einzugehen, da sie mit ihrer Grundlage von selbst fallen, und da dasjenige, was in ihnen zur Erläuterung und Unterstützung der Gründe dient, schon gelegentlich vorweggenommen worden ist.

Ebenso erscheint es überflüssig, das hier über den Raum Gesagte noch einmal bei der Zeit zu wiederholen, zumal da Kant zugiebt, dass die Einsicht in die Richtigkeit seiner Behauptungen in Betreff des Raumes noch leichter zu gewinnen sei, als in die der Zeit (46), wonach also der Nachweis der Untriftigkeit seiner Darlegungen beim Raume schwieriger sein muss, als bei der Zeit, so dass wir demnach die schwierigere Leistung vollbracht haben.

Es zeigt sich, dass die Besorgniss, die Betrachtungen des siebenten Abschnittes könnten durch Kant's transcendentale Aesthetik erschüttert werden, unbegründet war. Wie die unentbehrliche Hypothese der transcendenten Ursache in erster Reihe die exclusiven Behauptungen der transcendentalen Analytik auf ihr der Wirklichkeit entsprechendes Maass zurückgeführt haben, so in zweiter Reihe diejenigen der transcendentalen Aesthetik.

Es ist die (von der gesammten modernen Naturwissenschaft adoptirte) instinctive Ansicht des einmal über den Unterschied des Dinges und der Vorstellung aufgeklärten natürlichen Menschenverstandes, dass die wirkliche Welt eine Welt an sich (d. h. unabhängig vom Subjekt) seiender Dinge ist, dass diese „da draussen ganz objektiv real und ohne unser Zuthun vorhandene“ Welt den Raum in seinen drei Dimensionen erfüllt, und im gesetzmässigen Gange zeitlicher Causalität und in von uns a priori anzugebenden formal-logischen Beziehungen sich bewegt, dass endlich diese wirkliche Welt theilweise vermittelst der Sinnesempfindung in unserem Intellect ein ihr mehr oder minder ähnliches subjektives Abbild hervorruft, durch welches wir bei gehöriger kritischer Vorsicht im Stande sind, mehr und mehr von der wirklichen Welt mittelbar zu erkennen. Schopenhauer erklärt, dass „man von allen Göttern verlassen sein müsse“ (4f. Wurzel S. 51), um diese Ansicht hegen zu können; das Resultat unserer Untersuchungen ist, dass der dogmatische Glaube des theoretischen Instinctes von allen guten Göttern der unbewussten Intuition geleitet sein muss, um gerade dasjenige blindlings für wahr zu halten, was die besonnene kritische Forschung spät nachher nach langen, wunderlichen Irrfahrten als das einzig Wahrscheinliche und zugleich höchst Wahrscheinliche ausweist.

Es tritt hiernach an Stelle der von Kant behaupteten Unerkennbarkeit des Dinges an sich eine mittelbare Erkennbarkeit desselben. Die Erkenntnisstheorie kann sich mit dem Nachweis der Anwendbarkeit der Kategorien und der Räumlichkeit und Zeitlichkeit auf das Ding an sich begnügen, denn sie liefert hiermit einerseits der Metaphysik, andererseits der Naturwissenschaft eine gesicherte Basis, auf der diese Disciplinen weiterbauen können. Wenn Kant das Gebiet unserer theoretischen Erkenntniss ausschliesslich auf die Erfahrung anweist, so ist dies richtig, insoweit die Erfahrung als ausschliessliches Fundament für alle zu errichtenden Inductionsreihen gefordert wird; es ist falsch, falls jede theoretische Erkenntniss dadurch ausgeschlossen werden soll, welche über das Gebiet der subjektiven Erscheinung hinausgeht, da vielmehr mit einer solchen die Erkenntniss überhaupt erst anfängt. Die Schranken, welche Kant durch seinen negativen Grenzbegriff eines unerkennbaren Dinges an sich der menschlichen Erkenntniss gezogen haben wollte, sind nichtig und hinfällig; mit Vorhaltung dieser Schranken den höher und höher strebenden Forschergeist wiederum in die Enge der Subjektivität bannen wollen, kann heutzutage nur noch derjenige, welcher die Beschränktheit dieser Kantischen Schrankensetzung nicht begriffen hat. Für diejenigen aber, welche es heute noch unternehmen wollen, metaphysische Behauptungen a priori zu construiren, behält Kant's Hinweis auf die Erfahrung als einzige Quelle materialer Erkenntnisse ihre volle Bedeutung, und dies ist es, was die empirische Schule des modernen Realismus mit stets erneuerter Pietät auf Kant blicken lässt, der zuerst in Deutschland diesen Satz aufgestellt und verfochten hat.

Druck von Gebr. Unger (Th. Grimm) in Berlin, Friedrichsstrasse 24.

Inhalt.

Personenregister

Sachregister

Seitenkonkordanz zur KrV (Rosenkranz II):

1	B I	AI
3	B III	A III
3	B V	A IV/V
4	B VI	A VI
18/19	B 7	A 3/4
19/29	B 8	A 4/5
20	B 9	A 5/6
20/21	B 10	A 6/7
21f/700	B 11	A 7
23/700f	B 12	A 8/9
23	B 13	A 9/10
23/702	B 14	A 10
24f /709	B 24	A 10/11
25	B 25	A 11/12
25/26	B 26	A 12/13
26f/710	B 27	A 13/14
27/711	B 28f	A 14/15
28	B 30	A 15/16
29	B 31	A 17
30	B 32	A 18
31	B 33	A 19
31/32	B 34	A 19/20
32/33	B 35	A 20/21
33	B 36	A 21/22
34	B 37	A 22/23
34/35	B 38	A 23/24
36/37	B 42	A 26
37/38	B 43	A 26/27
38/ 714	B 44	A 27/28
39/40	B 45	A 29/30
40	B 46	A 30/31
41	B 47	A 31/32
41/715	B 48	A 32
42/715	B 49	A 32/33
42/43	B 50	A 33/34
43	B 51	A 34/35
43/44	B 52	A 34/35
44/45	B 53	A 36/37
45/46	B 54	A 37/38
46	B 55	A 38/39
46/47	B 56	A 39/40
47/48	B 57	A 40/41
48	B 58	A 41
48/49	B 59	A 41/42
49/50	B 60	A 42/43
50	B 61	A 43/44
50/51	B 62	A 44/45
51/52	B 63	A 45/46
52/53	B64	A 46/47
53	B 65	A 47/48
53f/ 716	B 66	A 48/49
55	B 74	A 50
55	B 75	A 50/51
56	B 76	A 51/52
57	B 77	A 52/53
58	B 78	A 53/54
59	B 79	A 54/55
59/60	B 80	A 55/56
60	B 81	A 56/57
61	B 82	A 57/58
62	B 83	A 58/59
62/63	B 84	A 59/60
63	B 85	A 60/61
64	B 86	A 61/62
65	B 87	A 62/63
65/66	B 88	A 63/64
66	B 89	A 64/65
67	B 90	A 65/66
68	B 91	A 66/67
69	B 92	A 67/68
70	B 93	A 68/69
70	B 94	A 69
71	B 95	A 70
72	B 96	A 70/71
73	B 97	A 71/72
73/74	B 98	A 72/73
74	B 99	A 73/74
75	B 100	A 74/75
75/76	B 101	A 75/76
76	B 102	A 76/77
77	B 103	A 77/78
77/78	B 104	A 78/79
78	B 105	A 79/80
79	B 106	A 80/81
80	B 107	A 81/82
80/81	B 108	A 82/83
81/722	B 109	A 83
82	B 117	A 84/85
83	B 118	A 85/86
84	B 119	A 86/87
85	B 120	A 87/88
86	B 121	A 88/89
87	B 122f	A 89/90
88	B 124	A 91/92
88/89	B 125	A 92/93
89	B 126	A 93/94
89f/728	B 127	A 94
116	B 169	A 130/131
116	B 170	A 131
117	B 171	A 131-133
118	B 172	A 133
119	B 173	A 133/134
120	B 174	A 134/135
121	B 175	A 135/136
122	B 176	A 137
123	B 177	A 137/138
124	B 178	A 138/139
124/125	B 179	A 139/140
125	B 180	A 140/141
126	B 181	A 141/140
126/127	B 182	A 142/143
127	B 183	A 143/144
128	B 184	A 144/145
128/129	B 185	A 145/146
129	B 186	A 146/147
130	B 187	A 147/148
131	B 188	A 148/149
132	B 189	A 149/150
133	B 190	A 150/151
134	B 191	A 151/152
135	B 192	A 152/153
136	B 193	A 153/154
136/137	B 194	A 154/155
137	B 195	A 155/156
138	B 196	A 156/157
139	B 197	A 157/158
139/140	B 198	A 158/159
140	B 199	A 159/160
140/141	B 200	A 160/161
141/760	B 201	A 161/162
142/ 760f	B 202	A 162
142/761	B 203	A 162/163
143	B 204	A 163/164
144	B 205	A 164/165
145/762	B 206f	A 165f
145/762f	B 208	A 166/167
146	B 209	A 167/168
146/147	B 210	A 168/169
147	B 211	A 169/170
148	B 212	A 170/171
149	B 213	A 171/172
149/150	B 214	A 172/173
150	B 215	A 173/174
151	B 216	A 174/175
151/152	B 217	A 175/176
152/764	B 218	A 176
153/764f	B 219	A 177
153/154	B 220	A 177/178
154	B 221	A 178/179
155	B 222	A 179/180
156	B 223	A 180/181
156/766	B 224	A 181/182
157/ 766f	B 225	A 182
157/158	B 226	A 182/183
158	B 227	A 183/184
158/159	B 228	A 184/185

159/160	B 229	A 185/186	196/197	B 295	A 235/236	240	B 352	A 295/296
160	B 230	A 186/187	197	B 296	A 236/237	240/241	B 353	A 296/297
160/161	B 231	A 187/188	197/198	B 297	A 237/238	241/242	B 354	A 297/298
161f/768	B 232	A 188/189	198/199	B 298	A 238/239	242/243	B 355	A 298/299
162/769	B 234	A 189	199/200	B 299	A 239/240	243	B 356	A 299/300
162/163	B 235	A 189/190	200/201	B 300	A 240/241	243/244	B 357	A 300/301
163	B 236	A 190/191	201/202	B 301	A 243/244	244/245	B 358	A 301/302
164	B 237	A 191/192	20f2/781	B 302	A 244	245	B 359	A 302/303
165	B 238	A 192/193	204f/781	B 303	A 246/247	245/246	B 360	A 303/304
165/166	B 239	A 193/194	205	B 304	A 247/248	246/247	B 361	A 304/305
166	B 240	A 194/195	205f/782	B 305	A 248	247/248	B 362	A 305/306
166/167	B 241	A 195/196	209f/784	B 309	A 253254	248	B 363	A 306/307
168	B 242	A 196/197	210/211	B 310	A 254/255	248/249	B 364	A 307/308
168/169	B 243	A 197/198	211	B 311	A 255/256	249/250	B 365	A 308/309
169	B 244	A 198/199	211f/785	B 312	A 256/257	250/251	B 366	A 309/310
169/170	B 245	A 199/200	212/213	B 313	A 257/258	251/252	B 367	A 310/311
170/171	B 246	A 200/201	213	B 314	A 258/259	252	B 368	A 311/312
171	B 247	A 201/202	213/214	B 315	A 259/260	252/253	B 369	A 312/313
171/172	B 248	A 202/203	214/215	B 316	A 260/261	253/254	B 370	A 313/314
172/173	B 249	A 203/204	215/216	B 317	A 261/262	254/255	B 371	A 314/315
173	B 250	A 204/205	216	B 318	A 262/263	255	B 372	A 315/316
173/174	B 251	A 205/206	216/217	B 319	A 263/264	255/256	B 373	A 316/317
174/175	B 252	A 206/207	217/218	B 320	A 264/265	256/257	B 374	A 317/318
175/176	B 253	A 207/208	218	B 321	A 265/266	257	B 375	A 318/319
176	B 254	A 208/209	218/219	B 322	A 266/267	257/258	B 376	A 319/320
176/177	B 255	A 209/210	219/220	B 323	A 267/268	258/259	B 377	A 320/321
177f/770	B 256	A 210/211	220/221	B 324	A 268/269	259/260	B 378	A 321/322
178/771	B 258	A 211/212	221	B 325	A 269	260	B 379	A 322/323
178/179	B 259	A 212/213	221/222	B 326	A 269-271	260/261	B 380	A 323/324
179/180	B 260	A 213/214	222/223	B 327	A 271/272	261/262	B 381	A 324/325
180	B 261	A 214/215	223	B 328	A 272/273	262	B 382	A 325/326
180/181	B 262	A 215	223/224	B 329	A 273	262/263	B 383	A 326/327
181/182	B 263	A 216	224/225	B 330	A 273/274	263/264	B 384	A 327/328
182	B 264	A 216/217	225	B 331	A 274/275	264/265	B 385	A 328/329
182/183	B 265	A 217/218	225/226	B 332	A 275-277	265	B 386	A 329/330
183/184	B 266	A 218/219	226/227	B 333	A 277/278	265/266	B 387	A 330/331
184/185	B 267	A 219/220	227/228	B 334	A 278	266/267	B 388	A 331/332
185	B 268	A 220/221	228	B 335	A 279	267	B 389	A 332
185/186	B 269	A 221/222	228/229	B 336	A 279/280	268	B 390	A 333
186/187	B 270	A 222/223	229/230	B 337	A 280/281	268/269	B 391	A 333/334
187	B 271	A 223/224	230/231	B 338	A 281/282	269/270	B 392	A 334/335
187/188	B 272	A 224/225	230/231	B 339	A 282/283	270	B 393	A 335/336
188/189	B 273	A 225/226	231/232	B 340	A 283/284	270/271	B 394	A 336/337
189/772	B 274	A 226	232	B 341	A 284/285	271/786	B 395	A 337/338
189f/775	B 279	A 226/227	232/233	B 342	A 285/286	27-/273	B 396	A 338/339
190	B 280	A 227/228	233/234	B 343	A 286/287	271-274	B 397	A 339/340
190/191	B 281	A 228/229	234/235	B 344	A 287/288	274/275	B 397	A 340
191/192	B 282	A 229/230	235	B 345	A 288/289	275	B 399	A 341
192	B 283	A 230/231	235/236	B 346	A 289/290	275/276	B 400	A 341/342
192/193	B 284	A 231/232	236/237	B 347	A 290/291	276/277	B 401	A 342/343
193/194	B 285	A 232/233	237	B 348	A 291/292	277/278	B 402	A 344
194/195	B 286	A 233/234	237/238	B 349	A 292/293	278	B 403	A 344/345
195	B 287	A 234/235	238/239	B 350	A 293/294	278/279	B 404	A 345/346
196/780	B 294	A 235	239/240	B 351	A 294/295	279/280	B 405	A 346/347

280/787	B 406	A 347/348	363/364	B 487	A 459	404/405	B 541	A 513
322/805	B 432	A 405/406	365-367	B 488	A 460	405	B 542	A 514
322/323	B 433	A 406/407	364/365	B 489	A 461	405/406	B 543	A 515
323/324	B 434	A 407/408	367/368	B 490	A 462	406/407	B 544	A 516
324/325	B 435	A 408/409	368	B 491	A 463	407/408	B 545	A 517
325/326	B 436	A 409/410	368/369	B 492	A 464	408	B 546	A 518
326	B 437	A 410/411	369/370	B 493	A 465	408/409	B 547	A 519
326/327	B 438	A 411/412	370/371	B 494	A 466	409/410	B 548	A 520
327/328	B 439	A 412/413	371	B 495	A 467	410	B 549	A 521
328	B 440	A 413	371/372	B 496	A 468	410/411	B 550	A 522
328/329	B 441	A 413/414	372/373	B 497	A 469	411/412	B 551	A 523
329	B 442	A 414/415	373/374	B 498	A 470	412/413	B 552	A 524
330	B 443	A 415/416	374	B 499	A 471	413	B 553	A 525
330/331	B 444	A 416/417	374/375	B 500	A 472	413/414	B 554	A 526
331/332	B 445	A 417/418	375/376	B 501	A 473	414/415	B 555	A 527
332	B 446	A 418/419	376	B 502	A 473/474	415/416	B 556	A 528
332/333	B 447	A 419/420	376/377	B 503	A 475	416	B 557	A 529
333/334	B 448	A 420/421	377/378	B 504	A 476	416/417	B 558	A 530
334/335	B 449	A 421/422	378	B 505	A 477	417/418	B 559	A 531
335	B 450	A 422/423	379	B 506	A 478	418/419	B 560	A 532
335/336	B 451	A 423/424	379/380	B 507	A 478/479	419	B 561	A 533
336/337	B 452	A 424/425	380/381	B 508	A 480	419/420	B 562	A 534
337	B 453	A 425	381	B 509	A 481	420/421	B 563	A 535
338/339	B 454	A 426	381/382	B 510	A 482	421	B 564	A 536
338/339	B 455	A 427	382/383	B 511	A 482/483	421/422	B 565	A 537
339/340	B 456	A 428	383	B 512	A 483/484	422/423	B 566	A 538
339/340	B 457	A 429	384	B 513	A 485	423/424	B 567	A 539
340-342	B 458f	A 430f	384/385	B 514	A 486	424	B 568	A 540
342-344	B 460f	A 432f	385/386	B 515	A 487	424/425	B 569	A 541
344/345	B 462	A 434	386	B 516	A 487/488	425/426	B 570	A 542
344-346	B 463	A 435	386/387	B 517	A 489	426/427	B 571	A 543
345/346	B 464	A 436	387/388	B 518	A 490	427	B 572	A 544
346/347	B 465	A 437	388f/806	B 519	A 491	427/428	B 573	A 545
347/348	B 466	A 438	389	B 520	A 491/492	428/429	B 574	A 546
348/349	B 467	A 439	389/290	B 521	A 492/493	429/430	B 575	A 547
349/350	B 468	A 440	390/391	B 522	A 493/494	430	B 576	A 548
349-351	B 469	A 441	391	B 523	A 494/495	430/431	B 577	A 549
350/351	B 470	A 442	392	B 524	A 495/496	431/432	B 578	A 550
351/352	B 471	A 443	392/393	B 525	A 496/497	432	B 579	A 551
353/354	B 472	A 444	393/394	B 526	A 497/498	432/433	B 580	A 552
353/354	B 473	A 445	394/395	B 527	A 498/499	433/434	B 581	A 553
354/355	B 474	A 446	395	B 528	A 499/500	434/435	B 582	A 554
354/355	B 475	A 447	395/396	B 529	A 500/501	435	B 583	A 555
356/357	B 476	A 448	396/397	B 530	A 501/502	435/436	B 584	A 556
356/357	B 477	A 449	397	B 531	A 502/503	436/437	B 585	A 557
357-359	B 478	A 450	397/398	B 532	A 504	437	B 586	A 558
357/358	B 479	A 451	398/399	B 533	A 505	438	B 587	A 559
360/361	B 480	A 452	399/400	B 534	A 506	438/439	B 588	A 560
360/361	B 481	A 453	400	B 535	A 507	439/440	B 589	A 561
361/362	B 482	A 454	400/401	B 536	A 508	440	B 590	A 562
361	B 483	A 455	401/402	B 537	A 509	440/441	B 591	A 563
362-364	B 484	A 456	402	B 538	A 510	441/442	B 592	A 564
362/263	B 485	A 457	402/403	B 539	A 511	442/443	B 593	A 565
364/365	B 486	A 458	403/404	B 540	A 512	443	B 594	A 566

443/444	B 595	A 567
444/445	B 596	A 568
445/446	B 597	A 569
446	B 598	A 570
446/447	B 599	A 571
447/448	B 600	A 572
448/449	B 601	A 573
449	B 602	A 574
449/450	B 603	A 575
450/451	B 604	A 576
451/452	B 605	A 577
452	B 606	A 578
452/453	B 607	A 579
453/454	B 608	A 580
454	B 609	A 581
454/455	B 610	A 582
455/456	B 611	A 583
456/457	B 612	A 584
457	B 613	A 585
457/458	B 614	A 586
458/459	B 615	A 587
459	B 616	A 588
460	B 617	A 589
460/461	B 618	A 590
461/462	B 619	A 591
462	B 620	A 592
462/463	B 621	A 593
463/464	B 622	A 594
464/465	B 623	A 595
465	B 624	A 596
465/466	B 625	A 597
466/467	B 626	A 598
467	B 627	A 599
467/468	B 628	A 600
468/469	B 629	A 601
469/470	B 630	A 602
470	B 631	A 603
470/471	B 632	A 604
471/472	B 633	A 605
472/473	B 634	A 606
473	B 635	A 607
473/474	B 636	A 608
474/475	B 637	A 609
475	B 638	A 610
475/476	B 639	A 611
476/477	B 640	A 612
477/478	B 641	A 613
478	B 642	A 614
478/479	B 643	A 615
479/480	B 644	A 616
480/481	B 645	A 617
481	B 646	A 618
481/482	B 647	A 619
482/483	B 648	A 620
483/484	B 649	A 621
484/485	B 650	A 622
485	B 651	A 623
485/486	B 652	A 624
486/487	B 653	A 625
487/488	B 654	A 626
488	B 655	A 627
488/489	B 656	A 628
489/490	B 657	A 629
490	B 658	A 630
491	B 659	A 631
491/492	B 660	A 632
492/493	B 661	A 633
493/494	B 662	A 634
494	B 663	A 635
494/495	B 664	A 636
495/496	B 665	A 637
496	B 666	A 638
496/497	B 667	A 639
497/498	B 668	A 640
498/499	B 669	A 641
499	B 670	A 642
499/500	B 671	A 643
500/501	B 672	A 644
501/502	B 673	A 645
502	B 674	A 646
502/503	B 675	A 647
503/504	B 676	A 648
504/505	B 677	A 649
505	B 678	A 650
505/506	B 679	A 651
506/507	B 680	A 652
507/508	B 681	A 653
508	B 682	A 654
508/509	B 683	A 655
509/510	B 684	A 656
510	B 685	A 657
510/511	B 686	A 658
511/512	B 687	A 659
512/513	B 688	A 660
513	B 689	A 661
513/514	B 690	A 662
514/515	B 691	A 663
515/516	B 692	A 664
516	B 693	A 665
516/517	B 694	A 665/666
517/518	B 695	A 667
518/519	B 696	A 668
519	B 697	A 669
519/520	B 698	A 670
520/521	B 699	A 671
521/522	B 700	A 672
522	B 701	A 673
522/523	B 702	A 674
523/524	B 703	A 675
524	B 704	A 676
524/525	B 705	A 677
525/526	B 706	A 678
526/527	B 707	A 679
527	B 708	A 680
527/528	B 709	A 681
528/529	B 710	A 682
529	B 711	A 683
529/530	B 712	A 684
530/531	B 713	A 685
531/532	B 714	A 686
532	B 715	A 687
532/533	B 716	A 688
533/534	B 717	A 689
534	B 718	A 690
534/535	B 719	A 691
535/536	B 720	A 692
536	B 721	A 693
536/537	B 722	A 694
537/538	B 723	A 695
538	B 724	A 696
538/539	B 725	A 697
539/540	B 726	A 698
540/541	B 727	A 699
541	B 728	A 700
541/542	B 729	A 701
542/543	B 730	A 702
543	B 731	A 703
543/544	B 732	A 703/704
545	B 733	A 705
546	B 734	A 706
547	B 735	A 707
547-549	B 736	A 708
549/550	B 737	A 709
550	B 738	A 710
550/551	B 739	A 711
551/552	B 740	A 712
552/553	B 741	A 713
553	B 742	A 714
553/554	B 743	A 715
554/555	B 744	A 716
555/556	B 745	A 717
556	B 746	A 718
556/557	B 747	A 719
557/558	B 748	A 720
558	B 749	A 721
558/559	B 750	A 722
559/560	B 751	A 723
560/561	B 752	A 724
561	B 753	A 725
561/562	B 754	A 726
562/563	B 755	A 727
563/564	B 756	A 728

564	B 757	A 729
564/565	B 758	A 730
565/566	B 759	A 731
566	B 760	A 732
566/567	B 761	A 732/733
567/568	B 762	A 734
568/569	B 763	A 735
569	B 764	A 736
569/570	B 765	A 737
570/571	B 766	A 738
571/572	B 767	A 739
572	B 768	A 740
572/573	B 769	A 741
573/574	B 770	A 742
574/575	B 771	A 743
575	B 772	A 744
575/576	B 773	A 745
576/577	B 774	A 746
577	B 775	A 747
577/578	B 776	A 748
578/579	B 777	A 749
579/580	B 778	A 750
580	B 779	A 751
580/581	B 780	A 752
581/582	B 781	A 753
582/583	B 782	A 754
583	B 783	A 755
583/584	B 784	A 756
584/585	B 785	A 757
585/586	B 786	A 758
586	B 787	A 759
586/587	B 788	A 760
587/588	B 789	A 761
588	B 790	A 762
588/589	B 791	A 763
589/590	b 792	A 764
590/591	B 793	A 765
591	B 794	A 766
591/592	B 795	A 767
592/593	B 796	A 768
593/594	B 797	A 769
594/595	B 798	A 770
595	B 799	A 771
595/596	B 800	A 772
596/597	B 801	A 773
597	B 802	A 774
598	B 803	A 775
598/599	B 804	A 776
599/600	B 805	A 777
600	B 806	A 778
600/601	B 807	A 779
601/602	B 808	A 780
602/603	B 809	A 781
603	B 810	A 782
603/604	B 811	A 783
604/605	B 812	A 784
605/606	B 813	A 785
606	B 814	A 786
606/607	B 815	A 786/787
607/608	B 816	A 788
608/609	B 817	A 789
609	B 818	A 790
609/610	B 819	A 791
610/611	B 820	A 792
611	B 821	A 793
611/612	B 822	A 794
613	B 823	A 795
613/614	B 824	A 796
614/615	B 825	A 797
615/616	B 826	A 798
616/617	B 827	A 799
617	B 828	A 800
617/618	B 829	A 801
618/619	B 830	A 802
619/620	B 831	A 803
620	B 832	A 804
620/621	B 833	A 805
621/622	B 834	A 806
622/623	B 835	A 807
623	B 836	A 808
623/624	B 837	A 809
624/625	B 838	A 810
625	B 839	A 811
625/626	B 840	A 812
626/627	B 841	A 813
627/628	B 842	A 814
628	B 843	A 815
628/629	B 844	A 816
629/630	B 845	A 817
630/631	B 846	A 818
631	B 847	A 819
631/632	B 848	A 820
632/633	B 849	A 821
633	B 850	A 822
633/634	B 851	A 823
634/635	B 852	A 824
635/636	B 853	A 825
636	B 854	A 826
636/637	B 855	A 827
637/638	B 856	A 828
638/639	B 857	A 829
639	B 858	A 830
639/640	B 859	A 831
641	B 860	A 832
641/642	B 861	A 833
642/643	B 862	A 834
643/644	B 863	A 835
644	B 864	A 836
644/645	B 865	A 837
645/646	B 866	A 838
646/647	B 867	A 839
647	B 868	A 840
648	B 869	A 841
648/649	B 870	A 842
649/650	B 871	A 843
650	B 872	A 844
650/651	B 873	A 845
651/652	B 874	A 845/846
652/653	B 875	A 847
653	B 876	A 848
653/654	B 877	A 849
654/655	B 878	A 849/850
655	B 879	A 851
656	B 880	A 852
656/657	B 881	A 853
657/658	B 882	A 854
658/659	B 883	A 855
659	B 884	A 856
663	B II	
664	B VII	
664/665	B VIII	
665/666	B IX	
666	B X	
666/667	B XI	
667/668	B XII	
668	B XIII	
668/669	B XIV	
669/670	B XV	
670	B XVI	
670/671	B XVII	
671/672	B XVIII	
671/672	B XIX	
672/673	B XX	
673	B XXI	
673/674	B XXII	
674/675	B XXIII	
675	B XXIV	
675/676	B XXV	
676/677	B XXVI	
677	B XXVII	
677/678	B XXVIII	
678/679	B XXIX	
679	B XXX	
679/680	B XXXI	
680	B XXXII	
680/681	B XXXIII	
681/682	B XXXIV	
682	B XXXV	
682/683	B XXXVI	
683/684	B XXXVII	
684	B XXXVIII	
684/685	B XXXIX	

684-686	B XL
685/686	B XLI
685-687	B XLII
687	B XLIII
687/688	B XLIV
695	B 1
695/696	B 2
696/697	B 3
697/698	B 4
698	B 5
698f	B 6
702/703	B 15
703/704	B 16
704	B 17
704/705	B 18
705/706	B 19
706/707	B 20
707	B 21
707/708	B 22
708/709	B 23
712	B 39
712f	B 40
713	B 41
716	B 66
716/717	B 67
717	B 68
717/718	B 69
718/719	B 70
719	B 71
719/720	B 72
720/721	B 73
722	B 109
722/723	B 110
723	B 111
724	B 112
724/725	B 113
725/726	B 114
726/727	B 115
727	B 116
89f/728	B 127
728/729	B 128
729/730	B 129
730/731	B 130
731/732	B 131
732	B 132
733	B 133
733/734	B 134
734/735	B 135
735	B 136
735/736	B 137
736/737	B 138
737	B 139
737/738	B 140
738/739	B 141
739/740	B 142
740	B 143
740/741	B 144
741/742	B 145
742/743	B 146
743	B 147
743/744	B 148
744/745	B 149
745/746	B 150
746	B 151
746/747	B 152
747/748	B 153
748	B 154
748/749	B 155
749/750	B 156
750/751	B 157
750/751	B 158
751/752	B 159
752/753	B 160
753	B 161
753/754	B 162
754/755	B 163
755	B 164
755/756	B 165
756/757	B 166
757/758	B 167
758	B 168
768/769	B 233
770/771	B 257
776	B 288
776/777	B 289
777/778	B 290
778/779	B 291
779	B 292
779/780	B 293
782/783	B 306
783	B 307
383/784	B 308
787/788	B 407
788/789	B 408
789/790	B 409
790	B 410
790/791	B 411
791/792	B 412
792	B 413
792/793	B 414
793/794	B 415
794/795	B 416
794/795	B 417
795/796	B 418
796	B 419
796/797	B 420
797/798	B 421
798	B 422
798/799	B 423
799/800	B 424
800	B 425
800/801	B 426
801/802	B 427
802/803	B 428
803	B 429
803/804	B 430
804/805	B 431